大学物理学习指南

主　编　郭连权
副主编　王　维
参　编　(以姓氏笔画为序)
　　　　李　讴
　　　　李志杰
　　　　姜　伟

科学出版社
北京

内 容 简 介

本书是作者在多年教学实践的基础上,参考《理工科类大学物理课程教学基本要求》(2008 年版),结合学生特点和授课内容编写而成的. 编写中,力求做到内容的系统性强、概念性强、题型新颖及多样化.

本书适合普通高等学校理工科类学生学习大学物理课程时使用,也可供教师等相关人员参考使用.

图书在版编目(CIP)数据

大学物理学习指南/郭连权主编. —北京:科学出版社,2010
ISBN 978-7-03-026876-1

Ⅰ.①大… Ⅱ.①郭… Ⅲ.①物理学-高等学校-教学参考资料
Ⅳ.①O4

中国版本图书馆 CIP 数据核字(2010)第 033228 号

责任编辑:于俊杰 胡云志 唐保军 杨 然/责任校对:赵桂芬
责任印制:师艳茹 / 封面设计:耕者设计工作室

科学出版社 出版
北京东黄城根北街 16 号
邮政编码:100717
http://www.sciencep.com

新科印刷有限公司 印刷
科学出版社发行 各地新华书店经销

*

2010 年 3 月第 一 版 开本:B5(720×1000)
2019 年12月第十次印刷 印张:19 1/2
字数:393 000

定价:32.00 元
(如有印装质量问题,我社负责调换)

前　言

物理学是研究物质运动普遍规律和物质基本结构的科学,是自然科学中最基本的学科之一.物理学的研究范围其空间尺度之广和时间跨度之大是任何一门学科所不能比拟的.物理学不但是一切自然科学的基础,而且是一切工程技术的基础.物理学在培养高级人才,特别是在培养高水平的工程技术人才方面具有不可替代的重要作用.

培养21世纪高素质的人才,突出对学生的学习能力和创新能力的培养,适应经济社会发展的需要,是时代赋予物理教育工作者的重要任务,也是向物理教学提出的重要课题.在目前大学物理教学学时少、内容多的情况下,为学生提供一本具有强调物理内涵、注重学习方法、提高物理素养、增强学习成效的大学物理学习参考书是非常有意义的.

基于以上理由,编者综合多年的大学物理教学经验,组织编写了《大学物理学习指南》一书.希望通过本书,引导学生改变"学习方法不当、概念和规律掌握不牢、物理模型难以建立、学习效果不良"的被动状态,促进学生深入正确地理解物理概念及规律,同时,加强对学生解题方法及技巧的训练,提高学生分析问题和解决问题的能力,提高大学物理的学习成效.

本书内容包括6篇,即力学、热学、电磁学、机械振动与机械波、波动光学、近代物理学基础.这些内容又分成18章,每章包括5个部分,即:①基本要求,指出了学习中需要了解、理解或掌握的内容;②本章小结,给出了基本概念、基本规律和基本公式;③典型思考题与习题,其中含有思考题、典型计算题或证明题,并给出了详细的解答;④检测复习题,供学生自检复习用,其中含有判断题、填空题、选择题、计算或证明题;⑤检测复习题解答,该部分除判断题外,每题均给出了解答的全部过程.

在本书编写过程中,编者阅读了诸多有关的参考书及资料,吸取了其中较好的内容.同时,结合编者的教学实践,也自编了一些题目.编写中,力求做到内容的系统性强、概念性强、题型新颖及多样化.从整体上看,其内容符合《理工科类大学物理课程教学基本要求》(2008年版).但是,为了满足一些同学的要求,在编写中也编入了一些提高的内容.

本书的第3章由李志杰教授编写,第9章、第10章由李讴副教授编写,第11章由姜伟教授编写,第13～15章由王维副教授编写,其余11章由郭连权教授编写.全书由郭连权教授最后定稿.本书的电子文档由研究生武鹤楠、李大业、冷利同学完成,书中插图由李大业同学完成,刘嘉慧老师对书稿进行了校对.在此,编者对于他们为本书早日与读者见面所付出的辛勤劳动表示衷心的感谢.

由于编者水平有限,书中不妥之处在所难免,敬请读者批评指正.

编 者

2009 年 11 月于沈阳

目　　录

前言

第一篇　力　　学

第 1 章　质点运动学 ·· 1
    1.1　基本要求 ··· 1
    1.2　本章小结 ··· 1
    1.3　典型思考题与习题 ··· 3
    1.4　检测复习题 ··· 10
    1.5　检测复习题解答 ··· 13

第 2 章　质点动力学 ·· 18
    2.1　基本要求 ·· 18
    2.2　本章小结 ·· 18
    2.3　典型思考题与习题 ··· 19
    2.4　检测复习题 ··· 27
    2.5　检测复习题解答 ··· 32

第 3 章　刚体力学 ·· 41
    3.1　基本要求 ·· 41
    3.2　本章小结 ·· 41
    3.3　典型思考题与习题 ··· 42
    3.4　检测复习题 ··· 49
    3.5　检测复习题解答 ··· 52

第二篇　热　　学

第 4 章　气体分子运动论 ·· 57
    4.1　基本要求 ·· 57
    4.2　本章小结 ·· 57
    4.3　典型思考题与习题 ··· 59
    4.4　检测复习题 ··· 64

  4.5 检测复习题解答 …………………………………… 68

第5章 热力学基础 ……………………………………… 74
  5.1 基本要求 ……………………………………………… 74
  5.2 本章小结 ……………………………………………… 74
  5.3 典型思考题与习题 …………………………………… 76
  5.4 检测复习题 …………………………………………… 84
  5.5 检测复习题解答 ……………………………………… 89

第三篇 电 磁 学

第6章 真空中的静电场 …………………………………… 97
  6.1 基本要求 ……………………………………………… 97
  6.2 本章小结 ……………………………………………… 97
  6.3 典型思考题与习题 …………………………………… 99
  6.4 检测复习题 …………………………………………… 106
  6.5 检测复习题解答 ……………………………………… 112

第7章 静电场中的导体和电介质 ……………………… 120
  7.1 基本要求 ……………………………………………… 120
  7.2 本章小结 ……………………………………………… 120
  7.3 典型思考题与习题 …………………………………… 122
  7.4 检测复习题 …………………………………………… 129
  7.5 检测复习题解答 ……………………………………… 133

第8章 稳恒电流的磁场 ………………………………… 138
  8.1 基本要求 ……………………………………………… 138
  8.2 本章小结 ……………………………………………… 138
  8.3 典型思考题与习题 …………………………………… 141
  8.4 检测复习题 …………………………………………… 146
  8.5 检测复习题解答 ……………………………………… 153

第9章 电磁感应 …………………………………………… 161
  9.1 基本要求 ……………………………………………… 161
  9.2 本章小结 ……………………………………………… 161
  9.3 典型思考题与习题 …………………………………… 163
  9.4 检测复习题 …………………………………………… 171
  9.5 检测复习题解答 ……………………………………… 176

第10章　电磁场基本理论 183
- 10.1　基本要求 183
- 10.2　本章小结 183
- 10.3　典型思考题与习题 184
- 10.4　检测复习题 186
- 10.5　检测复习题解答 188

第四篇　机械振动与机械波

第11章　机械振动 191
- 11.1　基本要求 191
- 11.2　本章小结 191
- 11.3　典型思考题与习题 193
- 11.4　检测复习题 199
- 11.5　检测复习题解答 203

第12章　机械波 210
- 12.1　基本要求 210
- 12.2　本章小结 210
- 12.3　典型思考题与习题 213
- 12.4　检测复习题 220
- 12.5　检测复习题解答 225

第五篇　波动光学

第13章　光的干涉 233
- 13.1　基本要求 233
- 13.2　本章小结 233
- 13.3　典型思考题与习题 235
- 13.4　检测复习题 242
- 13.5　检测复习题解答 246

第14章　光的衍射 251
- 14.1　基本要求 251
- 14.2　本章小结 251
- 14.3　典型思考题与习题 252
- 14.4　检测复习题 257

14.5　检测复习题解答 ………………………………… 260
第15章　光的偏振 ………………………………………… 265
　　15.1　基本要求 …………………………………………… 265
　　15.2　本章小结 …………………………………………… 265
　　15.3　典型思考题与习题 ………………………………… 266
　　15.4　检测复习题 ………………………………………… 269
　　15.5　检测复习题解答 …………………………………… 272

第六篇　近代物理学基础

第16章　狭义相对论 ……………………………………… 275
　　16.1　基本要求 …………………………………………… 275
　　16.2　本章小结 …………………………………………… 275
　　16.3　典型思考题与习题 ………………………………… 277
　　16.4　检测复习题 ………………………………………… 281
　　16.5　检测复习题解答 …………………………………… 283
第17章　光的量子性 ……………………………………… 286
　　17.1　基本要求 …………………………………………… 286
　　17.2　本章小结 …………………………………………… 286
　　17.3　典型思考题与习题 ………………………………… 287
　　17.4　检测复习题 ………………………………………… 290
　　17.5　检测复习题解答 …………………………………… 292
第18章　原子的量子理论 ………………………………… 294
　　18.1　基本要求 …………………………………………… 294
　　18.2　本章小结 …………………………………………… 294
　　18.3　典型思考题与习题 ………………………………… 295
　　18.4　检测复习题 ………………………………………… 298
　　18.5　检测复习题解答 …………………………………… 301

第一篇 力　　学

第1章　质点运动学

1.1　基本要求

1. 理解质点、参考系和惯性系等概念.
2. 掌握位矢、位移、速度、加速度等描述质点运动和运动变化的物理量.
3. 能借助于直角坐标系熟练地计算质点在平面内运动时的速度和加速度；能熟练地计算质点做圆周运动时的角速度、角加速度、切向加速度和法相加速度.

1.2　本章小结

一、特点

矢量性、瞬时性、相对性.

二、基本物理量

1. 位矢
$$r = xi + yj$$

2. 位移
$$\Delta r = r_2 - r_1 = (x_2 - x_1)i + (y_2 - y_1)j = \Delta xi - \Delta yj$$

3. 速度
$$v = \frac{dr}{dt} = \frac{dx}{dt}i + \frac{dy}{dt}j = v_x i + v_y j$$

大小：$v = |v| = \sqrt{v_x^2 + v_y^2} = \sqrt{\left(\frac{dx}{dt}\right)^2 + \left(\frac{dy}{dt}\right)^2}$

方向：v 与 x 轴正向夹角 $\theta = \arctan \frac{v_y}{v_x}$.

4. 速率
$$v = |v| = \frac{dS}{dt} \quad (S \text{ 为路程})$$

5. 加速度

直角坐标系中

$$a = \frac{\mathrm{d}\boldsymbol{v}}{\mathrm{d}t} = \frac{\mathrm{d}^2\boldsymbol{r}}{\mathrm{d}t^2} = \frac{\mathrm{d}v_x}{\mathrm{d}t}\boldsymbol{i} + \frac{\mathrm{d}v_y}{\mathrm{d}t}\boldsymbol{j} = \frac{\mathrm{d}^2x}{\mathrm{d}t^2}\boldsymbol{i} + \frac{\mathrm{d}^2y}{\mathrm{d}t^2}\boldsymbol{j} = a_x\boldsymbol{i} + a_y\boldsymbol{j}$$

大小：$a = |\boldsymbol{a}| = \sqrt{a_x^2 + a_y^2} = \sqrt{\left(\dfrac{\mathrm{d}v_x}{\mathrm{d}t}\right)^2 + \left(\dfrac{\mathrm{d}v_y}{\mathrm{d}t}\right)^2} = \sqrt{\left(\dfrac{\mathrm{d}^2x}{\mathrm{d}t^2}\right)^2 + \left(\dfrac{\mathrm{d}^2y}{\mathrm{d}t^2}\right)^2}$

方向：$\boldsymbol{a}$ 与 x 轴正向夹角 $\theta = \arctan\dfrac{a_y}{a_x}$.

自然坐标系中

$$\boldsymbol{a} = \boldsymbol{a}_\mathrm{t} + \boldsymbol{a}_\mathrm{n} = \frac{\mathrm{d}v}{\mathrm{d}t}\boldsymbol{e}_\mathrm{t} + \frac{v^2}{r}\boldsymbol{e}_\mathrm{n}$$

大小：$a = \sqrt{a_\mathrm{t}^2 + a_\mathrm{n}^2} = \sqrt{\left(\dfrac{\mathrm{d}v}{\mathrm{d}t}\right)^2 + \left(\dfrac{v^2}{r}\right)^2}$

方向：$\boldsymbol{a}$ 与 $\boldsymbol{e}_\mathrm{t}$ 夹角 $\theta = \arctan\dfrac{a_\mathrm{n}}{a_\mathrm{t}}$.

三、运动及轨迹方程

1. 运动方程 $\begin{cases} 矢量式\ \boldsymbol{r}(t) = x(t)\boldsymbol{i} + y(t)\boldsymbol{j} \\ 标量式\ \begin{cases} x = x(t) \\ y = y(t) \end{cases} \end{cases}$

2. 轨迹方程 $F(x, y) = 0$ （由标量式运动方程得到 x 和 y 的关系）.

四、运动类型

1. $a_\mathrm{n} \equiv 0$（直线运动）

$$a_\mathrm{t} = \frac{\mathrm{d}v}{\mathrm{d}t} \begin{cases} > 0, & 加速直线运动 & (\mathrm{d}v > 0) \\ < 0, & 减速直线运动 & (\mathrm{d}v < 0) \\ = 0, & 匀速直线运动 & (\mathrm{d}v = 0) \end{cases}$$

2. $a_\mathrm{n} \neq 0$（曲线运动）

$$a_\mathrm{t} = \frac{\mathrm{d}v}{\mathrm{d}t} \begin{cases} > 0, & 加速曲线运动 & (\mathrm{d}v > 0) \\ < 0, & 减速曲线运动 & (\mathrm{d}v < 0) \\ = 0, & 匀速曲线运动 & (\mathrm{d}v = 0) \end{cases}$$

3. 曲线运动特例 $\begin{cases} 圆周运动 \begin{cases} 加速圆周运动 \\ 减速圆周运动 \\ 匀速圆周运动 \end{cases} \\ 抛体运动 \begin{cases} 竖直上、下抛 \\ 平抛 \\ 斜抛 \end{cases} \end{cases}$

4. 一维运动：一维运动情况下，由 Δx、v_x、a_x 的正负就能判断位移、速度和加速度的方向，故一维运动可用标量式代替矢量式．

5. 运动的二类问题

$$\text{运动方程} \underset{\text{第二类问题：积分}}{\overset{\text{第一类问题：微分}}{\rightleftarrows}} \boldsymbol{v}、\boldsymbol{a} \text{ 等}$$

五、角量与线量的关系

1. 角速度（标量式）

$$\omega = \frac{\mathrm{d}\theta}{\mathrm{d}t} \quad (\theta \text{ 为角坐标})$$

2. 角加速度（标量式）

$$\alpha = \frac{\mathrm{d}\omega}{\mathrm{d}t} = \frac{\mathrm{d}^2\theta}{\mathrm{d}t^2}$$

3. 角量与线量的关系 $\begin{cases} \text{速率与角速度大小关系为 } v = r\omega \\ \text{切向加速度大小与角加速度大小关系为 } a_\mathrm{t} = r\alpha \\ \text{法向加速度大小与角加速度大小关系为 } a_\mathrm{n} = r\omega^2 \end{cases}$

六、相对运动

设有参考系 E、M，M 相对于 E 运动．质点 P 相对于 E、M 运动．

1. 相对速度：$\boldsymbol{v}_{PE} = \boldsymbol{v}_{PM} + \boldsymbol{v}_{ME}$，即 P 对 E 的速度等于 P 对 M 的速度与 M 对 E 的速度的矢量和．

2. 相对加速度：$\boldsymbol{a}_{PE} = \boldsymbol{a}_{PM} + \boldsymbol{a}_{ME}$，即 P 对 E 的加速度等于 P 对 M 的加速度与 M 对 E 的加速度的矢量和．

1.3 典型思考题与习题

一、思考题

1. 指出下列各量的物理意义：

$$\boldsymbol{r}、r、\Delta\boldsymbol{r}、\Delta r、\frac{\Delta\boldsymbol{r}}{\Delta t}、\frac{\Delta S}{\Delta t}、\frac{\mathrm{d}\boldsymbol{r}}{\mathrm{d}t}、\left|\frac{\mathrm{d}\boldsymbol{r}}{\mathrm{d}t}\right|、\frac{\mathrm{d}\boldsymbol{v}}{\mathrm{d}t}、\left|\frac{\mathrm{d}\boldsymbol{v}}{\mathrm{d}t}\right|、\frac{\mathrm{d}|\boldsymbol{v}|}{\mathrm{d}t}、\frac{\mathrm{d}S}{\mathrm{d}t}.$$

解 $\boldsymbol{r}$ 表示质点在某时刻的位矢；

$r = |\boldsymbol{r}|$ 表示质点在 t 时刻位矢的大小；

$\Delta\boldsymbol{r}$ 表示质点在 t 时刻附近 Δt 时间间隔内位移；

Δr 表示质点在 t 时刻附近 Δt 时间间隔内位矢长度增量；

$\Delta\boldsymbol{r}/\Delta t$ 表示质点在 t 时刻附近 Δt 时间间隔内的平均速度；

$\Delta S/\Delta t$ 表示质点在 t 时刻附近 Δt 时间间隔内的平均速率；

$\mathrm{d}\boldsymbol{r}/\mathrm{d}t$ 表示质点在 t 时刻的速度；

$|\mathrm{d}\boldsymbol{r}/\mathrm{d}t|$ 表示质点在 t 时刻的速率；

$\mathrm{d}\boldsymbol{v}/\mathrm{d}t$ 表示质点在 t 时刻的加速度；

$|\mathrm{d}\boldsymbol{v}/\mathrm{d}t|$ 表示质点在 t 时刻的加速度的大小；

$\mathrm{d}|\boldsymbol{v}|/\mathrm{d}t$ 表示质点在 t 时刻的切向加速度(标量式)；

$\mathrm{d}S/\mathrm{d}t$ 表示质点在 t 时刻的速率.

2. 讨论下列结果是否正确：

(1) 设 $\boldsymbol{r}=x\boldsymbol{i}+y\boldsymbol{j}$，则质点在某一点的速度和加速度分别为

(a) $v=\dfrac{\mathrm{d}r}{\mathrm{d}t}$; (b) $a=\dfrac{\mathrm{d}^2 r}{\mathrm{d}t^2}$.

(2) 设 $\boldsymbol{v}$ 为一质点的运动速度，则一定有 $\left|\dfrac{\mathrm{d}\boldsymbol{v}}{\mathrm{d}t}\right|=\dfrac{\mathrm{d}|\boldsymbol{v}|}{\mathrm{d}t}$.

解 (1) 两种说法都不正确.

(a)
$$v=|\boldsymbol{v}|=\left|\frac{\mathrm{d}\boldsymbol{r}}{\mathrm{d}t}\right|=\frac{|\mathrm{d}\boldsymbol{r}|}{\mathrm{d}t}$$

因为 $|\mathrm{d}\boldsymbol{r}|$ 与 $\mathrm{d}r$ 含义不同，所以 $|\mathrm{d}\boldsymbol{r}|$ 不能用 $\mathrm{d}r$ 代替. 故 $v\neq\dfrac{\mathrm{d}r}{\mathrm{d}t}$.

(b) $a=|\boldsymbol{a}|=\left|\dfrac{\mathrm{d}^2\boldsymbol{r}}{\mathrm{d}t^2}\right|$ 表示质点位矢对时间二次导数的大小；而 r 与 $\boldsymbol{r}$ 的含义不同，所以 $\left|\dfrac{\mathrm{d}^2\boldsymbol{r}}{\mathrm{d}t^2}\right|$ 不能用位矢大小对时间二次导数 $\dfrac{\mathrm{d}^2 r}{\mathrm{d}t^2}$ 来代替. 故 $a\neq\dfrac{\mathrm{d}^2 r}{\mathrm{d}t^2}$.

(2) 不正确.

可知 $\left|\dfrac{\mathrm{d}\boldsymbol{v}}{\mathrm{d}t}\right|=|\boldsymbol{a}|=a$ 及 $\dfrac{\mathrm{d}|\boldsymbol{v}|}{\mathrm{d}t}=a_\mathrm{t}$. 例如，在曲线运动时，$a_\mathrm{n}\neq 0$，因为 $a=\sqrt{a_\mathrm{n}^2+a_\mathrm{t}^2}$，而 $a_\mathrm{n}\neq 0$，所以 $a\neq a_\mathrm{t}$. 即 $\left|\dfrac{\mathrm{d}\boldsymbol{v}}{\mathrm{d}t}\right|\neq\dfrac{\mathrm{d}|\boldsymbol{v}|}{\mathrm{d}t}$.

那么，有没有 $\left|\dfrac{\mathrm{d}\boldsymbol{v}}{\mathrm{d}t}\right|=\dfrac{\mathrm{d}|\boldsymbol{v}|}{\mathrm{d}t}$ 的情况呢？回答是：有. 这是在 $a_\mathrm{n}\equiv 0$，即直线运动时，且 $a_\mathrm{t}=\dfrac{\mathrm{d}v}{\mathrm{d}t}\geqslant 0$ 时，才有此结果.

3. 如图 1-1 所示. 河中有一小船，当有人在离河面有一定高度的岸上以匀速率 v_0 收绳子时，小船即向岸边靠拢. 不考虑河水流速，这时关于小船运动的情况如何？

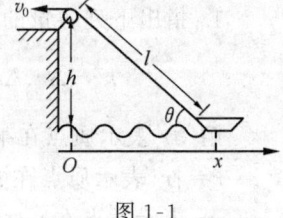

图 1-1

解 如图 1-1 所示取坐标. 可有

$$l^2=h^2+x^2 \tag{1-1}$$

将(1-1)式两边对时间 t 求导数,有

$$2l\frac{\mathrm{d}l}{\mathrm{d}t}=2x\frac{\mathrm{d}x}{\mathrm{d}t} \qquad (1\text{-}2)$$

因为 $\frac{\mathrm{d}l}{\mathrm{d}t}<0$,所以 $\frac{\mathrm{d}l}{\mathrm{d}t}=-v_0$. 而 $v=\frac{\mathrm{d}x}{\mathrm{d}t}$,故

$$v=-\frac{l}{x}v_0=-\frac{v_0}{\cos\theta}$$

即船运动方向沿 x 轴负向,速率 $>v_0$.

将(1-2)式两边对 t 求导数有

$$\left(\frac{\mathrm{d}l}{\mathrm{d}t}\right)^2=\left(\frac{\mathrm{d}x}{\mathrm{d}t}\right)^2+x\frac{\mathrm{d}^2x}{\mathrm{d}t^2}$$

注意 $\frac{\mathrm{d}^2l}{\mathrm{d}t^2}=\frac{\mathrm{d}}{\mathrm{d}t}(-v_0)=0$. 由上式有

$$(-v_0)^2=\left(-\frac{v_0}{\cos\theta}\right)^2+xa$$

即

$$a=v_0^2\left(\frac{-1}{\cos^2\theta}+1\right)\Big/x=-v_0^2\frac{\sin^2\theta}{\cos^2\theta}\frac{1}{h/\tan\theta}=-\frac{v_0^2}{h}\tan^3\theta$$

因为 a 方向与 v 方向一致,所以船是变加速运动.

二、典型习题

1. 如图 1-2 所示,一质点由 O 点出发,沿边长为 2m 的正方形路径 $OABCO$ 经 2s 的时间返回出发点. 在此期间求:

(1) 质点的位移;
(2) 质点通过的路程;
(3) 质点的平均速度;
(4) 质点的平均速率;
(5) 若出发时速率为 $3\mathrm{m}\cdot\mathrm{s}^{-1}$,返回到出发点时速率为 $4\mathrm{m}\cdot\mathrm{s}^{-1}$,则此期间质点的平均加速度为何?

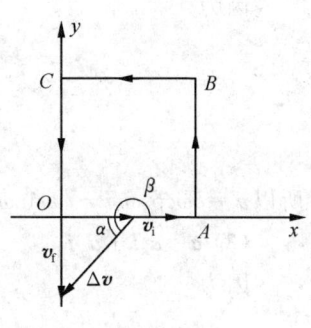

图 1-2

解 (1) $\qquad\qquad\Delta r=0$

(2) $\qquad\qquad\Delta S=8\mathrm{m}$

(3) $\qquad\qquad v=\frac{\Delta r}{\Delta t}=0$

(4) $\qquad\qquad \bar{v}=\frac{\Delta S}{\Delta t}=\frac{8}{2}=4(\mathrm{m}\cdot\mathrm{s}^{-1})$

(5) $\qquad\qquad a=\frac{\Delta v}{\Delta t}$

a 的大小为

$$|a| = \left|\frac{\Delta v}{\Delta t}\right| = \frac{|\Delta v|}{\Delta t} = \frac{\sqrt{3^2+4^2}}{2} = 2.5(\text{m}\cdot\text{s}^{-2})$$

a 的方向:与 x 轴正向夹角为

$$\beta = \pi + \alpha = \pi + \arctan\frac{|v_f|}{|v_i|} = \pi + \arctan\frac{4}{3}.$$

注意:i) 位移与路程的区别;

ii) 平均速率与平均速度的区别;

iii) 求矢量结果时要指明其大小和方向.

2. 已知一质点的运动方程为 $r = b\sin\omega t\,i + c\cos\omega t\,j$,式中 b、c、ω 均为常量.

求:(1) 质点标量形式的运动方程;

(2) 质点速度;

(3) 质点加速度;

(4) 质点的轨迹方程,并做图(设 $|b| > |c|$);

(5) 第 1s 末质点的位移.

解 (1) 依题意有

$$\begin{cases} x = b\sin\omega t \\ y = c\cos\omega t \end{cases}$$

(2) $$v = v_x i + v_y j$$

因为

$$\begin{cases} v_x = \dfrac{dx}{dt} = b\omega\cos\omega t \\ v_y = \dfrac{dy}{dt} = -c\omega\sin\omega t \end{cases}$$

所以 $v = b\omega\cos\omega t\,i - c\omega\sin\omega t\,j$.

(3) $a = a_x i + a_y j$

因为

$$\begin{cases} a_x = \dfrac{dv_x}{dt} = -b\omega^2\sin\omega t \\ a_y = \dfrac{dv_y}{dt} = -c\omega^2\cos\omega t \end{cases}$$

所以 $a = -b\omega^2\sin\omega t\,i - c\omega^2\cos\omega t\,j$.

(4) 由(1)得轨迹方程为

$$\frac{x^2}{b^2} + \frac{y^2}{c^2} = 1$$

即轨迹为椭圆,如图 1-3 所示.

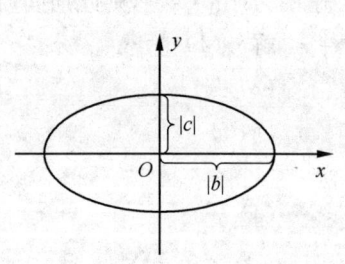

图 1-3

(5) 位移为

$$\Delta \boldsymbol{r} = \boldsymbol{r}_1 - \boldsymbol{r}_0 = (x_1 - x_0)\boldsymbol{i} + (y_1 - y_0)\boldsymbol{j}$$
$$= (b\sin\omega - 0)\boldsymbol{i} + (c\cos\omega - c)\boldsymbol{j}$$
$$= b\sin\omega\boldsymbol{i} + c(\cos\omega - 1)\boldsymbol{j}$$

注意：i) 运动方程的两种表达方法；

ii) 位移的概念及计算方法；

iii) 运动学中有两类问题，即已知运动方程求 $\boldsymbol{v}$、$\boldsymbol{a}$ 等；或已知 $\boldsymbol{a}$（或 $\boldsymbol{v}$）及初始条件求运动方程. 此题属于前一类.

3. 质点沿半径为 $R=2\mathrm{m}$ 的圆周做逆时针方向运动，路程 S 随时间 t 变化关系为 $S=t+\dfrac{1}{3}t^3$(SI)，设 θ 为总加速度与半径夹角. 求：

(1) 质点速度的大小；

(2) 质点切向加速度的大小；

(3) 质点法向加速度的大小；

(4) 第 3s 末 θ 值；

(5) 第 3s 末总加速度大小；

(6) 第 3s 末质点角速度大小；

(7) 第 3s 末质点角加速度大小.

解 (1) 速度的大小即速率为

$$v = \frac{\mathrm{d}S}{\mathrm{d}t} = 1 + t^2$$

(2) 质点切向加速度的大小为

$$a_\mathrm{t} = \frac{\mathrm{d}v}{\mathrm{d}t} = \frac{\mathrm{d}^2 S}{\mathrm{d}t^2} = 2t$$

(3) 质点法向加速度的大小

$$a_\mathrm{n} = \frac{v^2}{R} = \frac{(1+t^2)^2}{2}$$

(4) 第 3s 末 θ 值

$$\theta = \arctan\frac{a_\mathrm{t}}{a_\mathrm{n}} = \arctan\frac{2\times 3}{\dfrac{(1+3^2)^2}{2}} = \arctan\frac{3}{25}$$

(5) 第 3s 末总加速度大小

$$a = \sqrt{a_\mathrm{t}^2 + a_\mathrm{n}^2} = \sqrt{(2\times 3)^2 + \left[\frac{(1+3^2)^2}{2}\right]^2} = 50.4(\mathrm{m\cdot s^{-2}})$$

(6) 第 3s 末质点角速度大小

$$\omega = \frac{v}{R} = \frac{1+3^2}{2} = 5(\mathrm{rad\cdot s^{-1}})$$

(7) 第 3s 末质点角加速度大小

$$a = \frac{a_t}{R} = \frac{2 \times 3}{2} = 3(\mathrm{m \cdot s^{-2}})$$

4. 在 $t=0$ 时刻,将一物体(看成质点)从原点以初速度 $\boldsymbol{v}_0$ 沿抛射角 θ 方向抛出,如图 1-4 所示,不计空气阻力。

(1) 试求任意时刻物体的法向加速度的大小;

(2) $\dfrac{\mathrm{d}\boldsymbol{v}}{\mathrm{d}t}$ 是否变化 ($\boldsymbol{v}$ 为物体速度)?

(3) $\dfrac{\mathrm{d}v}{\mathrm{d}t}$ 是否变化 (v 为物体速率)?

(4) 轨道上何处曲率半径最大?其值为何?

(5) 轨道最高点的曲率半径为何?

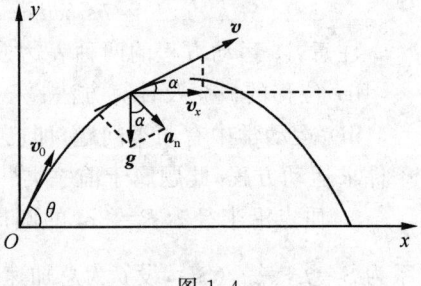

图 1-4

解 (1) 如图 1-4 所示,可知物体的运动方程为

$$\begin{cases} y = v_0 \sin\theta t - \dfrac{1}{2}gt^2 \\ x = v_0 \cos\theta t \end{cases} \quad (1\text{-}3)$$

〈方法一〉:$a_n = \dfrac{v^2}{\rho}$

$$v = |\boldsymbol{v}| = \sqrt{v_x^2 + v_y^2}$$

由(1-3)式有

$$\begin{cases} v_x = \dfrac{\mathrm{d}x}{\mathrm{d}t} = v_0 \cos\theta \\ v_y = \dfrac{\mathrm{d}y}{\mathrm{d}t} = v_0 \sin\theta - gt \end{cases}$$

将 v_x、x_y 代入 v 中,有

$$v = \sqrt{(v_0\cos\theta)^2 + (v_0\sin\theta - gt)^2} = \sqrt{v_0^2 - 2v_0\sin\theta gt + g^2t^2} \quad (1\text{-}4)$$

设曲率半径为 ρ,有

$$\frac{1}{\rho} = \frac{|y''|}{(1+y'^2)^{3/2}} \quad (1\text{-}5)$$

$$y' = \frac{\mathrm{d}y}{\mathrm{d}x} = \frac{\mathrm{d}y/\mathrm{d}t}{\mathrm{d}x/\mathrm{d}t} = \frac{v_y}{v_x} = \frac{v_0\sin\theta - gt}{v_0\cos\theta}$$

$$y'' = \frac{\mathrm{d}}{\mathrm{d}x}y' = \frac{\mathrm{d}y'}{\mathrm{d}t} \cdot \frac{\mathrm{d}t}{\mathrm{d}x} = \frac{\mathrm{d}}{\mathrm{d}t}\left(\frac{v_0\sin\theta - gt}{v_0\cos\theta}\right)\frac{\mathrm{d}t}{\mathrm{d}x} = \frac{-g}{v_0\cos\theta} \cdot \frac{1}{v_0\cos\theta} = -\frac{g}{v_0^2\cos^2\theta}$$

将 y'、y'' 代入(1-5)式中,有

$$\frac{1}{\rho} = \frac{|y''|}{(1+y'^2)^{3/2}} = \frac{\left|-\dfrac{g}{v_0^2\cos^2\theta}\right|}{\left[1+\left(\dfrac{v_0\sin\theta-gt}{v_0\cos\theta}\right)^2\right]^{3/2}} = \frac{gv_0\cos\theta}{(v_0^2-2v_0\sin\theta gt+g^2t^2)^{3/2}}$$

(1-6)

将(1-4)式、(1-6)式代入 a_n 中,有

$$a_n = \frac{(v_0^2-2v_0\sin\theta gt+g^2t^2)gv_0\cos\theta}{(v_0^2-2v_0\sin\theta gt+g^2t^2)^{3/2}}$$

$$= \frac{gv_0\cos\theta}{\sqrt{v_0^2-2v_0\sin\theta gt+g^2t^2}}$$

〈方法二〉:$a_n = \sqrt{a^2-a_t^2}$

$$a = \sqrt{a_n^2+a_t^2}, \quad 且\ a = g$$

有

$$a_n = \sqrt{g^2-a_t^2}$$

由(1-4)式知

$$a_t = \frac{dv}{dt} = \frac{-v_0\sin\theta g+g^2t}{\sqrt{v_0^2-2v_0\sin\theta gt+g^2t^2}}$$

将 a_t 代入 a_n 中,有

$$a_n = \sqrt{g^2-\left(\frac{-v_0\sin\theta g+g^2t}{\sqrt{v_0^2-2v_0\sin\theta gt+g^2t^2}}\right)^2}$$

$$= \frac{gv_0\cos\theta}{\sqrt{v_0^2-2v_0\sin\theta gt+g^2t^2}}$$

〈方法三〉:利用几何关系求 a_n

设物体所在处的切线与水平方向夹角为 α,由图 1-4 知

$$a_n = g\cos\alpha = g\frac{1}{\sqrt{1+\tan^2\alpha}} = g\frac{1}{\sqrt{1+\left(\dfrac{dy}{dx}\right)^2}} = g\frac{1}{\sqrt{1+\left(\dfrac{dy/dt}{dx/dt}\right)^2}}$$

$$= g\frac{1}{\sqrt{1+\left(\dfrac{v_0\sin\theta-gt}{v_0\cos\theta}\right)^2}} = \frac{gv_0\cos\theta}{\sqrt{v_0^2-2v_0\sin\theta gt+g^2t^2}}$$

(2) 因为 $\dfrac{d\boldsymbol{v}}{dt} = \boldsymbol{g}$,所以 $\dfrac{d\boldsymbol{v}}{dt}$ 不变.

(3) 可知 $a_t = \dfrac{dv}{dt} = -g\sin\alpha$,因为 $\sin\alpha$ 变化,故 $\dfrac{dv}{dt}$ 改变.

(4) 在起点和终点时,$v=v_{\max}=v_0$,$a_n=a_{n\min}=g\cos\theta$. 由 $\rho=\dfrac{v^2}{a_n}$ 知,在起点和终点 ρ 最大,其值为 $\rho_{\max}=\dfrac{v_0^2}{g\cos\theta}$.

(5) 此时,$v=v_0\cos\theta$,$a_n=g\cos0°=g$,有
$$\rho=\frac{v_0^2\cos^2\theta}{g}$$

注意:注重一题多解,学会用简单方法.

5. 轮船以 $18\text{km}\cdot\text{h}^{-1}$ 的航速向正北航行时,测得风是西北风. 当轮船以 $36\text{km}\cdot\text{h}^{-1}$ 的航速改向正东航行时,测得风是正北风. 求附近地面上测得的风速.

解 根据相对速度公式,有
$$\boldsymbol{v}_{风对地}=\boldsymbol{v}_{风对船}+\boldsymbol{v}_{船对地}$$

用 $\boldsymbol{v}_{风对地1}$、$\boldsymbol{v}_{风对船1}$、$\boldsymbol{v}_{船对地1}$ 表示第一种情况,$\boldsymbol{v}_{风对地2}$、$\boldsymbol{v}_{风对船2}$、$\boldsymbol{v}_{船对地2}$ 表示第二种情况.

将上面两种情况下的矢量关系图绘在一起(图 1-5)
有
$$\alpha=45°\Rightarrow\beta=45°$$ 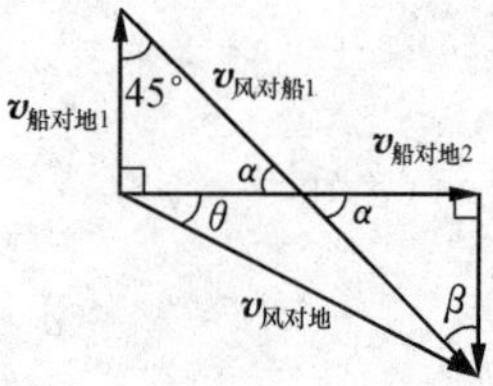

因为
$$|\boldsymbol{v}_{船对地2}|=2|\boldsymbol{v}_{船对地1}|$$

所以
$$|\boldsymbol{v}_{风对船2}|=|\boldsymbol{v}_{船对地1}|$$

图 1-5

有
$$|\boldsymbol{v}_{风对地}|=\sqrt{v_{风对船2}^2+v_{船对地2}^2}=\sqrt{18^2+36^2}=18\sqrt{5}=40(\text{km}\cdot\text{h}^{-1})$$
$$\theta=\arctan\frac{|\boldsymbol{v}_{风对船2}|}{|\boldsymbol{v}_{船对地2}|}=\arctan\frac{18}{36}=\arctan\frac{1}{2}$$

即风的方向由东向南偏 $\theta=\arctan\dfrac{1}{2}$.

注意:i) 运动的相对性,掌握相对速度公式;
ii) 熟练掌握用矢量方法处理问题.

1.4 检测复习题

一、判断题

指出下列说法是否正确:
1. 质点做直线运动,其加速度就是切向加速度.

2. 质点做圆周运动,其加速度就是法相加速度.
3. 质点做某一运动,它可能既没有切向加速度,又没有法相加速度.
4. 质点做曲线运动时,它一定是既有切向加速度,又有法相加速度.

二、填空题

1. 一质点在 xOy 平面内运动,其运动方程为 $r = 4t\boldsymbol{i} + \frac{3}{2}t^2\boldsymbol{j}$ (SI),则第 1s 末质点的速度为_____,速率为_____,加速度为_____,切向加速度的大小为_____,法向加速度的大小为_____.

2. 灯距地面高度为 h_1,一个人身高为 h_2,在灯下以匀速率 v 沿水平直线行走,如图 1-6 所示.则此人的头在地面上的影子 M 点沿地面移动的速率 v_M 为_____.

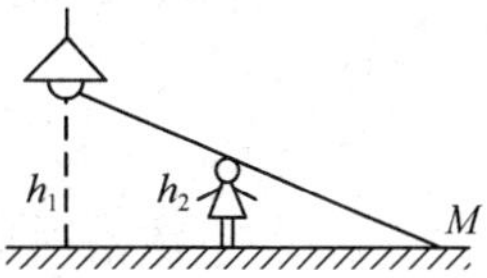

图 1-6

3. 一质点从静止 $(t=0)$ 出发,沿半径为 $R=3$m 的圆周运动,切向加速度大小保持不变,$a_t = 3$m·s^{-2}. 在 t 时刻,其总加速度 $\boldsymbol{a}$ 与半径成 $45°$ 角,此时 $t=$ _____.

4. 在一个转动的齿轮上,一个齿尖 P 沿半径为 R 的圆周运动,其路程 S 随时间的变化规律为 $S = v_0 t + \frac{1}{2}bt^2$,其中 v_0 和 b 都是正的常量,则 t 时刻齿尖 P 的速度大小为_____,加速度大小为_____.

5. 半径为 $r = 1.5$m 的飞轮,初角速度 $\omega_0 = 10$rad·s^{-1},角加速度 $\alpha = -5$rad·s^{-2},则在 $t(t \neq 0) =$ _____ 时角坐标增量为零,而此时边缘上点的线速率 $v =$ _____.

6. 一质点沿半径为 0.10m 的圆周运动,其角位移 θ 可用 $\theta = 2 + 4t^3$ (SI) 表示,(1) 当 $t = 2$s 时,$a_t =$ _____;(2) 当 a_t 的大小恰为总加速度 $\boldsymbol{a}$ 大小的一半时,$\theta =$ _____.

7. 沿仰角 θ 以速率 v_0 斜向上抛出的物体,从抛出到达最高点之前,其切向加速度的大小越来越_____,通过最高点后,其切向加速度的大小越来越_____.

8. 一物体做如图 1-7 所示的斜抛运动,测得在轨道 A 点处速度 $\boldsymbol{v}$ 的大小为 v,其方向与水平方向夹角成 $30°$,则 A 点的切向加速度 $a_t =$ _____,轨道的曲率半径 $R =$ _____.

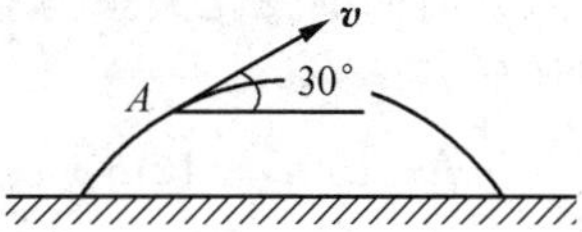

图 1-7

三、选择题

1. 一质点沿半径为 R 的圆周运动一周,它在运动过程中,位移模的最大值和所走路程的最大值分别为(　　)

A. $2\pi R, 2\pi R$ B. $2R, 2R$ C. $2R, 2\pi R$ D. $0, 2\pi R$

2. 质点做曲线运动，r 表示位置矢量，S 表示路程，a_t 表示切向加速度，下列表达式中（ ）

(1) $\dfrac{dv}{dt}=a$ (2) $\dfrac{dr}{dt}=v$ (3) $\dfrac{dS}{dt}=v$ (4) $\left|\dfrac{dv}{dt}\right|=a_t$

A. 只有(1)、(4)是对的   B. 只有(2)、(4)是对的
C. 只有(2)是对的   D. 只有(3)是对的

3. 如图 1-8 所示，它是某质点做直线运动的 x-t 曲线，质点在 QR 运动区间内，对于速度和加速度有（ ）

A. $v=0, a=0$ B. $v>0, a=0$
C. $v>0, a<0$ D. $v>0, a>0$

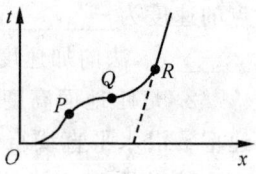

图 1-8

4. 一小球沿斜面向上运动，其运动方程为 $S=5+4t-t^2$ (SI)，则小球运动到最高点的时刻是（ ）

A. $t=4s$ B. $t=2s$ C. $t=8s$ D. $t=5s$

5. 小球沿斜面向上运动，其运动方程为 $S=5+4t-t^2$ (SI)，则小球在第 2s 末到第 3s 末之间的运动是（ ）

A. 匀加速运动   B. 匀减速运动   C. 匀速运动   D. 变减速运动

6. 有 4 个质点在 x 方向做相互不相关的直线运动，起始时刻的位置都在 $x=0$ 处，图 1-9 给出了它们的速度与时间的曲线，请指出在 $t=2s$ 时，哪个质点离原点最远？（ ）

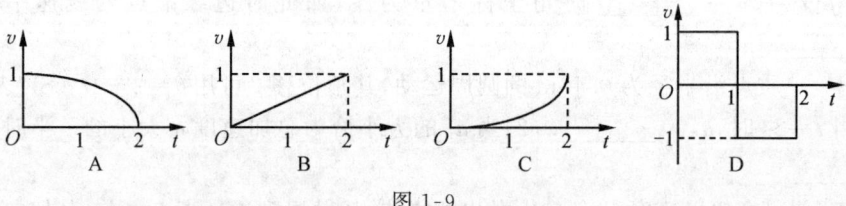

图 1-9

7. 一质点沿 x 轴做直线运动，在 $t=0$ 时质点位于 $x_0=2m$ 处，该质点的速度随其时间的变化关系为 $v=12-3t^2$ (SI)，当质点瞬时静止时，其所在位置和加速度如何？（ ）

A. $16m, -12 m \cdot s^{-1}$ B. $16m, 12 m \cdot s^{-1}$
C. $18m, -12 m \cdot s^{-1}$ D. $18m, 12 m \cdot s^{-1}$

8. 从某一高度以速率 v_0 水平抛出一小球，其落地时的速率为 v_t，不计空气阻力，小球在空中运动的时间为（ ）

A. $(v_t-v_0)/g$ B. $(v_t-v_0)/(2g)$
C. $\sqrt{v_t^2-v_0^2}/g$ D. $\sqrt{v_t^2-v_0^2}/(2g)$

9. 以初速度 v_0、抛射角 θ 斜上抛出一物体，不计空气阻力，当该物体到达与抛出点在同一水平位置时，它的 $|a_t|$ 及 $|a_n|$ 分别为（　　）

A. $0, g$　　　　B. $g, 0$　　　　C. $g\cos\theta, g\sin\theta$　　D. $g\sin\theta, g\cos\theta$

10. 某物体做直线运动，它的运动规律为 $\dfrac{dv}{dt}=-kv^2t$，式中 k 为常数，当 $t=0$ 时，初速度为 v_0，则速度 v 与时间 t 的函数关系为（　　）

A. $v=\dfrac{1}{2}kt^2+v_0$　　　　　　B. $v=-\dfrac{1}{2}kt^2+v_0$

C. $\dfrac{1}{v}=\dfrac{1}{2}kt^2$　　　　　　　D. $\dfrac{1}{v}=\dfrac{1}{2}kt^2+\dfrac{1}{v_0}$

11. 甲乙同时同地出发，甲在北偏东 60° 的方向上以 $1\mathrm{m\cdot s^{-1}}$ 的速率匀速前进，乙在正北的方向上以同速率 $1\mathrm{m\cdot s^{-1}}$ 匀速前进，则甲对乙的相对速度的大小与方向为（　　）

A. $\sqrt{3}\mathrm{m\cdot s^{-1}}$，南偏东 60°　　　B. $\sqrt{3}\mathrm{m\cdot s^{-1}}$，北偏西 60°

C. $1\mathrm{m\cdot s^{-1}}$，南偏东 60°　　　　D. $1\mathrm{m\cdot s^{-1}}$，北偏西 60°

四、计算题

1. 一物体在桌面上沿 x 轴正向运动，且加速度与坐标关系为 $a=x$(SI)，$t=0$ 时，$x_0=0$ 及 $v_0=1\mathrm{m\cdot s^{-1}}$，求 $x=\sqrt{15}\mathrm{m}$ 时的速度.

2. 如图 1-10 所示，跨过滑轮 C 的绳子，一端挂有重物 B，另一端 A 被人拉着沿水平方向做匀速运动. 其速度 $v_0=1\mathrm{m\cdot s^{-1}}$，$A$ 点离地距离保持 $h=1.5\mathrm{m}$，运动开始时，重物在地面上的 B_0 处，绳 AC 在竖直位置. 滑轮离地高 $H=10\mathrm{m}$，其半径忽略不计，求：

(1) 重物 B 上升的运动方程；
(2) t 时刻重物的速度.

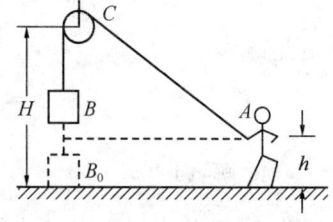

图 1-10

1.5　检测复习题解答

一、判断题

1. √.　2. ×.　3. √.　4. ×.

二、填空题

1. 解：(1)　　　$\boldsymbol{v}=\dfrac{d\boldsymbol{r}}{dt}=4\boldsymbol{i}+3t\boldsymbol{j}$，　$\boldsymbol{v}_1=4\boldsymbol{i}+3\boldsymbol{j}\mathrm{m\cdot s^{-1}}$

(2)　　　　　　　　$v_1=|\boldsymbol{v}_1|=5\mathrm{m\cdot s^{-1}}$

（3） $$a = \frac{d\boldsymbol{v}}{dt} = 3\boldsymbol{j}, \quad \boldsymbol{a}_1 = 3\boldsymbol{j}\,\text{m}\cdot\text{s}^{-2}$$

（4） $$a_t = \frac{dv}{dt} = \frac{d}{dt}\sqrt{4^2+(3t)^2} = \frac{9t}{\sqrt{16+9t^2}}, \quad a_{t1} = \frac{9}{5}\,\text{m}\cdot\text{s}^{-2}$$

（5）由 $a = \sqrt{a_t^2 + a_n^2}$ 有

$$a_n = \sqrt{a_1^2 - a_{t1}^2} = \frac{12}{5}\,\text{m}\cdot\text{s}^{-2}$$

2. 解：如图 1-11 可知，利用三角形相似有

$$\frac{x_M}{x} = \frac{h_1}{h_1 - h_2}$$

即

$$x_M = \frac{h_1}{h_1 - h_2}x$$

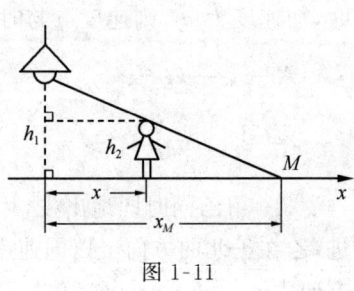

图 1-11

两边对时间求导数，并注意 $v_M = \dfrac{dx_M}{dt}, v = \dfrac{dx}{dt}$ 有

$$v_M = \frac{h_1}{h_1 - h_2}v$$

3. 解：如图 1-12 所示，有

$$a_n = a_t$$

又

$$a_n = \frac{(a_t t)^2}{R}$$

由此得

$$t = \sqrt{\frac{R}{a_t}} = 1\,\text{s}$$

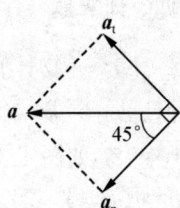

图 1-12

4. 解：（1） $$v = \frac{dS}{dt} = v_0 + bt$$

因为 v_0、b 均大于 0，故所求结果为 $(v_0 + bt)$

（2）因为

$$\begin{cases} a_t = \dfrac{dv}{dt} = b \\ a_n = \dfrac{v^2}{R} = \dfrac{(v_0 + bt)^2}{R} \end{cases}$$

所以

$$a = \sqrt{a_t^2 + a_n^2} = \sqrt{b^2 + (v_0 + bt)^4 / R^2}$$

5. 解：（1）$\omega = \alpha t + \omega_0 = -5t + 10$

$$\int_{\theta_0}^{\theta} d\theta = \int_0^t \omega\,dt = \int_0^t (-5t + 10)\,dt$$

得

$$\theta - \theta_0 = -\frac{5}{2}t^2 + 10t$$

当 $\theta - \theta_0 = 0$ 时,$t = 4$s.

(2) $\qquad v = r\omega = -15\text{m} \cdot \text{s}^{-1}$

6. 解:(1) $\alpha = \dfrac{\mathrm{d}^2\theta}{\mathrm{d}t^2} = 24t$,$a_\mathrm{t} = R\alpha = 2.4t$.

当 $t = 2$s 时,$a_\mathrm{t} = 4.8\text{m} \cdot \text{s}^{-2}$.

(2) 由图 1-13 有 $\quad a_\mathrm{n} = \dfrac{a_\mathrm{t}}{\tan 30°}$

因为

$$a_\mathrm{n} = \frac{v^2}{R} = \frac{(R\omega)^2}{R} = \left(R\frac{\mathrm{d}\theta}{\mathrm{d}t}\right)^2 \Big/ R = 144Rt^4$$

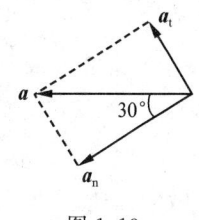

图 1-13

得

$$\frac{a_\mathrm{t}}{\tan 30°} = 144Rt^4$$

即

$$\frac{2.4t}{\tan 30°} = 144Rt^4$$

有 $t^3 = 0.2887$,所以

$$\theta = 2 + 4t^3 = 3.15\text{rad}$$

7. 解:(1)取抛出点为原点,y 轴向上. 如图 1-14 所示,在达到最高点前任意一点 P 处时有 $|\boldsymbol{a}_\mathrm{t}| = g\sin\alpha$,因为从抛出点到运动到最高点的过程中,$\alpha$ 越来越小,所以 $|\boldsymbol{a}_\mathrm{t}|$ 越来越小.

(2) $|\boldsymbol{a}_\mathrm{t}|$ 是关于轨迹的最高点左右对称的,所以在从最高点运动到落地点的过程中,$|\boldsymbol{a}_\mathrm{t}|$ 越来越大.

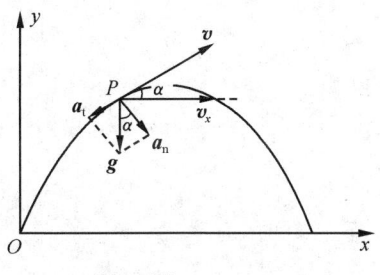

图 1-14

8. 解:(1) 如图 1-15 所示,可知

$$|\boldsymbol{a}_\mathrm{t}| = g\sin\alpha = g\sin 30° = \frac{g}{2}$$

(2) $a_\mathrm{n} = g\cos 30°$

$$R = \frac{v^2}{a_\mathrm{n}} = \frac{v^2}{g\cos 30°} = 0.118v^2$$

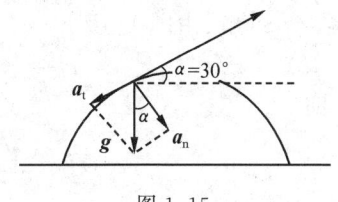

图 1-15

三、选择题

1. 解:由定义可知(C)对.

2. 解:因为 $\dfrac{\mathrm{d}v}{\mathrm{d}t} = a_\mathrm{t}$,$\dfrac{\mathrm{d}r}{\mathrm{d}t} = v_\mathrm{r}$,$\left|\dfrac{\mathrm{d}\boldsymbol{v}}{\mathrm{d}t}\right| = a$

所以(A)、(B)、(C)都不对. $\frac{dS}{dt}=v$ 是定义,(D)对.

3. 解: $v=\frac{dx}{dt}=\tan\alpha$(曲线斜率),由图 1-8 知,在 QR 内 $\frac{dx}{dt}>0$,则 $v>0$. 在 QR 内,因为曲线凹向向上,所以 $a=\frac{d^2x}{dt^2}>0$. (D)对.

4. 解: $v=\frac{dS}{dt}=4-2t$,由于 $v=0$ 时小球运动到了最高点,此时 $t=2$s.(B)对.

5. 解: $v=\frac{dS}{dt}=4-2t$,在 $t=2$s 后,$v<0$,即又沿斜面向下运动.

因为 $a=\frac{dv}{dt}=-2$,即加速度方向沿斜面向下,所以在第 2s 末到第 3s 末小球做匀加速运动,(A)对.

6. 解: 由 $v=\frac{dx}{dt}$ 有 $dx=vdt$,依题意知
$$\int_0^x dx = \int_0^t vdt$$
得 $x=\int_0^t vdt=$ 曲线与坐标轴围成面积的代数和,可见 $x_{\max}$ 对应图(A).

7. 解: 由 $v=\frac{dx}{dt}$ 有 $dx=vdt$,做积分
$$\int_{x_0}^x dx = \int_0^t vdt = \int_0^t (12-3t^2)dt$$
得
$$x = 12t - t^3 + 2$$
$$a = \frac{dv}{dt} = -6t$$
当 $v=0$ 时,有
$$t = 2s$$
此时,$x=18$m,$a=-12$m·s^{-2}.(C)对.

8. 解: 由图 1-16 知
$$v_t^2 = v_0^2 + g^2 t^2$$
即
$$t = \frac{\sqrt{v_t^2 - v_0^2}}{g}$$
(C)对.

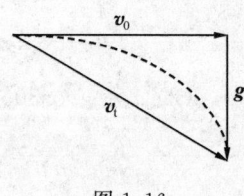

图 1-16

9. 解: 由图 1-17 可知,O 处 $|\boldsymbol{a}_t|$、$|\boldsymbol{a}_n|$ 与 O' 处结果相同. 在任一点 M 处,有
$$|\boldsymbol{a}_t| = g\sin\alpha, \quad |\boldsymbol{a}_n| = g\cos\alpha$$
在 O 点处,$\alpha=\theta$,有

$|a_t|=g\sin\theta$, $|a_n|=g\cos\theta$. (D)对.

10. 解：由 $\dfrac{dv}{dt}=-kv^2t$ 有 $\dfrac{dv}{v^2}=-kt\,dt$，做积分

$$\int_{v_0}^{v}\dfrac{dv}{v^2}=\int_0^t -kt\,dt$$

得 $\dfrac{1}{v}=\dfrac{1}{2}kt^2+\dfrac{1}{v_0}$. (D)对.

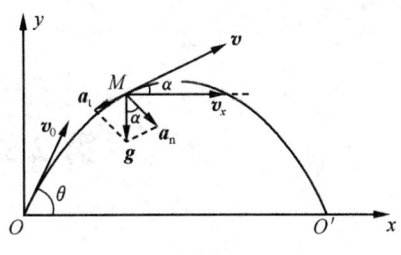

图 1-17

11. 解：由题意有图 1-18 的矢量关系.

已知 $|v_甲|=|v_乙|$，及 $v_甲$ 与 $v_乙$ 之间的夹角为 $60°$，故图 1-18 中三角形为等边三角形，可得 $|v_{甲乙}|=1\mathrm{m\cdot s^{-1}}$，$v_{甲乙}$ 方向南偏东 $60°$. (C)对.

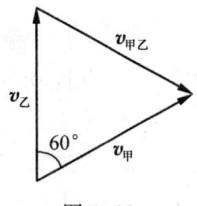

图 1-18

四、计算题

1. 解：$a=\dfrac{dv}{dt}=x$，由 $a=\dfrac{dv}{dt}=\dfrac{dv}{dx}\cdot\dfrac{dx}{dt}=v\dfrac{dv}{dx}$ 有 $v\,dv=x\,dx$

作积分

$$\int_1^v v\,dv=\int_0^x x\,dx$$

得

$$v=\sqrt{1+x^2}$$

当 $x=\sqrt{15}$ 时，有

$$v=4\mathrm{m\cdot s^{-1}}$$

2. 解：(1) 由图 1-19 所示，由题意知，当 $t=0$ 时，$AC=H-h$. 设物体在某一时刻离地面的高度为 x，则 t 时刻 $AC=H-h+x$，由直角三角形得

$$(H-h)^2+(v_0t)^2=(H-h+x)^2$$

解得

$$x=\sqrt{(H-h)^2+(v_0t)^2}-(H-h)$$
$$=\sqrt{t^2+8.5^2}-8.5$$

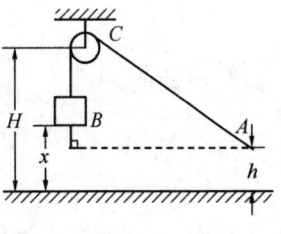

图 1-19

(2) $v=\dfrac{dx}{dt}=\dfrac{t}{\sqrt{t^2+8.5}}\,(\mathrm{m\cdot s^{-1}})$

第 2 章 质点动力学

2.1 基本要求

1. 掌握牛顿三定律及其适用条件.
2. 掌握功的概念,能熟练地计算直线运动情况下变力的功;掌握保守力做功的特点及势能的概念,会计算势能.
3. 掌握质点的动能定理、动量定理和功能原理,并能用它们分析、解决质点在平面内运动时的简单力学问题.
4. 掌握机械能守恒定律、动量守恒定律以及它们的适用条件;掌握运动守恒定律分析问题的思想和方法,能分析简单系统在平面内运动的力学问题.

2.2 本章小结

一、基本物理量

1. 动量
$$p = mv$$

2. 冲量
$$I = \int_{t_1}^{t_2} F \, dt$$

3. 动能
$$E_k = \frac{1}{2}mv^2$$

4. 功
$$W = \int_A^B F \cdot dr$$

5. 势能 E_p $\begin{cases} 重力势能 \quad E_p = mgh \\ 弹性势能 \quad E_p = \frac{1}{2}kx^2 \\ 引力势能 \quad E_p = -G\dfrac{m_1 m_2}{r} \end{cases}$

二、基本规律

1. 第一定律 $F = 0$ 时,$v =$ 恒矢量

2. 第二定律 $F = ma$
3. 第三定律 $F = -F'$
4. 动能定理

(1) 质点的动能定理：合外力对质点所做的功 W，等于质点的动能 E_k 增量，即
$$W = E_{k2} - E_{k1}$$

(2) 质点系的动能定理：一切外力功的代数和 $W_{外}$ 加上一切内力功的代数和 $W_{内}$ 等于质点系动能 $\sum_i E_{ki}$ 的增量，即
$$W_{外} + W_{内} = \sum_i E_{ki2} - \sum_i E_{ki1}$$

5. 动量定理

(1) 质点的动量定理：合外力对质点的冲量 I，等于质点的动量 p 增量，即
$$I = p_2 - p_1$$

(2) 质点系的动量定理：合外力对质点系的冲量 $I_{合外力}$，等于质点系的动量 $\sum_i p_i$ 增量，即
$$I_{合外力} = \sum_i p_{i2} - \sum_i p_{i1}$$

6. 功能原理

一切外力功的代数和 $W_{外}$ 加上一切非保守内力功的代数和 $W_{非保守内力}$，等于质点系机械能 $\sum_i E_i$ 的增量，即
$$W_{外} + W_{非保守内力} = \sum_i E_{i2} - \sum_i E_{i1}$$

7. 守恒定律

(1) 动量守恒定律：若质点系受的合力 $F_{合外力} = 0$，则质点系的动量 $\sum_i p_i$ 保持不变. 即
$$\sum_i p_i = 常矢量$$

(2) 机械能守恒：若一切外力功的代数和 $W_{外}$ 加上一切非保守内力功的代数和 $W_{非保守内力}$ 等于零，则质点系的机械能 $\sum_i E_i$ 保持不变，即
$$\sum_i E_i = 常数$$

2.3 典型思考题与习题

一、思考题

1. 为什么动量守恒条件用外力的矢量和为零，而不用外力冲量为零？

解 动量守恒指的是在某一过程动量等于恒矢. 由牛顿第二定律的原始形式

$\dfrac{d\boldsymbol{p}}{dt}=\boldsymbol{F}$ 知,只有 $\boldsymbol{F}\equiv 0$ 时,才有 $\dfrac{d\boldsymbol{p}}{dt}\equiv 0$,即在某一过程中 $\boldsymbol{p}=$ 恒矢. 若用 $\boldsymbol{I}=\int_{t_1}^{t_2}\boldsymbol{F}dt=\boldsymbol{p}_2-\boldsymbol{p}_1$ 来讨论,当冲量 $\boldsymbol{I}=0$ 时,有 $0=\boldsymbol{p}_2-\boldsymbol{p}_1$,但是,这只说明在 t_2 时刻的动量与 t_1 时刻的动量相等,并不能说明在 t_1-t_2 内动量都相等. 这是因为 $\int_{t_1}^{t_2}\boldsymbol{F}dt=0$ 时,并不能说明 $\boldsymbol{F}\equiv 0$. 因此动量守恒条件用外力的矢量和等于零,而不用外力的冲量为零.

2. 如图 2-1 所示,小球 m 由状态(a)开始运动,不计空气阻力,它与光滑的钢板做完全弹性碰撞,又反弹回状态(b). 则在(a)→(b)过程中,

(1) m 的动量是否守恒?

(2) m 在水平方向的动量分量是否守恒?

(3) m 的能量是否守恒?

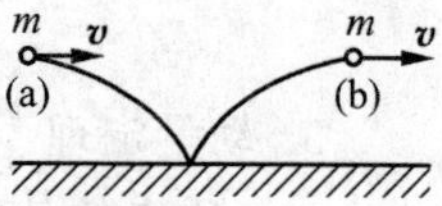

解 (1) 不守恒. 因为在(a)→(b)过程中 m 受到的合外力不为零.

(2) 守恒. 因为在(a)→(b)过程中,m 在水平方向受的力为零.

(3) 守恒. 因为在(a)→(b)过程中,只有保守力对 m 做功.

图 2-1

3. 如图 2-2 所示,质量为 M 的人手里拿着一个质量为 m 的物体,此人用与水平面成 α 角的速度$\boldsymbol{v}_0$向前上方跳去. 当他达到最高点时,将物体以相对他以速率 u 沿水平方向向后抛去. 抛出 m 的瞬间,人的速率 v 可由下列哪个方程决定(不计空气阻力)?

$$(M+m)v_0\cos\alpha = Mv + m(v_0\cos\alpha - u) \qquad (2\text{-}1)$$

$$(M+m)v_0\cos\alpha = Mv + m(v-u) \qquad (2\text{-}2)$$

解 v 可由(2-2)式决定. 它是以人和物体为系统在最高点处系统沿水平方向动量守恒的方程式. 因为 u 和 v 是同时产生的,用速度合成定理时,只能用同一时刻的速度进行叠加.

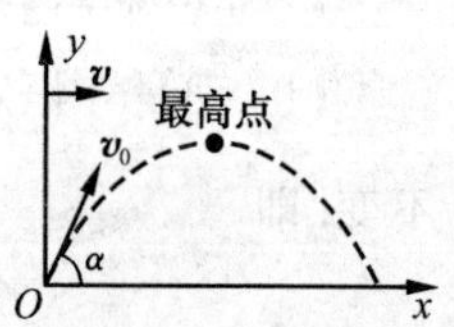

图 2-2

4. 有人把一物体由静止开始举高到 h 处,并使物体获得速率 v,在此过程中,人对物体做的功为 W,则有

$$W = \dfrac{1}{2}mv^2 + mgh$$

有人把上式理解为"合外力对物体做的功等于物体的机械能的增量". 这样不与动能定理相矛盾吗?试讨论之.

解 这样理解是错误的,这是因为 W 只是人对物体做的功而不是一切外力功的代数和. 一切外力功的代数和等于人做的功加上重力的功,由动能定理有

$$\text{人做的功} - mgh = \dfrac{1}{2}mv^2 - 0$$

即

人做的功 $= \dfrac{1}{2}mv^2 + mgh$

5. 既然物体的动能与参考系的选择有关,那么对物体所做的功是否与参考系的选择有关? 动能定理是否与参考系的选择有关?

解 因为功与位移有关,而位移与参考系有关,所以功与参考系有关.

动能定理与参考系(惯性系)的选择无关,也就是说动能定理对所有的惯性系均成立. 这是由于动能定理来源于牛顿第二定律,而牛顿第二定律对所有的惯性系都成立.

二、典型习题

1. 如图 2-3 所示. 在光滑的水平面上固定一个半径为 R 的圆环形围屏,质量为 m 的滑块沿环形内壁转动. 滑块与壁间滑动摩擦系数为 μ,试求:滑块的速率由 v 变为 $v/3$ 时所用的时间.

图 2-3

解 研究对象:滑块.

参考系:地面.

受力分析:滑块受 4 个力,即重力 mg、水平面的支持力 F、围屏的法向作用力 N、围屏的摩擦力 f.

图 2-4 标出了水平方向上的作用力. 由牛顿第二定律有

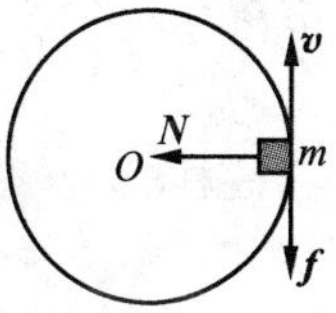

$$mg + F + N + f = ma$$

在自然坐标系下,切向方向有

$$-f = m\dfrac{dv}{dt}$$

图 2-4

法向方向有

$$N = m\dfrac{v^2}{R}$$

又知

$$f = \mu N$$

由上有

$$m\dfrac{dv}{dt} = -\mu m \dfrac{v^2}{R}$$

即

$$-\dfrac{dv}{v^2} = \dfrac{\mu}{R}dt$$

作积分

$$\int_v^{\frac{1}{3}v} -\dfrac{dv}{v^2} = \int_0^t \dfrac{\mu}{R}dt$$

得

$$t = \frac{2\mu}{Rv}$$

注意:根据具体问题适当选择坐标系.

2. 如图 2-5 所示,在光滑的水平面上,放一质量为 M 的三棱柱,斜面长为 l,斜角为 α,有一质量为 m 的滑块从斜面最高处由静止开始无摩擦地下滑.求:

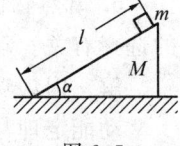

图 2-5

(1) 滑块对三棱柱的加速度及三棱柱对地的加速度;

(2) 当滑块滑到斜面最低点时,三棱柱相对地面走过的路程.

解 (1) 研究对象:滑块、三棱柱.

参考系:地面.

受力分析:滑块受两个力,即重力 $m\boldsymbol{g}$、三棱柱对它的支持力 $\boldsymbol{N}$.三棱柱受三个力,即重力 $M\boldsymbol{g}$、滑块对它的正压力 $\boldsymbol{N}'$、地面对它的支持力 $\boldsymbol{N}''$.图 2-6 为受力示意图.

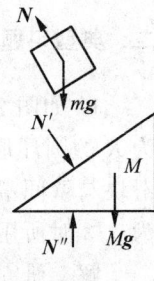

图 2-6

设三棱柱相对地的加速度为 $\boldsymbol{a}_M$,滑块相对地的加速度为 $\boldsymbol{a}_m$,滑块相对三棱柱的加速度为 $\boldsymbol{a}_{mM}$,有

$$\boldsymbol{a}_m = \boldsymbol{a}_{mM} + \boldsymbol{a}_M$$

由牛顿第二定律并根据图 2-7 有

滑块 $\begin{cases} -N\sin\alpha = ma_{mx} = m(-a_{mM}\cos\alpha + a_M) \\ N\cos\alpha - mg = ma_{my} = m(-a_m\sin\alpha - 0) \end{cases}$

三棱柱 $\begin{cases} N'\sin\alpha = Ma_M \\ N' = N \end{cases}$

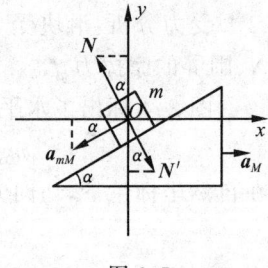

图 2-7

解得 $\begin{cases} a_M = mg\sin\alpha\cos\alpha/(M + m\sin^2\alpha) \\ a_{mM} = (m+M)g\sin\alpha/(M + m\sin^2\alpha) \end{cases}$

$$\boldsymbol{a}_m = a_{mx}\boldsymbol{i} + a_{my}\boldsymbol{j}$$
$$= \left(-\frac{(M+m)g\sin\alpha\cos\alpha}{M + m\sin^2\alpha} + \frac{mg\sin\alpha\cos\alpha}{M + m\sin^2\alpha}\right)\boldsymbol{i} - \frac{(M+m)g\sin\alpha \cdot \sin\alpha}{M + m\sin^2\alpha}\boldsymbol{j}$$
$$= -\frac{Mg\sin\alpha\cos\alpha}{M + m\sin^2\alpha}\boldsymbol{i} - \frac{(M+m)g\sin^2\alpha}{M + m\sin^2\alpha}\boldsymbol{j}$$

(2) 〈方法一〉:用路程与加速度关系解

设 $t = 0$ 时 m 开始下滑,$t = t_0$ 时滑到最低处,有

$$\begin{cases} l = \frac{1}{2}a_{mM}t_0^2 \\ S = \frac{1}{2}a_M t_0^2 \end{cases}$$

两式两边相除有

$$\frac{l}{S} = \frac{a_{mM}}{a_M}$$

即

$$S = \frac{a_M}{a_{mM}}l = \left[\frac{mg\sin\alpha\cos\alpha}{M+m\sin^2\alpha}\bigg/\frac{(M+m)g\sin\alpha}{M+m\sin^2\alpha}\right]l = \frac{m\cos\alpha}{m+M}l$$

〈方法二〉:用动量守恒求解

把滑块、三棱柱视为一个系统,因为此系统在水平方向上的合外力为零,故在此方向上系统的动量守恒.设三棱柱、滑块对地的速度分别为$\boldsymbol{v}_M$和$\boldsymbol{v}_m$,滑块相对于三棱柱的速度为$\boldsymbol{v}_{mM}$,有

$$\boldsymbol{v}_m = \boldsymbol{v}_{mM} + \boldsymbol{v}_M$$

由动量守恒有

$$m\boldsymbol{v}_{mx} + M\boldsymbol{v}_{Mx} = 0$$

根据图 2-8 有

$$m(-v_{mM}\cos\alpha + v_M) + Mv_M = 0$$

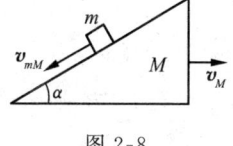

图 2-8

即

$$v_M = \frac{m\cos\alpha}{M+m}v_{mM}$$

得

$$S = \int_0^{t_0} v_M dt = \int_0^{t_0} \frac{m\cos\alpha}{M+m} v_{mM} dt$$

$$= \frac{m\cos\alpha}{M+m}\int_0^{t_0} v_{mM} dt = \frac{m\cos\alpha}{M+m}l$$

注意:i) 参考系的选择与受力分析;

ii) 速度和加速度的相对性;

iii) 动量守恒条件.

3. 质量为 5kg 的物体,其运动方程为 $x = \frac{1}{3}t^3$ 和 $y = t^2$(SI).求:

(1) $t=1$s 到 $t=2$s 内合外力对物体做的功;

(2) 在第 3s 内物体受到合外力的冲量.

解 (1) 研究对象:运动物体.

〈方法一〉:按定义解

$$W = \int_A^B \boldsymbol{F} \cdot d\boldsymbol{r} = \int_{x_1}^{x_2} F_x dx + \int_{y_1}^{y_2} F_y dy = \int_{x_1}^{x_2} m\frac{d^2 x}{dt^2}dx + \int_{y_1}^{y_2} m\frac{d^2 y}{dt^2}dy$$

$$= \int_{x_1}^{x_2} 5 \cdot 2t dx + \int_{y_1}^{y_2} 5 \times 2 dy = \int_1^2 10t \cdot t^2 dt + 10(y_2 - y_1)$$

$$= \frac{5}{2}(2^4 - 1^4) + 10(2^2 - 1^2) = \frac{135}{2}(\text{J})$$

〈方法二〉：按动能定理解

可知

$$\begin{cases} v_x = \dfrac{\mathrm{d}x}{\mathrm{d}t} = t^2 \\ v_y = \dfrac{\mathrm{d}y}{\mathrm{d}t} = 2t \end{cases}$$

有

$$v^2 = v_x^2 + v_y^2 = t^4 + 4t^2$$

得

$$W = \frac{1}{2}mv_2^2 - \frac{1}{2}mv_1^2$$
$$= \frac{1}{2} \times 5 \times (2^4 + 4 \times 2^2) - \frac{1}{2} \times 5 \times (1^4 + 4 \times 1^2)$$
$$= \frac{135}{2}(\text{J})$$

(2)〈方法一〉：按定义解

$$\boldsymbol{I} = \int_2^3 \boldsymbol{F}\mathrm{d}t = \int_2^3 F_x \boldsymbol{i}\,\mathrm{d}t + \int_2^3 F_y \boldsymbol{j}\,\mathrm{d}t$$
$$= \left[\int_2^3 m \frac{\mathrm{d}^2 x}{\mathrm{d}t^2}\mathrm{d}t\right]\boldsymbol{i} + \left[\int_2^3 m \frac{\mathrm{d}^2 y}{\mathrm{d}t^2}\mathrm{d}t\right]\boldsymbol{j}$$
$$= \left(\int_2^3 5 \cdot 2t\,\mathrm{d}t\right)\boldsymbol{i} + \left(\int_2^3 5 \cdot 2\,\mathrm{d}t\right)\boldsymbol{j}$$
$$= 25\boldsymbol{i} + 10\boldsymbol{j}\,(\text{N}\cdot\text{s})$$

〈方法二〉：用动量定理解

$$\boldsymbol{I} = m\boldsymbol{v}_2 - m\boldsymbol{v}_1 = m(v_{2x} - v_{1x})\boldsymbol{i} + m(v_{2y} - v_{1y})\boldsymbol{j}$$
$$= 5(3^2 - 2^2)\boldsymbol{i} + 5(2 \times 3 - 2 \times 2)\boldsymbol{j}$$
$$= 25\boldsymbol{i} + 10\boldsymbol{j}\,(\text{N}\cdot\text{s})$$

注意：动能定理与动量定理的应用.

4. 如图 2-9 所示，用一不计质量的弹簧把质量分别为 m_1 和 m_2 的两块木板连接起来，一起放在地面上，$m_2 > m_1$. 问：

(1) 对上面木板必须施加多大的正压力 F 以便在该力突然撤去而上面的木块跳起来时，恰能使下面木块提离地面？

(2) 如果 m_1 和 m_2 交换位置，结果如何？

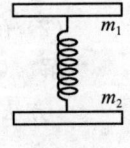

图 2-9

解 如图 2-10 所示，设 m_1 在 O 处时弹簧为自然长度，在 m_1 上加力 $\boldsymbol{F}$ 后，m_1 距 O 点为 x_1. 去掉 $\boldsymbol{F}$ 后，m_1 被提起的最高位置距 O 点为 x_2. 可知，在此过程中，由 m_1、m_2、弹簧和地球组成的系统，一切外力功的代数和加上一切内力功的代数和等于零，因此系统的机械能守恒. 可有

$$\frac{1}{2}kx_1^2 + E_{pm2} = \frac{1}{2}kx_2^2 + m_1 g(x_1+x_2) + E_{pm2}$$

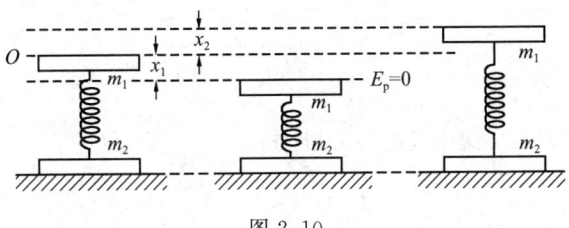

图 2-10

即

$$kx_1 - kx_2 = 2m_1 g \qquad (2\text{-}3)$$

施加力 F 后 m_1 平衡时有

$$kx_1 = m_1 g + F \qquad (2\text{-}4)$$

m_2 提起的条件为

$$kx_2 \geqslant m_2 g \qquad (2\text{-}5)$$

由(2-3)式～(2-5)式得

$$F \geqslant (m_1 + m_2)g$$

(2) 由(1)中结果知,m_1 与 m_2 互换位置则结果不变.

5. 如图 2-11 所示,一匀质链条长为 L,放在光滑的水平桌面上,其一端下垂,下垂部分长度为 a,设开始时链条静止. 求链条刚刚离开桌面时的速率.

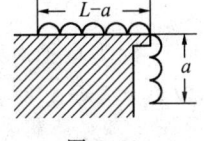

图 2-11

解 〈方法一〉:用牛顿第二定律解

设 t 时刻,链条下垂 x,整个链条受合外力为 $\dfrac{m}{L}x\boldsymbol{g}$ 作用,由牛顿第二定律有

$$m\frac{dv}{dt} = \frac{m}{L}gx$$

即

$$\frac{dv}{dt} = \frac{g}{L}x$$

可有

$$\frac{dv}{dt} = \frac{dv}{dx}\frac{dx}{dt} = v\frac{dv}{dx} = \frac{g}{L}x$$

得

$$v\,dv = \frac{g}{L}x\,dx$$

作积分

$$\int_0^v v\,dv = \int_a^L \frac{g}{L}x\,dx$$

得

$$v = \sqrt{\frac{g}{L}(L^2 - a^2)}$$

〈方法二〉:用动能定理解(重力为外力)

由动能定理有

$$W = \frac{1}{2}mv^2 - 0$$

合外力功为

$$W = \int_a^L \frac{m}{L}xg\,dx = \frac{mg}{2L}(L^2 - a^2)$$

解得

$$v = \sqrt{\frac{g}{L}(L^2 - a^2)}$$

〈方法三〉:用功能原理解(重力为保守内力)

把链条和地球看成一个系统,有

$$W_{外} + W_{非保守内力} = (E_{k2} + E_{p2}) - (E_{k1} - E_{p1})$$

因为桌子对系统的作用力不做功,所以 $W_{外}=0$. 又因为系统无非保守内力,故 $W_{非保守内力}=0$. 取桌面处重力势能为零,有

$$0 = \left(\frac{1}{2}mv^2 - mg\frac{L}{2}\right) - \left(0 - \frac{m}{L}ag \cdot \frac{a}{2}\right)$$

解得

$$v = \sqrt{\frac{g}{L}(L^2 - a^2)}$$

〈方法四〉:用机械能守恒定律解

仍把链条和地球看成一个系统,因为 $W_{外}=W_{非保守内力}=0$,所以系统的机械能守恒,即

$$\frac{1}{2}mv^2 - mg\frac{L}{2} = -\frac{m}{L}ag\frac{a}{2}$$

解得

$$v = \sqrt{\frac{g}{L}(L^2 - a^2)}$$

注意:i) 动能定理、功能原理的含义.

ii) 机械能守恒的条件.

2.4 检测复习题

一、判断题

指出下列说法是否正确：
1. 惯性力实质上是非惯性系的加速度的反映.
2. 牛顿第一定律确定了力的概念.
3. 物体在动能相同的两态，其动量不一定相同.
4. 只要一切外力功的代数和为零，则系统的机械能就守恒.

二、填空题

1. 质量为 2kg 的物体在合外力 $F=(2+4t)i$(SI) 的作用下沿 x 轴运动. $t=0$ 时，物体处于静止，在第 2s 末，物体的加速度为_____；速度为_____. 在第 2s 内物体受到 F 的冲量为_____；F 对物体做的功为_____.

2. 功是_____的量度；能量是_____的单值函数；动量是力的_____积累效应；功是力的_____积累效应；力 F 沿任意闭合回路的积分等于零，这是_____的特征，只有在保守场中才能引进_____的概念.

3. 质量为 0.1kg 的质点，其运动方程为 $x=4.5t^2-4t$(SI). 在第 1s 末，该质点受合外力的大小为_____.

4. 质量为 m 的质点，仅受到力 $F=\dfrac{kr}{r^3}$ 的作用，式中 k 为常数，r 为从某一定点到质点的矢径. 该质点在 $r=r_0$ 处被释放，由静止开始运动. 当它到达无穷远时的速率为_____.

5. 有一人造地球卫星，质量为 m，在地球表面上空 2 倍于地球半径 R 的高度沿圆轨道运行. 用 m、R 及引力常数 G 和地球的质量 M 表示.

   (1) 卫星的动能_____；
   (2) 卫星的引力势能_____.

6. 如图 2-12 所示，一人造地球卫星绕地球做椭圆运动. 近地点为 A，远地点为 B，A、B 两点距地心分别为 r_1、r_2. 设卫星质量为 m，地球质量为 M，万有引力常数为 G，则卫星在 A、B 两点处的万有引力势能之差 $E_{pB}-E_{pA}=$_____；卫星在 A、B 两点的动能之差 $E_{kB}-E_{kA}=$_____.

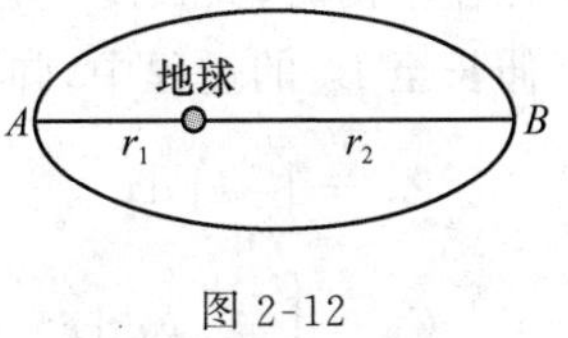

图 2-12

7. 如图 2-13 所示，质量为 m 的质点，以同一速率 v 沿图中正三角形 ABC 的水平光滑轨道运动.质点经过 A 角时,轨道作用于质点的冲量大小为_____,方向为_____.

8. 一块木料质量为 45kg,以 8km·h⁻¹ 的恒速向下游飘动,一只 10kg 的天鹅以 8km·h⁻¹ 的速率向上游飞动.它企图落在这块木料上面,但在立足尚未稳定时,它又以相对于木料为 2km·h⁻¹ 的速率离开木料,向上游飞去.忽略水的摩擦,木料的末速率为_____.

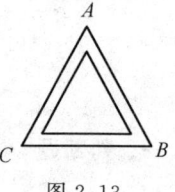

图 2-13

三、选择题

1. 竖直上抛一小球,若空气阻力的大小不变,则球上升到最高点所用时间,与从最高点下降到原位置所需的时间相比( )

A. 前者短　　B. 前者长　　C. 两者相等　　D. 无法比较

2. 如图 2-14 所示,水平地面上有一物体 A,A 与地面间的滑动摩擦系数为 μ,有一恒力 F 作用在 A 上,试问 F 与水平方向夹角 α 为何时,A 在地面上运动的加速度的模值最大?( )

A. $\arcsin\mu$ 　　　　　　B. $\arccos\mu$

C. $\arctan\mu$ 　　　　　　D. $\text{arccot}\mu$

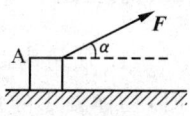

图 2-14

3. 如图 2-15 所示,系统置于以 $a=\frac{1}{2}g$ 的加速度上升的升降机内,A、B 两物体质量均为 m,A 所在的桌面是水平的,绳子和定滑轮质量均不计.若忽略一切摩擦,则绳中张力的大小为( )

A. mg 　　B. $\frac{1}{2}mg$ 　　C. $2mg$ 　　D. $\frac{3}{4}mg$

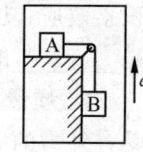

图 2-15

4. 一质点在几个力的作用下沿半径为 2.0m 的圆周运动,其中有一个力是恒力,大小为 $F=6.0$N,方向为在圆周上 A 点的切线方向,如图 2-16 所示.当质点从 A 点开始沿逆时针方向走过 3/4 圆周到达 B 点时,F 在这过程中做的功为( )

A. 12J 　　　　　　　B. -12J

C. 18πJ 　　　　　　D. -18πJ

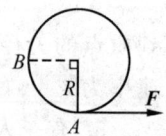

图 2-16

5. 有一弹性系数为 k 的轻弹簧,原长为 L_0,将它吊在天花板上,当它下端挂一托盘平衡时,其长度变为 L_1,然后在托盘中放一重物,使弹簧长度变为 L_2,则由 L_1 伸长至 L_2 的过程中,弹性力所做的功为( )

A. $-\int_{L_1}^{L_2} kx\,dx$ 　　　　　　B. $\int_{L_1}^{L_2} kx\,dx$

C. $-\int_{L_1-L_0}^{L_2-L_0} kx\,dx$ 　　　　D. $\int_{L_1-L_0}^{L_2-L_0} kx\,dx$

6. 一质点在如图 2-17 所示的坐标平面内做圆周运动,有一力 $F=F_0(xi+yj)$ 作用在质点上.在该质点从坐标原点运动到 $(0,2R)$

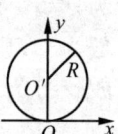

图 2-17

位置的过程中,力 F 对它做的功为( )

A. F_0R^2 B. $2F_0R^2$ C. $3F_0R^2$ D. $4F_0R^2$

7. 设地球质量为 M,万有引力常量为 G,一质量为 m 的宇宙飞船返回地球时,可以认为它是在地球引力场中运动(此时发动机已关闭).当它从距地球中心 R_1 处下降到 R_2 处时,它所增加的动能为( )

A. $\dfrac{GMm}{R_2}$ B. $\dfrac{GMm}{R_2^2}$

C. $\dfrac{GMm(R_1-R_2)}{R_1R_2}$ D. $\dfrac{GMm(R_1-R_2)}{R_1^2R_2^2}$

8. 质量为 10kg 的物体受一变力作用沿直线运动,力随位置变化如图 2-18 所示.若物体以 $1\text{m} \cdot \text{s}^{-1}$ 速率从原点出发,那么物体运动到 16m 处时的速率为( )

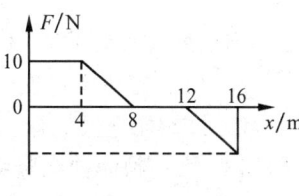

图 2-18

A. $2\sqrt{2}\text{m} \cdot \text{s}^{-1}$ B. $3\text{m} \cdot \text{s}^{-1}$

C. $4\text{m} \cdot \text{s}^{-1}$ D. $\sqrt{17}\text{m} \cdot \text{s}^{-1}$

9. 图 2-19 中外力 F 通过不可伸长的绳子和一弹性系数 $k=200\text{N} \cdot \text{m}^{-1}$ 的轻弹簧缓慢拉离地面上的物体.物体的质量 $M=2\text{kg}$,忽略滑轮质量及摩擦,刚开始拉时弹簧为自然长度.则往下拉绳子,拉下 0.2m 的过程中 F 所做的功为(取重力加速度 $g=10\text{m} \cdot \text{s}^{-2}$)( )

A. 1J B. 2J C. 3J D. 4J

10. A、B 两弹簧的弹性系数分别为 k_A 和 k_B,设二弹簧的质量均忽略不计,今将二弹簧连接起来并竖直悬挂,如图 2-20 所示.当系统静止时,二弹簧的弹性势能 E_{pA} 与 E_{pB} 之比为( )

A. $\dfrac{E_{pA}}{E_{pB}}=\dfrac{k_A}{k_B}$ B. $\dfrac{E_{pA}}{E_{pB}}=\dfrac{k_A^2}{k_B^2}$ C. $\dfrac{E_{pA}}{E_{pB}}=\dfrac{k_B}{k_A}$ D. $\dfrac{E_{pA}}{E_{pB}}=\dfrac{k_B^2}{k_A^2}$

11. 如图 2-21 所示,弹性系数为 k 的轻弹簧在木块和外力(未画出)作用下,处于被压缩 x 的状态.当撤去外力弹簧被释放后,将质量为 m 的木块沿光滑斜面弹出,木块最后落到地面上( )

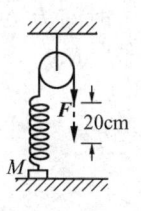

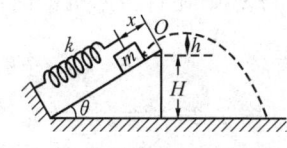

图 2-19　　图 2-20　　图 2-21

A. 在此过程中,木块的动能与弹性势能之和守恒

B. 木块到达最高点时,高度 h 满足 $\frac{1}{2}kx^2 = mgh$

C. 木块落地时速度的大小 v 满足 $\frac{1}{2}kx^2 + mgH = \frac{1}{2}mv^2$

D. 木块落地点的水平距离随 θ 的不同而异,θ 越大,落地点越远

12. 如图 2-22 所示,在计算斜抛物体的最大高度时,有人列出了方程(不计空气阻力)

$$-mgH = \frac{1}{2}mv_0^2\cos^2\theta - \frac{1}{2}mv_0^2$$

可知列出此方程时此人用了( )

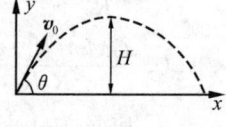

图 2-22

A. 质点的动能定理 B. 系统的功能原理
C. 机械能守恒定律 D. 动量定理

13. 将一物体挂在竖直悬挂的轻弹簧的下端,并用手托住物体使它缓慢下落到平衡位置.设在此过程中,物体的重力势能和弹簧的弹性势能的增量分别为 ΔE_p 为 ΔE_s,则有( )

A. $\Delta E_p = \Delta E_s$ B. $\Delta E_p = -\Delta E_s$
C. $\Delta E_p < -\Delta E_s$ D. $\Delta E_p > -\Delta E_s$

14. 质量为 20g 的子弹沿 x 轴正向以 $500\text{m}\cdot\text{s}^{-1}$ 的速度射入一木块后,与木块一起以 $50\text{m}\cdot\text{s}^{-1}$ 的速度仍沿 x 轴正向前进,在此过程中木块所受冲量的大小为( )

A. $9\text{N}\cdot\text{s}$ B. $-9\text{N}\cdot\text{s}$ C. $10\text{N}\cdot\text{s}$ D. $-10\text{N}\cdot\text{s}$

15. 一质点在力 $F = 5m(5-2t)$(SI)的作用下,从静止开始($t=0$)做直线运动,式中 m 为质点质量,t 为时间.则当 $t=5\text{s}$ 时,质点的速率为( )

A. $25\text{m}\cdot\text{s}^{-1}$ B. $-50\text{m}\cdot\text{s}^{-1}$ C. 0   D. $50\text{m}\cdot\text{s}^{-1}$

16. 一静止物体受到 $\boldsymbol{F} = 2t\boldsymbol{i}$(SI)的作用力,若以 Δp_1 和 Δp_2 分别表示第一个 5s 和第二个 5s 内物体动量的增量,则有( )

A. $\Delta p_2 = \Delta p_1$ B. $\Delta p_2 = 4\Delta p_1$
C. $\Delta p_2 = 3\Delta p_1$ D. $\Delta p_2 = 2\Delta p_1$

17. 质量为 m 的铁锤竖直落下,打在木桩上并停止,设打击时间为 Δt,打击前铁锤速率为 v,则在打击木桩的时间内,铁锤所受平均合外力的大小为( )

A. $\frac{mv}{\Delta t}$ B. $\frac{mv}{\Delta t} - mg$ C. $\frac{mv}{\Delta t} + mg$ D. $\frac{2mv}{\Delta t}$

18. 如图 2-23 所示,质量为 1kg 的弹性小球,自某一高度水平抛出,落地时与地面发生完全弹性碰撞.已知抛出 1s 后小球又跳回原来高度,而且速度与刚抛出时相同.在小球与

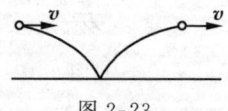

图 2-23

地面碰撞过程中,地面给它的冲量大小和方向分别为(　　)

A. $9.8\text{kg}\cdot\text{m}\cdot\text{s}^{-1}$,竖直向上

B. $9.8\sqrt{2}\text{kg}\cdot\text{m}\cdot\text{s}^{-1}$,竖直向上

C. $19.6\text{kg}\cdot\text{m}\cdot\text{s}^{-1}$,竖直向上

D. $4.9\text{kg}\cdot\text{m}\cdot\text{s}^{-1}$,与水平面成 $45°$ 角

19. 在水平冰面上以一定速度向东行驶的炮车,向东南(斜向上)方向发射一炮弹,对于炮车和炮弹这一系统,在此过程中(忽略冰面摩擦力及空气阻力)(　　)

A. 总动量守恒

B. 总动量在炮身前进方向上的分量守恒,其他方向动量不守恒

C. 总动量在水平面上任意方向的分量守恒,竖直方向动量不守恒

D. 总动量在任何方向的分量均不守恒

20. 一质量为 60kg 的人静止站在一条质量为 300kg,且正以 $2\text{m}\cdot\text{s}^{-1}$ 的速率向湖岸驶近的小木船上,湖水是静止的,其阻力不计. 现在人相对于船以一水平速度 v 沿船前进方向向河岸跳去,该人跳起后,船速减为原来的一半,速率 v 应为(　　)

A. $2\text{m}\cdot\text{s}^{-1}$　　　B. $8\text{m}\cdot\text{s}^{-1}$　　　C. $5\text{m}\cdot\text{s}^{-1}$　　　D. $6\text{m}\cdot\text{s}^{-1}$

21. 小球 A 和 B 的质量相同,B 球原来静止,A 以速度 u 与 B 做对心碰撞. 这两球碰撞后的速度 v_1 和 v_2 的可能值是(　　)

A. $-u, 2u$　　B. $\dfrac{u}{4}, \dfrac{3u}{4}$　　C. $-\dfrac{u}{4}, \dfrac{5u}{4}$　　D. $\dfrac{u}{2}, -\dfrac{\sqrt{3}u}{2}$

22. 一烟火体总质量为 $M+2m$,从离地面高 h 处自由下落到 $h/2$ 时炸开,并飞出质量均为 m 的两块. 它们相对于烟火体的速度大小相等,方向为一上一下. 爆炸后烟火体从 $h/2$ 处落到地面的时间为 t_1,若烟火体在自由下落到 $h/2$ 处不爆炸,它从 $h/2$ 处落到地面的时间为 t_2,则(　　)

A. $t_1 > t_2$　　B. $t_1 < t_2$　　C. $t_1 = t_2$　　D. 无法确定

23. 如图 2-24 所示,在光滑水平面上有一个运动物体 P,在 P 的正前方有一个连有弹簧和挡板 M 的静止物体 Q,弹簧和挡板 M 的质量均不计,P 的质量与 Q 相同,物体 P 与 M 碰撞并使 P 停止,此时 Q 以碰撞前 P 的速度运动. 在此碰撞过程中,弹簧压缩量最大的时刻是(　　)

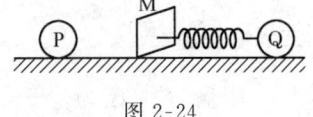

图 2-24

A. P 的速度正好变为零时　　B. P 与 Q 以相同速度运动时

C. Q 正好开始运动时　　D. Q 正好达到原来 P 的速度时

24. 两个质量为 m_1 和 m_2 的小球,在一直线上做完全弹性碰撞. 碰撞前两小球的速度分别为 v_1 和 v_2(同向),在碰撞过程中两球间的最大形变能是(　　)

A. $\dfrac{1}{2}\sqrt{m_1 m_2}(v_1 - v_2)^2$　　　B. $\dfrac{1}{2}\sqrt{m_1 m_2}(v_1^2 - v_2^2)$

C. $\dfrac{m_1 m_2 (v_1 - v_2)^2}{2(m_1 + m_2)}$ D. $\dfrac{m_1 m_2 v_1 v_2}{2(m_1 + m_2)}$

四、计算题

1. 一步枪在射击时,子弹在枪膛内受的阻力满足 $F = 400 - \dfrac{4}{3} \times 10^5 t$(SI)的规律变化.已知击发前子弹的速率 $v_0 = 0$,子弹出枪口时速率 $v = 300 \mathrm{m \cdot s^{-1}}$.求子弹的质量等于多少?

2. 如图 2-25 所示,一链条总长为 l,质量为 m,放在桌面上靠边处.并使其一端下垂的长度为 a,设链条与桌面之间的滑动摩擦系数为 μ,链条由静止开始运动.求:

(1) 到链条离开桌边的过程中摩擦力对链条做的功;

(2) 链条离开桌边时的速率.

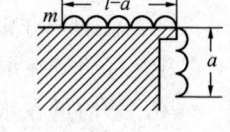

图 2-25

3. 如图 2-26 所示,质量为 M 半径为 R 的半圆形的光滑槽放在光滑的水平的桌面上.质量为 m 小物体可在槽内滑动.起初半圆槽静止,小物体静止在与圆心同高的 A 处.求:

(1) 小物体滑到任意位置 C 处时,它对半圆槽及半圆槽对地的速率;

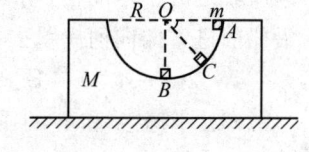

图 2-26

(2) 小物体滑到半圆槽最低点 B 时,半圆槽相对地面运动过的距离.

2.5 检测复习题解答

一、判断题

1. √. 2. √. 3. √. 4. ×.

二、填空题

1. 解:(1) 因为 $\boldsymbol{F} = m\boldsymbol{a}$

所以 $\boldsymbol{a} = \dfrac{\boldsymbol{F}}{m} = (1 + 2t)\boldsymbol{i} \mathrm{m \cdot s^{-2}}$

当 $t = 2\mathrm{s}$ 时,有 $\boldsymbol{a} = 5\boldsymbol{i} \mathrm{m \cdot s^{-2}}$

(2) 由 $\mathrm{d}\boldsymbol{v} = \boldsymbol{a}\mathrm{d}t$ 做积分

$$\int_0^v \mathrm{d}\boldsymbol{v} = \int_0^t \boldsymbol{a} \mathrm{d}t$$

得 $\boldsymbol{v} = (t + t^2)\boldsymbol{i} \mathrm{m \cdot s^{-1}}$

当 $t = 2\mathrm{s}$ 时,有 $\boldsymbol{v} = 6\boldsymbol{i} \mathrm{m \cdot s^{-1}}$

(3) $$\boldsymbol{I} = \int_1^2 \boldsymbol{F} dt = \int_1^2 (2+4t)\boldsymbol{i} dt = 8\boldsymbol{i} \text{ N·s}$$

(4) $W = \frac{1}{2}mv_2^2 - \frac{1}{2}mv_1^2 = \frac{1}{2} \times 2(6^2 - 2^2) = 32(\text{J})$

2. 解：(1) 能量变化或转换的；

(2) 系统状态；

(3) 时间；

(4) 空间；

(5) 保守力；

(6) 势能.

3. 解：$F = ma = m\frac{d^2 x}{dt^2} = 0.9\text{N}$，即所求力大小为 0.9N.

4. 解：由题意知 $W = \int_{r_0}^{\infty} \boldsymbol{F} \cdot d\boldsymbol{r} = \int_{r_0}^{\infty} F dr = \int_{r_0}^{\infty} \frac{k}{r^2} dr = \frac{k}{r_0}$

由动能定理知 $\frac{1}{2}mv^2 = W = \frac{k}{r_0}$，则 $v = \sqrt{\frac{2k}{mr_0}}$.

5. 解：(1) 由 $E_k = \frac{1}{2}mv^2$ 及 $G\frac{Mm}{(3R)^2} = m\frac{v^2}{3R}$

得 $$E_k = \frac{GMm}{6R}$$

(2) $$E_p = -\frac{GMm}{3R}$$

6. 解：(1) 由题图知

$$E_{pB} - E_{pA} = -\frac{GMm}{r_2} + \frac{GMm}{r_1} = \frac{GMm(r_2 - r_1)}{r_1 r_2}$$

(2) 取地球、卫星为系统，则系统的机械能守恒，即
$$E_{kB} + E_{pB} = E_{kA} + E_{pA}$$

故
$$E_{kB} - E_{kA} = E_{pA} - E_{pB} = \frac{GMm(r_1 - r_2)}{r_1 r_2}$$

（注意：$F_A \neq m\frac{v_A^2}{r_1}$，因为 r_1 不是 A 点对应的曲率半径）

7. 解：(1) 如图 2-27 所示，m 经过 A 前和 A 后速度分别为 $\boldsymbol{v}_1$、$\boldsymbol{v}_2$，轨道作用 m 的冲量大小为

$$|\boldsymbol{I}| = |m\boldsymbol{v}_2 - m\boldsymbol{v}_1| = m|\Delta \boldsymbol{v}|$$
$$= m \cdot v2\sin 60° = \sqrt{3}mv$$

(2) $\boldsymbol{I}$ 方向由 A 点垂直指向对边.

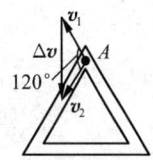

图 2-27

8. 解:设向下游运动方向为正方向,v 为木料末速度,木料和天鹅组成的系统其动量守恒,可有

$$45v + 10(v-2) = 45 \times 8 + 10 \times (-8)$$

解得

$$v = 5.45 (\mathrm{m \cdot s^{-1}}) \quad (\text{沿下游方向})$$

三、选择题

1. 解:设 t_1 时刻小球到最高点,t_2 时刻为小球回到抛出点。由题意有图 2-28 所示的 v-t 曲线(设向上速度方向为正方向)。因为小球上升时受合外力大小大于下降时受合外力的大小,所以上升时加速度大小大于下降时加速度大小,即可有 $\beta < \alpha$。

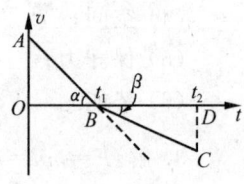

图 2-28

因为三角形 OAB 及 BCD 面积大小表示小球上升和下落过程中走过的路程,而这两个路程又相等,所以两三角形面积大小相等。因为 $\beta < \alpha$,故要求 $OB < BD$,即 $t_1 < t_2 - t_1$。可见,小球上升所用时间比下落中所用时间短。(A)对。

2. 解:取向右为正方向,由牛顿第二定律及图 2-14 知

$$F\cos\alpha - (mg - F\sin\alpha)\mu = ma$$

$$\frac{\mathrm{d}a}{\mathrm{d}\alpha} = \frac{F}{m}(-\sin\alpha + \mu\cos\alpha) = 0$$

又

$$\frac{\mathrm{d}^2 a}{\mathrm{d}\alpha^2} = \frac{F}{m}(-\cos\alpha - \mu\sin\alpha) < 0$$

所以 $\alpha = \arctan\mu$ 时,$\qquad a = a_{\max}$
(C)对。

3. 解:如图 2-29 所取坐标,由牛顿第二定律有

物体 A:$ma_A = T$

物体 B:$T' - mg = (a - a_A)m$

又知

$$T' = T, \quad a = \frac{1}{2}g$$

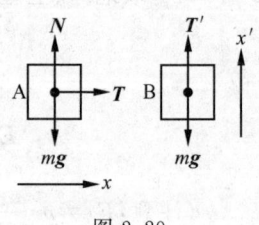

图 2-29

由上解得

$$T = \frac{3}{4}mg$$

(D)对。

4. 解:如图 2-30 所示,因为 F 为恒力,所以功为

$$W = \mathbf{F} \cdot \overrightarrow{AB} = F \cdot AB \cdot \cos\alpha$$

$$= 6 \times \sqrt{2}R\cos 135° = -12(\mathrm{J})$$

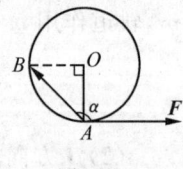

图 2-30

(B)对.

5. 解:因为力与位移方向相反,所以 $W<0$,故(B)、(D)不对. 又因为 x 的原点是在距天花板下方 L_0 处,所以积分限分别为 L_1-L_0 和 L_2-L_0. (C)对.

6. 解:
$$\begin{aligned} W &= \int_A^B \boldsymbol{F} \cdot \mathrm{d}\boldsymbol{r} \\ &= \int_A^B F_0(x\boldsymbol{i}+y\boldsymbol{j}) \cdot (\mathrm{d}x\boldsymbol{i}+\mathrm{d}y\boldsymbol{j}) \\ &= F_0 \int_R^0 x\mathrm{d}x + F_0 \int_0^{2R} y\mathrm{d}y = 2F_0 R^2 \end{aligned}$$

(B)对.

7. 解: $\Delta E_k = W = -\Delta E_p = -\left[-\dfrac{GMm}{R_2}-\left(-\dfrac{GMm}{R_1}\right)\right] = \dfrac{GMm(R_1-R_2)}{R_1 R_2}$

(C)对.

8. 解:质点的动能定理为
$$W = \frac{1}{2}mv_2^2 - \frac{1}{2}mv_1^2$$

因为 W 是 F-t 曲线与坐标轴所围面积的代数和,所以 $W=40\mathrm{J}$.

可得
$$v_2 = \left[\left(W+\frac{1}{2}mv_1^2\right) \cdot \frac{2}{m}\right]^{\frac{1}{2}} = 3\mathrm{m \cdot s^{-1}}$$

(B)对.

9. 解:在弹簧右下端移过 $0.2\mathrm{m}$ 时,M 已脱离地面,设 x_1 为 M 恰好脱离地面时弹簧伸长量,有
$$x_1 = \frac{mg}{k} = 0.1\mathrm{m}$$

在拉绳右端过程中,$\boldsymbol{F}$ 做的功为
$$\begin{aligned} W &= \frac{1}{2}kx_1^2 + Mg(0.2-x_1) \\ &= \frac{1}{2}\times 200 \times 0.1^2 + 2 \times 10 \times (0.2-0.1) \\ &= 3(\mathrm{J}) \end{aligned}$$

(C)对.

10. 解:可知
$$\begin{cases} E_{pA} = \dfrac{1}{2}k_A x_A^2 \\ E_{pB} = \dfrac{1}{2}k_B x_B^2 \end{cases}$$
$$k_A x_A = k_B x_B (=mg)$$

由上解得
$$\frac{E_{pA}}{E_{pB}} = \frac{k_B}{k_A}$$

(C)对.

11. 解：取弹簧、m、地球为系统，因为 $W_{外} = W_{非保守内力} = 0$，所以系统的机械能守恒，此时能量守恒中还应包括重力势能，所以(A)不对. 又因为 m 到达最高点时 $v \neq 0$，还有动能，所以(B)不对. θ 越大，物体的落地点越远不对，如 $\theta_{max} = \pi/2$，此时物体的水平射程为零，故(D)不对. 而(C)满足机械能守恒定律的表达结果，所以(C)对.

12. 解：在 $-mgH = \frac{1}{2}mv_0^2\cos^2\theta - \frac{1}{2}mv_0^2$ 中，左边是合外力(重力)对质点做的功，右边是质点从 O 处到最高点后的动能增量，所以，列出此式时用的是质点的动能定理，(A)对.

13. 解：把弹簧、物体、地球看成系统，人对物体的作用力为合外力，由功能原理和题意知
$$W_{外} = \Delta E_s + \Delta E_p$$

因为人对物体作用力与物体位移方向相反，所以 $W_{外} < 0$，即 $\Delta E_s + \Delta E_p < 0$. 可有 $\Delta E_p < -\Delta E_s$. (C)对.

14. 解：
$$I_子 = P_2 - P_1 = m(v_2 - v_1) = -9\,\text{N}\cdot\text{s}$$
$$I_木 = -I_子 = 9\,\text{N}\cdot\text{s}$$

(A)对.

15. 解：选运动方向为正，由动量定理有
$$mv - 0 = \int_0^5 F\,\mathrm{d}t = \int_0^5 5m(5-2t)\,\mathrm{d}t = 0$$

即
$$v = 0$$

(C)对.

16. 解：
$$\Delta \boldsymbol{p}_1 = \boldsymbol{I}_1 = \int_0^5 \boldsymbol{F}\cdot\mathrm{d}\boldsymbol{r} = \int_0^5 2t\boldsymbol{i}\,\mathrm{d}t = 25\boldsymbol{i}\,\text{N}\cdot\text{s}$$

$$\Delta \boldsymbol{p}_2 = \boldsymbol{I}_2 = \int_5^{10} \boldsymbol{F}\cdot\mathrm{d}\boldsymbol{r} = \int_5^{10} 2t\boldsymbol{i}\,\mathrm{d}t = 75\boldsymbol{i}\,\text{N}\cdot\text{s}$$

得
$$\Delta \boldsymbol{p}_2 = 3\Delta \boldsymbol{p}_1$$

(C)对.

17. 解：取向下方向为正方向，由动量定理知
$$\overline{\boldsymbol{F}}\Delta t = 0 - m\boldsymbol{v}$$

即
$$|\overline{\boldsymbol{F}}| = \frac{mv}{\Delta t}$$

(A)对.

18. 解:如图 2-31 所示

$$I = \Delta p = mv_2 - mv_1 = m\Delta v$$

$$|I| = 1 \cdot |\Delta v| = 2 \cdot gt = 2 \times 9.8 \times \frac{1}{2} = 9.8(\text{kg} \cdot \text{m} \cdot \text{s}^{-1})$$

(m 下落、上升各用 0.5s)I 方向竖直向上,(A)对.

19. 解:在此过程中,因为系统在水平面上所受合外力为零,所以水平面上任意方向的动量分量均守恒. 又因为在竖直方向上系统受合外力不等于零(即冰面支持力与系统重力的矢量和不为零),所以系统在竖直方向动量不守恒. 由上可知,只有(C)对.

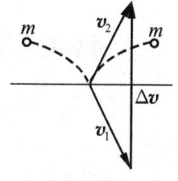

图 2-31

20. 解:依题意知,人船组成的系统在水平方向动量守恒,取船前进方向为正,原船速为 v_0,有

$$60\left(\frac{v_0}{2} + v\right) + 300 \times \frac{v_0}{2} = (60 + 300)v_0$$

当 $v_0 = 2\text{m} \cdot \text{s}^{-1}$ 代入,得 $v = 6\text{m} \cdot \text{s}^{-1}$. (D)对.

21. 解:A、B 组成的系统,在碰撞中其动量守恒,有

$$mv_1 + mv_2 = mu$$

即

$$v_1 + v_2 = u$$

可见(D)不对.

又因为在碰撞前后,有

$$\frac{1}{2}mv_1^2 + \frac{1}{2}mv_2^2 \leqslant \frac{1}{2}mu^2$$

(完全弹性碰撞取"="号,其他情况取"<"号)

即

$$v_1^2 + v_2^2 \leqslant u^2$$

所以(A)、(C)不对.

由上可知,(B)满足上述公式. (B)对.

22. 解:如图 2-32 所示,设烟火体下落到 $h/2$ 的 A 处时相对地的速度为 v_A. 烟火体在 A 处不爆炸时,它从 A 点将做初速度为 v_A 的下抛运动. 烟火体在 A 处爆炸的过程中,可看成动量守恒. 设爆炸后向下飞出的物体相对烟火体的速度为 v,则向上飞出的物体相对烟火体的速度即为($-v$),剩下部分相对地的速度为 v'_A,则有

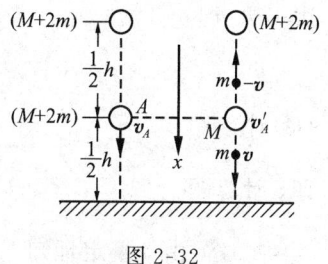

图 2-32

$$Mv'_A + m(v'_A + v) + m(v'_A - v) = (M + 2m)v_A$$

(爆炸前) \qquad (爆炸后)

解得 $\boldsymbol{v}_A'=\boldsymbol{v}_A$. 可知剩下部分从 A 点仍做初速度为 $\boldsymbol{v}_A$ 的下抛运动. 所以, $t_1=t_2$. (C)对.

23. 解:P、Q、弹簧及地球组成的系统,其机械能守恒. 设 t 时刻弹簧压缩 x,P 和 Q 的速率分别为 v_1 和 v_2,有

$$\frac{1}{2}kx^2+\frac{1}{2}mv_1^2+\frac{1}{2}mv_2^2=\text{常数}$$

上式两端对 t 求导数,有

$$kx\frac{\mathrm{d}x}{\mathrm{d}t}+mv_1\frac{\mathrm{d}v_1}{\mathrm{d}t}+mv_2\frac{\mathrm{d}v_2}{\mathrm{d}t}=0$$

当 $x=x_{\max}$ 时,必有 $\dfrac{\mathrm{d}x}{\mathrm{d}t}=0$

故

$$v_1\frac{\mathrm{d}v_1}{\mathrm{d}t}+v_2\frac{\mathrm{d}v_2}{\mathrm{d}t}=0 \tag{2-6}$$

P 和 Q 的加速度分别为

$$a_1=\frac{\mathrm{d}v_1}{\mathrm{d}t},\quad a_2=\frac{\mathrm{d}v_2}{\mathrm{d}t}$$

因为 P、Q 受弹性力大小相等,方向相反,又知 P、Q 质量相同,由牛顿第二定律得 $a_1=-a_2$. 再由(2-6)式有 $v_1=v_2$,即 P、Q 速度相等时弹簧压缩量最大. (B)对.

24. 解:m_1、m_2 组成的系统,在碰撞过程中系统的动量守恒,设它们原运动方向为正,有

$$(m_1+m_2)v=m_1v_1+m_2v_2$$

式中,v 是 m_1、m_2 的共同速度. 因为 m_1、m_2 在速度相等时变形最大(可参考上题结论),所以 m_1、m_2 达到同一个速度时变形能最大. 又知对 m_1、m_2 组成的系统机械能守恒,有

$$\frac{1}{2}(m_1+m_2)v^2+E_{形\max}=\frac{1}{2}mv_1^2+\frac{1}{2}mv_2^2$$

由上解得

$$E_{形\max}=\frac{m_1m_2(v_1-v_2)^2}{2(m_1+m_2)}$$

(C)对.

四、计算题

1. 解:由动量定理知

$$\int_0^{t_0}F\mathrm{d}t=mv-0$$

t_0 是子弹出枪口时的时间. 由于子弹出枪口时不再受枪膛阻力,故 $F=0$. 由此得

有
$$t_0 = 3 \times 10^{-3} \text{s}$$

$$m = \frac{1}{v} \int_0^{3 \times 10^{-3}} \left(400 - \frac{4}{3} \times 10^5 t\right) dt$$
$$= \frac{1}{300} \int_0^{3 \times 10^{-3}} \left(400 - \frac{4}{3} \times 10^5 t\right) dt$$
$$= 2 \times 10^{-3} (\text{kg})$$

2. 解：(1) 设某时刻下垂部分长度为 x，所求功为
$$W_r = -\int_a^l f_r dx = -\int_a^l \frac{m}{l} g(l-x) \mu dx = -\frac{mg\mu(l-a)^2}{2l}$$

(2) 由动能定理有
$$W_{外} = W_{重} + W_r = \frac{1}{2}mv^2 - 0$$

可得
$$v^2 = \frac{2}{m}(W_{重} + W_r) = \frac{2}{m}\left(\int_a^l \frac{m}{l} gx \, dx + W_r\right)$$
$$= \frac{2}{m}\left[\frac{mg}{2l}(l^2 - a^2) - \frac{mg\mu(l-a)^2}{2l}\right]$$
$$= \frac{g}{l}[(l^2 - a^2) - \mu(l-a)^2]$$

有
$$v = \sqrt{\frac{g}{l}}[(l^2 - a^2) - \mu(l-a)^2]^{\frac{1}{2}}$$

3. 解：(1) 如图 2-33 所取坐标，由 m、M 组成的系统在水平方向动量守恒．设 M 对地速度为 $\boldsymbol{v}_M$，m 对 M 速度为 $\boldsymbol{v}'$．在水平方向有
$$m(v'\sin\theta - v_M) - Mv_M = 0 \quad (2\text{-}7)$$

取 m、M、地球为系统，则系统机械能守恒，可有

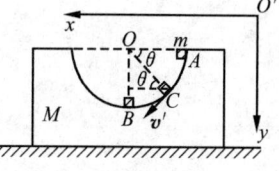

图 2-33

$$\frac{1}{2}m[(v'\sin\theta - v_M)^2 + (v'\cos\theta)^2] + \frac{1}{2}Mv_M^2 = mgR\sin\theta$$

由上解得
$$v_M = \frac{m\sin\theta}{(m+M)}\sqrt{\frac{(m+M) \cdot 2gR\sin\theta}{(m+M) - m\sin^2\theta}}$$

$$v' = \sqrt{\frac{(m+M)\cdot 2gR\sin\theta}{(m+M)-m\sin^2\theta}}$$

(2) 设 m 在 A 处为 $t=0$ 时刻，在 B 处为 $t=t_0$ 时刻，对(2-7)式积分有

$$m\int_0^{t_0} v\sin\theta \mathrm{d}t - m\int_0^{t_0} v_M \mathrm{d}t - M\int_0^{t_0} v_M \mathrm{d}t = 0$$

即

$$\int_0^{t_0} v'_M \mathrm{d}t = \frac{m}{m+M}\int_0^{t_0} v'\sin\theta \mathrm{d}t$$

$$= \frac{m}{m+M}\int_0^{t_0} v'_x \mathrm{d}t \tag{2-8}$$

半圆槽移动距离为

$$S = \int_0^{t_0} v_M \mathrm{d}t$$

m 相对 M 水平移动距离为

$$\int_0^{t_0} v'_x \mathrm{d}t = R$$

则由(2-8)式得

$$S = \frac{m}{m+M}R$$

第3章 刚体力学

3.1 基本要求

1. 掌握描述刚体定轴转动的物理量及角量与线量的关系.
2. 理解力矩和转动惯量的概念,熟练掌握刚体绕定轴转动的转动定律.
3. 掌握角动量(动量矩)概念,熟练掌握质点在平面上运动及刚体绕定轴转动时的角动量守恒定律.
4. 理解力矩的功和转动动能概念,能在有刚体绕定轴转动的问题中应用转动动能定理和机械能守恒定律进行有关计算.

3.2 本章小结

一、基本物理量

1. 力矩:$M = r \times F$,其中 r 是力 F 作用点的位矢,在定轴转动中,r 是力 F 的作用点到转轴的距离;在定点转动中,r 是力 F 的作用点到该定点的距离. 力矩的大小 $M = rF\sin\alpha$,α 是 r 和 F 之间的夹角;力矩的方向,即沿 $r \times F$ 方向.

2. 转动惯量表征刚体转动惯性大小. 转动惯量计算方法:

(1) 质量非连续分布
$$J = \sum_i \Delta m_i r_i^2$$

(2) 质量连续分布
$$J = \int_m r^2 \mathrm{d}m$$

3. 角速度及角加速度:设 θ 为刚体上某一点的角坐标,对于刚体有:

(1) 角速度(标量式)
$$\omega = \frac{\mathrm{d}\theta}{\mathrm{d}t}$$

(2) 角加速度(标量式)
$$\alpha = \frac{\mathrm{d}\omega}{\mathrm{d}t} = \frac{\mathrm{d}^2\theta}{\mathrm{d}t^2}$$

4. 转动动能
$$E_k = \frac{1}{2}J\omega^2$$

5. 力矩功

$$W = \int_{\theta_1}^{\theta_2} \boldsymbol{M} \cdot \mathrm{d}\boldsymbol{\theta}$$

6. 角动量

(1) 质点角动量：质量为 m、速度为 $\boldsymbol{v}$ 的质点对某点 O 的角动量为
$$\boldsymbol{L} = \boldsymbol{r} \times \boldsymbol{p} = m\boldsymbol{r} \times \boldsymbol{v}$$
式中，r 为质点对 O 点的位矢；p 为质点动量。做圆周运动的质点，对圆心 O 的角动量大小为 $L = mr^2\omega = rmv$。

(2) 刚体对轴的角动量： $\qquad \boldsymbol{L} = J\boldsymbol{\omega}$

标量式： $\qquad L = J\omega$

7. 冲量矩

$$\text{冲量矩} = \int_{t_1}^{t_2} \boldsymbol{M} \cdot \mathrm{d}t$$

二、基本规律

1. 刚体转动定律
$$\boldsymbol{M} = J\boldsymbol{\alpha}$$
式中 M 为合外力矩；J 为转动惯量；α 为角加速度。

2. 转动动能定理
$$W = \frac{1}{2}J\omega_2^2 - \frac{1}{2}J\omega_1^2$$

3. 冲量矩定理
$$\int_{t_1}^{t_2} \boldsymbol{M} \cdot \mathrm{d}t = (J\boldsymbol{\omega})_2 - (J\boldsymbol{\omega})_1$$

4. 角动量守恒定律：刚体受到的合外力矩为零时，其角动量为常矢量，即
$$\boldsymbol{L} = J\boldsymbol{\omega} = 常矢$$

3.3 典型思考题与习题

一、思考题

1. 角速度、角加速度、力矩、角动量、冲量矩、力矩的功、转动动能中哪些是矢量？方向如何？哪些是瞬时量？

解 角速度 $\boldsymbol{\omega}$、角加速度 $\boldsymbol{\alpha}$、力矩 $\boldsymbol{M}$、角动量 $\boldsymbol{L}$、冲量矩 $\int_{t_1}^{t_2}\boldsymbol{M}\mathrm{d}t$ 均为矢量。它们的方向：ω 是角位移 $\Delta\theta$ 当时间间隔 $\Delta t \to 0$ 时的极限方向；α 是 $\Delta\omega$ 当时间间隔 $\Delta t \to 0$ 时的极限方向；M 是 $r \times F$ 的方向；L 是 ω 方向；$\int_{t_1}^{t_2}\boldsymbol{M}\mathrm{d}t$ 是角动量增量 $\Delta(J\boldsymbol{\omega})$ 方向。ω、α、M、L、转动动能 E_k 均为瞬时量。

2. 系统的动量守恒，其角动量是否守恒？系统的角动量守恒，其动量是否守恒？

解 系统的动量守恒,说明系统受的合外力为零,但并不能说明系统的合外力矩为零,即不能说明系统的角动量守恒.例如,在光滑水平桌面上有一木杆,杆两端受有等值反向的水平力(力的方向不与杆长方向平行),此时杆的合外力为零,但是杆的合外力矩并不等于零.同样,系统的角动量守恒,说明系统受的合外力矩为零,但并不能说明系统的合外力为零,即不能说明系统的动量守恒.如在光滑水平桌面上有一木杆,杆两端受有等值同向的水平力,此时杆的合外力矩为零,但是杆的合外力并不等于零.

3. 在斜面上放着一块砖,设想把它分成相同的并列两块.试讨论上边和下边的两个半块砖中哪个对斜面的正压力大?

解 把砖视为刚体,它静止在斜面上时,不仅要求它受的合外力为零,而且还要求它受的合外力矩为零.如图 3-1 所示,砖受 3 个力作用,即重力 **P**,斜面的支持力 **N** 和摩擦力 **f**. 取通过砖的质心且平行于斜面向上为 x 轴正向,质心为坐标为原点,对通过质心且垂直于 x 轴的转轴而言,**P** 不产生力矩,但是 **f** 产生力矩.因为合外力矩为零,所以 **N** 必通过 x 轴负半轴的某点.由此可知,斜面对下面半块砖支持力较大,由牛顿第三定律知,下面半块砖对斜面的正压力大.

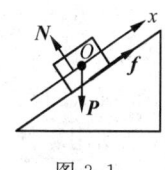

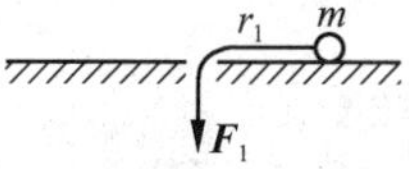

图 3-1

4. 如图 3-2 所示,一质量为 m 的小球放在光滑的水平桌面上.用一穿过桌面中心的光滑小孔的绳与小球相连.

(1) 要使小球保持在半径为 r_1 的圆周上以角速度 ω_1 绕中心做圆周运动,则绳的一端拉力大小 F_1 如何?

(2) 增大绳的拉力使小球的转动半径自 r_1 减少到 r_2,然后使小球保持在 r_2 的圆周上运动,则此时拉力的大小 F_2 为何?

(3) 比较 F_1 与 F_2 的大小;

(4) 试问将小球自转动半径 r_1 减少到 r_2 的过程中拉力所做的功为多少?

图 3-2

解 (1) $$F_1 = m r_1 \omega_1^2$$

(2) 可知,在增大拉力使小球的转动半径由 r_1 减到 r_2 的过程中,小球的角动量守恒,有 $m r_1^2 \omega_1 = m r_2^2 \omega_2$,即 $\omega_2 = \left(\dfrac{r_1}{r_2}\right)^2 \omega_1$. 故

$$F_2 = m r_2 \omega_2^2 = m r_2 \left(\frac{r_1}{r_2}\right)^4 \omega_1^2 = m \frac{r_1^4}{r_2^3} \omega_1^2 = \left(\frac{r_1}{r_2}\right)^3 F_1$$

(3) 因为 $r_1 > r_2$,由(2)结果知,$F_2 > F_1$.

(4) 据动能原理有

$$W = \frac{1}{2} m (r_2 \omega_2)^2 - \frac{1}{2} m (r_1 \omega_1)^2 = \frac{1}{2} m r_1^2 \omega_1^2 \left(\frac{r_1^2}{r_2^2} - 1\right).$$

注意:i) 角动量守恒条件.

ii) 这里 $W \neq 0$ 的原因:**F** 与 d**r** 不垂直.

二、典型习题

1. 质量为 m 的匀质圆盘,半径为 R,盘面与粗糙的水平桌面间紧密接触.圆盘绕其通过中心的铅直线转动.开始时角速度为 ω_0,已知盘面与桌面间的滑动摩擦系数为 μ,试求在摩擦力矩作用下,盘达到静止时需用的时间.

解 研究对象:圆盘.

圆盘所受的外力矩:桌面对它的摩擦力矩(作用在圆盘上的其他力不产生力矩).

〈方法一〉:用转动定律求解

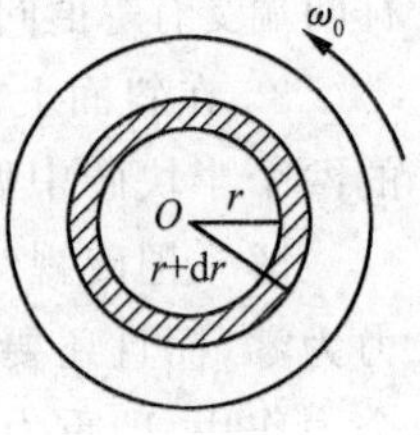

如图 3-3 所示,以圆盘中心 O 为圆心的环,桌面对它各处产生的摩擦力矩方向均相同,设 ω_0 方向为正,则摩擦力对环(见图阴影部分)产生的力矩为

图 3-3

$$\mathrm{d}M = -r\left(2\pi r\mathrm{d}r \cdot \frac{m}{\pi R^2}\right)g\mu = -\frac{2mg\mu}{R^2}r^2\mathrm{d}r$$

桌面对圆盘的摩擦力矩为

$$M = \int \mathrm{d}M = -\int_0^R \frac{2mg\mu}{R^2}r^2\mathrm{d}r = -\frac{2}{3}mg\mu R$$

由转动定律 $M = J\alpha$ 有

$$\alpha = \frac{M}{J} = \frac{-\frac{2}{3}mg\mu R}{\frac{1}{2}mR^2} = -\frac{4}{3}\frac{g\mu}{R}$$

当 $\omega = \omega_0 + \alpha t = 0$ 时(α=恒量),有

$$t = -\frac{\omega_0}{\alpha} = \frac{-\omega_0}{-\frac{4}{3}g\mu/R} = \frac{3}{4} \cdot \frac{\omega_0 R}{g\mu}$$

〈方法二〉:用角动量定理求解

圆盘受到摩擦力矩的冲量矩为

$$\int_0^t M\mathrm{d}t = 0 - J\omega_0$$

将 M 和 J 代入上式有

$$-\frac{2}{3}mg\mu Rt = -\frac{1}{2}mR^2\omega_0$$

得

$$t = \frac{3}{4} \cdot \frac{\omega_0 R}{g\mu}$$

注意:i) 摩擦力矩的求法;

ii) 对角动量定理的适用.

2. 如图3-4所示的摆,杆长为 l,质量为 m_1,小球的质量为 m_2. 杆是匀质的,小球可视为质点. 摆可绕通过杆端的光滑水平轴在铅直面内转动. 开始时摆静止放在水平位置,然后任其下落求:

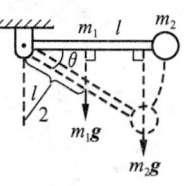

图 3-4

(1) 摆的初角加速度大小;

(2) 摆转过 θ_0 角时合外力矩对摆做的功;

(3) 摆达到铅直位置时的角速度.

解 (1) 取使摆顺时针转动的力矩为正,转动定律为

$$M = J\alpha$$

合外力矩为

$$M = m_1 g \frac{l}{2} + m_2 g l$$

转动惯量为

$$J = \frac{1}{3} l^2 m_1 + l^2 m_2$$

由上解得

$$\alpha = \frac{M}{J} = \frac{m_1 g \dfrac{l}{2} + m_2 g l}{\dfrac{1}{3} l^2 m_1 + l^2 m_2} = \frac{3g(m_1 + 2m_2)}{2l(m_1 + 3m_2)}$$

注意: J 是 m_1 与 m_2 的转动惯量之和.

(2) 合外力矩对摆做的功为

$$W = \int_0^{\theta_0} M d\theta = \int_0^{\theta_0} \left(m_1 g \frac{l}{2} \cos\theta + m_2 g l \cos\theta \right) d\theta$$

$$= \left(\frac{1}{2} m_1 + m_2 \right) g l \sin\theta_0$$

注意:因为 $M \ne$ 常量,所以不能用 $W = M\theta$ 计算.

(3) 〈方法一〉:用转动定律求解

当杆转过 θ 角时,由 $M = J\alpha$ 有

$$\alpha = \frac{M}{J} = \frac{\left(\dfrac{1}{2} m_1 + m_2 \right) l g \cos\theta}{\dfrac{1}{3} l^2 m_1 + l^2 m_2} = \frac{3(m_1 + 2m_2) g}{2(m_1 + 3m_2) l} \cos\theta$$

因为

$$\alpha = \frac{d\omega}{dt} = \frac{d\omega}{d\theta} \frac{d\theta}{dt} = \omega \frac{d\omega}{d\theta}$$

所以

$$\omega d\omega = \alpha d\theta = \frac{3(m_1 + 2m_2) g}{2(m_1 + 3m_2) l} \cos\theta d\theta$$

作积分

$$\int_0^\omega \omega \mathrm{d}\omega = \int_0^{\pi/2} \frac{3(m_1+2m_2)g}{2(m_1+3m_2)l}\cos\theta\mathrm{d}\theta$$

得

$$\omega = \sqrt{\frac{3(m_1+2m_2)}{m_1+3m_2} \cdot \frac{g}{l}}$$

〈方法二〉：用转动动能定理解

合外力矩功为

$$W = \frac{1}{2}J\omega^2 - \frac{1}{2}J\omega_0^2 = \frac{1}{2}J\omega^2 - 0$$

有

$$\omega = \sqrt{\frac{2W}{J}} = \sqrt{\frac{2\left(\frac{1}{2}m_1+m_2\right)gl\sin\frac{\pi}{2}}{\frac{1}{3}l^2m_1+l^2m_2}}$$

$$= \sqrt{\frac{3(m_1+2m_2)g}{(m_1+3m_2)l}}$$

〈方法三〉：用机械能守恒定律求解

由摆、地球组成的系统，$W_\text{外}=W_\text{非保守内力}=0$，故系统的机械能守恒．取起初摆所在位置重力势能为零，有

$$\frac{1}{2}J\omega^2 - \frac{1}{2}m_1gl - m_2gl = 0$$

解得

$$\omega = \sqrt{\frac{\frac{1}{2}m_1gl + m_2gl}{\frac{1}{2}J}} = \sqrt{\frac{\frac{1}{2}m_1gl + m_2gl}{\frac{1}{2}\left(\frac{1}{3}l^2m_1+l^2m_2\right)}}$$

$$= \sqrt{\frac{3(m_1+2m_2)g}{(m_1+3m_2)l}}$$

注意：机械能守恒定律的应用．

讨论：当无 m_2 时，结果如何？

(1) $\alpha = \frac{3g}{2l}$；(2) $A = \frac{1}{2}m_1g\sin\theta$；(3) $\omega = \sqrt{\frac{3g}{l}}$．

3. 如图 3-5 所示，弹簧一端固定，一端通过不可伸长的细绳跨过一定滑轮，悬挂一质量为 m 的物体．设弹簧的弹性系数为 k，滑轮半径为 R，转动惯量为 J，忽略弹簧和细绳的质量．求物体从静止开始（此时弹簧无形边）下落 h 距离时的速率．

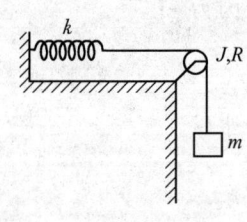

图 3-5

解 〈方法一〉：用牛顿定律和转动定律解如图 3-6 所示，m_1 受两个力作用，重力 $m\boldsymbol{g}$ 和绳拉力 $\boldsymbol{T}$；滑轮受 4 个力作用，即重力 $M\boldsymbol{g}$，绳拉力 $\boldsymbol{T}_1'$ 和 $\boldsymbol{T}_2$，轮轴作用力 $\boldsymbol{N}$．取 m 起初位置为坐标原点，竖直向下为 x 轴正向，有

$$\begin{cases} mg - T_1 = ma \\ T_1'R - T_2R = J\alpha \end{cases}$$

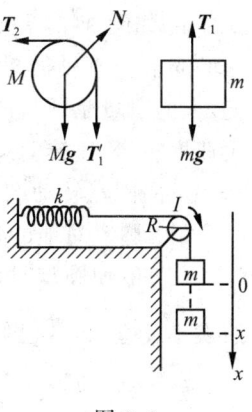

图 3-6

又知

$$T_2 = kx, \quad T_1' = T_1, \quad a = R\alpha$$

由上解得

$$a = \frac{mg - kx}{m + \dfrac{J}{R^2}}$$

因为

$$\frac{\mathrm{d}v}{\mathrm{d}t} = \frac{\mathrm{d}v}{\mathrm{d}x}\frac{\mathrm{d}x}{\mathrm{d}t} = v\frac{\mathrm{d}v}{\mathrm{d}x} = a$$

所以

$$v\mathrm{d}v = a\mathrm{d}x$$

作积分

$$\int_0^v v\mathrm{d}v = \int_0^h a\mathrm{d}x = \int_0^h \frac{mg - kx}{m + \dfrac{J}{R^2}}\mathrm{d}x$$

解得

$$v = \sqrt{\frac{2mgh - kh^2}{m + \dfrac{J}{R^2}}}$$

〈方法二〉：用机械能守恒定律求解

取 m、滑轮和地球为系统，$W_{外} = W_{非保守内力} = 0$（轮轴处力 $\boldsymbol{N}$ 不做功，弹簧固定端的力也不做功，系统内又无非保守内力），所以系统的机械能守恒．取原点 O 处重力势能为零，有

$$\frac{1}{2}kh^2 + \frac{1}{2}J\omega^2 + E_{p轮} + \frac{1}{2}mv^2 - mgh = E_{p轮}$$

又

$$\omega = \frac{v}{R}$$

解得

$$v = \sqrt{\frac{2mgh - kh^2}{m + J/R^2}}$$

4. 如图 3-7 所示,半径为 R 的水平圆盘,可绕通过其中心的光滑竖直轴转动,圆盘上的人静止站在距转轴为 $R/2$ 处,人的质量是圆盘质量的 $1/10$. 开始时盘与人相对地面以角速度 ω_0 匀速转动. 如果此人沿垂直圆盘半径相对于盘以速率 v 向圆盘转动的相反方向做圆周运动. 求:

(1) 圆盘对地的角速度;

(2) 欲使圆盘对地静止,人沿着 $R/2$ 圆周对圆盘的速度 v 的大小及方向? (已知圆盘对中心轴的转动惯量为 $\frac{1}{2}MR^2$)

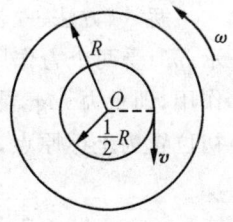

图 3-7

解 (1) 取人和盘为系统,其合外力矩为零,故系统的角动量守恒. 有

$$\frac{1}{2}MR^2\omega + \frac{1}{10}M\left(\frac{R}{2}\right)^2\left(\omega - \frac{v}{\frac{R}{2}}\right) = \left[\frac{1}{2}MR^2 + \frac{1}{10}M\left(\frac{R}{2}\right)^2\right]\omega_0$$

解得

$$\omega = \omega_0 + \frac{2v}{21R}$$

(2) $\omega=0$ 时 $v=-21R\omega_0/2$,与(1)中人方向相反,即与盘转动方向一致.

5. 如图 3-8 所示,长为 l 的匀质细杆,一端悬于 O 点,自由下垂,紧挨 O 点悬挂一单摆,轻质摆线的长度也是 l,摆球质量为 m,杆、摆组成的平面与 O 处的光滑转轴垂直. 单摆从水平位置由静止开始自由下摆,与细杆做完全弹性碰撞. 碰撞后,单摆正好静止. 求:

(1) 细杆的质量 M;

(2) 细杆摆动的最大角度 θ.

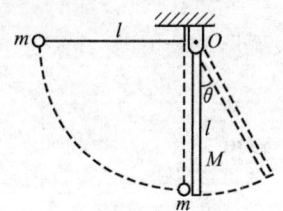

图 3-8

解 (1) 本题中有两个过程,第一, m 与杆的完全碰撞过程;第二,杆的定轴转动过程. 在第一个过程中,取 m、杆为研究对象,此时系统对转轴的合外力矩为零,所以系统的角动量守恒,即

$$\left(\frac{1}{3}Ml^2\right)\omega_M = (ml^2)\omega_{0m} \tag{3-1}$$

因为完全弹性碰撞,所以系统的动能守恒,即

$$\frac{1}{2}\left(\frac{1}{3}Ml^2\right)\omega_M^2 = \frac{1}{2}m(l\omega_{0m})^2$$

由上解得

$$M = 3m$$

(2) 取杆和地球为系统, $W_{外}=W_{非保守内力}=0$,故在第二个过程中系统的机械能守恒,取 O 处重力势能为零,有

$$-Mg\frac{l}{2}\cos\theta = \frac{1}{2}\left(\frac{1}{3}Ml^2\right)\omega_M^2 - Mg\frac{l}{2} \tag{3-2}$$

由(3-1)式和 $M=3m$ 解得

$$\omega_M = \omega_{0m} = \frac{\sqrt{2gl}}{l} = \sqrt{\frac{2g}{l}}$$

上式代入(3-2)式中,解得 $\cos\theta = \frac{1}{3}$,即 $\theta = \arccos\frac{1}{3}$.

注意:角动量守恒条件及机械能守恒条件.

3.4 检测复习题

一、判断题

指出下列说法是否正确:

1. 刚体定轴转动中,距转轴不同两点的切向加速度的大小是一定不同的.
2. 物体的转动惯量具有恒定的值,它与转轴的位置无关.
3. 力矩是物体不断转动的原因.
4. 求刚体受的合外力矩时,总可以先求出刚体受的合外力,再求合外力对转轴的力矩.

二、填空题

1. 直径为 1m 的轮子,绕定轴以 $2\text{rad}\cdot\text{s}^{-1}$ 的初角速度开始转动,角加速度为 $3\text{rad}\cdot\text{s}^{-2}$. 第 6s 末的角速度的大小为_____. 在前 6s 内轮子转过的角度为_____;第 6s 末轮边沿上一点的速率为_____;第 6s 末轮边沿上一点的加速度的大小为_____.

2. 如图 3-9 所示,长为 l 质量为 m 的均匀细杆 OM 可绕 O 轴在竖直面内自由转动.今将细杆 OM 置于水平位置,然后让其从静止开始自由摆下. 可知杆的初角加速度的大小为_____,初角速度的大小为_____. 杆转到竖直位置时,其角加速度的大小为_____,角速度的大小为_____,转动动能为_____. 在杆从水平位置转动到竖直位置过程中外力矩的功为_____.

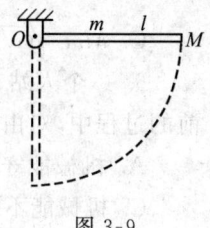

图 3-9

三、选择题

1. 关于力矩有以下几种说法:
(1) 内力矩不会改变刚体对某个定轴的角动量;

(2) 作用力和反作用力对同一轴的力矩之和必为零;

(3) 质量相等,形状和大小不同的两个刚体,在相同力矩的作用下,它们的角加速度一定相等.

在上述说法中( )

A. 只有(2)是正确的 B. (1)、(2)是正确的
C. (2)、(3)是正确的 D. (1)、(2)、(3)都是正确的

2. 在大小为 12N·m 的恒力矩作用下,转动惯量为 $4\pi kg·m^2$ 的圆盘从静止开始转动,当转过一周时,圆盘的转动角速度为多少?( )

A. $\sqrt{3}$ rad·s^{-1} B. $2\sqrt{3}$ rad·s^{-1}
C. $\sqrt{2}$ rad·s^{-1} D. $2\sqrt{6}$ rad·s^{-1}

3. 质量为 32kg,半径为 0.25m 的匀质飞轮.其外观为圆盘形状.当飞轮做角速度为 12rad·s^{-1} 的匀速率转动时,它的转动动能多大?( )

A. 6J B. 12J C. 72J D. 144J

4. 如图 3-10 所示,一个组合轮是由两个匀质圆盘固结而成.两圆盘的边缘上均绕有细绳,细绳的下端各系着质量为 m_1、m_2 的物体.这一系统由静止开始运动,不计细绳质量和轴处摩擦,当物体 m_1 下落 h 时,该系统的总动能为( )

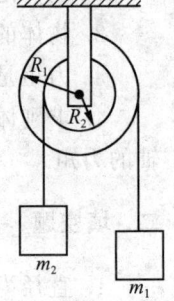

图 3-10

A. $m_1 gh$ B. $m_2 gh$
C. $(m_1 - m_2)gh$ D. $\left(m_1 - \dfrac{R_2}{R_1}m_2\right)gh$

5. 质量为 m 的卫星,绕地球做圆周运动,地球的质量为 M.卫星与地心距离为 R,万有引力常量为 G,则卫星绕地球运动的轨道角动量大小为( )

A. $m\sqrt{GMR}$ B. $\sqrt{GMm/R}$
C. $Mm\sqrt{G/R}$ D. $\sqrt{GMm/2R}$

6. 一个人站在有光滑转轴的转动平台上,双臂水平地举二哑铃水平收缩到胸前的过程中,对由人、哑铃与转动平台组成的系统,有( )

A. 机械能守恒,角动量守恒 B. 机械能守恒,角动量不守恒
C. 机械能不守恒,角动量守恒 D. 机械能不守恒,角动量不守恒

7. 人造地球卫星,绕地球做椭圆运动(地球在椭圆的一个焦点上),卫星的动量和角动量是否守恒?( )

A. 动量守恒,角动量不守恒 B. 动量守恒,角动量守恒
C. 动量不守恒,角动量不守恒 D. 动量不守恒,角动量守恒

8. 对一个绕固定水平轴 O 匀速转动的转盘,沿如图 3-11 所示的同一水平直

线从相反方向射入两颗质量相同、速率相等的子弹,并留在盘中,则子弹射入后的瞬时转盘的角速度( )

A. 增大   B. 减小
C. 不变   D. 无法确定

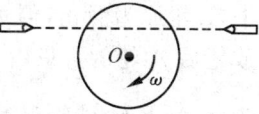

图 3-11

9. 一质量为 60kg 的人沿水平转台的边缘走动,转台可绕通过台心的竖直轴无摩擦地转动. 当人沿垂直转台半径方向相对于地面以 $1\mathrm{m\cdot s^{-1}}$ 的速率走动时,转台则以 $0.2\mathrm{rad\cdot s^{-1}}$ 的角速度沿与人运动相反的方向转动. 设转台的半径为 2m,对转轴的转动惯量为 $400\mathrm{kg\cdot m^2}$. 当人停下时,系统的角速度大小为何?( )

A. $0.0625\mathrm{rad\cdot s^{-1}}$ B. $0.1375\mathrm{rad\cdot s^{-1}}$
C. $0.2375\mathrm{rad\cdot s^{-1}}$ D. $0.3125\mathrm{rad\cdot s^{-1}}$

10. 质量为 m,长为 l 的均匀细杆,两端用绳水平悬挂起来. 如图 3-12 所示,现在突然剪断一根绳,在绳断开的瞬间,另一根绳的张力的大小为( )

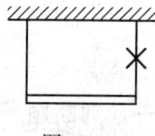

图 3-12

A. mg B. $\dfrac{l}{2}mg$ C. $\dfrac{l}{4}mg$ D. $\dfrac{l}{8}mg$

四、计算题

1. 质量为 $2m$,长为 $2l$ 的均匀细杆可绕光滑的水平轴 O 转动,转动面与轴垂直. 如图 3-13 所示. 起初杆静止铅直方向,有一质量为 m 的子弹,以速率 $v_0 = 4\sqrt{gl/3}$ 沿与转轴垂直的水平方向射入杆的下端并和杆一起运动,求杆的最大摆角.

2. 如图 3-14 所示,已知滑轮对其中心轴的转动惯量为 J_c,半径为 R,物体的质量为 m,轻质弹簧的弹性系数为 k,固定着的斜面与水平面成 θ 角,不计转轴处及物体与斜面间的摩擦. 将物体从静止开始释放,释放时弹簧无形变,轻绳 AB 无松弛,物体运动过程中,轻绳 AB 与滑轮间无相对滑动,当物体沿斜面下滑 x_0 时,求物体加速度和速度的大小.

图 3-13   图 3-14

3. 如图 3-15 所示,质量为 m_1,半径为 r_1 的匀质圆轮 A,以角速度 ω 绕通过其中心的水平光滑轴转动. 若此时将其放在质量为 m_2,半径为 r_2 的另一匀质圆轮 B

上，B 轮原为静止，但可绕通过其中心的水平光滑轴转动. 放置后 A 轮的重量由 B 轮支持. 设两轮间的滑动摩擦系数为 μ，A、B 轮对各自转动轴的转动惯量分别为 $\frac{1}{2}m_1r_1^2$ 和 $\frac{1}{2}m_2r_2^2$. 证明：A 轮放在 B 轮上到两轮间没有相对滑动为止，经过的时间为

$$t=\frac{m_2 r_1 \omega}{2\mu g(m_1+m_2)}$$

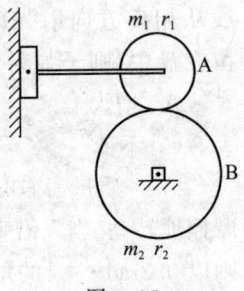

图 3-15

3.5　检测复习题解答

一、判断题

1. ×. 2. ×. 3. ×. 4. ×.

二、填空题

1. 解：(1) $\omega=\alpha t+\omega_0=3t+2=20(\mathrm{rad\cdot s^{-1}})$

(2) 由 $\omega^2-\omega_0^2=2\alpha\theta$ 得 $\theta=\frac{\omega^2-\omega_0^2}{2\alpha}=66\mathrm{rad}$

(3) $v=R\omega=\frac{1}{2}\times20=10(\mathrm{m\cdot s^{-1}})$

(4) $a=\sqrt{a_t^2-a_n^2}=\sqrt{(R\alpha)^2-(R\omega^2)^2}$

$=\sqrt{\left(\frac{1}{2}\times3\right)^2-\left(\frac{1}{2}\times20^2\right)^2}\approx200(\mathrm{m\cdot s^{-2}})$

2. 解：(1) 如图 3-16 所示，由转动定律有

$$mg\cdot\frac{l}{2}=\frac{1}{3}ml^2\alpha_0$$

得

$$\alpha_0=\frac{3g}{2l}$$

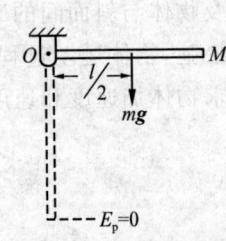

图 3-16

(2) $\omega_0=0$.

(3) 因为 $M=0$，所以 $\alpha=0$.

(4) 取杆和地球为系统，$W_{外}=W_{非保守内力}=0$，故系统的机械能守恒，对初态和杆处于竖直状态，有

$$\frac{1}{2}J\omega^2+mg\cdot\frac{l}{2}=mgl$$

得
$$\omega = \sqrt{\frac{mgl}{J}} = \sqrt{\frac{mgl}{ml^2/3}} = \sqrt{\frac{3g}{l}}$$

(5) $E_k = \frac{1}{2}J\omega^2 = \frac{l}{2}mg$.

(6) 由转动动能定理有
$$W = E_k - 0 = \frac{l}{2}mg$$

三、选择题

1. 解：刚体的转动惯量与其形状也有关．即使质量相同时，若形状不同，则转动惯量也可能不同．所以在受相同合外力矩下，其角加速度也不一定相同．由此可知，(C)、(D)不对．因为内力是一对一对的作用和反作用力组成的，对同一转轴而言，作用力与反作用力的力臂是相同的（因为此二力共线）．因为此二力的方向相反，所以产生的力矩相互抵消，由此可知，刚体的合内力矩为零，它不会影响系统的角动量．所以(A)不对，(B)对．

2. 解：由 $M = J\alpha$ 及 $\omega^2 = 2\alpha\theta$ 有
$$\omega = \sqrt{2\alpha\theta} = \sqrt{2\frac{M}{J}\theta}$$
$$= \sqrt{2 \times \frac{12}{4\pi} \times 2\pi} = 2\sqrt{3}(\text{rad} \cdot \text{s}^{-1})$$

(B)对．

3. 解：
$$E_k = \frac{1}{2}J\omega^2 = \frac{1}{2} \cdot \frac{1}{2}mR^2\omega^2$$
$$= \frac{1}{4} \times 32 \times 0.25^2 \times 12^2 = 72(\text{J})$$

(C)对．

4. 解：设 m_1 下落 h 时，m_2 上升高度 h'，因为两轮在此过程中转过角度相同
故 $\frac{h'}{R_2} = \frac{h}{R_1}$ 即 $h' = \frac{R_2}{R_1}h$

由 m_1、m_2、轮、地球组成的系统，其机械能守恒，有
$$\Delta E_k = -\Delta E_p = -m_2 gh' - (-m_1 gh) = \left(m_1 - \frac{R_2}{R_1}m_2\right)gh$$

因为 $\Delta E_k = E_k - 0$，所以
$$E_k = \left(m_1 - \frac{R_2}{R_1}m_2\right)gh$$

(D)对．

5. 解:因为 $L=mR^2\omega=mvR$ 及 $G\dfrac{Mm}{R^2}=m\dfrac{v^2}{R}$,得

$$L = m\sqrt{GMR}$$

(A)对.

6. 解:因为在此过程中系统受合外力矩为零,所以系统的角动量守恒,故(B)、(D)不对.因为在此过程中 $W_{外}+W_{非保内力}\neq 0(W_{外}=0,W_{非保内力}\neq 0)$,所以系统机械能不守恒,故(A)不对,(C)对.

7. 解:卫星运动过程中,因为 v 方向有变化,所以动量不守恒.故(A)、(B)不对.卫星运动中受力只是地球对它的引力.因为该力通过了卫星运动中的转轴,所以卫星所受合外力矩为零,故其角动量守恒,可知(C)不对,(D)对.

8. 解:取子弹盘为系统,由题意知,在子弹入射瞬间,系统的角动量守恒.因为子弹入射后系统的转动惯量变大.所以角速度变小,故(B)对.

9. 解:取人、台为系统,由题意知系统的角动量守恒,设人原运动方向为正,有

$$(mR^2+J_{台})\omega = -J_{台}\omega_0 + mR^2\dfrac{v}{R}$$

有

$$\omega = \dfrac{-J_{台}\omega_0+mRv_0}{J_{台}+mR^2} = \dfrac{-400\times 0.2-60\times 2\times 1}{400+60\times 2^2}$$

$$= 0.0625(\text{rad}\cdot\text{s}^{-1})$$

(A)对.

10. 解:如图 3-17 所示,右边线突然断开时,根据转动定律,对过 A 点且垂直于纸面的转轴有

$$mg\dfrac{l}{2} = \dfrac{1}{3}ml^2\alpha$$

由质心运动定理有

$$mg - T = ma_c$$

又知

$$a_c = \alpha\cdot\dfrac{l}{2}$$

由上解得

$$T = \dfrac{l}{4}mg$$

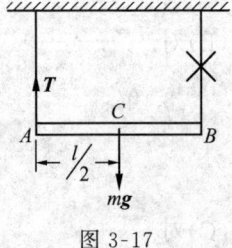

图 3-17

(C)对.

四、计算题

1. 解:如图 3-18 所示,取子弹和杆为系统,分两个过程进行分析.第一个过

程,子弹瞬间射入杆内过程.此过程中,系统所受的各个外力都通过转轴.可知 $M_{外}=0$,所以系统的角动量守恒.由此有

$$\left[m(2l)^2+\frac{1}{3}\cdot 2m\cdot (2l)^2\right]\omega^2 = m(2l)^2\cdot \frac{v_0}{2l}$$

解得

$$\omega = \sqrt{\frac{3v_0}{10l}}$$

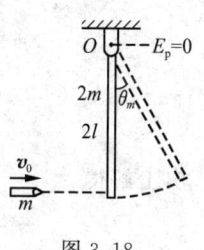

图 3-18

第二个过程,子弹随杆上摆过程.取子弹、杆、地球为系统,$W_{外}+W_{非保内力}=0$,故杆上摆过程中系统的机械能守恒.取 O 处重力势能为零,有

$$-mg\cdot 2l\cos\theta_m - 2mg\cdot l\cos\theta_m = \frac{1}{2}\left[m(2l)^2+\frac{1}{3}(2m)(2l)^2\right]\omega^2 - mg\cdot 2l - 2mgl$$

利用 ω、$v_0=4\sqrt{\frac{gl}{3}}$ 及上式得

$$\theta_m = \arccos 0.6 = 53°8'$$

2. 解:(1) 取 k、m、轮、地为系统.因为 $W_{外}+W_{非保内力}=0$,所以系统的机械能守恒.取 m 的初位置重力势能为零,m 下滑 x 时,有

$$\frac{1}{2}mv^2+\frac{1}{2}J_c\left(\frac{v}{R}\right)^2-mgx\sin\theta+\frac{1}{2}kx^2=0 \qquad (3\text{-}3)$$

当 $x=x_0$ 时,有

$$v = \sqrt{\frac{2mgx_0\sin\theta - kx_0^2}{m+J_c/R^2}}$$

(2) 将(3-3)式两边对 t 求导数,有

$$mv\frac{dv}{dt}+J_c\frac{v}{R^2}\cdot \frac{dv}{dt}-mg\sin\theta\frac{dx}{dt}+kx\frac{dx}{dt}=0$$

因为

$$a = \frac{dv}{dt} \text{ 及 } v = \frac{dx}{dt}$$

所以当 $x=x_0$ 时,有

$$a = \frac{mg\sin\theta - kx_0}{m+J_c/R^2}$$

故加速度大小为

$$|a| = \frac{|mg\sin\theta - kx_0|}{m+J_c/R^2}$$

3. 证:设两轮无相对滑动时角速度分别为 ω_1、ω_2,则有

$$\omega_1 r_1 = \omega_2 r_2$$

设 ω 方向为正.对 A、B 两轮,由角动量定理分别有

$$-mg\mu r_1 t = \frac{1}{2}mr_1^2\omega_1 - \frac{1}{2}mr_1^2\omega$$

$$m_1 g\mu r_2 t = \frac{1}{2}m_2 r_2^2\omega_2 - 0$$

由上解得

$$t = \frac{m_2 r_1 \omega}{2\mu g(m_1 + m_2)}$$

第二篇 热 学

第4章 气体分子运动论

4.1 基本要求

1. 理解平衡态的概念,理解理想气体物态方程和热力学第零定律.
2. 了解气体分子热运动的图像.
3. 理解理想气体的压强公式和分子平均平动动能与温度的关系式以及它们的物理意义,了解建立宏观量和微观量的联系并阐明宏观量的微观本质的方法.
4. 了解自由度的概念,理解能量按自由度均分定理.掌握理想气体内能公式.
5. 了解麦克斯韦速率分布律和速率分布曲线的物理意义,了解三种统计速率.
6. 了解气体分子平均碰撞次数及平均自由程.

4.2 本章小结

一、基本概念

1. 热运动:分子做不停的无规则运动.
2. 热现象:物质中大量分子的热运动的宏观表现(如热传导、扩散、液化、凝固、溶解、汽化等都是热现象).
3. 分子物理学(气体分子运动论)的研究对象:热现象.
4. 微观量:描述单个分子运动的物理量(如分子质量、速度、能量等).
5. 宏观量:描述大量分子热运动集体特征的物理量(如气体体积、压力、温度等).
6. 统计方法:对个别分子运动用力学规律,然后对大量分子求微观量的统计平均值.
7. 分子物理学研究方法:建立宏观量与微观量统计平均值的关系,从微观角度来说明宏观现象的本质.分子物理学是一种微观理论.
8. 理想气体满足以下两种模型:

宏观模型.气体满足玻意耳-马略特定律、盖吕萨克定律、查理定律和阿伏伽德罗定律.

微观模型.气体的分子大小不计(视为质点),除碰撞外分子间作用不计,分子间及分子与器壁间碰撞看作完全弹性碰撞.

9. 物态参量:描述系统状态的物理量.对于一定质量的气体,可用气体体积、压强和温度作为物态参量.

10. 温度的统计意义:温度是理想气体分子平均平动动能的量度.温度越高,分子平均平动动能就越大,即分子热运动就越剧烈.

11. 气体分子平均碰撞次数及平均自由程:在单位时间内,一个分子与其他分子碰撞的平均次数,称为分子的平均碰撞次数.分子连续两次碰撞所经过路程的平均值,称为平均自由程.

二、基本规律

1. 热力学第零定律:如果两个物体各自与第三个物体达到热平衡,则它们也彼此处在热平衡.

2. 能量均分定理:系统处于平衡态时,分子任何一个自由度的平均动能都等于 $kT/2$(其中 k 是玻尔兹曼常量,T 是热力学温度).需要指出,对于振动而言,每个振动自由度还有振动势能,其振动势能平均值也为 $kT/2$.

3. 麦克斯韦分子速率分布定律:对于一定量的理想气体,分子总数为 N,出现在速率区间 $v \sim v+\mathrm{d}v$ 内的分子数为 $\mathrm{d}N$,该速率区间内相对分子数为

$$\frac{\mathrm{d}N}{N} = 4\pi \left(\frac{m}{2\pi kT}\right)^{3/2} \mathrm{e}^{-\frac{m}{2kT}v^2} v^2 \mathrm{d}v$$

该规律称为麦克斯韦分子速率分布定律.令

$$f(v) = 4\pi \left(\frac{m}{2\pi kT}\right)^{3/2} \mathrm{e}^{-\frac{m}{2kT}v^2} v^2$$

式中,$f(v)$ 称为麦克斯韦分子速率分布函数.

4. 玻尔兹曼能量分布律:平衡态下,分子速度处于 $v_x \sim v_x+\mathrm{d}v_x$、$v_y \sim v_y+\mathrm{d}v_y$、$v_z \sim v_z+\mathrm{d}v_z$ 内,坐标处于 $x \sim x+\mathrm{d}x$、$y \sim y+\mathrm{d}y$、$z \sim z+\mathrm{d}z$ 内的分子数为

$$\mathrm{d}N = n_0 \left(\frac{m}{2\pi kT}\right)^{3/2} \mathrm{e}^{-\frac{\varepsilon_t+\varepsilon_p}{kT}} \mathrm{d}v_x \mathrm{d}v_y \mathrm{d}v_z \mathrm{d}x\mathrm{d}y\mathrm{d}z$$

式中,ε_t 为分子的平均平动动能;ε_p 为分子的势能;n_0 为单位体积内含各种速度的分子数.上述规律称为玻尔兹曼能量分布律.

三、基本公式

1. 理想气体状态方程 $\quad pV = \dfrac{m}{M}RT$

2. 理想气体压强公式 $\begin{cases} p = \dfrac{2}{3}n\left(\dfrac{1}{2}m\overline{v^2}\right) & \text{(理论公式)} \\ p = nkT & \text{(实验公式)} \end{cases}$

3. 三种速率 $\begin{cases} \text{最概然速率} \quad v_p = \sqrt{\dfrac{2kT}{m}} = \sqrt{\dfrac{2RT}{M}} \\ \text{平均速率} \quad \bar{v} = \sqrt{\dfrac{8kT}{\pi m}} = \sqrt{\dfrac{8RT}{\pi M}} \\ \text{方均根速率} \quad \sqrt{\overline{v^2}} = \sqrt{\dfrac{3kT}{m}} = \sqrt{\dfrac{3RT}{M}} \end{cases}$

4. 理想气体分子平均平动动能

$$\bar{\varepsilon}_t = \frac{t}{2}kT = \frac{3}{2}kT \quad (t \text{ 为分子平动自由度})$$

5. 理想气体分子平均转动动能

$$\bar{\varepsilon}_r = \frac{r}{2}kT \quad (r \text{ 为分子转动自由度})$$

6. 理想气体分子平均动能

$$\bar{\varepsilon} = \frac{i}{2}kT \quad (i = t + r + 2s, s \text{ 为分子振动自由度})$$

7. 理想气体内能

$$E = \frac{m}{M} \frac{i}{2} RT$$

8. 平均自由程

$$\bar{\lambda} = \frac{1}{\sqrt{2}\pi d^2 n}$$

9. 平均碰撞次数

$$\bar{Z} = \sqrt{2}\pi d^2 n^2 \bar{v}$$

4.3 典型思考题与习题

一、思考题

1. 试用分子运动论解释,对一定量的理想气体

(1) 当温度保持不变时,为什么气体的体积减小,压强就增大?

(2) 当体积保持不变时,为什么气体的温度升高,压强就增大?

解 (1) T 不变时,分子的平均平动动能 $\bar{\varepsilon}_t = \frac{1}{2}m\overline{v^2}$ 就不变,由 $p = \frac{2}{3}n\bar{\varepsilon}_t$ 知,此时 p 仅取决于 n. 对一定量的理想气体,当 V 减小时,n 就增大,也就是说单位时间内与器壁碰撞的分子数增加,器壁单位面积上所受的平均冲力就增大,所以 p 增大.

(2) V 不变时,单位体积内分子数 n 不变. 由于温度升高使分子热运动加剧,热运动速度的数值增大,一方面单位时间内,每个分子与器壁的平均碰撞次数增多;另

一方面,每一次碰撞时,施于器壁单位面积的冲力大小增大,结果使压强增强.

2. 怎样理解一个分子的平均平动能为 $\bar{\varepsilon}_t=3kT/2$? 如果容器内仅有一个分子,能否根据此式计算它的动能?

解 一个分子的平均平动能 $\bar{\varepsilon}_t=3kT/2$ 是一个统计平均值,表示在一定条件下,大量分子做无规则运动时,其中任意一个分子在任意时刻的平动动能无确定值,但在任意一段微观很长而宏观很短的时间内,每个分子的平均平动动能都是 $3kT/2$. 也就是说,大量分子在任意时刻的平动动能虽然各不相同,但所有分子的平均平动动能总是 $3kT/2$. 容器内仅有一个分子,将不遵守大量分子无规则运动的统计规律,而遵守力学规律,这时温度没有意义,因而不能用 $\bar{\varepsilon}_t=3kT/2$ 来计算它的动能.

3. 试说明下列各表达式的物理意义,已知 $f(v)$ 是速率分布函数,N 为气体分子总数.

(1) $f(v)dv$;   (2) $Nf(v)dv$;

(3) $\int_{v_1}^{v_2} f(v)dv$;   (4) $\int_{v_1}^{v_2} Nf(v)dv$;

(5) $\int_{v_1}^{v_2} Nvf(v)dv$;   (6) $\int_{v_1}^{v_2} vf(v)dv$.

解 (1) 平衡态下,出现在速率区间 $v \sim v+dv$ 内的分子数占总分子数的比率;

(2) 平衡态下,出现在速率区间 $v \sim v+dv$ 内的分子数;

(3) 平衡态下,出现在速率区间 $v_1 \sim v_2$ 内的分子数占总分子数的比率;

(4) 平衡态下,出现在速率区间 $v_1 \sim v_2$ 内的分子数;

(5) 平衡态下,出现在速率区间 $v_1 \sim v_2$ 内所有分子速率的和;

(6) 无明确的物理意义. 注意它不等于平衡态下出现在速率区间 $v_1 \sim v_2$ 内分子的平均速率. 这是因为

$$\bar{v}_{v_1 \sim v_2} = \int_{v_1}^{v_2} Nvf(v)dv \bigg/ \int_{v_1}^{v_2} Nf(v)dv$$
$$= \int_{v_1}^{v_2} vf(v)dv \bigg/ \int_{v_1}^{v_2} f(v)dv$$

而

$$\int_{v_1}^{v_2} f(v)dv \neq 1$$

所以

$$\bar{v}_{v_1 \sim v_2} \neq \int_{v_1}^{v_2} vf(v)dv$$

4. 图 4-1 是某种理想气体分子在不同温度下的速率分布曲线.

(1) 试问哪个曲线对应的温度较高?

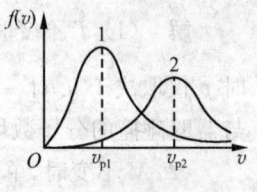

图 4-1

(2) 若该二曲线是同一温度下,对于两种不同气体的分子速率分布曲线,试问哪个曲线对应的气体分子其质量较大?

解 (1)
$$v_p = \sqrt{\frac{2kT}{m}}$$

因为 $v_{p2} > v_{p1}$ 及是同种气体,所以 $T_2 > T_1$。

(2) 因为 $v_{p2} > v_{p1}$,且 $T_1 = T_2$

故 $m_2 < m_1$。

5. 理想气体的最概然速率对应的动能是否就是最概然动能?

解
$$v_p = \sqrt{\frac{2kT}{m}}$$

$$\varepsilon(v_p) = \frac{1}{2}mv_p^2 = \frac{1}{2}m\frac{2kT}{m} = kT$$

由麦克斯韦速率分布

$$f(v)dv = 4\pi\left(\frac{m}{2\pi kT}\right)^{3/2} e^{-\frac{m}{2kT}v^2} v^2 dv$$

分子按动能分布为

$$f(\varepsilon)d\varepsilon = 4\pi\left(\frac{m}{2\pi kT}\right)^{3/2} e^{-\frac{\varepsilon}{kT}} \sqrt{\frac{2\varepsilon}{m}} \frac{1}{m} d\varepsilon$$

$$= \frac{2}{\sqrt{\pi}}(kT)^{-3/2} \varepsilon^{\frac{1}{2}} e^{-\frac{\varepsilon}{kT}} d\varepsilon$$

即

$$f(\varepsilon) = \frac{2}{\sqrt{\pi}}(kT)^{-3/2} \varepsilon^{\frac{1}{2}} e^{-\frac{\varepsilon}{kT}}$$

由

$$\frac{df(\varepsilon)}{d\varepsilon} = \frac{2}{\sqrt{\pi}}(kT)^{3/2}\left(\frac{1}{2}\frac{1}{\sqrt{\varepsilon}}e^{-\frac{\varepsilon}{kT}} - \frac{1}{kT}\varepsilon^{\frac{1}{2}}e^{-\frac{\varepsilon}{kT}}\right) = 0$$

得

$$\varepsilon_p = \frac{1}{2}kT$$

可见

$$\varepsilon(v_p) \neq \varepsilon_p$$

二、典型习题

1. 容器内装有某种理想气体,其质量密度为 1.24×10^{-2} kg·m^{-3}。已知温度为273K,压强为 1.0×10^{-2} atm。求:

(1) 气体的摩尔质量为多少? 并确定它是什么气体;

(2) 此时不计分子的振动,气体分子的平均平动动能、转动动能、平均动能、平均能量各为多少?

(3) 单位体积内分子的平均动能是多少?

(4) 若该气体有 0.3mol,其内能是多少?

解 (1) 由 $pV=\dfrac{m}{M}RT$ 有

$$M=\frac{m}{V}\cdot\frac{RT}{p}=\rho\frac{RT}{p}=1.24\times10^{-2}\frac{8.31\times273}{1.0\times10^{-2}\times1.013\times10^5}=0.028(\text{kg}\cdot\text{mol}^{-1})$$

可知该气体为氮气.

(2) $\bar{\varepsilon}_\text{t}=\dfrac{3}{2}kT=\dfrac{3}{2}\times1.38\times10^{-23}\times273=5.65\times10^{-21}(\text{J})$

$\bar{\varepsilon}_\text{r}=\dfrac{2}{2}kT=1.38\times10^{-23}\times273=3.76\times10^{-21}(\text{J})$

$\bar{\varepsilon}_\text{k}=\dfrac{5}{2}kT=\dfrac{5}{2}\times1.38\times10^{-23}\times273=9.41\times10^{-21}(\text{J})$

$\bar{\varepsilon}=\bar{\varepsilon}_\text{k}=9.41\times10^{-21}\text{J}$

(3) $\bar{E}=\dfrac{3}{2}kT\cdot n=\dfrac{3}{2}kT\cdot\dfrac{p}{kT}=\dfrac{3}{2}p$

$\quad=\dfrac{3}{2}\times1.0\times10^{-2}\times1.013\times10^5=1.52\times10^3(\text{J})$

(4) $E=\dfrac{m}{M}\dfrac{i}{2}RT=0.3\times\dfrac{5}{2}\times8.31\times273=1.70\times10^3(\text{J})$

注意:平均平动动能、平均转动动能、平均动能、平均能量的概念要搞清楚.

2. 根据麦克斯韦速率分布律,求理想气体分子速率倒数的平均值.

解 $\overline{\left(\dfrac{1}{v}\right)}=\int_0^\infty\dfrac{1}{v}f(v)\text{d}v=\int_0^\infty\dfrac{1}{v}\cdot4\pi\left(\dfrac{m}{2\pi kT}\right)^{3/2}\text{e}^{-\frac{mv^2}{2kT}}v^2\text{d}v$

$\quad=4\pi\left(\dfrac{m}{2\pi kT}\right)^{3/2}\int_0^\infty\text{e}^{-\frac{mv^2}{2kT}}v\text{d}v=4\pi\left(\dfrac{m}{2\pi kT}\right)^{3/2}\dfrac{1}{2}\int_0^\infty\text{e}^{-\frac{mv^2}{2kT}}\text{d}v^2$

$\quad=4\pi\left(\dfrac{m}{2\pi kT}\right)^{3/2}\dfrac{1}{2}\cdot\dfrac{-2kT}{m}\text{e}^{-\frac{mv^2}{2kT}}\Big|_0^\infty=4\pi\left(\dfrac{m}{2\pi kT}\right)^{3/2}\dfrac{kT}{m}$

$\quad=\dfrac{4}{\pi}\left(\dfrac{\pi m}{8kT}\right)^{1/2}=\dfrac{4}{\pi\bar{v}}$

式中,$\bar{v}=\sqrt{\dfrac{8kT}{\pi m}}$ 为分子平均速率.

注意:平均值求法.

3. 设想 N 个气体分子,其速率分布如图 4-2 所示,直线斜率 K、分子质量 m 和速率 v_0 为已知.

(1) 说明图中纵、横坐标以及曲线与横坐标所包围面积的含义;

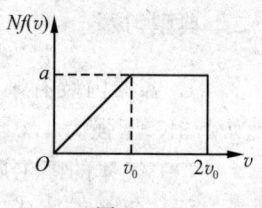

图 4-2

(2) 求 a 值;
(3) $0.5\sim 1.5v_0$ 的分子数是多少?
(4) N 个分子的平均速率是多少?
(5) N 个分子的平均平动动能是多少?

解 (1) 纵坐标表示出现在任一速率附近单位速率间隔内的分子数;横坐标表示分子速率;曲线与横坐标所包围的面积表示分布在速率 $0\sim 2v_0$ 的分子数,即等于分子总数 N.

(2) 可知
$$\int_0^{2v_0} Nf(v)\mathrm{d}v = N$$
有
$$\int_0^{v_0} Kv\mathrm{d}v + \int_{v_0}^{2v_0} a\mathrm{d}v = N$$
即
$$\int_0^{v_0} \frac{a}{v_0}v\mathrm{d}v + av_0 = N$$
得
$$\frac{a}{2v_0}v_0^2 + av_0 = N$$
所以
$$a = \frac{2N}{3v_0}$$

(3) $N' = \int_{0.5v_0}^{1.5v_0} Nf(v)\mathrm{d}v = \int_{0.5v_0}^{v_0} \frac{a}{v_0}v\mathrm{d}v + \int_{v_0}^{1.5v_0} a\mathrm{d}v$

$\quad = \frac{a}{2v_0}(v_0^2 - 0.25v_0^2) + a \times 0.5v_0 = \frac{7}{8}av_0 = \frac{7}{12}N$

(4) $\bar{v} = \frac{1}{N}\int_0^{2v_0} vNf(v)\mathrm{d}v = \frac{1}{N}\left(\int_0^{v_0} v \cdot \frac{a}{v_0}v\mathrm{d}v + \int_{v_0}^{2v_0} va\mathrm{d}v\right)$

$\quad = \frac{1}{N}\left[\frac{a}{3v_0}v_0^3 + \frac{a}{2}(4v_0^2 - v_0^2)\right]$

$\quad = \frac{1}{N}\left(\frac{11}{6}av_0^2\right) = \frac{11}{9}v_0$

(5) $\frac{1}{2}m\overline{v^2} = \frac{1}{2}m\left[\int_0^{2v_0} v^2 Nf(v)\mathrm{d}v/N\right] = \frac{m}{2N}\left(\int_0^{v_0} v^2 \cdot \frac{a}{v_0}v\mathrm{d}v + \int_{v_0}^{2v_0} v^2 a\mathrm{d}v\right)$

$\quad = \frac{m}{2N}\left[\frac{a}{4v_0}v_0^4 + \frac{a}{3}(8v_0^3 - v_0^3)\right] = \frac{31}{24N}mav_0^3 = \frac{31}{36}mv_0^2$

注意:要明确 $Nf(v)$ 的意义,掌握求平均值的方法.

4.4 检测复习题

一、判断题

指出下列说法是否正确：
1. 若一系统的温度不随时间变化，则该系统就处于平衡态.
2. 温度是理想气体分子的平均平动动能的量度.
3. 温度是大量分子热运动的统计平均结果.
4. 能量均分定理是分子热运动能量的统计规律.

二、填空题

1. k 是玻尔兹曼常量，R 为摩尔气体常数，T 为绝对温度，$i=t+r+2s$（t、r 和 s 分别为分子的平动、转动和振动自由度），m 为分子质量，M 为摩尔质量. 可知

(1) $\frac{1}{2}kT$ 的物理意义_____；

(2) $\frac{3}{2}kT$ 的物理意义为_____；

(3) $\frac{i}{2}kT$ 的物理意义为_____；

(4) RT 的物理意义为_____；

(5) $\frac{m}{M}\frac{3}{2}RT$ 的物理意义为_____；

(6) $\frac{m}{M}\frac{i}{2}RT$ 的物理意义为_____.

2. 理想气体微观模型（分子模型）的主要内容是：
(1) _____；
(2) _____；
(3) _____.

3. 已知 $f(v)$ 为麦克斯韦速度分布函数，N 为总分子数，则
(1) 速率 $v>100\text{m}\cdot\text{s}^{-1}$ 的分子数占总分子数的百分比表达式为_____；
(2) 速率 $v>100\text{m}\cdot\text{s}^{-1}$ 的分子数表达式为_____；
(3) $\int_0^{v_p} f(v)\mathrm{d}v$ 表示_____；
(4) 速率 $v>v_p$ 的分子的平均速率表达式为_____.

4. 图 4-3 所示的两条 $f(v)$-v 曲线分别表示氢气和氧气在同一温度下的麦克斯韦分子速率分布曲线，由图可知

(1) 氢气分子的最概然速率为_____；
(2) 氧气分子的最概然速率为_____.

5. 氮气在标准状态下的分子平均碰撞次数为 $\overline{Z}_0$，分子平均自由程为 $\overline{\lambda}_0$，若温度不变，气压降为 0.1atm，则分子的平均碰撞次数变为_____；平均自由程变为_____（1atm＝1.013×10^5Pa）.

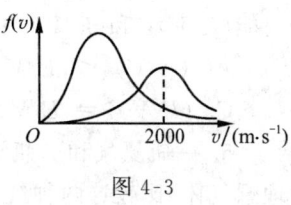

图 4-3

6. 储有某种刚性双原子分子理想气体的容器以速度 $v=100\text{m}\cdot\text{s}^{-1}$ 运动，假设该容器突然停止，全部定向运动的动能都变为气体分子热运动的动能，此时容器中气体的温度上升 6.74K，由此可知容器中气体的摩尔质量 $M=$_____（摩尔气体常数 $R=8.31\text{J}\cdot\text{mol}^{-1}\cdot\text{K}^{-1}$）.

7. 已知大气中分子数密度 n 随高度 h 的变化规律 $n=n_0\exp\left\{-\dfrac{Mgh}{RT}\right\}$，式中 n_0 为 $h=0$ 处的分子数密度，若大气中空气的摩尔质量为 M，温度为 T，且处处相同，并设重力场是均匀的，则空气分子数密度减少到地面的一半时的高度为_____.

三、选择题

1. 无法用实验来直接验证理想气体的压强公式 $p=\dfrac{2}{3}n\left(\dfrac{1}{2}m\overline{v^2}\right)$，这是因为（　　）

A. 在理论推导过程中做了某些假设
B. 现有的实验仪器误差达不到规定的要求
C. 公式中的压强是统计量，有涨落现象
D. 公式右边是无法用仪器测量的

2. 一气室被可以左右移动的隔板分成相等的两部分，一边装氧气，另一边装氢气.将它们看成理想气体，两种气体的质量相同，温度也相同.如图 4-4 所示.若隔板与气室之间无摩擦，撤掉对隔板约束时，隔板将朝什么方向移动？（　　）

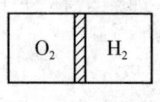

图 4-4

A. 朝左　　B. 朝右　　C. 不动　　D. 无法判断

3. 在一密闭容器中，储有 A、B、C 三种理想气体，处于平衡状态. A 种气体的分子数密度为 n_1，它产生的压强为 p_1，B 种气体的分子数密度为 $2n_1$，C 种气体的分子数密度为 $3n_1$，则混合气体的压强 p 为（　　）

A. $3p_1$　　B. $4p_1$　　C. $5p_1$　　D. $6p_1$

4. 有容积不同的 A、B 两个容器，A 中装有单原子分子理想气体，B 中装有刚性双原子分子理想气体，若两种气体的压强相同，那么，这两种气体的单位体积的

内能$(E/V)_A$ 和$(E/V)_B$ 的关系有( )

A. $(E/V)_A < (E/V)_B$ B. $(E/V)_A > (E/V)_B$

C. $(E/V)_A = (E/V)_B$ D. 不能确定

5. 一瓶氦气和一瓶氧气,它们的压强和温度都相同,但体积不同.把它们看做理想气体,比较这两种气体有( )

A. 单位体积内的分子数相同

B. 单位体积的质量相同

C. 分子的平均能量相同

D. 分子的方均根速率相同

6. 关于温度的意义,有下列几种说法( )

(1) 气体的温度是分子平均平动动能的量度;

(2) 气体的温度是大量气体分子热运动的集体表现,具有统计意义;

(3) 温度高低反映了物质内部分子运动剧烈程度;

(4) 从微观上看,气体的温度表示每个气体分子的冷热程度.正确的说法是

A. (1)、(2)、(4) B. (1)、(2)、(3)

C. (2)、(3)、(4) D. (1)、(3)、(4)

7. 麦克斯韦速率分布曲线如图 4-5 所示,图中 A、B 两部分面积相等,则该图表示( )

A. v_0 为最概然速率

B. v_0 为平均速率

C. v_0 为方均根速率

D. 速率大于和小于 v_0 的分子数各占一半

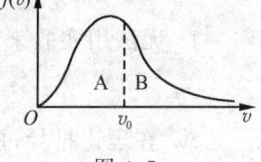

图 4-5

8. 一定量的理想气体储于某一容器中,温度为 T,气体分子的质量为 m.根据理想气体分子模型和统计假设,分子速度在 x 方向的分量的平均值为( )

A. $\overline{v_x} = \sqrt{\dfrac{8kT}{\pi m}}$ B. $\overline{v_x} = \dfrac{1}{3} \cdot \sqrt{\dfrac{8kT}{\pi m}}$

C. $\overline{v_x} = \sqrt{\dfrac{8kT}{3\pi m}}$ D. $\overline{v_x} = 0$

9. 一定量的理想气体储于某一容器中,温度为 T,气体分子的质量为 m.根据理想气体分子模型和统计假设,分子速度在 x 方向的分量平方的平均值为( )

A. $\overline{v_x^2} = \sqrt{\dfrac{3kT}{m}}$ B. $\overline{v_x^2} = \dfrac{1}{3} \cdot \sqrt{\dfrac{3kT}{m}}$

C. $\overline{v_x^2} = \dfrac{3kT}{m}$ D. $\overline{v_x^2} = \dfrac{kT}{m}$

10. 3 个容器 A、B、C 中装有同种理想气体,其分子数密度 n 相同,而方均根速

率之比为$(\overline{v_A^2})^{\frac{1}{2}}:(\overline{v_B^2})^{\frac{1}{2}}:(\overline{v_C^2})^{\frac{1}{2}}=1:2:4$,则其压强之比 $p_A:p_B:p_C$ 为(   )

A. $1:2:4$ B. $4:2:1$ C. $1:4:16$ D. $1:4:8$

11. 若某种理想气体在平衡态温度 T_2 时的最概然速率与 在平衡温度 T_1 时的均方根速率相等,那么 $T_1:T_2$ 为(   )

A. $2:3$ B. 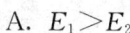   C. $7:8$ D.

12. 若在一个固定的容器内,理想气体分子的平均速率提高为原来的 2 倍,则有(   )

A. 温度和压强都提高为原来的 2 倍

B. 温度提高为原来的 2 倍,压强提高为原来的 4 倍

C. 温度提高为原来的 4 倍,压强提高为原来的 2 倍

D. 温度和压强都提高为原来的 4 倍

13. 一定质量的理想气体在不同温度 T_1 和 T_2 时的速率分布曲线分别为图 4-6 中所示.那么该理想气体在这两种状态时的内能关系为(   )

A. $E_1 > E_2$ B. $E_1 = E_2$

C. $E_1 < E_2$ D. E_1、E_2 大小无法比较

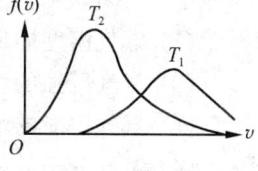

图 4-6

14. 在恒定不变的压强下,理想气体分子的平均碰撞次数 $\overline{Z}$ 与气体温度 T 的关系为(   )

A. 与 T 无关   B. 与 $\sqrt{T}$ 成正比

C. 与 $\sqrt{T}$ 成反比   D. 与 T 成正比

15. 一定量的理想气体,在温度不变的条件下,当压强降低时,分子的平均碰撞次数 $\overline{Z}$ 和平均自由程 $\overline{\lambda}$ 的变化情况是(   )

A. $\overline{Z}$ 和 $\overline{\lambda}$ 都增大   B. $\overline{Z}$ 和 $\overline{\lambda}$ 都减小

C. $\overline{\lambda}$ 减小而 $\overline{Z}$ 增大   D. $\overline{\lambda}$ 增大而 $\overline{Z}$ 减小

16. 在一个容积不变的容器中,储有一定量的理想气体,温度为 T_0 时,气体分子的平均速率为 $\overline{v_0}$,分子平均碰撞次数为 $\overline{Z_0}$,平均自由程为 $\overline{\lambda_0}$.当气体温度升高为 $4T_0$ 时,气体分子的平均速率 $\overline{v}$,平均碰撞次数 $\overline{Z}$ 和平均自由程 $\overline{\lambda}$ 分别为(   )

A. $\overline{v}=4\overline{v_0}, \overline{Z}=4\overline{Z_0}, \overline{\lambda}=4\overline{\lambda_0}$ B. $\overline{v}=2\overline{v_0}, \overline{Z}=2\overline{Z_0}, \overline{\lambda}=\overline{\lambda_0}$

C. $\overline{v}=2\overline{v_0}, \overline{Z}=2\overline{Z_0}, \overline{\lambda}=4\overline{\lambda_0}$ D. $\overline{v}=4\overline{v_0}, \overline{Z}=2\overline{Z_0}, \overline{\lambda}=\overline{\lambda_0}$

17. 某种理想气体在不同温度 T_1 和 T_2 时的速率分布曲线如图 4-7 所示.若该气体在 T_1 和 T_2 时的压强相等,那么它们对应的平均自由程关系为(   )

A. $\lambda_1 > \lambda_2$ B. $\lambda_1 = \lambda_2$

C. $\lambda_1 < \lambda_2$ D. λ_1、λ_2 大小无法比较

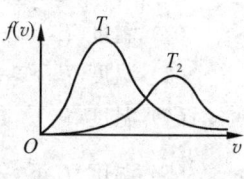

图 4-7

四、计算题

1. 一容积为 10cm³ 的电子管,当温度为 300K 时,用真空泵把管内空气抽成压强为 5×10^{-6} mmHg 的高真空. 求:

(1) 管内空气分子数目;

(2) 空气分子的平均平动动能的总和;

(3) 空气分子平均转动动能的总和;

(4) 空气分子平均动能的总和.

(760mmHg = 1.013×10^5 Pa,空气分子视为是刚性双原子分子)

2. 容积为 20.0L 的瓶子以速率 $v=200$ m·s⁻¹ 匀速运动,瓶子中充有质量为 100g 的氦气. 若瓶子突然停止,全部定向运动的动能都变为气体分子热运动动能,且瓶子与外界没有热量交换,在热平衡下,求:

(1) 氦气温度的增量;

(2) 氦气压强的增量;

(3) 氦气内能的增量;

(4) 氦气分子的平均动能的增量.

(摩尔气体常数 $R=8.31$ J·mol⁻¹·K⁻¹,玻尔兹曼常量 $k=1.38\times10^{-23}$ J·K⁻¹)

3. 把氮气视为理想气体,在标准状态下,求:

(1) 分子的平均速率;

(2) 分子的平均碰撞次数;

(3) 分子的平均自由程.

(已知氮分子的有效直径 $d=3.76\times10^{-10}$ m).

4.5 检测复习题解答

一、判断题

1. ×. 2. √. 3. √. 4. √.

二、填空题

1. 解:(1) 温度 T 下,一个分子在一个自由度上的平均动能或平均振动势能;

(2) 温度 T 下,一个分子的平均平动动能;

(3) 温度 T 下,一个分子的平均能量;

(4) 温度 T 下,1mol 理想气体的内能;

(5) 温度 T 下,$\frac{m}{M}$ mol 理想气体的平均平动动能;

(6) 温度 T 下,$\dfrac{m}{M}$mol 理想气体的内能.

2. 解:(1) 气体分子大小与气体分子间的距离比较,可以忽略不计;

(2) 除了分子碰撞瞬间外,分子之间的相互作用力可忽略;

(3) 分子之间以及分子与器壁之间的碰撞是完全弹性的.

3. 解:(1) $\dfrac{1}{N}\displaystyle\int_0^\infty Nf(v)\mathrm{d}v = \int_{100}^\infty f(v)\mathrm{d}v.$

(2) $\displaystyle\int_{100}^\infty Nf(v)\mathrm{d}v$

(3) 表示出现在速率区间 $0\sim v_p$ 内的分子数占总分子数的比率.

(4) $\bar{v} = \dfrac{\text{出现在 } v_p - \infty \text{ 速率区间内所有分子的速率之和}}{\text{出现在 } v_p - \infty \text{ 速率区间内的分子数}}$

$= \dfrac{\displaystyle\int_{v_p}^\infty v\cdot Nf(v)\mathrm{d}v}{\displaystyle\int_{v_p}^\infty Nf(v)\mathrm{d}v}$

$= \displaystyle\int_{v_p}^\infty vf(v)\mathrm{d}v \Big/ \int_{v_p}^\infty f(v)\mathrm{d}v$

4. 解:(1) $v_p = \sqrt{\dfrac{2kT}{m}}$

因为 $T_{H_2} = T_{O_2}$ 及 $m_{H_2} < m_{O_2}$

所以 $v_{pH_2} > v_{pO_2}$

故有 $v_{pH_2} = 2000\text{m}\cdot\text{s}^{-1}$

(2) $v_{pO_2} = v_{pH_2}\sqrt{m_{H_2}/m_{O_2}} = 500\text{m}\cdot\text{s}^{-1}$

5. 解:(1) $\bar{Z} = \sqrt{2}\pi d^2 n\bar{v} = \sqrt{2}\pi d^2 \bar{v}\dfrac{p}{kT}$

$\bar{Z}/\bar{Z}_0 = p/p_0 \quad (T \text{ 不变})$

有

$\bar{Z} = \dfrac{p}{p_0}\bar{Z}_0 = 0.1\bar{Z}_0$

(2) $\bar{\lambda} = \dfrac{1}{\sqrt{2}\pi d^2 n} = \dfrac{kT}{\sqrt{2}\pi d^2 p}$

$\bar{\lambda}/\bar{\lambda}_0 = p_0/p \quad (T \text{ 不变})$

有

$\bar{\lambda} = \dfrac{p_0}{p}\bar{\lambda}_0 = 10\bar{\lambda}_0$

6. 解:由题意有

$$\frac{1}{2}mv^2 = \frac{m}{M}\frac{i}{2}R\Delta T$$

式中，m 为气体质量；M 为摩尔质量，可得 $M = iR\Delta T/v^2 = 0.028 \text{kg} \cdot \text{mol}^{-1}$.

7. 解：
$$n = n_0 \exp\left(-\frac{Mgh}{RT}\right)$$

当 $n = \frac{1}{2}n_0$ 时，解得 $h = \frac{RT}{Mg}\ln 2$.

三、选择题

1. 解：$\overline{v^2}$ 是无法直接测量的量，(D)对.

2. 解：由题意知，单位体积内 H_2 的分子数比 O_2 的分子数多，根据 $p = nkT$，又知温度又相同，所以 H_2 边压强大，故撤掉对隔板的束缚时，板将向左运动，(A)对.

3. 解：$p = p_1 + p_2 + p_3 = n_1 kT + n_2 kT + n_3 kT$
$$= (n_1 + 2n_1 + 3n_1)kT = 6n_1 kT$$
$$= 6p$$

(D)对.

4. 解：可知 $E = \frac{i}{2}\frac{m}{M}RT = \frac{i}{2}pV$

有 $\left(\frac{E}{V}\right) = \frac{i}{2}p$

可得 $\left(\frac{E}{V}\right)_A = \frac{i}{2}p = \frac{3}{2}p$

$\left(\frac{E}{V}\right)_B = \frac{i}{2}p = \frac{5}{2}p$

(A)对.

5. 解：由 $p = nkT$ 及题意知，n 相同，可知(A)对. 因为两种气体分子质量不同，故单位体积内的质量不同，所以(B)不对. 由于两种气体温度相同而分子自由度不同，因而分子的平均能量不同，可知(C)不对. 因为 $\sqrt{\overline{v^2}} = \sqrt{3kT/m}$ 知，分子的方均根速率也不同，故(D)不对.

6. 解：温度 T 是对大量分子热运动统计平均的结果，对个别分子而言是无意义的，因此说法(4)不对，前三种说法都是对的，(B)对.

7. 解：出现在 $0 \sim v_0$ 内分子数占总分子数比率在数值上等于 A 部分面积；出现在 $v_0 \sim \infty$ 内分子数占总分子数比率在数值上等于 B 部分面积. 因为 A、B 两部分面积相等，所以出现在 $0 \sim v_0$ 及 $v_0 \sim \infty$ 内分子数相等，(D)对.

8. 解：$\overline{v}_x = \dfrac{\text{所有分子 } x \text{ 方向速度分量之和}}{\text{分子总数}}$

根据统计性假设,分子沿 $+x$ 方向和 $-x$ 方向运动的可能性是相同的,因此上式分子为零,故 $\overline{v_x}=0$。(D)对。

9. 解:根据统计假设知 $\overline{v_x^2}=\overline{v_y^2}=\overline{v_z^2}$

因为 $\overline{v^2}=\overline{v_x^2}+\overline{v_y^2}+\overline{v_z^2}$

又知 $\overline{v^2}=\dfrac{3kT}{m}$

所以 $\overline{v_x^2}=\dfrac{kT}{m}$

(D)对。

10. 解: $p_A:p_B:p_C=nkT_A:nkT_B:nkT_C=T_A:T_B:T_C$

因为

$$(\overline{v_A^2})^{\frac{1}{2}}:(\overline{v_B^2})^{\frac{1}{2}}:(\overline{v_C^2})^{\frac{1}{2}}=\sqrt{\dfrac{3kT_A}{m}}:\sqrt{\dfrac{3kT_B}{m}}:\sqrt{\dfrac{3kT_C}{m}}=1:2:4$$

所以

$$T_A:T_B:T_C=1:4:16$$

即

$$p_A:p_B:p_C=1:4:16$$

(C)对。

11. 解:依题意有 $v_p=\sqrt{\overline{v^2}}$

即 $\sqrt{\dfrac{2kT_2}{m}}=\sqrt{\dfrac{3kT_1}{m}}$,有

$$T_1:T_2=2:3$$

(A)对。

12. 解:由 $\overline{v}=\sqrt{\dfrac{8kT}{\pi m}}$ 知,$\overline{v_2}=2\overline{v_1}$ 时,$T_2=4T_1$。又因为 $n_2=n_1$(容器体积及总分子数均不变),由 $p=nKT$ 知,$p_2=4p_1$。(D)对。

13. 解:可知 $v_p=\sqrt{\dfrac{2kT}{m}}$,由图 4-6 知 $v_{p_2}<v_{p_1}$,对同种气体而言,有 $T_1>T_2$。因为理想气体的内能是温度的单调增加函数,故 $E_1>E_2$。(A)对。

14. 解:$\overline{Z}=\sqrt{2}\pi d^2 n\overline{V}=\sqrt{2}\pi d^2 \dfrac{p}{kT}\cdot\sqrt{\dfrac{8kT}{\pi m}}\dfrac{1}{\sqrt{T}}$ (p 不变)

(C)对。

15. 解:$\overline{Z}=\sqrt{2}\pi d^2 n\overline{v}=\sqrt{2}\pi d^2 \dfrac{p}{kT}\cdot\sqrt{\dfrac{8kT}{\pi m}}$

$$\overline{\lambda}=\dfrac{1}{\sqrt{2}\pi d^2 n}=\dfrac{kT}{\sqrt{2}\pi d^2 p}$$

可知 T 不变时，$\bar{Z}$ 随 p 的减小而减小，$\bar{\lambda}$ 随 p 的减小而增大. (D)对.

16. 解：可知 $\bar{v}=\sqrt{\dfrac{8kT}{m}}$，$\bar{Z}=\sqrt{2}\pi d^2 n\bar{v}$，$\bar{\lambda}=\dfrac{1}{\sqrt{2}\pi d^2 n}$

因为 n 不变(容器体积及总分子数均不变)，当 $T=4T_0$ 时，有 $\bar{V}=2\bar{V}_0$，$\bar{Z}=2\bar{Z}_0$，$\bar{\lambda}=\bar{\lambda}_0$，(B)对.

17. 解：
$$\bar{\lambda}=\dfrac{1}{\sqrt{2}\pi d^2 n}=\dfrac{kT}{\sqrt{2}\pi d^2 p}$$

由图 4-7 知 $v_{p_1}<v_{p_2}$，根据 $v_p=\sqrt{\dfrac{2kT}{m}}$ 知，对于对同种气体，有 $T_2>T_1$ 又因为 $p_1=p_2$ 所以 $\bar{\lambda_2}>\bar{\lambda_1}$，(C)对.

四、计算题

1. 解：(1) 设分子总数为 N，由 $p=nkT=\dfrac{N}{V}kT$ 知

$$N=\dfrac{pV}{kT}=\dfrac{5\times 10^{-6}}{760}\times 1.013\times 10^5\times 10^{-5}/(1.38\times 10^{-23}\times 300)=1.61\times 10^{12}$$

(2) 分子平均平动动能总和为

$$\bar{E}_t=\dfrac{3}{2}kT\cdot N=\dfrac{3}{2}\times 1.38\times 10^{-23}\times 300\times 1.61\times 10^{12}=10^{-8}(\text{J})$$

(3) 分子平均转动动能总和为

$$\bar{E}_r=\dfrac{2}{2}kT\cdot N=\dfrac{2}{2}\times 1.38\times 10^{-23}\times 300\times 1.61\times 10^{12}=0.667\times 10^{-8}(\text{J})$$

(4) 分子平均动能总和为

$$\bar{E}=\dfrac{5}{2}kT\cdot N=\dfrac{5}{2}\times 1.38\times 10^{-23}\times 300\times 1.61\times 10^{12}=1.67\times 10^{-8}(\text{J})$$

2. 解：(1) 设 m 为气体质量，M 为摩尔质量，由题意有

$$\dfrac{1}{2}mv^2=\dfrac{m}{M}\dfrac{i}{2}R\Delta T$$

即

$$\Delta T=\dfrac{v^2 M}{iR}=\dfrac{200^2\times 4\times 10^{-3}}{3\times 8.31}=6.42\text{K}$$

(2) 可知单位体积内分子数不变，有

$$\Delta p=nk\Delta T=\dfrac{m}{M}N_0\dfrac{1}{V}k\Delta T \quad (V \text{ 为气体体积})$$

$$=\dfrac{mR}{MV}\Delta T=6.67\times 10^4(\text{Pa})$$

(3) $\Delta E=\dfrac{m}{M}\cdot\dfrac{i}{2}R\Delta T=\dfrac{1}{2}mv^2=2000\text{J}$

(4) 氦分子平均动能增加为
$$\Delta \bar{\varepsilon}_k = \Delta \bar{\varepsilon}_t = \frac{3}{2}k\Delta T = 1.33 \times 10^{-22} \text{J}$$

3. 解：(1) $\bar{v} = \sqrt{\dfrac{8kT}{\pi m}} = \sqrt{\dfrac{8RT}{\pi M}} = \sqrt{\dfrac{8 \times 8.31 \times 273}{3.14 \times 28 \times 10^{-3}}} = 454(\text{m} \cdot \text{s}^{-1})$

(2) $\bar{Z} = \sqrt{2}\pi d^2 n\bar{v} = \sqrt{2}\pi d^2 \dfrac{p}{kT}\bar{v}$

$= \sqrt{2} \times 3.14 \times (3.76 \times 10^{-10})^2 \times \dfrac{1.013 \times 10^5}{1.38 \times 10^{-23} \times 273} \times 454$

$= 7.66 \times 10^9 (\text{s}^{-1})$

(3) $\bar{\lambda} = \dfrac{1}{\sqrt{2}\pi d^2 n} = \dfrac{kT}{\sqrt{2}\pi d^2 p}$

$= \dfrac{1.38 \times 10^{-23} \times 273}{\sqrt{2} \times 3.14 \times (3.76 \times 10^{-10})^2 \times 1.013 \times 10^5}$

$= 5.92 \times 10^{-8} (\text{m})$

第5章 热力学基础

5.1 基本要求

1. 掌握内能、功和热量的概念,理解准静态过程.
2. 掌握热力学第一定律.能熟练地分析、计算理想气体在等体、等压、等温和绝热过程中功、热量、内能及其增量.会计算摩尔热容.
3. 理解循环的意义和循环过程中的能量转换关系,会计算卡诺循环和其他简单循环的效率.
4. 了解可逆过程和不可逆过程,了解热力学第二定律和熵增加原理.
5. 了解热力学第二定律的统计意义和玻尔兹曼关系式.

5.2 本章小结

一、基本概念

1. 热力学研究对象:热现象.
2. 热力学研究方法:以实验定律为基础,从能量观点出发,研究热现象的宏观规律.它是一种宏观理论.
3. 内能:系统在一定状态下所具有的能量.从微观结构来看,内能应包括所有分子无规则热运动的动能(平动、转动和振动动能),分子间相互作用的势能,分子、原子内的能量,原子核内的能量等.此外,在有外场与系统相互作用时,还应包括相应的外场作用能量.对于理想气体,内能只是温度的单值函数.
4. 功:它是通过物体做宏观位移完成.其作用是机械运动与系统内分子无规则运动之间的转换.
5. 热量:它是系统与外界由于存在着温度差而传递的能量.其作用是外界分子无规则热运动与系统内分子无规则热运动之间的转换.
6. 准静态过程:系统在状态变化过程中经历的任意中间状态都近似为平衡态.
7. 摩尔热容:1mol 物质温度升高 1K 所需要的热量称为摩尔热容.
8. 可逆与不可逆过程:如果一个过程向相反过程进行的每一步,系统和外界的状态都是原来过程每一步的重现,那么这个过程就称为可逆过程,否则称为不可逆过程.

二、基本规律

1. 热力学第一定律：内能增量 ΔE、热量 Q、功 W 之间满足 $Q=\Delta E+W$ 关系.

气体功公式：$W=\int_{V_1}^{V_2}p\mathrm{d}V$. $W>0$：系统对外界做正功，$W<0$：外界对系统做正功；$Q>0$：系统吸热，$Q<0$：系统放热；$\Delta E>0$：系统内能增加，$\Delta E<0$：系统内能减少.

2. 热力学第二定律可表述为：

(1) 开尔文表述. 不可能从单一热源吸取热量，使它完全变为有用功而不引起其他变化.

(2) 克劳修斯表述. 热量不能自动地从低温物体传到高温物体.

注意：开尔文表述与克劳修斯表述是等价的.

(3) 热力学第二定律的统计意义是，孤立系统其内部发生的过程（自发过程）总是由热力学概率小的状态向概率大的状态进行.

3. 熵增原理：孤立系内发生的不可逆过程熵要增加.

三、基本公式

1. 等体过程
$$\begin{cases} 过程方程：\dfrac{p}{T}=常量 \\ W_V=0 \\ \Delta E=\dfrac{m}{M}\dfrac{i}{2}R(T_2-T_1)=\dfrac{i}{2}(p_2V_2-p_1V_1) \\ Q_V=\Delta E=\dfrac{m}{M}\dfrac{i}{2}R(T_2-T_1)=\dfrac{i}{2}(p_2V_2-p_1V_1) \end{cases}$$

2. 等压过程
$$\begin{cases} 过程方程：\dfrac{V}{T}=常量 \\ W_p=p(V_2-V_1) \\ \Delta E=\dfrac{m}{M}\dfrac{i}{2}R(T_2-T_1)=\dfrac{i}{2}(p_2V_2-p_1V_1) \\ Q_p=\dfrac{m}{M}\dfrac{i+2}{2}R(T_2-T_1)=\dfrac{i+2}{2}(p_2V_2-p_1V_1) \end{cases}$$

3. 等温过程
$$\begin{cases} 过程方程：pV=常量 \\ W_T=\dfrac{m}{M}RT\ln\dfrac{V_2}{V_1}=\dfrac{m}{M}RT\ln\dfrac{p_1}{p_2} \\ \Delta E=0 \\ Q_T=W_T=\dfrac{m}{M}RT\ln\dfrac{V_2}{V_1}=\dfrac{m}{M}RT\ln\dfrac{p_1}{p_2} \end{cases}$$

4. 绝热过程 $\begin{cases} \text{过程方程}: pV^\gamma = \text{常量}\ 1, V^{\gamma-1}T = \text{常量}\ 2, p^{\gamma-1}T^{-\gamma} = \text{常量}\ 3 \\ \Delta E = \dfrac{m}{M}\dfrac{i}{2}R(T_2 - T_1) = \dfrac{i}{2}(p_2V_2 - p_1V_1) \\ W_Q = \Delta E = \dfrac{m}{M}\dfrac{i}{2}R(T_2 - T_1) = \dfrac{i}{2}(p_2V_2 - p_1V_1) \\ Q_Q = 0 \end{cases}$

5. 理想气体摩尔热容及摩尔热容比 $\begin{cases} \text{等体摩尔热容}: C_{V,m} = \dfrac{i}{2}R \\ \text{等压摩尔热容}: C_{p,m} = \dfrac{i+2}{2}R \\ \text{摩尔热容比}: \gamma = \dfrac{C_{p,m}}{C_{V,m}} = \dfrac{i+2}{i} \end{cases}$

6. 热机效率 $\begin{cases} \text{一般循环}: \eta = \dfrac{W}{Q_1} = 1 - \dfrac{Q_2}{Q_1} \\ \text{卡诺循环}: \eta_卡 = \dfrac{W}{Q_1} = 1 - \dfrac{Q_2}{Q_1} = 1 - \dfrac{T_2}{T_1} \end{cases}$

7. 致冷系数 $\begin{cases} \text{一般循环}: e = \dfrac{Q_2}{W} = \dfrac{Q_2}{Q_1 - Q_2} \\ \text{卡诺循环}: e_卡 = \dfrac{Q_2}{W} = \dfrac{Q_2}{Q_1 - Q_2} = \dfrac{T_2}{T_1 - T_2} \end{cases}$

8. 熵:系统从 A 态经过任意的可逆过程到达 B 态,其熵变定义为 $S_B - S_A = \int_A^B \dfrac{dQ}{T}$

式中,dQ 为系统在温度 T 下的无限小的可逆过程中与外界交换的热量.

(1) 对于无限小的可逆过程,系统的熵变为 $dS = \dfrac{dQ}{T}$.

(2) 对于孤立系统,系统的熵变为 $dS \geqslant 0$,其中等号适用于可逆过程,不等号适用于不可逆过程.

(3) 玻尔兹曼关系式:热力学熵 S 与热力学概率(一个宏观态对应的微观态数)W 的关系为 $S = k\ln W$.

注意:熵 S 是态函数.

5.3 典型思考题与习题

一、思考题

1. 在力学中有一种说法,若小球做非弹性碰撞时会产生热,做弹性碰撞时则不会产生热,而这里的气体分子碰撞是看作弹性的,为什么气体会有热能?

解 小球做非弹性碰撞产生热,是小球损失的动能转化为热能,即小球损失的机械能变为小球微观分子的热运动能量.而当小球弹性碰撞时,小球宏观运动动能无损失,小球分子又没有获得其他任何能量,所以不会产生其他热.气体分子所以有热能,是气体分子本身总是处于不停息的杂乱无章的运动之中,这种分子运动动能就是热能.分子之间的弹性碰撞,不涉及宏观机械运动和分子热运动之间的能量转换问题.要把热量与热能这两个概念区别开来.

2. 内能、热量、功有何区别与联系?

解 (1)区别:内能是态函数,热量与功是过程量.而热量与功又有区别,做功是通过物体做宏观位移来完成的,而传热是通过分子之间的相互作用完成的.

(2)联系:功、热均可以转化为内能,功、热之间又可通过内能变化而互相转化. 热量 Q、内能增量 ΔE 和功 W 之间关系满足 $Q = \Delta E + W$.

3. 试从物理本质上说明理想气体在绝热膨胀过程中内能、温度与压强将怎样变化?

解 (1)理想气体绝热膨胀过程中,对外做正功,因为系统与外界不交换热量,所以内能减少.又因为理想气体内能是温度的单值函数,所以温度要降低.

(2)由于体积增大,单位体积内气体分子数减少,在单位时间内与器壁单位面积碰撞的分子数减少.另外,温度降低使分子热运动减弱,因此,单位时间内分子施于器壁的冲力的统计平均值减小,导致气体压强变小.

4. 两条等温线能否相交?能否相切?

解 设有两条等温线,方程分别为 $pV = C_1$ 和 $pV = C_2$,因为 $T_1 \neq T_2$,故 $C_1 \neq C_2$. 若此二等温线能相交或相切,那么在交点或切点处,压强值必相等及体积值必相等,因此有 $C_1 = C_2$,显然与上述矛盾,所以两条等温线不能相交或相切.

5. 试分别从热力学第一定律和热力学第二定律角度讨论绝热线和等温线能否交于两点?

解 (1)从热力学第一定律角度看:假设绝热线与等温线有两个交点,如图 5-1 所示.那么,在等温过程中,有 $\Delta E = E_B - E_A = 0$,即 $E_B = E_A$. 在绝热过程中, $Q = 0, W > 0$,有 $E_B < E_A$. 可见两个过程中的结果矛盾,故绝热线与等温线不能交于两点.

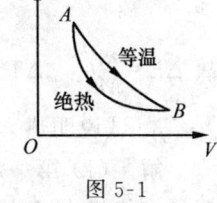

图 5-1

(2)从热力学第二定律角度看:假设绝热线与等温线交于两点,由图 5-1 知,这两个过程可以构成一个循环.整个循环的结果是,循环一次后只从单一热源吸热并全部用来对外做功,而没产生其他任何影响.显然,这是违背热力学第二定律开尔文表述的.故绝热线不能与等温线有两个交点.

6. 试讨论理想气体在图 5-2 所示的 1、3 两个过程中,系统是吸热还是放热?

其中过程 2 为绝热过程.

解 由图 5-2 知

对于第 2 个过程 $0=(E_B-E_A)+W_2$

对于第 1 个过程 $Q_1=(E_B-E_A)+W_1$

对于第 3 个过程 $Q_3=(E_B-E_A)+W_3$

因为 $W_1<W_2$ 及 $W_3>W_2$,所以 $Q_1<0$ 及 $Q_3>0$. 因此第 1 个过程为放热过程,第 3 个过程为吸热过程.

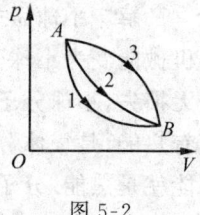

图 5-2

7. 理想气体的 $C_{p,m}>C_{V,m}$ 的物理意义是什么？等容过程的内能变化用 $\Delta E=\frac{m}{M}C_{V,m}\Delta T$ 来计算,那么 $\Delta E=\frac{m}{M}C_{V,m}\Delta T$ 是否在任何过程中都成立？

解 (1) 理想气体的 $C_{p,m}$ 表示 1mol 理想气体在等压过程中温度升高 1K 所需的热量; $C_{V,m}$ 表示 1mol 理想气体在等体过程中温度升高 1K 所需的热量. 在等体和等压过程中系统温度均升高 1K 时,其内能变化是相同的. 但是,等体过程中系统吸收的热量全部用来转化为内能,而等压过程中吸收的热量除了一部分用来转换为与等体过程中相同的内能外,还需要一部分用来对外界做功. 故等压过程中 $C_{p,m}$ 比等容过程中 $C_{V,m}$ 大.

(2) 对于任意二平衡态 A、B,因为内能为态函数,所以从 A 到 B 无论经过任何过程,$\Delta E=E_B-E_A$ 是相同的,并且均可用 $\Delta E=\frac{m}{M}C_{V,m}\Delta T$ 计算. 对此进行如下说明. 如图 5-3 所示,过 A、B 作等温线 1 和 2,让系统从 A 态等温变化到 C 态,使 $V_C=V_B$,系统再由 C 态等体变化到 B 态. 因为 $E_A=E_C$,所以

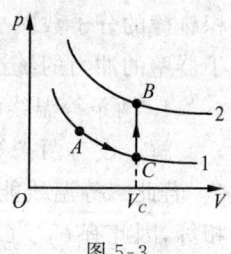

图 5-3

$$\Delta E=E_B-E_A=E_B-E_C=\frac{m}{M}C_{V,m}\Delta T$$

故 $\Delta E=\frac{m}{M}C_{V,m}\Delta T$ 在任何过程都成立.

8. 试说明热力学第一定律与热力学第二定律的主要区别.

解 (1) 第一定律反映了能量转换和守恒规律,它指出了热机效率 $\eta\leqslant 100\%$. 第二定律指出了热机效率 $\eta<100\%$,即不可能通过循环把热量全部变成功而不产生其他影响;它指明了并非能量守恒的过程都能实现,揭示了不可逆热力学过程进行的方向性.

(2) 热力学第一定律没有温度概念. 第二定律中有了温度的概念,提出了高、低温热源问题. 热力学第一定律与第二定律是自然界中的两个独立的规律,后者是前者的深入和补充.

二、典型习题

1. 1mol 刚性双原子分子理想气体的循环过程如图 5-4 所示. $A \to B$ 等体过程, $B \to C$ 为等温过程, $C \to A$ 为等压过程. 求:

(1) 各过程中的 ΔE、W、Q;

(2) 循环效率.

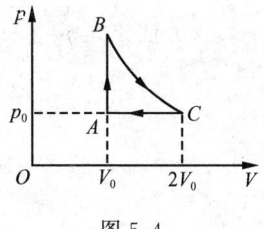

图 5-4

解 (1) $A \to B$ 过程

$$\Delta E_{AB} = \frac{i}{2}(p_B V_B - p_A V_A) = \frac{5}{2} V_0 (p_B - P_A)$$

因为 $\dfrac{p_B}{p_A} = \dfrac{T_B}{T_A} = \dfrac{T_C}{T_A}$ 及 $\dfrac{V_C}{V_A} = \dfrac{T_C}{T_A}$,所以

$$p_B = p_A \frac{V_C}{V_A} = 2p_0$$

有

$$\Delta E_{AB} = \frac{5}{2} p_0 V_0$$

$$W_{AB} = 0$$

$$Q_{AB} = \Delta E_{AB} = \frac{5}{2} p_0 V_0$$

$B \to C$ 过程

$$\Delta E_{BC} = 0$$

$$W_{BC} = \frac{m}{M} RT \ln \frac{V_C}{V_B} = RT \ln 2 = p_C V_C \ln 2 = 2 p_0 V_0 \ln 2$$

$$Q_{BC} = W_{BC} = 2 p_0 V_0 \ln 2$$

$C \to A$ 过程

$$\Delta E_{CA} = \frac{i}{2}(p_A V_A - p_C V_C) = \frac{5}{2} p_0 (V_0 - 2V_0) = -\frac{5}{2} p_0 V_0$$

$$W_{CA} = p_C(V_A - V_C) = p_0(V_0 - 2V_0) = -p_0 V_0$$

$$Q_{CA} = \Delta E_{CA} + W_{CA} = -\frac{7}{2} p_0 V_0$$

(2) 〈方法一〉: $\eta = \dfrac{W}{Q_1}$

$$W = W_{AB} + W_{BC} + W_{CA} = 2 p_0 V_0 \ln 2 - p_0 V_0$$

$$Q_1 = Q_{AB} + Q_{BC} = 2 p_0 V_0 \ln 2 + \frac{5}{2} p_0 V_0$$

得

$$\eta = \frac{2\ln 2 - 1}{2\ln 2 + 2.5}$$

〈方法二〉：$\eta = 1 - \dfrac{Q_2}{Q_1}$

$$Q_2 = |Q_{ca}| = \frac{7}{2} p_0 V_0$$

得

$$\eta = 1 - \frac{\frac{7}{2} p_0 V_0}{2 p_0 V_0 \ln 2 + 2.5 p_0 V_0} = \frac{2\ln 2 - 1}{2\ln 2 + 2.5}$$

注意：i) 各等值过程的特点及有关公式要熟练掌握；

ii) 求效率时注意公式中各个量的意义．

2. 1mol 单原子理想气体做如图 5-5 所示的可逆循环 $ABCA$．$B \rightarrow C$ 为绝热过程，$T_C \approx 454\text{K}$，$A \rightarrow B$ 为等体过程，$C \rightarrow A$ 为等压过程．求：

(1) E_B；

(2) 气体在一个循环内做的净功；

(3) 循环效率．

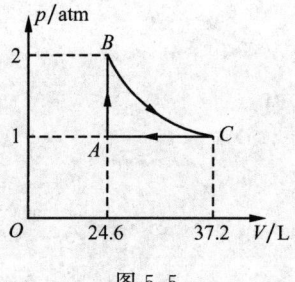

图 5-5

解 (1) $E_B = \dfrac{i}{2} p_B V_B$

$= \dfrac{3}{2} \times 2 \times 1.013 \times 10^5 \times 24.6 \times 10^{-3}$

$= 7476 \text{(J)}$

(2) 〈方法一〉：用功的计算公式计算

$$W = W_{AB} + W_{BC} + W_{CA}$$

$$W_{AB} = 0$$

$$W_{BC} = \int_{V_B}^{V_C} p \, dV$$

由 $pV^\gamma = C$ 有

$$W_{BC} = \int_{V_B}^{V_C} \frac{C}{V^\gamma} dV = -\frac{1}{\gamma - 1} \cdot \left. \frac{C}{V^{\gamma-1}} \right|_{V_B}^{V_C}$$

$$= \frac{1}{\gamma - 1} \left[\frac{C}{V_B^{\gamma-1}} - \frac{C}{V_C^{\gamma-1}} \right] = \frac{1}{\gamma - 1} \left[\frac{p_B V_B^\gamma}{V_B^{\gamma-1}} - \frac{p_C V_C^\gamma}{V_C^{\gamma-1}} \right]$$

$$= \frac{p_B V_B - p_C V_C}{\gamma - 1}$$

$$W_{CA} = -p_A (V_C - V_A)$$

$$W = \frac{p_B V_B - p_C V_C}{\gamma - 1} - p_A(V_C - V_A)$$

$$= \frac{2 \times 1.013 \times 10^5 \times 24.6 \times 10^{-3} - 1 \times 1.013 \times 10^5 \times 37.2 \times 10^{-3}}{\frac{5}{3} - 1}$$

$$\times 1 \times 1.013 \times 10^5 \ (37.2 - 24.6) \times 10^{-3}$$

$$= 547(J)$$

〈方法二〉:按热力学第一定律计算

$$Q_{AB} = E_B - E_A = \frac{i}{2}(p_B V_B - p_A V_A) = \frac{i}{2}(p_B - p_A)V_A$$

$$= \frac{3}{2}(2-1) \times 1.013 \times 10^5 \times 24.6 \times 10^{-3}$$

$$= 3738(J)$$

$$Q_{CA} = (E_A - E_C) + W_{CA} = \frac{i}{2}(p_A V_A - p_C V_C) - p_A(V_C - V_A)$$

$$= \frac{i}{2} p_A(V_A - V_C) - p_A(V_C - V_A) = \frac{i+2}{2} p_A(V_A - V_C)$$

$$= \frac{5}{2} \times 1 \times 1.013 \times 10^5 (24.6 - 37.2) \times 10^{-3}$$

$$= -3191(J)$$

$$W = Q_{AB} + Q_{CA} = 3738 - 3191 = 547(J)$$

(3) 〈方法一〉: $\eta = \frac{W}{Q_1} = \frac{547}{3738} = 14.6\%$

〈方法二〉: $\eta = 1 - \frac{Q_2}{Q_1} = 1 - \frac{|Q_{ca}|}{Q_1} = 1 - \frac{3191}{3738} = 14.6\%$

注意:i) 各过程中 $\Delta E、Q、W$ 求法;
ii) η 的求法要熟练.

3. 一定质量的单原子理想气体做如图 5-6 所示的循环,由两个等压过程和两个绝热过程组成,若已知 p_1 和 p_2,求循环的效率.

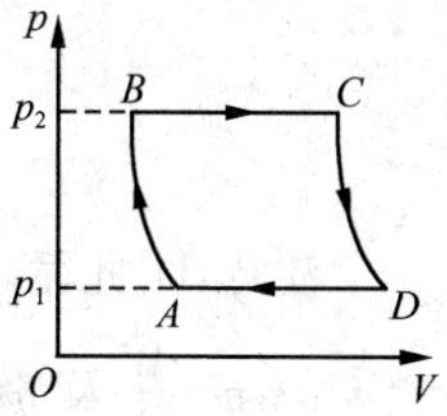

解 在此用公式 $\eta = 1 - \frac{Q_2}{Q_1}$ 计算较简单.

图 5-6

$$Q_2 = |Q_{DA}| = \left|\frac{m}{M} C_p (T_A - T_D)\right| = \frac{m}{M} C_p (T_D - T_A)$$

$$Q_1 = Q_{BC} = \frac{m}{M} C_p (T_C - T_B)$$

由上有

$$\eta = 1 - \frac{T_D - T_A}{T_C - T_B} = 1 - \frac{T_A}{T_B} \cdot \frac{\frac{T_D}{T_A} - 1}{\frac{T_C}{T_B} - 1}$$

对于绝热过程有

$$\begin{cases} p_A^{\gamma-1} T_A^{-\gamma} = p_B^{\gamma-1} T_B^{-\gamma} \\ p_D^{\gamma-1} T_D^{-\gamma} = p_C^{\gamma-1} T_C^{-\gamma} \end{cases}$$

即

$$\begin{cases} p_1^{\gamma-1} T_A^{-\gamma} = p_2^{\gamma-1} T_B^{-\gamma} \\ p_1^{\gamma-1} T_D^{-\gamma} = p_2^{\gamma-1} T_C^{-\gamma} \end{cases}$$

上组式子中的下式与上式之比有

$$\left(\frac{T_D}{T_A}\right)^\gamma = \left(\frac{T_C}{T_B}\right)^\gamma$$

即

$$\frac{T_D}{T_A} = \frac{T_C}{T_B}$$

由此知

$$\frac{\frac{T_D}{T_A} - 1}{\frac{T_C}{T_B} - 1} = 1$$

上式代入 η 中有

$$\eta = 1 - \frac{T_A}{T_B}$$

由绝热 $A \to B$ 过程关系式得 $\frac{T_A}{T_B} = \left(\frac{p_1}{p_2}\right)^{\frac{\gamma-1}{\gamma}}$,将此式代入上 η 式中得

$$\eta = 1 - \left(\frac{p_1}{p_2}\right)^{\frac{\gamma-1}{\gamma}}$$

注意:i) 此循环不是卡诺循环;

ii) $\eta = \frac{W}{Q_1}$ 及 $\eta = 1 - \frac{Q_2}{Q_1}$ 视方便而选择采用;

iii) 学会放热与吸热过程的判断。

4. 一可逆卡诺循环,当高温热源的温度为 127℃,低温热源的温度为 27℃时,对外做净功为 8000J,今维持低温热源的温度不变,提高高温热源的温度,使其对外做净功为 10 000J,若两个卡诺循环都工作在相同的二绝热线之间,求:

(1) 第二个循环的效率是多大?

(2) 第二个循环的高温热源的温度比原来增加多少?

解 (1) 如图 5-7 所示,设新的高温热源温度为 T_1'. 第二个循环的效率为

$$\eta' = \frac{W'}{Q_1'} = \frac{W'}{W' + Q_2'}$$

因为低温热源不变和两绝热过程不变,因此有

$$Q_2' = Q_2 = |Q_{da}|$$

第一个循环的效率为

$$\eta = 1 - \frac{Q_2}{Q_1} = 1 - \frac{Q_2}{Q_2 + W} = 1 - \frac{T_2}{T_1} = 1 - \frac{300}{400}$$

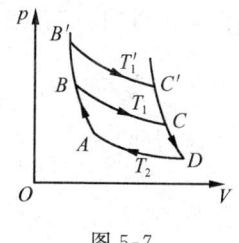

图 5-7

故

$$\frac{Q_2}{Q_2 + W} = \frac{3}{4}$$

得

$$Q_2 = 3W$$

将 $Q_2' = Q_2 = 3W$ 代入 η' 中,有

$$\eta' = \frac{W'}{W' + 3W} = \frac{10\,000}{10\,000 + 3 \times 8000} = 29.4\%$$

(2) 由 $\eta' = 1 - \frac{T_2}{T_1'}$,有

$$T_1' = \frac{T_2}{1 - \eta'} = \frac{300}{1 - 0.294} = 425(\text{K})$$

注意:i) 卡诺正循环中,在低温热源及两绝缘过程不变时,气体向低温热源放出的热量不变;

ii) 卡诺正循环中,若两热源不变,右边绝热线向右移动一些,则循环效率不变,但是循环一次气体对外做的功、向低温热源放出的热量及从高温热源吸收的热量均要改变.

5. 有一理想气体,在 p-V 图上其等温线的斜率与绝热线的斜率比约为 $n = 0.714$,开始时该气体的压强为 1atm,如图 5-8 所示,现将其绝热压缩到原有体积的一半状态,则

(1) 求该气体最后状态的压强;

(2) 试问该气体分子是由几个原子组成的?

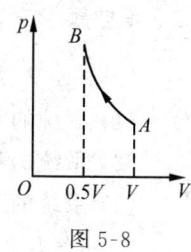

图 5-8

解 (1) 由 $p_B V_B^\gamma = p_A V_A^\gamma$ 有

$$p_B = p_A \left(\frac{V_A}{V_B}\right)^\gamma = 1 \cdot \left(\frac{V}{V/2}\right)^\gamma = 2^\gamma \text{ atm}$$

由 $pV^\gamma = C$ 得绝热线斜率为

$$\left(\frac{\mathrm{d}p}{\mathrm{d}V}\right)_Q = \frac{\mathrm{d}}{\mathrm{d}V}\left(\frac{C}{V^\gamma}\right) = -\gamma\left(\frac{C}{V^{\gamma+1}}\right) = -\gamma\frac{p}{V}$$

由 $pV=C'$ 得等温线斜率为

$$\left(\frac{\mathrm{d}p}{\mathrm{d}V}\right)_T = \frac{\mathrm{d}}{\mathrm{d}V}\left(\frac{C'}{V}\right) = -\frac{C}{V^2} = -\frac{p}{V}$$

由题意知

$$\frac{\left(\dfrac{\mathrm{d}p}{\mathrm{d}V}\right)_T}{\left(\dfrac{\mathrm{d}p}{\mathrm{d}V}\right)_Q} = \frac{1}{\gamma} = n$$

得

$$\gamma = \frac{1}{n} = \frac{1}{0.714} = 1.4$$

所求压强为

$$p_b = 2^{1.4} = 2.64 (\mathrm{atm})$$

(2) 由于 $\gamma = 1.4 = \dfrac{5}{2} = \dfrac{i+2}{2} = \dfrac{3+2}{2}$，所以 $i=3$. 可知该气体分子由单原子组成.

5.4 检测复习题

一、判断题

指出下列说法是否正确:
1. 因为内能是状态的函数,所以当内能一定时,系统的状态就一定.
2. 做功和传热没有本质的区别.
3. 根据功变热过程的不可逆性可以证明热传导过程的不可逆性.
4. 绝热过程一定是等熵过程.

二、填空题

1. 在 p-V 图上,
(1) 系统的某一平衡态用_____来表示;
(2) 系统的某一平衡过程用_____来表示;
(3) 系统的某一平衡循环过程用_____来表示.

2. 如图 5-9 所示,已知图中画不同斜线的两部分的面积分别为 S_1 和 S_2,那么
(1) 如果气体的膨胀过程为 $A\rightarrow 1\rightarrow B$,则气体对外做功 $W_1=$ _____;
(2) 如果气体进行 $A\rightarrow 2\rightarrow B\rightarrow 1\rightarrow A$ 的循环过程,则对外做功 $W_2=$ _____.

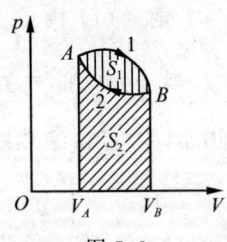

图 5-9

3. (1) 单原子分子理想气体,等体摩尔热容量 $C_{V,m}$ 为_____,等压摩尔热容量 $C_{p,m}$ 为_____;

(2) 刚性双原子分子理想气体的等体摩尔热容量 $C_{V,m}$ 为_____,等压摩尔热容量 $C_{p,m}$ 为_____;

(3) 刚性多原子分子理想气体的等体摩尔热容量 $C_{V,m}$ 为_____,等压摩尔热容量 $C_{p,m}$ 为_____,摩尔热容比 γ 为_____.

4. 某种气体(视为理想气体)在标准状态下的密度为 $\rho=0.0894 \text{kg}\cdot\text{m}^{-1}$,则该气体的等压摩尔热容量 $C_{p,m}$_____,等体摩尔热容量 $C_{V,m}$ 为_____.

5. 卡诺制冷机,其低温热源温度为 $T_2=300\text{K}$,高温热源温度为 $T_1=450\text{K}$,每一循环从低温热源吸热 $Q_2=400\text{J}$,可知制冷系数为_____,每一循环中对外界必须做功 W 为_____.

6. 1mol 理想气体,在 300K 下经历可逆等温过程,体积由 V_1 变到 $2V_1$,在此过程中,其体内能变化为_____,气体对外界做功为_____,气体吸热为_____,气体熵变为_____.

7. 在一个孤立系统内,一切实际过程都向着_____的方向进行,这就是热力学第二定律的统计意义.从宏观上说,一切与热现象有关的实际过程都是_____.

8. 熵是_____的量度;若一定量的理想气体经历一个等温膨胀过程,它的熵将_____(填入:增加、减少或不变).

三、选择题

1. 若在某个过程中,一定量的理想气体的内能 E 随压强 p 的变化关系为一直线(其延长线过 E-p 图的原点),如图 5-10 所示,则该过程为(　　)
   A. 等温过程　　　　B. 等压过程
   C. 等体过程　　　　D. 绝热过程

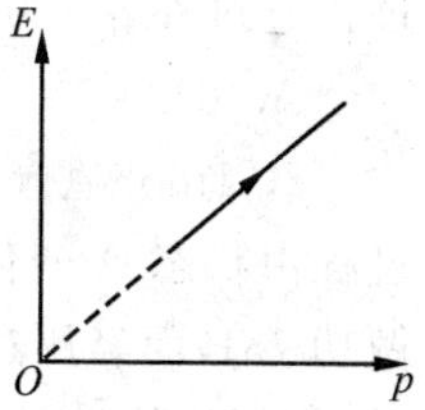

图 5-10

2. 一个体积为 V 的容器,充入温度为 T_1 的双原子分子的理想气体,压强为 p_1,当容器内的气体被加热,温度升高到 T_2 之后,因容器漏气而压强仍为 p_1,可知容器内气体内能(　　)
   A. 变大　　　　B. 变小　　　　C. 不变　　　　D. 无法确定

3. 如图 5-11 所示,一定量理想气体从体积 V_1 膨胀到体积 V_2,经历的过程分别是:$A \rightarrow B$ 等压过程;$A \rightarrow C$ 等温过程;$A \rightarrow D$ 绝热过程,其中吸热最多的过程是(　　)
   A. $A \rightarrow B$　　　　B. $A \rightarrow C$
   C. $A \rightarrow D$　　　　D. $A \rightarrow B$ 和 $A \rightarrow C$,两过程吸热一样多

4. 一定量的理想气体经历如图 5-12 所示的两个过程从状态 A 变化到状态

C，其中气体在 ABC 过程中吸热 100J，在 ADC 过程中对外做功 50J．气体在 ADC 过程中吸热为（　　）

　　A．25J　　　　B．50J　　　　C．75J　　　　D．100J

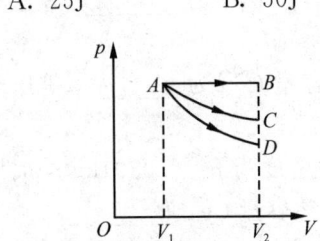

图 5-11

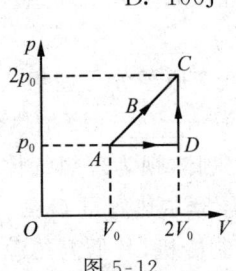

图 5-12

5．有两个相同的容器，容积不变，一个盛有氦气，另一个盛有氢气（看成刚性分子气体），它们的压强和温度都相等，现将 5J 的热量传给氢气，使氢气温度升高，如果使氦气也升高同样的温度，则应向氦气传递热是（　　）

　　A．6J　　　　B．5J　　　　C．3J　　　　D．2J

6．给定理想气体，从标准状态 (p_0, V_0, T_0) 开始做绝热膨胀，体积增大到 3 倍，膨胀后温度 T、压强 p 与标准状态下的温度 T_0、压强 p_0 的关系分别为（γ 为摩尔热容比）（　　）

A．$T=\left(\dfrac{1}{3}\right)^{\gamma} T_0, p=\left(\dfrac{1}{3}\right)^{\gamma-1} p_0$　　　B．$T=\left(\dfrac{1}{3}\right)^{\gamma-1} T_0, p=\left(\dfrac{1}{3}\right)^{\gamma} p_0$

C．$T=\left(\dfrac{1}{3}\right)^{-\gamma} T_0, p=\left(\dfrac{1}{3}\right)^{\gamma-1} p_0$　　　D．$T=\left(\dfrac{1}{3}\right)^{\gamma-1} T_0, p=\left(\dfrac{1}{3}\right)^{-\gamma} p_0$

7．在标准状态下的 5mol 氧气（视为刚性双原子分子理想气体），经过一绝热过程它对外界做功为 831J，那么氧气的终态温度为（　　）

　　A．8℃　　　　B．−8℃　　　　C．40℃　　　　D．−40℃

8．1mol 氧气（视为理想气体）经历如图 5-13 所示的两种过程由状态 A 变化到状态 B．若氧气经历绝热过程 R_1 时对外做功 75J，而经历过程 R_2 时对外做功 100J，那么经历过程 R_2 时，氧气从外界吸热为（　　）

　　A．25J　　　　　　　　　　B．−25J

　　C．175J　　　　　　　　　D．−175J

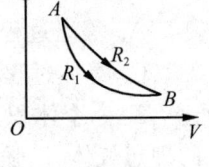

图 5-13

9．如图 5-14 所示，一定量的理想气体，由平衡态 A 变化到平衡态 B，已知 $p_A = p_B$．上述无论经过什么过程，系统必然（　　）

　　A．对外界做正功　　　　　B．内能增加

　　C．从外界吸热　　　　　　D．向外界放热

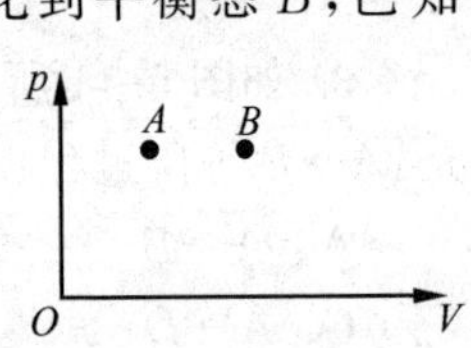

10．一定量的理想气体，经历某过程后，它的温度升高了，则根据热力学定律可知

图 5-14

(1) 该系统在此过程中吸热；
(2) 在此过程中外界对该系统做正功；
(3) 该系统的内能增加；
(4) 在此过程中该系统既从外界吸热，又对外界做正功．
以上正确的说法是（   ）
  A．(1)、(3)   B．(2)、(3)   C．(3)   D．(3)、(4)

11．一定量的理想气体，起始温度为 T，体积为 V_0．经绝热过程后体积变为 $2V_0$，又经过等压过程后温度回升到起始温度，最后经过等温过程回到起始状态．在此循环过程中（   ）
  A．气体从外界净吸热为负值   B．气体对外界净做功为正值
  C．气体从外界净吸热为正值   D．气体内能减少

12．如图 5-15 所示，一个绝热容器，用质量可忽略的绝热板分成体积相等的两部分，两边分别装入质量相等、温度相同的 H_2 和 O_2，开始时绝热板固定然后将其释放，绝热板将发生移动（绝热板与容器之间不漏气且摩擦可以忽略不计），在达到新的平衡位置后，比较两边温度的高低，则结果是（   ）

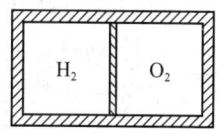

图 5-15

  A．H_2 比 O_2 温度高
  B．O_2 比 H_2 温度高
  C．两边温度相等且等于原来的温度
  D．两边温度相等但比原来的温度降低了

13．图 5-16 中的(a)、(b)、(c)各表示连接在一起的两个循环过程，其中(c)图是两个半径相等的圆构成的两个循环过程，图(a)和(b)则为半径不等的两个圆构成的循环．那么（   ）
  A．图(a)总净功为负，图(b)总净功为正，图(c)总净功为零
  B．图(a)总净功为负，图(b)总净功为负，图(c)总净功为正
  C．图(a)总净功为负，图(b)总净功为负，图(c)总净功为零
  D．图(a)总净功为正，图(b)总净功为正，图(c)总净功为负

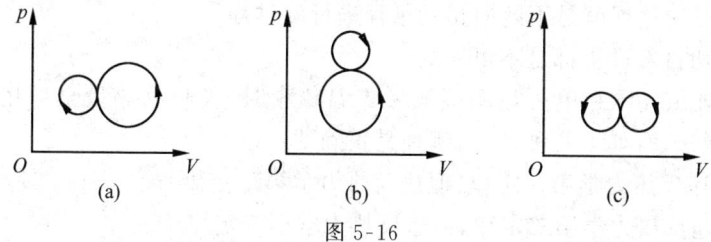

图 5-16

14．一卡诺可逆热机，工作物质在温度为 127℃ 和 27℃ 的两个热源间工作，在一个循环过程中，工作物质从高温热源吸热 600J，那么它对外界做的净功为（   ）

A. 128J B. 150J C. 472J D. 600J

15. 某理想气体分别进行如图 5-17 所示的两个卡诺循环：Ⅰ($ABCDA$) 和 Ⅱ($A'B'C'D'A'$)，且两条循环曲线所围面积相等，设循环 Ⅰ 的效率为 η，每次循环在高温热源处吸的热量为 Q，循环 Ⅱ 的效率为 η'，每次循环在高温热源处吸的热量为 Q'，则（　　）

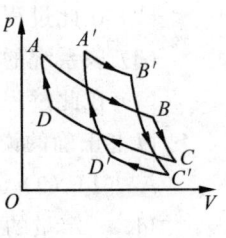

图 5-17

A. $\eta < \eta', Q < Q'$ B. $\eta < \eta', Q > Q'$
C. $\eta > \eta', Q < Q'$ D. $\eta > \eta', Q > Q'$

16. 冷冻机的循环是可逆卡诺循环．如果一冷冻机的冷源为 $-73\,℃$，热源温度为 $27\,℃$，则制冷系数为（　　）

A. 1/3 B. 2 C. 3/2 D. 1/2

17. 关于热功转换和热量传递过程，有下面一些叙述
(1) 功可以完全变为热量，而热量不能完全变为功；
(2) 一切热机的效率都小于 1；
(3) 热量不能从低温物体向高温物体传递；
(4) 热量从高温物体向低温物体传递是不可逆的．
以上这些叙述（　　）

A. 只有(2)、(4)正确 B. 只有(2)、(3)、(4)正确
C. 只有(1)、(3)、(4)正确 D. 全部正确

18. 热力学第一定律表明（　　）

A. 系统对外做的功不可能大于系统从外界吸收的热量
B. 系统内能的增量等于系统从外界吸收的热量
C. 不可能存在这样的循环使得外界对系统做的功不等于系统传给外界的热量
D. 热机的效率不可能等于 1

19. 根据热力学第二定律可知（　　）

A. 功可以全部转换为热，但热不能全部转换为功
B. 热可以从高温物体传到低温物体，但不能从低温物体传到高温物体
C. 不可逆过程就是不能向相反过程进行的过程
D. 一切自发过程都是不可逆的

20. "理想气体和单一热源接触做等温膨胀时，吸收的热量全部用来对外做功"．对此说法，有如下几种评论，哪种是正确的？（　　）

A. 不违反热力学第一定律，但违反热力学第二定律
B. 不违反热力学第二定律，但违反热力学第一定律
C. 不违反热力学第一定律，也不违反热力学第二定律
D. 违反热力学第一定律，也违反热力学第二定律

21. 关于可逆过程和不可逆过程有以下几种说法

(1) 可逆过程一定是平衡过程；

(2) 平衡过程一定是可逆过程；

(3) 不可逆过程一定找不到另一过程使系统和外界同时复原；

(4) 非平衡过程一定是不可逆过程.

以上说法,正确的是( )

A. (1)、(2)、(3)　　　　　　B. (2)、(3)、(4)

C. (1)、(3)、(4)　　　　　　D. (1)、(2)、(3)、(4)

22. 1g 0℃的冰熔解成 0℃的水,它的熵变近似为(冰的溶解热为 $334J \cdot g^{-1}$)( )

A. 0　　　B. $1.22J \cdot K^{-1}$　　　C. $4.19J \cdot K^{-1}$　　　D. $41.9J \cdot K^{-1}$

23. 一定量的理想气体经历某一过程,其过程方程为 $pV^2 =$ 恒量,那么该气体在这一过程中的摩尔热容量为( )

A. $2C_{V,m}$　　　B. $C_{V,m}$　　　C. $2C_{V,m}+R$　　　D. $C_{V,m}-R$

四、计算题

1. 1mol 双原子分子(视为刚性分子)理想气体从状态 $A(p_1,V_1)$ 沿图 5-18 所示的直线变化到状态 $B(p_2,V_2)$. 求:

(1) 气体的内能增量；

(2) 气体对外界所做的功；

(3) 气体吸收的热量；

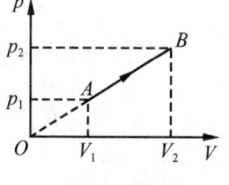

图 5-18

(4) 此过程的摩尔热容(摩尔热容 $C = \dfrac{\Delta Q}{\Delta T}$,其中 ΔQ 表示 1mol 物质温度升高 ΔT 时所吸收的热量).

2. 汽缸内有双原子分子(实为刚性分子)的理想气体,经绝热膨胀后气体的压强减少了一半,则变化前后气体的内能之比 $E_1 : E_2 =$？

3. 一气缸内盛有 1mol 温度为 27℃,压强为 1atm 的氮气(视为刚性双原子分子的理想气体). 先使它等压膨胀到原来体积的两倍,再等容升压使其压强变为 2atm,最后使其等温膨胀到压强为 1atm. 求:氮气在全部过程中对外界做的功,吸的热量及其内能的变化(摩尔气体常数 $R=8.31J \cdot mol^{-1} \cdot K^{-1}$).

5.5　检测复习题解答

一、判断题

1. ×. 2. ×. 3. √. 4. ×.

二、填空题

1. 解:(1) 一个点;

   (2) 一条曲线;

   (3) 一条封闭曲线.

2. 解:(1) $W = \int_{V_A}^{V_B} p\,dV = S_1 + S_2$ （数值上等于 $A \to 1 \to B$ 过程曲线下面积）

   (2) $W = \int_{循环} p\,dV = -S_1$ （数值上等于闭曲线所围面积取负号）

3. 解: $C_{V,m} = \dfrac{i}{2}R, C_{p,m} = \dfrac{i+2}{2}R$;

   (1) $\dfrac{3}{2}R, \dfrac{5}{2}R$;

   (2) $\dfrac{5}{2}R, \dfrac{7}{2}R$;

   (3) $3R, 4R, \gamma = \dfrac{C_{p,m}}{C_{V,m}} = \dfrac{4}{3}$.

4. 解:(1) 由 $pV = \dfrac{m}{M}RT$ 得

   $$M = \dfrac{m}{V}\dfrac{RT}{p} = \rho \dfrac{RT}{p} = 0.0894 \times \dfrac{8.31 \times 273}{1.013 \times 10^5} = 2 \times 10^{-3}(\text{kg} \cdot \text{mol}^{-1})$$

   可知该气体为氢气,因此 $i = 5$. 有

   $$C_{p,m} = \dfrac{i+2}{2}R = 29.1 \text{J} \cdot \text{K}^{-1} \cdot \text{mol}^{-1}$$

   (2) $C_{V,m} = \dfrac{i}{2}R = 20.8 \text{J} \cdot \text{K}^{-1} \cdot \text{mol}^{-1}$.

5. 解:(1) 制冷系数 $e = \dfrac{T_2}{T_1 - T_2} = \dfrac{300}{450 - 300} = 2$

   (2) $W = \dfrac{Q_2}{e} = \dfrac{400}{2} = 200(\text{J})$

6. 解:(1) $\Delta E = 0$;

   (2) $W = \dfrac{m}{M}RT\ln\dfrac{V_2}{V_1} = 1 \times 8.31 \times 300\ln 2 = 1.73 \times 10^3 (\text{J})$;

   (3) $Q_T = W = 1.73 \times 10^3 \text{J}$;

   (4) $\Delta S = \int_{可逆} \dfrac{dQ}{T} = \dfrac{1}{T}\int_{可逆} dQ = \dfrac{Q_T}{T} = \dfrac{m}{M}R\ln\dfrac{V_2}{V_1}$

   $= 1 \times 8.31 \times \ln 2 = 5.76(\text{J} \cdot \text{K}^{-1})$

7. 解：(1) 熵增加 （或状态概率增大）；

(2) 不可逆的.

8. 解：(1) 大量微观粒子热运动所引起的无序性 （或热力学系统的无序性）；

(2) 增加.

三、选择题

1. 解：
$$E = \frac{i}{2}\frac{m}{M}RT = \frac{i}{2}pV$$

因为 E 与 p 为直线关系，所以 V 为常数，(C)对.

2. 解：
$$E = \frac{i}{2}\frac{m}{M}RT = \frac{i}{2}pV$$

因为 $V_2 = V_1$，$p_2 = p_1$ 所以 $E_2 = E_1$，(C)对.

3. 解：
$$Q = \Delta E + W$$

因为 $W_{AB} > W_{AC} > W_{AD}$（从功的数值与过程曲线下围成的几何面积关系判断）及 $\Delta E_{AB} > \Delta E_{AC}(=0) > \Delta E_{AD}$，所以 AB 过程中，Q 最大，(A)对.

4. 解：设 ABC、ADC 分别为第 1 及第 2 个过程，有
$$Q_1 = \Delta E_1 + W_1$$
$$Q_2 = \Delta E_2 + W_2$$

因为 $\Delta E_1 = \Delta E_2$，故有
$$Q_2 = Q_1 + (W_2 - W_1) = Q_1 - 三角形\ ADC\ 面积 = Q_1 - \frac{1}{2}p_0V_0$$

由 $W_{AD} = P_0V_0 = 50\text{J}$ 知 $\frac{1}{2}p_0V_0 = 25\text{J}$，有 $Q_2 = 100 - 25 = 75(\text{J})$. (C)对.

5. 解：由理想气体状态方程知，在此两种气体摩尔数相等，因为此过程为等体过程，所以有
$$Q_V = \Delta E = \frac{m}{M}\frac{i}{2}R\Delta T$$

依题意有
$$Q_{VH_2} = \frac{m}{M}\frac{5}{2}R\Delta T$$
$$Q_{VHe} = \frac{m}{M}\frac{3}{2}R\Delta T$$

解得
$$Q_{VHe} = \frac{3}{5}Q_{VH_2} = \frac{3}{5} \times 5 = 3(\text{J})$$

(C)对.

6. 解:因为

$$pV^\gamma = p_0 V_0^\gamma$$

$$V^{\gamma-1} T = V_0^{\gamma-1} T_0$$

所以

$$p = \left(\frac{V_0}{V}\right)^\gamma p_0 = \left(\frac{1}{3}\right)^\gamma p_0$$

$$T = \left(\frac{V_0}{V}\right)^{\gamma-1} T_0 = \left(\frac{1}{3}\right)^{\gamma-1} T_0$$

(B)对.

7. 解:依题意知 $\Delta E + W = 0$,有此有

$$\frac{m}{M} \frac{i}{2} R \Delta T = -W$$

即

$$\Delta T = -\frac{W}{\frac{m}{M}\frac{i}{2}R} = -\frac{831}{5 \times \frac{5}{2} \times 8.31} = -8(K)$$

故

$$t = -8℃$$

(B)对.

8. 解:在 R_1、R_2 过程中,分别有

$$0 = \Delta E + 75$$

$$Q_2 = \Delta E + 100$$

解得

$$Q_2 = 25(J)$$

(A)对.

9. 解:因为功和热量均为过程量,所以在没给出具体过程时无法判断它们的数值的正负,因此(A)、(C)、(D)均不对.由于理想气体内能是温度的单值增加函数,而 $T_B > T_A$,因此无论经过何种过程,均使内能增加,(B)对.

10. 解:同上题分析可知,(C)对.

11. 解:由题意可做出如图 5-19 所示的循环图(注意绝热线比等温线陡),因为在一个循环中 $\Delta E = 0$,所以(D)不对.由于为逆循环,因此 $W < 0$,故(B)不对.又因为 $Q = \Delta E + W < 0$,所以(C)不对,(A)对.

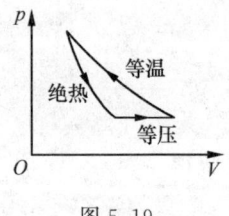

图 5-19

12. 解:因为 $p_{H_2} = n_{H_2} kT$ 及 $p_{O_2} = n_{O_2} kT$,所以 $p_{H_2} > p_{O_2}$(由于质量相等,容积相等,因此 $n_{H_2} > n_{O_2}$).对于 O_2 而言,板向 O_2 运动时,外界对 O_2 做正功,又因为是绝热过程,所以它的内能增加,即

温度升高了. 对于 H_2 而言,板向 O_2 运动时,H_2 对外界做正功,又因为是绝热过程,所以 H_2 的内能减少,即温度降低了,(B)对.

13. 解:净功数值=循环面积的代数和,正循环面积取正,逆循环面积取负. 由此知(C)对.

14. 解:由 $\eta=\dfrac{W}{Q_1}=1-\dfrac{T_2}{T_1}$ 有

$$W=\left(1-\dfrac{T_2}{T_1}\right)Q_2=\left(1-\dfrac{300}{400}\right)\times 600=150(\text{J})$$

(B)对.

15. 解:效率为 $\eta_卡=1-\dfrac{T_2}{T_1}$,因为 $T_2'<T_2$ 及 $T_1'>T_1$,所以 $\eta<\eta'$. 效率又可表示为 $\eta=\dfrac{W}{Q_1}$,因为 $W=W'$(数值上等于循环面积)及 $\eta<\eta'$,因此 $Q>Q'$. (B)对.

16. 解:$e_卡=\dfrac{T_2}{T_1-T_2}=\dfrac{200}{300-200}=2$,(B)对.

17. 解:对非循环过程,热量也能完全转变为功,如在等温膨胀过程中,系统吸收的热量全部用来做功,对于热机,它在循环过程中,不可能把吸收的热量都变为有用功(热力学第二定律的要求),所以效率只能小于1. 热量不能自动地从低温物体传到高温物体,但在外界的作用下,热量可以从低温物体向高温物体传递,如制冷机;因为热量不能自动地从低温物体向高温物体传递,因此热量从高温物体向低温物体传递是不可逆的,综上可知,(A)是正确的.

18. 解:系统对外做的功可能大于系统从外界吸收的热量,如在绝热膨胀过程中,系统对外界做正功,而系统从外界吸热为零(过程每一步都无热量交换),所以(A)不对. 一般情况下,系统内能的增量与系统对外做功之和才等于系统从外界吸收的热量,因此(B)不对. 热机效率等于1不违背热力学第一定律,故(D)不对. 在一个循环中,$\Delta E=0$,有 $Q=W$,(C)对.

19. 解:在产生其他影响的情况下,热也能全部转换为功,如气体在等温膨胀过程中就是一例,所以(A)不对. 热量不能自动地由低温物体传给高温物体,但是在外界作用下,热量却能从低温物体传给高温物体,如制冷机,因此(B)不对. 能向相反方向进行的过程不一定是可逆过程,如汽缸中活塞与器壁间有摩擦,在气体膨胀和压缩的过程中,就不是可逆过程,所以(C)也不对. 一切自发的过程都是不可逆的,这是自然界的基本规律,(D)对.

20. 解:因为此说法满足能量守恒定律,所以它不违反热力学第一定律. 由于此过程不是循环过程,因此它也不违反热力学第二定律,(C)对.

21. 解:可逆过程是无摩擦的准静态过程(平衡过程),所以,可逆过程一定是平衡过程. 反之,平衡过程不一定为可逆过程,如有摩擦的平衡过程就不是可逆过程.非平衡过程不满足准静态条件,当然是不可逆的.可逆过程存在这样的过程,也就是使系统本身和外界同时复原的过程,否则就不是可逆过程.由上可知,(C)对.

22. 解:熵变为 $dS = \dfrac{dQ}{T}$,冰的熔解热为 $334 J \cdot g^{-1}$,因此 $dQ = 334 \times 1 = 334(J)$,熵变为 $dS = \dfrac{334}{273} = 1.22 (J \cdot K^{-1})$.(B)对.

23. 解:$C = \dfrac{dQ}{dT} = \dfrac{dE + pdV}{dT} = \dfrac{dE}{dT} + \dfrac{pdV}{dT} = C_{V,m} + \dfrac{pdV}{dT}$

对于 1mol 气体有
$$pV = RT$$

已知
$$pV^2 = 恒量$$

对以上二式两边微分得
$$pdV + Vdp = RdT$$
$$2pVdV + V^2 dp = 0$$

解得
$$pdV = -RdT$$

上式代入 C 中有
$$C = C_{V,m} - R$$

(D)对.

四、计算题

1. 解:(1) $\Delta E = \dfrac{m}{M} \dfrac{i}{2} R(T_B - T_A) = \dfrac{i}{2}(p_2 V_2 - p_1 V_1) = \dfrac{5}{2}(p_2 V_2 - p_1 V_1)$

(2) 功在数值上可表示为
$$W = S_{OBV_2} - S_{OAV_1} = \dfrac{1}{2}(p_2 V_2 - p_1 V_1)$$

(3) $\Delta Q = \Delta E + W = 3(p_2 V_2 - p_1 V_1)$

(4) $C = \dfrac{\Delta Q}{\Delta T} = \dfrac{3(p_2 V_2 - p_1 V_1)}{\Delta T} = \dfrac{3(RT_B - RT_A)}{\Delta T} = \dfrac{3R\Delta T}{\Delta T} = 3R$

2. 解:可知 $E_1 : E_2 = T_1 : T_2$

因为
$$p_1^{\gamma-1} T_1^{-\gamma} = p_2^{\gamma-1} T_2^{-\gamma}$$

所以
$$\dfrac{T_1}{T_2} = \left(\dfrac{p_1}{p_2}\right)^{\frac{\gamma-1}{\gamma}} = \left(\dfrac{1}{2}\right)^{1-\frac{1}{\gamma}}$$

又因为

$$\gamma = \frac{C_{p,m}}{C_{V,m}} = \frac{i+2}{i} = \frac{7}{5}$$

故 $\dfrac{T_1}{T_2} = 1.22$,得 $\qquad E_1 : E_2 = 1.22$

3. 解:由题意知

$$A(p_0, V_0, T_0) \xrightarrow{\text{等压}} B(p_0, 2V_0, T_1) \xrightarrow{\text{等容}} C(2p_0, 2V_0, T_2) \xrightarrow{\text{等温}} D(p_0, V_3, T_3)$$

(1) $W = W_{AB} + W_{BC} + W_{CD} = p_0(2V_0 - V_0) + p_C V_C \ln \dfrac{p_C}{p_D}$

$\qquad = p_0 V_0 (1 + 4\ln 2) = RT_0 (1 + 4\ln 2) = 9.41 \times 10^3 \text{ J}$

(2) $\Delta E = \dfrac{i}{2} R(T_D - T_A) = \dfrac{i}{2} R(T_C - T_A) = \dfrac{i}{2}(p_C V_C - p_A V_A)$

$\qquad = \dfrac{5}{2}(4p_0 V_0 - p_0 V_0) = \dfrac{15}{2} RT_0 = 1.87 \times 10^4 \text{ J}$

(3) $Q = \Delta E + W = 2.81 \times 10^4 \text{ J}$

第三篇 电 磁 学

第6章 真空中的静电场

6.1 基本要求

1. 理解库仑定律.
2. 掌握静电场的电场强度和电势的概念.
3. 理解静电场的高斯定理和环路定理.
4. 熟练掌握用点电荷的电场强度和叠加原理以及高斯定理求解带电系统电场强度的方法;并能用电场强度与电势梯度的关系求解较简单带电系统的电场强度.
5. 熟练掌握用电势叠加原理、电势的定义式以及电势与场强的积分关系求解带电系统电势的方法.

6.2 本章小结

一、基本概念

1. 电场强度:简称场强,用来描述电场性质的物理量.定义式为 $E = \dfrac{F}{q_0}$,式中 F 是实验电荷 q_0 受到的电场力.

2. 电势能:点电荷 q 在某点 A 的电势能等于把电荷 q 从 A 点移动到电势能为零的 B 点的过程中静电场力对电荷 q 所做的功,即 $W_A = q\int_A^B \boldsymbol{E} \cdot \mathrm{d}\boldsymbol{r}$(电势能是相对量).

3. 电势:用来描述电场性质的物理量.某点 A 的电势为 $U_A = \dfrac{W_A}{q}$,式中 W_A 是点电荷 q 在 A 点的电势能.电势与场强的积分关系为 $U_A = \int_A^B \boldsymbol{E} \cdot \mathrm{d}\boldsymbol{r}$(电势是相对量).

4. 电势差:A 与 C 点之间的电势差为 $U_{AC} = U_A - U_C = \int_A^C \boldsymbol{E} \cdot \mathrm{d}\boldsymbol{r}$

5. 电场强度通量:通过某一面上的电场线条数称为通过该面上的电场强度通量.

二、基本规律

1. 库仑定律:设 r 是点电荷 q_2 对点电荷 q_1 的位矢,点电荷 q_1 对点电荷 q_2 的电场力为 $\boldsymbol{F} = \dfrac{q_1 q_2}{4\pi\varepsilon_0 r^3}\boldsymbol{r}$.

2. 真空中静电场的高斯定理:通过任一闭合曲面的电场强度通量等于该曲面包围的电荷代数和除以真空电容率,即 $\oint_S \boldsymbol{E} \cdot \mathrm{d}\boldsymbol{S} = \dfrac{1}{\varepsilon_0}\sum\limits_{S内} q$.

3. 场强叠加原理:点电荷系在某电场处的场强等于各个点电荷独立存在时在该点产生场强的矢量和,即 $\boldsymbol{E} = \sum\limits_{i=1}^{n}\boldsymbol{E}_i$.

4. 电势叠加原理:点电荷系在某电场处的电势等于各个点电荷独立存在时在该点产生电势的代数和,即 $U = \sum\limits_{i=1}^{n} U_i$.

5. 场强环路定理:静电场场强沿任一闭合回路的线积分(即静电场场强的环流)等于零,即 $\oint_l \boldsymbol{E} \cdot \mathrm{d}\boldsymbol{l} = 0$.

三、基本公式

1. 点电荷产生的场强

$$\boldsymbol{E} = \dfrac{q}{4\pi\varepsilon_0 r^3}\boldsymbol{r}$$

2. 点电荷系产生的场强

$$\boldsymbol{E} = \sum_{i=1}^{n} \dfrac{q_i}{4\pi\varepsilon_0 r_i^3}\boldsymbol{r}_i$$

3. 连续带电体产生的场强

$$\boldsymbol{E} = \int_q \dfrac{\mathrm{d}q}{4\pi\varepsilon_0 r^3}\boldsymbol{r}$$

4. 用高斯定理 $\oint_S \boldsymbol{E} \cdot \mathrm{d}\boldsymbol{S} = \dfrac{1}{\varepsilon_0}\sum\limits_{S内} q$ 求场强(可解情况) $\begin{cases} 电场球对称 \\ 电场轴对称 \\ 电场面对称 \end{cases}$

5. 用场强与电势梯度关系求场强: $\boldsymbol{E} = -\nabla U$ 或 $\begin{cases} E_x = -\dfrac{\partial U}{\partial x} \\ E_y = -\dfrac{\partial U}{\partial y} \\ E_z = -\dfrac{\partial U}{\partial z} \end{cases}$

6. 电场强度通量：$\begin{cases} \Phi_e = \int_S \boldsymbol{E} \cdot \mathrm{d}\boldsymbol{S} & \text{（非闭合曲面）} \\ \Phi_e = \oint_S \boldsymbol{E} \cdot \mathrm{d}\boldsymbol{S} & \text{（闭合曲面）} \end{cases}$

7. 点电荷产生的电势：$U = \dfrac{q}{4\pi\varepsilon_0 r}$ （取无限远处电势为零）.

8. 点电荷系产生的电势：$U = \sum\limits_{i=1}^{n} \dfrac{q_i}{4\pi\varepsilon_0 r_i}$ （取无限远处电势为零）.

9. 连续带电体产生的电势：$U = \int \mathrm{d}U = \int_q \dfrac{\mathrm{d}q}{4\pi\varepsilon_0 r}$ （取无限远处电势为零）.

10. 用电势与场强积分关系求电势：$U_A = \int_A^B \boldsymbol{E} \cdot \mathrm{d}\boldsymbol{r}$ （取 $U_B = 0$）.

11. 静电场力的功：$W_{AB} = -(W_B - W_A) = -q(U_B - U_A)$.

四、典型带电体场强或电势

1. 无限长均匀带电直线

$$E = \dfrac{\lambda}{2\pi\varepsilon_0 r} \begin{cases} \lambda > 0, & \text{场强垂直带电直线指向考察点} \\ \lambda < 0, & \text{由考察点垂直指向带电直线} \end{cases}$$

2. 无限大均匀带电平面

$$E = \dfrac{\sigma}{2\varepsilon_0} \begin{cases} \sigma > 0, & \text{场强垂直带电平面指向考察点} \\ \sigma < 0, & \text{由考察点垂直指向带电平面} \end{cases}$$

3. 均匀带电细圆环轴线上场强及电势

$$E = \dfrac{xq}{4\pi\varepsilon_0 (x^2+R^2)^{3/2}} \begin{cases} q > 0, & \text{场强由环心指向考察点} \\ q < 0, & \text{由考察点指向环心} \end{cases}$$

$$U = \dfrac{q}{4\pi\varepsilon_0 \sqrt{x^2+R^2}} \quad \text{（取无限远处电势为零点）}$$

4. 均匀带电薄圆盘轴线上场强及电势

$$E = \dfrac{\sigma}{2\varepsilon_0}\left(1 - \dfrac{x}{\sqrt{x^2+R^2}}\right) \begin{cases} \sigma > 0, & \text{场强由盘心指向考察点} \\ \sigma < 0, & \text{场强由考察点指向盘心} \end{cases}$$

$$U = \dfrac{\sigma}{2\varepsilon_0}(\sqrt{x^2+R^2} - x) \quad \text{（取无限远处电势为零点）}$$

6.3 典型思考题与习题

一、思考题

1. 根据点电荷的场强公式 $\boldsymbol{E} = \dfrac{q}{4\pi\varepsilon_0 r^3}\boldsymbol{r}$，当场点到点电荷的距离 $r \to 0$ 时，则场强 E 的值趋于无穷大，这是没有意义的，那么如何解释呢？

解 点电荷是一种理想模型,即当场点到带电体的距离比该带电体的线度大很多时,则可忽略带电体形状的影响,把它看做一个几何点. 但当场点到带电体的距离减小到 $r\to 0$ 时,任何带电体就不能看做几何点,故 $E=\dfrac{q}{4\pi\varepsilon_0 r^3}r$ 公式不适用,此时不能用此公式来讨论问题.

2. 由高斯定理能否得到库仑定律?

解 能得到库仑定律. 对点电荷而言,其场是球对称的,因此,取以点电荷为球心,r 为半径的闭合球面 S 做高斯面,由高斯定理

$$\oint_S \boldsymbol{E}\cdot \mathrm{d}\boldsymbol{S}=\dfrac{1}{\varepsilon_0}\sum_{S\text{内}} q$$

有

$$E\cdot 4\pi r^2=\dfrac{1}{\varepsilon_0}q$$

即

$$E=\dfrac{q}{4\pi\varepsilon_0 r^2}$$

在球面上点电荷 q_0 受的作用力为 $\boldsymbol{F}=q_0\boldsymbol{E}=\dfrac{q_0 q}{4\pi\varepsilon_0 r^3}\boldsymbol{r}$,这就是库仑定律.

3. 高斯定理 $\oint_S \boldsymbol{E}\cdot \mathrm{d}\boldsymbol{S}=\dfrac{1}{\varepsilon_0}\sum_{S\text{内}} q$ 中的电场强度 $\boldsymbol{E}$,是否只是闭合曲面内的电荷产生的? 计算时它对闭合面外的电荷考虑了没有? 表现在什么地方?

解 高斯定理中,电场强度对闭合面的通量只与面内的电荷有关,而与面外的电荷无关. 至于高斯面某一点的场强,应该是由所有电荷(它既包括面内的电荷,又包括面外的电荷)产生的场在该点叠加的结果. 计算场强时考虑了闭合曲面外的电荷,表现在:用高斯定理计算场强时,首先要判断能否计算出其结果,也就是要判断电场分布是否具有一定的对称性,只有电场分布具有一定对称性的时候才能计算出场强. 而场强是所有电荷产生的,因此判断电场分布时就考虑了所有的电荷,当然包括闭合面外的电荷.

4. 当封闭曲面内的电荷代数和为零时,是否封闭曲面上任一点的场强一定为零? 为什么?

解 不一定为零. 由高斯定理知,高斯面内电荷代数和为零时,只说明对高斯的电场强度通量为零,即 $\oint_S \boldsymbol{E}\cdot \mathrm{d}\boldsymbol{S}=0$,但并不能说 S 上任意一点的场强一定为零. 如当 S 内只存在一电偶极子时,S 内电荷代数和等于零,但 S 上场强任一点都不等于零.

5. 若通过高斯面的电场强度通量不为零,是否高斯面上的场强一定处处不

为零?

解 不一定不为零. 由高斯定理 $\oint_S \boldsymbol{E} \cdot \mathrm{d}\boldsymbol{S} = \dfrac{1}{\varepsilon_0} \sum\limits_{S内} q$ 知, 当 $\dfrac{1}{\varepsilon_0} \sum\limits_{S内} q \neq 0$ 时, 并不能得知在 S 上处处场强不为零. 如当 S 上某一点 A 经过相距为 l 的二等电量同号电荷的连线中点时, 且 S 内包含其中的一个点电荷, 在此情况下, S 上的电场强度通量不等于零, 但 A 点场强且为零.

6. 若高斯面上的场强处处为零, 则是否可认为该面内必无电荷?

解 不能这样认为. 由 $\oint_S \boldsymbol{E} \cdot \mathrm{d}\boldsymbol{S} = \dfrac{1}{\varepsilon_0} \sum\limits_{S内} q$ 知, 当 S 上 $\boldsymbol{E}$ 处处为零时, $\oint_S \boldsymbol{E} \cdot \mathrm{d}\boldsymbol{S} = 0$, 说明了 $\dfrac{1}{\varepsilon_0} \sum\limits_{S内} q = 0$, 即 S 内电荷代数和为零, 但并不能说明闭合曲面 S 内无电荷. 如在高斯面内有两同心均匀带电球面, 带电量分别为 $+q$ 和 $-q$. 可知高斯面 S 上 $\boldsymbol{E}$ 处处为零, 但是 S 内且有电荷 q 和 $-q$.

7. 有人用高斯定理来求带电为 q 的电偶极子的场强, 其方法如下: 以电偶极子的中心为球心, 以 r 为半径做一球面, 把电偶极子包围, 则

$$\oint_S \boldsymbol{E} \cdot \mathrm{d}\boldsymbol{S} = \dfrac{1}{\varepsilon_0} \sum\limits_{S内} q = \dfrac{1}{\varepsilon_0} [q + (-q)] = 0$$

即 $E\cos\theta \oint_S \mathrm{d}S = 0$, 因此, $E = 0$, 其结果显然是不正确, 试指出其错误.

解 在 S 上, $\boldsymbol{E}$ 的大小并非相等, $\cos\theta$ 也并非是常数, 因此 E 和 $\cos\theta$ 不能从积分号中提出, 把 E 和 $\cos\theta$ 提出到积分号外边, 这就是错误的原因.

8. 如图 6-1 所示, 真空中有两个均匀带电平面 A、B, 面积均为 S, 二者之间间距为 d($d \ll$ 带电平面的线度), A、B 带电量分别为 $+q$ 和 $-q$, 问 A、B 间相互作用力等于什么(不计边缘效应)?

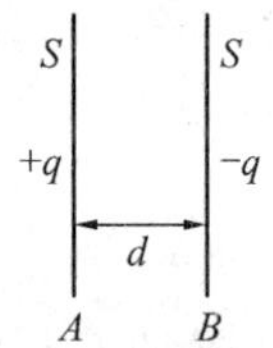

解 先求 A 对 B 的作用力. A 在 B 处产生的场强为

$$\boldsymbol{E} = \dfrac{\sigma}{2\varepsilon_0}\boldsymbol{n} = \dfrac{q}{2\varepsilon_0 S}\boldsymbol{n} \quad (\boldsymbol{n} \text{ 由 } A \text{ 垂直指向 } B)$$

图 6-1

B 板受的作用力为

$$\boldsymbol{F} = -q\boldsymbol{E} = -\dfrac{q^2}{2\varepsilon_0 S}\boldsymbol{n}$$

B 对 A 的作用力为

$$\boldsymbol{F}' = -\boldsymbol{F} = -\dfrac{q^2}{2\varepsilon_0 S}\boldsymbol{n}$$

9. 如图 6-2 所示, A、B 为两个均匀带电球, C 为空间任一点, 试问该点的场强可否用高斯定理求解?

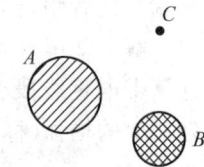

图 6-2

解 初看起来不能用高斯定理求解, 因为不能找到一个高斯面使其上场强值为常数, 因此无法求出场强. 但是, A、B 是均

匀带电球,可分别用高斯定理求出在 C 点产生的场强 E_A、E_B,之后再根据场强叠加原理求出合场强 E_C.即

$$E_C = E_A + E_B$$

10.(1)在电势为零的地方,场强是否一定为零?

(2)场强为零的地方,电势是否一定为零?

解 (1)在电势为零的地方,场强不一定为零.这是因为电势零点的选择是任意的.如选取无限远处为电势零点时,则在电偶极子的中点电势为零,但该点的场强且不为零.

(2)在场强为零的地方,电势不一定为零.这也是因为电势零点的选择是任意的.如选取无限远处为电势零点时,在相距为 l 的等量同号电荷的中点场强为零,但该点的电势且不等于零.

二、典型习题

1. 真空中有一半径为 R 的均匀带电半球面,电荷面密度为 σ.求球心处电场强度的大小.

解 如图 6-3 所示,把半球面分割成平行于半球面底面的一系列细圆环,距球心为 x、半径为 r、宽为 dl($d\theta$ 角对应的弧长)的细圆环在球心 O 处产生的场强(标量式)为

$$dE = \frac{x dq}{4\pi\varepsilon_0 (x^2+r^2)^{3/2}} = \frac{x dq}{4\pi\varepsilon_0 R^3}$$

$$= \frac{R\sin\theta \cdot \sigma 2\pi r dl}{4\pi\varepsilon_0 R^3} = \frac{R\sin\theta \cdot \sigma 2\pi R\cos\theta \cdot R d\theta}{4\pi\varepsilon_0 R^3}$$

$$= \frac{\sigma \sin\theta \cos\theta d\theta}{2\varepsilon_0}$$

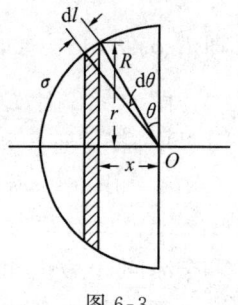

图 6-3

dE 的方向平行于半球面轴线.整个半球面在 O 处产生的场强为

$$E = \int_0^{\frac{\pi}{2}} \frac{\sigma \sin\theta \cos\theta d\theta}{2\varepsilon_0} = \frac{\sigma}{2\varepsilon_0} \int_0^{\frac{\pi}{2}} \sin\theta d\sin\theta = \frac{\sigma}{4\varepsilon_0}$$

$\sigma > 0$,E 沿半球面轴线向右;$\sigma < 0$,E 沿半球面轴线向左.

2. 真空有一无限长均匀带电细直线,电荷线密度为 λ_1,有长为 L 的均匀带电直线段,电荷线密度为 λ_2,二者共面且互相垂直,后者左端与前者距离为 a,求二者间相互作用力.

解 如图 6-4 所取坐标,x 轴通过带电直线段.先计算带电直线段受到的作用力.无限长带电直线在 x 处产生的场强(标量式)为

$$E = \frac{\lambda_1}{2\pi\varepsilon_0 x}$$

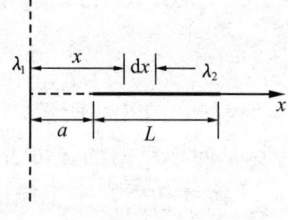

图 6-4

带电直线段上 x 处 $\mathrm{d}x$ 长的电荷元 $\mathrm{d}q$ 受到的电场力为

$$\mathrm{d}F = E\mathrm{d}q = \frac{\lambda_1\lambda_2\mathrm{d}x}{2\pi\varepsilon_0 x}$$

带电直线段受到的总电场力为

$$F = \int\mathrm{d}F = \int_a^{L+a}\frac{\lambda_1\lambda_2\mathrm{d}x}{2\pi\varepsilon_0 x} = \frac{\lambda_1\lambda_2}{2\pi\varepsilon_0}\ln\frac{a+L}{a}$$

$$\lambda_1\lambda_2\begin{cases}>0, & \boldsymbol{F} \text{ 沿 } x \text{ 轴正向}\\ <0, & \boldsymbol{F} \text{ 沿 } x \text{ 轴负向}\end{cases}$$

无限长带电直线受到的电场力为 $\boldsymbol{F}' = -\boldsymbol{F}$.

3. 如图 6-5 所示,在一电荷体密度为 ρ 的均匀带电球体中,挖出一个以 O' 为球心的球状小空腔,空腔的球心相对带电球体中心 O 的位置矢量用 $\boldsymbol{b}$ 表示. 试证球形空腔内的电场是均匀电场,其表达式为 $\boldsymbol{E} = \dfrac{\rho}{3\varepsilon_0}\boldsymbol{b}$.

证明 球形空腔中电荷体密度为零,因而空腔中场强分布与在空腔上同时存在均匀带电且电荷体密度分别为 $\pm\rho$ 的带电球是等价的. 因此空腔内任一点 P(图 6-6)的场强可视为电荷体密度为 ρ 的大球产生的场强 $\boldsymbol{E}_1$ 和在空腔位置上电荷体密度为 $-\rho$ 的小球产生的场强 $\boldsymbol{E}_2$ 矢量和(即补偿法). 设 $\overrightarrow{OP} = \boldsymbol{r}$, $\overrightarrow{O'P} = \boldsymbol{r}'$.

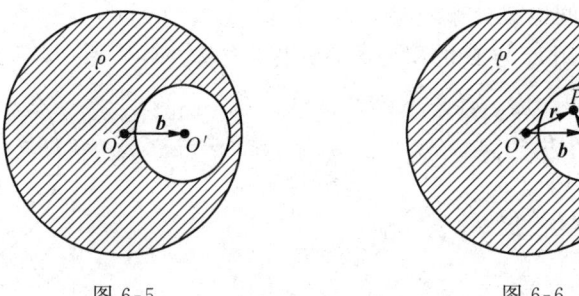

图 6-5　　　　　　图 6-6

大球在 P 点产生的场强:以大球心 O 为中心,r 为半径,过 P 做球形高斯面 S,由高斯定理 $\oint_S \boldsymbol{E}\cdot\mathrm{d}\boldsymbol{S} = \dfrac{1}{\varepsilon_0}\sum_{S\text{内}}q$ 有 $E_1 4\pi r^2 = \dfrac{1}{\varepsilon_0}\sum_{S\text{内}}q = \dfrac{1}{\varepsilon_0}\rho\dfrac{4}{3}\pi r^3$,得 $E_1 = \dfrac{\rho}{3\varepsilon_0}r$.

小球在 P 点产生的场强:以小球心 O' 为中心 r' 为半径,过 P 做球形高斯面 S',由高斯定理 $\oint_{S'} \boldsymbol{E}\cdot\mathrm{d}\boldsymbol{S}' = \dfrac{1}{\varepsilon_0}\sum_{S'\text{内}}q$ 有 $E_2 4\pi r'^2 = \dfrac{1}{\varepsilon_0}\sum_{S'\text{内}}q = \dfrac{1}{\varepsilon_0}(-\rho)\dfrac{4}{3}\pi r'^3$,得 $E_2 = -\dfrac{\rho}{3\varepsilon_0}r'$.

$\boldsymbol{E}_1$ 和 $\boldsymbol{E}_2$ 可写成 $\boldsymbol{E}_1 = \dfrac{\rho}{3\varepsilon_0}\boldsymbol{r}$ 及 $\boldsymbol{E}_2 = -\dfrac{\rho}{3\varepsilon_0}\boldsymbol{r}'$,得

$$E = E_1 + E_2 = \frac{\rho}{3\varepsilon_0}r - \frac{\rho}{3\varepsilon_0}r' = \frac{\rho}{3\varepsilon_0}(r - r') = \frac{\rho}{3\varepsilon_0}b$$

可见空腔内位均匀电场.

注意:补偿法的使用.

4. 如图 6-7 所示,将半径分别为 $R_1 = 5\text{cm}$ 和 $R_2 = 10\text{cm}$ 的两个很长的共轴金属圆筒分别连接到直流电源的两极上,今使一电子以速率 $v = 3 \times 10^6 \text{m} \cdot \text{s}^{-1}$ 沿半径为 r ($R_1 < r < R_2$)的圆周的切线方向射入两圆筒间,欲使电子做圆周运动,电源电压应为多大(电子质量 $m = 9.1 \times 10^{-31}\text{kg}$,电子电量的绝对值为 $e = 1.6 \times 10^{-19}\text{C}$).

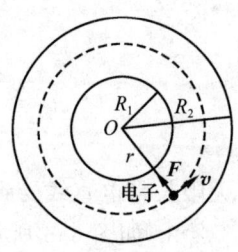

图 6-7

解 依题意知 $m\dfrac{v^2}{r} = eE$,即 $E = \dfrac{mv^2}{er}$,有

$$U_{R_1 R_2} = \int_{R_1}^{R_2} \boldsymbol{E} \cdot \mathrm{d}\boldsymbol{r} = \int_{R_1}^{R_2} E \mathrm{d}r = \int_{R_1}^{R_2} \frac{mv^2}{er} \mathrm{d}r$$

$$= \frac{mv^2}{e} \ln \frac{R_2}{R_1} = \frac{9.1 \times 10^{-31} \times (3 \times 10^6)^2}{1.6 \times 10^{-19}} \ln 2$$

$$= 35 (\text{V})$$

5. 如图 6-8 所示,两个均匀带电同心球面,半径分别为 R_1 和 R_2,带电量分别为 Q_1 和 Q_2,试求空间电势分布.

解 〈方法一〉:用 U 与 E 的积分关系计算

由高斯定理知 $E = \begin{cases} 0 & (r < R_1) \\ \dfrac{Q_1}{4\pi\varepsilon_0 r^3}\boldsymbol{r} & (R_1 < r < R_2) \\ \dfrac{Q_1 + Q_2}{4\pi\varepsilon_0 r^3}\boldsymbol{r} & (r > R_2) \end{cases}$

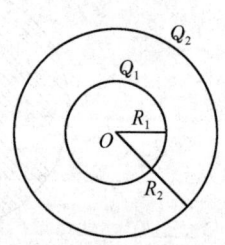

图 6-8

设考察点距球心距离为 r

$r < R_1$ 情况

$$U = \int_r^\infty \boldsymbol{E} \cdot \mathrm{d}\boldsymbol{l}$$

$$= \int_r^{R_1} \boldsymbol{E} \cdot \mathrm{d}\boldsymbol{l} + \int_{R_1}^{R_2} \boldsymbol{E} \cdot \mathrm{d}\boldsymbol{l} + \int_{R_2}^\infty \boldsymbol{E} \cdot \mathrm{d}\boldsymbol{l} = 0 + \int_{R_1}^{R_2} \frac{Q_1}{4\pi\varepsilon_0 r^2} \mathrm{d}r + \int_{R_2}^\infty \frac{Q_1 + Q_2}{4\pi\varepsilon_0 r^2} \mathrm{d}r$$

$$= \frac{Q_1}{4\pi\varepsilon_0}\left(\frac{1}{R_1} - \frac{1}{R_2}\right) + \frac{Q_1 + Q_2}{4\pi\varepsilon_0 R_2} = \frac{1}{4\pi\varepsilon_0}\left(\frac{Q_1}{R_1} + \frac{Q_2}{R_2}\right)$$

$R_1 < r < R_2$ 情况

$$U = \int_r^\infty \boldsymbol{E} \cdot \mathrm{d}\boldsymbol{l} = \int_r^{R_2} \boldsymbol{E} \cdot \mathrm{d}\boldsymbol{l} + \int_{R_2}^\infty \boldsymbol{E} \cdot \mathrm{d}\boldsymbol{l} = \int_r^{R_2} \frac{Q_1}{4\pi\varepsilon_0 r^2} \mathrm{d}r + \int_{R_2}^\infty \frac{Q_1 + Q_2}{4\pi\varepsilon_0 r^2} \mathrm{d}r$$

$$= \frac{Q_1}{4\pi\varepsilon_0}\left(\frac{1}{r}-\frac{1}{R_2}\right)+\frac{Q_1+Q_2}{4\pi\varepsilon_0 R_2}=\frac{1}{4\pi\varepsilon_0}\left(\frac{Q_1}{r}+\frac{Q_2}{R_2}\right)$$

$r>R_3$ 情况

$$U=\int_r^\infty \boldsymbol{E}\cdot \mathrm{d}\boldsymbol{l}=\int_r^\infty \frac{Q_1+Q_2}{4\pi\varepsilon_0 r^2}\mathrm{d}r=\frac{Q_1+Q_2}{4\pi\varepsilon_0 r}$$

〈方法二〉：用电势叠加原理解

设 U_{AB} 中的下标 A 改写成"内"或"外"时，分别代表内球面或外球面；下标 B 改写成"内"、"中"或"外"时，分别代表在内球面内部、两球面中间和外球面外部产生的电势. 由电势叠加原理有

$r<R_1$ 情况

$$U=U_{内内}+U_{外内}=\frac{Q_1}{4\pi\varepsilon_0 R_1}+\frac{Q_2}{4\pi\varepsilon_0 R_2}=\frac{1}{4\pi\varepsilon_0}\left(\frac{Q_1}{R_1}+\frac{Q_2}{R_2}\right)$$

$R_1<r<R_2$ 情况

$$U_2=U_{内中}+U_{外中}=\frac{Q_1}{4\pi\varepsilon_0 r}+\frac{Q_2}{4\pi\varepsilon_0 R_2}=\frac{1}{4\pi\varepsilon_0}\left(\frac{Q_1}{r}+\frac{Q_2}{R_2}\right)$$

$r>R_3$ 情况

$$U=U_{内外}+U_{外外}=U_{内外}=\frac{Q_1}{4\pi\varepsilon_0 r}+\frac{Q_2}{4\pi\varepsilon_0 r}=\frac{Q_1+Q_2}{4\pi\varepsilon_0 r}$$

注意：i) U 与 $\boldsymbol{E}$ 的积分关系的运用；

ii) 电势叠加原理的运用.

6. 如图 6-9 所示，在一沿 x 轴放置，一端在原点 $(x=0)$ 长为 L 的细棒上，每单位长度分布着 $\lambda=kx$ 给定的正电荷，其中 k 为常数. 取无限远处电势为零. 求：

(1) y 轴上任一点 P 的电势；

(2) 试用场强与电势关系求 P 点的场强沿 y 轴方向的分量 E_y.

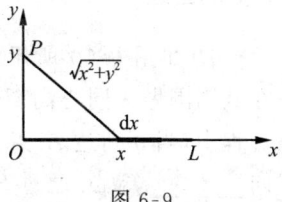

图 6-9

解 (1) $\mathrm{d}x$ 段电荷在 y 轴上任意一点 P 产生的电势为

$$\mathrm{d}U=\frac{1}{4\pi\varepsilon_0}\frac{\lambda\mathrm{d}x}{\sqrt{x^2+y^2}}$$

整个细棒在 P 点产生的电势为

$$U=\int\mathrm{d}U=\int_0^L\frac{1}{4\pi\varepsilon_0}\frac{\lambda\mathrm{d}x}{\sqrt{x^2+y^2}}$$

$$=\frac{1}{4\pi\varepsilon_0}\int_0^L\frac{\lambda\mathrm{d}x}{\sqrt{x^2+y^2}}=\frac{1}{4\pi\varepsilon_0}k\int_0^L\frac{x\mathrm{d}x}{\sqrt{x^2+y^2}}$$

$$=\frac{1}{4\pi\varepsilon_0}\cdot\frac{1}{2}k\int_0^L\frac{\mathrm{d}(x^2+y^2)}{\sqrt{x^2+y^2}}$$

$$= \frac{k}{4\pi\varepsilon_0}\sqrt{x^2+y^2}\Big|_0^L$$

$$= \frac{k}{4\pi\varepsilon_0}(\sqrt{L^2+y^2}-y)$$

(2) $E_y = -\dfrac{\partial U}{\partial y} = -\dfrac{k}{4\pi\varepsilon_0}\dfrac{\partial}{\partial y}(\sqrt{L^2+y^2}-y)$

$$= \frac{k}{4\pi\varepsilon_0}\left(1-\frac{y}{\sqrt{L^2+y^2}}\right)$$

注意：场强与电势梯度关系的运用.

6.4 检测复习题

一、判断题

指出下列说法是否正确：
1. 闭合曲面内没有电荷，闭合曲面上任一点的场强一定为零．
2. 闭合曲面内有电荷，闭合曲面上任一点的场强一定不为零．
3. 闭合曲面上任一点的场强不为零，闭合曲面内一定有电荷．
4. 闭合曲面上任一点的场强为零，闭合曲面内一定没有净电荷．

二、填空题

1. 如图 6-10 所示，真空中有一个不带电的绝缘球体，在其周围做一同心高斯球面 S，在将正电荷 q 移至球体表面过程中，当 q 到达 A 点之前，A 点的场强不断_____，方向_____球心．通过 S 面的电场强度通量为_____．若此高斯面由一立方体的六个表面组成，q 位于立方体中心，则通过立方体表面的电场强度通量为_____，通过立方体一个侧面的电场强度通量为_____；若 q 移到立方体的一个顶角上，则通过与 q 邻近的三个表面中的每一个表面的电场强度通量为_____，通过与 q 远邻的三个表面中的每一个表面的电场强度通量为_____．

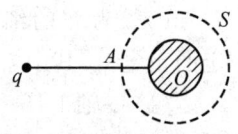

图 6-10

2. 图 6-11 示为两块"无限大"均匀带电平行平面，电荷面密度分别为 $+\sigma$ 和 $-\sigma$，两板间是真空，在两板间取一立方体形的高斯面，设每一面面积都是 S，立方体形的两个面 M、N 与平板平行，则通过 M 面的电场强度通量 $\Phi_1 =$_____，通过 N 面的电场强度通量 $\Phi_2 =$_____．

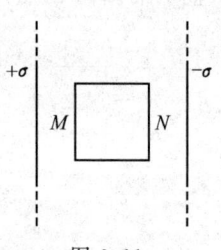

图 6-11

3. 有一个球形的橡皮膜气球，电荷 q 均匀地分布在表面上,在此气球被吹大的过程中,被气球表面掠过的点(该点与球中心距离为 r),其电场强度的大小将由_____变为_____.

4. 一电偶矩为 p 的电偶极子在场强为 E 的均匀电场中,p 与 E 间的夹角为 α 角,则它所受的电场力 $F=$_____,受到力矩的大小 $M=$_____.

5. 真空中有一半径为 R 长为 L 的均匀带电圆柱面,其单位长度带电量为 λ. 在带电圆柱的中垂面上有一点 P,它到轴线距离为 $r(r>R)$,则 P 点的电场强度的大小:当 $r \ll L$ 时,$E=$_____;当 $r \gg L$ 时,$E=$_____.

6. 图 6-12 中曲线表示一种轴对称性静电场的场强大小 E 的分布,r 表示离对称轴的距离,这是_____的电场.

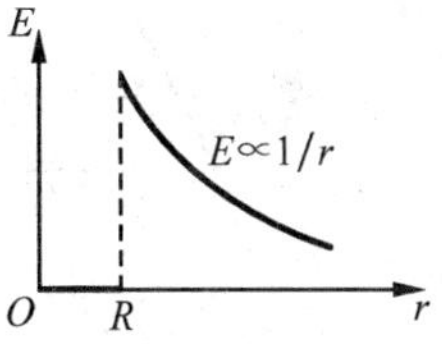

7. 真空中有两块"无限大"的带电平行平面,其电荷面密度分别为 $\sigma(\sigma>0)$ 及 -2σ,如图 6-13 所示,试写出各区域的电场强度 E.

Ⅰ区 E 的大小_____,方向_____;
Ⅱ区 E 的大小_____,方向_____;
Ⅲ区 E 的大小_____,方向_____.

图 6-12

8. 如图 6-14 所示,一电荷线密度为 λ 的无限长带电细直线垂直通过纸面上的 A 点;一电量为 Q 的均匀带电球体,其球心处于 O 点,AOP 是边长为 a 的等边三角形,为了使 P 点处场强方向垂直于 OP,则 λ 和 Q 的数量之间应满足_____关系,且 λ 与 Q 为_____号电荷.

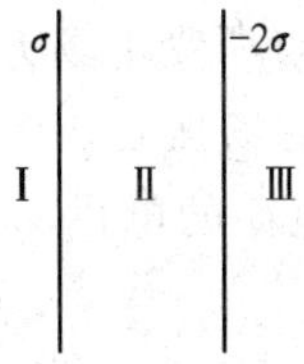

图 6-13

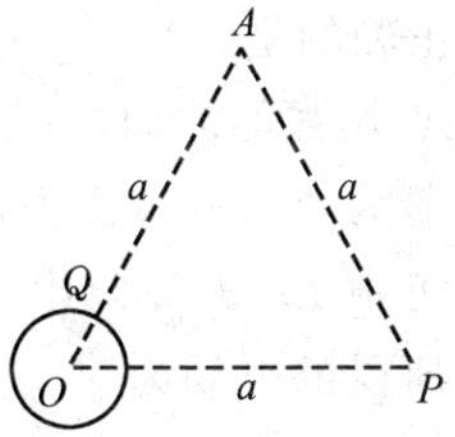

图 6-14

9. 在静电场中,场强沿任意闭合路径的线积分等于零,即 $\oint_L \boldsymbol{E} \cdot d\boldsymbol{l} = 0$,这表明静电场中的电场线_____.

10. 用一定、不一定字样完成下列括号. 场强为零处,电势_____为零;电势为零处,场强_____为零;场强大小相等的地方,电势_____相等;电势相等的地方,场强_____相等;场强不变的空间中,电势_____为常数;电势不变的空间中,场强_____为零.

11. 如图 6-15 所示,真空中有一等边三角形,其边长为 a,三个顶点上分别放置着电量为 q、$2q$、$3q$ 的三个正点电荷,取无穷远处为电势零点,则三角形中心 O 处

的电势 $u_O =$ _____.

12. 真空中有一半径为 R 的半细圆环,均匀带电 Q,如图 6-16 所示.设无穷远处为电势零点,则圆心 O 处的电势 $u_O =$ _____;若将一电量为 q 的点电荷从无穷远处移到圆心 O 点,则电场力做功 $W =$ _____.

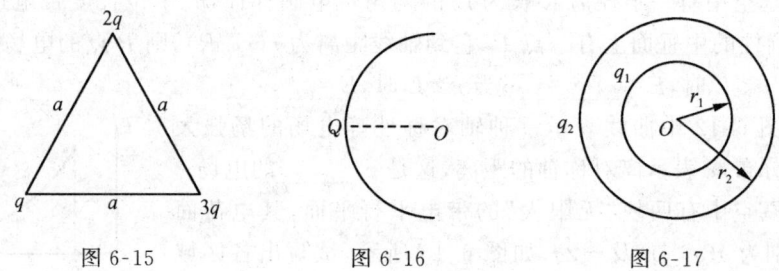

图 6-15　　　　图 6-16　　　　图 6-17

13. 如图 6-17 所示,真空中有两个同心带电球面,内球面半径为 $r_1 = 5\text{cm}$,带电量 $q_1 = 3 \times 10^{-8}\text{C}$;外球面半径为 $r_2 = 20\text{cm}$,带电量 $q_2 = -6 \times 10^{-8}\text{C}$,设无穷远处电势为零,则空间另一电势为零的球面半径 $r =$ _____.

14. 一"无限长"均匀带电直线沿 z 轴放置,线外某区域的电势表达式为 $U = A\ln(x^2 + y^2)$,式中 A 为常数,该区域的场强的两个分量为 $E_x =$ _____,$E_z =$ _____.

三、选择题

1. 下列说法正确的是(　　)

   A. 电场中某点场强的方向,就是点电荷放在该点所受电场力的方向

   B. 在以点电荷为中心的球面上,该点电荷产生的场强处处相同

   C. 场强方向可由 $\mathbf{E} = \mathbf{F}/q$ 定出,其中 q 为试验电荷的电量,q 可正、可负,$\mathbf{F}$ 为试验电荷所受的电场力

   D. 以上说法都不正确

2. 一个带负电荷的质点,在电场力作用下从 a 点经 c 点运动到 b 点,其运动轨迹如图 6-18 所示,已知质点运动的速率是递减的,下面关于 c 点场强方向的四个图示中正确的是(　　)

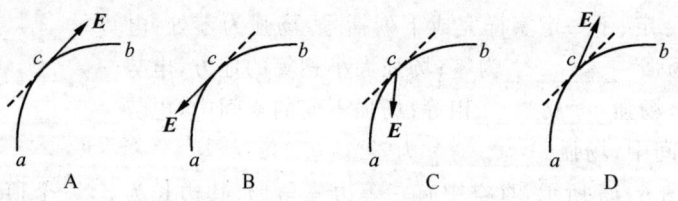

图 6-18

3. 一均匀带电球面,电荷面密度为 σ,此时面内电场强度处处为零,可知球面上的带电量为 σds 的面元在球面内产生的电场强度是(　　)

　　A. 处处为零　　　　　　　　B. 不一定为零
　　C. 一定不为零　　　　　　　D. 无法判断

4. 真空中有两个互相平行的无限大均匀带电平面,其中一个平面的电荷面密度为 $+\sigma$,另一个平面的电荷面密度为 $+2\sigma$,两板间电场强度大小为(　　)

　　A. 0　　　　B. $\dfrac{3\sigma}{2\varepsilon_0}$　　　　C. $\dfrac{\sigma}{\varepsilon_0}$　　　　D. $\dfrac{\sigma}{2\varepsilon_0}$

5. 如图 6-19 所示,真空中有一质量为 $m=1.0\times10^{-6}$ kg 的点电荷,通过绝缘丝线与均匀带电的大薄平板相连,其静止时,丝线与板构成 30°角. 如果平板的面电荷密度 $\sigma=5.0\times10^{-6}$ C·m^{-2},那么点电荷所带的电量 q 为(　　)

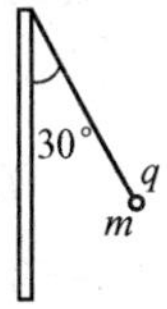

　　A. $+1.0\times10^{-11}$ C　　　　　　B. $+2.0\times10^{-11}$ C
　　C. $+3.0\times10^{-11}$ C　　　　　　D. $+6.0\times10^{-11}$ C

图 6-19

6. 如图 6-20 所示,真空中有一无限长的均匀带电细棒,其旁垂直放一均匀带电的细棒 MN,且二细棒共面,若二棒的电荷线密度为 $+\lambda$,细棒 MN 长为 L,且 M 端距长直细棒也是 L,那么细棒 MN 受到电场力的大小和方向分别为(　　)

　　A. $\dfrac{\lambda^2 \ln 2}{2\pi\varepsilon_0}$,沿 $M\to N$ 方向
　　B. $\dfrac{\lambda^2 \ln 2}{2\pi\varepsilon_0}$,垂直于纸面向里
　　C. $\dfrac{\lambda^2}{\pi\varepsilon_0}$,沿 $M\to N$ 方向
　　D. $\dfrac{\lambda^2}{\pi\varepsilon_0}$,垂直于纸面向里

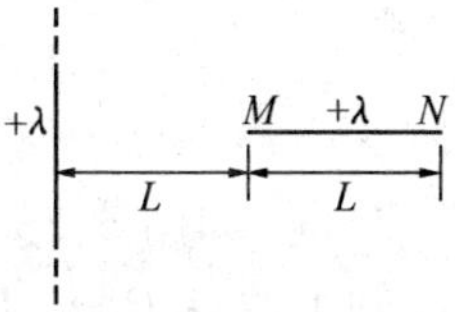

图 6-20

7. 场强为 E 的匀强电场,其方向平行于半径为 R 的半球面的轴,如图 6-21 所示,则通过此半球面的电场强度通量为(　　)

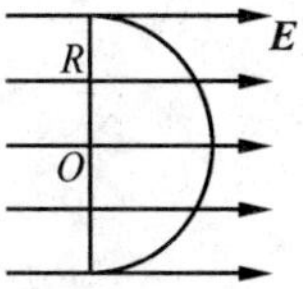

　　A. $\pi R^2 E$　　　　　　　　B. $2\pi R^2 E$
　　C. $\dfrac{1}{2}\pi R^2 E$　　　　　　D. $\sqrt{2}\pi R^2 E$

图 6-21

8. 在空间有一非均匀电场,其电场线分布如图 6-22 所示,在电场中作一半径为 R 的闭合球面 S,已知通过球面上某一面元 ΔS 的电场强度通量为 $\Delta\Phi_e$,则通过该球面其余部分的电场强度通量为(　　)

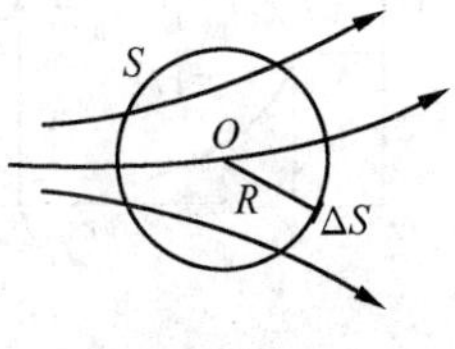

　　A. $-\Delta\Phi_e$　　　　　　　　B. $\dfrac{4\pi R^2}{\Delta S}\Delta\Phi_e$
　　C. $\dfrac{4\pi R^2 - \Delta S}{\Delta S}\Delta\Phi_e$　　　D. 0

图 6-22

9. 如图 6-23 所示,真空中有一厚度为 L 的无限大非均匀带正电板,电荷体密度为 $\rho=kx$,(k 为比例常数,$0 \leq x \leq L$),那么平板外侧任一点 $P(x<0)$ 处电场强度大小和方向分别为(　　)

A. $E=\dfrac{k}{4\varepsilon_0}L^2$,沿 x 轴正向

B. $E=\dfrac{k}{4\varepsilon_0}L^2$,沿 x 轴负向

C. $E=\dfrac{k}{4\varepsilon_0}Lx$,沿 x 轴正向

D. $E=\dfrac{k}{4\varepsilon_0}Lx$,沿 x 轴负向

10. 如图 6-24 所示,真空中有一半径为 R 的均匀带电球面,总电量为 Q,取无穷远处的电势为零,则球内距离球心为 r 的 P 点处的电场强度的大小和电势分别为(　　)

A. $E=0$,$U=\dfrac{Q}{4\pi\varepsilon_0 r}$

B. $E=0$,$U=\dfrac{Q}{4\pi\varepsilon_0 R}$

C. $E=\dfrac{Q}{4\pi\varepsilon_0 r^2}$,$U=\dfrac{Q}{4\pi\varepsilon_0 r}$

D. $E=\dfrac{Q}{4\pi\varepsilon_0 r^2}$,$U=\dfrac{Q}{4\pi\varepsilon_0 R}$

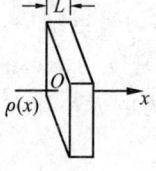

图 6-23　　　　　图 6-24

11. 如图 6-25 所示,半径为 R 的均匀带电圆环,环的中心轴上两点 P_1 和 P_2 分别离环心的距离为 R 和 $2R$,若无穷远处的电势为零,设 P_1 和 P_2 两点的电势分别为 U_1 和 U_2,则 U_2/U_1 为(　　)

A. $\dfrac{1}{3}$

B. $\dfrac{2}{5}$

C. $\dfrac{1}{2}$

D. $\sqrt{\dfrac{2}{5}}$

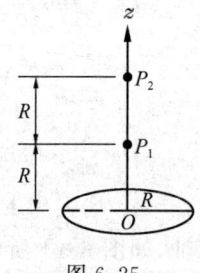

图 6-25

12. 半径为 R 的均匀带电球面,总电量为 Q,取无穷远处电势为零,则该带电体所产生的电势 U 随离球心的距离 r 变化的分布曲线为图 6-26 中的(　　)

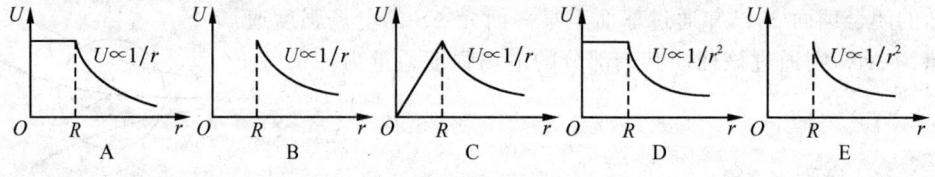

图 6-26

13. 如图 6-27 所示,真空中有一点电荷 q,在其电场中选取以 q 为中心,R 为半径的球面上一点 P 处做为电势零点. 可知与点电荷 q 距离为 r 的 P' 点的电势为( )

A. $\dfrac{q}{4\pi\varepsilon_0 r}$ B. $\dfrac{q}{4\pi\varepsilon_0}\left(\dfrac{1}{r}-\dfrac{1}{R}\right)$

C. $\dfrac{q}{4\pi\varepsilon_0(r-R)}$ D. $\dfrac{q}{4\pi\varepsilon_0}\left(\dfrac{1}{R}-\dfrac{1}{r}\right)$

14. 一带电量为 $-q$ 的质点垂直射入开有小孔的两带电平行板之间,如图 6-28 所示,两平行板之间的电势差为 U,距离为 d,则此带电质点通过电场后它的动能增量等于( )

A. $-\dfrac{qU}{d}$ B. $+qU$

C. $-qU$ D. $\dfrac{1}{2}qU$

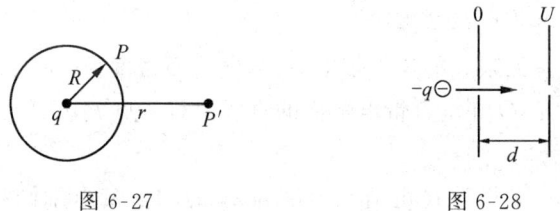

图 6-27 图 6-28

15. 如图 6-29 所示,真空中有一边长为 a 的等边三角形,在其三个顶点上放置着三个正的点电荷,电量分别为 q、$2q$、$3q$,若将另一正点电荷 Q 从无穷远处移到三角形的中心 O 处,外力所做的功为( )

A. $\dfrac{2\sqrt{3}qQ}{4\pi\varepsilon_0 a}$ B. $\dfrac{4\sqrt{3}qQ}{4\pi\varepsilon_0 a}$

C. $\dfrac{3\sqrt{3}qQ}{2\pi\varepsilon_0 a}$ D. $\dfrac{8\sqrt{3}qQ}{4\pi\varepsilon_0 a}$

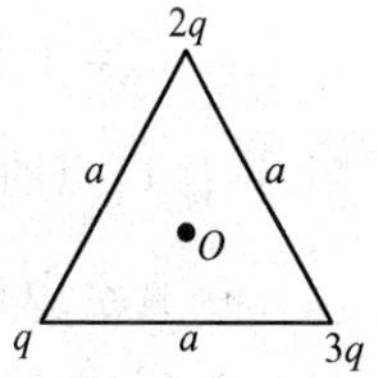

图 6-29

16. 真空中有两个相距为 $2L$ 点电荷,它们的电量均为 $+q$. 在两者连线的中点处,电势梯度的大小为( )

A. 0 B. $\dfrac{q}{2\pi\varepsilon_0 L}$ C. $\dfrac{q}{2\pi\varepsilon_0 L^2}$ D. $\dfrac{q}{4\pi\varepsilon_0 L^2}$

17. 电荷面密度为 $+\sigma$ 和 $-\sigma$ 的两个无限大均匀带电平面,分别放在与带电平面相垂直的 x 轴上的 $+a$ 和 $-a$ 位置上,如图 6-30 所示. 设坐标原点 O 处电势为零,则在 $-a<x<+a$ 区域的电势分布曲线为( )

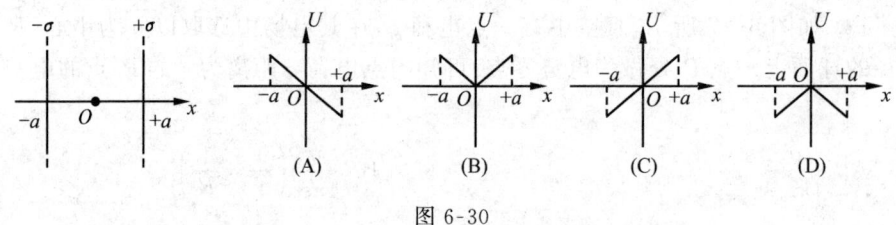

图 6-30

四、计算题

1. 一半径为 R 的带电球体,其电荷体密度分布为

$$\rho = \frac{qr}{\pi R^4} \quad (r \leqslant R) \quad (q \text{ 为一正的常数})$$

$$\rho = 0 \quad (r > R)$$

求:(1) 带电球体的总电量;

(2) 球内、外各点的电场强度;

(3) 球内、外各点的电势.

2. 真空中有一无限大的均匀带电平面,电荷面密度为 $+\sigma$. 上挖一半径为 R 的圆孔,通过圆孔中心 O 并垂直带电平面的直线上有一点 P,$OP = x$,求 P 处的电场强度.

3. 真空中有一半径为 R 电荷线密度为 λ_1 的均匀带电细圆环,在其轴线上放一长为 l 电荷线密度为 λ_2 的均匀带电细直线段,该线段的一端处于圆环中心处. 求该直线段受到的电场力.

4. 真空中有一底面半径为 R 的圆锥体,锥面上均匀带电,电荷面密度为 σ,证明:锥顶 O 点的电势与圆锥高度无关(取无穷远处为电势零点),其值为 $U_0 = \dfrac{\sigma R}{2\varepsilon_0}$.

5. 真空中有一均匀带电细杆,长为 $2a$,电量为 $Q(Q>0)$. 有一质量为 m,电荷为 $q(q>0)$ 的粒子. 当粒子到达杆的延长线上且距杆的近端为 a 的 C 点时,其速率为 v_0. 求:

(1) 粒子在 C 点时与带电细杆之间的相互作用能;

(2) 粒子运动到无限远处时的速率.

6.5 检测复习题解答

一、判断题

1. ×. 2. ×. 3. ×. 4. √.

二、填空题

1. 解:(1) 增强;(2) 指向;(3) 0;(4) q/ε_0;(5) $q/6\varepsilon_0$;(6) 0;(7) $q/24\varepsilon_0$.

2. 解:(1) $$\Phi_1 = \boldsymbol{E} \cdot \boldsymbol{S}_M = ES_M\cos\pi = -ES = -\frac{\sigma}{\varepsilon_0}S$$

(2) $$\Phi_2 = \boldsymbol{E} \cdot \boldsymbol{S}_N = ES_N\cos 0° = ES = \frac{\sigma}{\varepsilon_0}S$$

3. 解:由高斯定理知,在均匀带电球面外场强大小为 $E = \dfrac{|q|}{4\pi\varepsilon_0 r^2}$,$r$ 为考察点到球心距离,在球面内任一点 $E=0$,因此气球被吹大过程中,被气球表面掠过的点(该点距球心为 r),其场强大小将由 $E = \dfrac{|q|}{4\pi\varepsilon_0 r^2}$ 变为 0.

4. 解:(1) $$\boldsymbol{F} = q\boldsymbol{E} + (-q)\boldsymbol{E} = 0$$
(2) $$\boldsymbol{M} = \boldsymbol{p} \times \boldsymbol{E}, \quad M = PE\sin\alpha$$

5. 解:(1) 当 $r \ll L$ 时,圆柱面可视为无限长均匀带电柱面,故 $E = \dfrac{|\lambda|}{2\pi\varepsilon_0 r}$.

(2) 当 $r \gg L$ 时,圆柱面可视为点电荷情况,故 $E = \dfrac{|\lambda|L}{4\pi\varepsilon_0 r^2}$.

6. 解:半径为 R 的无限长均匀带电圆柱面.

7. 解:Ⅰ区 $\boldsymbol{E}$ 的大小为 $\dfrac{\sigma}{2\varepsilon_0}$,方向向右;

Ⅱ区 $\boldsymbol{E}$ 的大小 $\dfrac{3\sigma}{2\varepsilon_0}$,方向向右;

Ⅲ区 $\boldsymbol{E}$ 的大小为 $\dfrac{\sigma}{2\varepsilon_0}$,方向向左.

8. 解:设 $\lambda > 0$,则长带电直线在 P 处产生电场 $\boldsymbol{E}_1$ 方向如图 6-31 所示.由题意知,带电球在 P 处产生电场 $\boldsymbol{E}_2$ 方向应由 P 指向 O.即带电球带负电.此外,应有 $E_2 = E_1\cos 60°$,解得 $\lambda = Q/a$.若 $\lambda < 0$,同样可得带电球带正电及 $\lambda = Q/a$.综上可知,λ 和 Q 的数量之间关系为 $\lambda = Q/a$,二者为异号电荷.

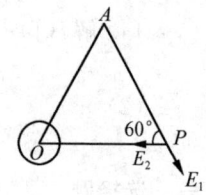

图 6-31

9. 解:不可能闭合.
现用反证法说明以上结论.以单位正电荷为例,假如电场线闭合,让电荷沿闭合电场线绕行方向运动一周,此过程中电场对电荷所做的功 $W > 0$. 又知功 W 为 $W = \oint_L \boldsymbol{F} \cdot \mathrm{d}\boldsymbol{L} = \oint_L \boldsymbol{E} \cdot \mathrm{d}\boldsymbol{L}$,因此 $\oint_L \boldsymbol{E} \cdot \mathrm{d}\boldsymbol{L} > 0$,这说明电场线闭合时,$\oint_L \boldsymbol{E} \cdot \mathrm{d}\boldsymbol{L} \neq 0$,这与题意矛盾.所以,当 $\oint_L \boldsymbol{E} \cdot \mathrm{d}\boldsymbol{L} = 0$ 时,电场线一定不闭合.

10. 解:(1) 不一定;(2) 不一定;(3) 不一定;(4) 不一定;(5) 不一定;(6) 一定.

11. 解:设无穷远处电势为零时,点电荷 q_i 在距它为 r_i 处产生的电势为 $U_i = \dfrac{q_i}{4\pi\varepsilon_0 r_i}$,由电势叠加原理知

$$U_0 = \sum_{i=1}^{3} \dfrac{q_i}{4\pi\varepsilon_0 r_i} = \dfrac{q}{4\pi\varepsilon_0 \dfrac{a}{\sqrt{3}}} + \dfrac{2q}{4\pi\varepsilon_0 \dfrac{a}{\sqrt{3}}} + \dfrac{3q}{4\pi\varepsilon_0 \dfrac{a}{\sqrt{3}}} = \dfrac{3\sqrt{3}q}{2\pi\varepsilon_0 a}$$

12. 解:(1) 如图 6-32 所示,dq 在 O 处产生电势为

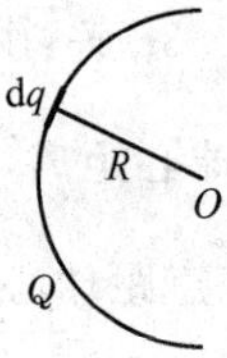

$$dU_0 = \dfrac{dq}{4\pi\varepsilon_0 R}$$

有

$$U_0 = \int dU_0 = \int_Q \dfrac{dq}{4\pi\varepsilon_0 R} = \dfrac{Q}{4\pi\varepsilon_0 R}$$

图 6-32

(2) $$W = -q(U_0 - U_\infty) = -\dfrac{qQ}{4\pi\varepsilon_0 R}$$

13. 解:在 $r < r_1$ 的任一点产生电势为 $U_1 = \dfrac{q_1}{4\pi\varepsilon_0 r_1} + \dfrac{q_2}{4\pi\varepsilon_0 r_2} = 2.7 \times 10^3 \text{ V}$

在 $r > r_2$ 的任一点产生电势为 $U_2 = \dfrac{q_1 + q_2}{4\pi\varepsilon_0 r} = \dfrac{-3 \times 10^3}{4\pi\varepsilon_0 r} \neq 0$

由上可知,电势为零的球面应在二带电球面之间,设所求半径为 r,有

$$\dfrac{q_1}{4\pi\varepsilon_0 r} + \dfrac{q_2}{4\pi\varepsilon_0 r_2} = 0$$

解得 $r = 0.10 \text{ m} = 10 \text{ cm}$.

14. 解:(1) $$E_x = -\dfrac{\partial U}{\partial x} = -A \dfrac{1}{x^2 + y^2} \cdot 2x = -\dfrac{2Ax}{x^2 + y^2}$$

(2) $$E_z = -\dfrac{\partial U}{\partial z} = 0$$

三、选择题

1. 解:若负电荷,则受电场力方向与该点场强方向相反,所以(A)不对.在以点电荷为中心的球面上,场强虽然大小相同,但不同处的场强方向不同,因此(B)不对.(C)符合场强定义,故(C)对.由上知,(D)不对.

2. 解:在曲线运动中,质点所受合力方向必指向轨迹凹向一侧.所以此题中 E 方向不能在轨迹切线方向上,由此可知,(A)、(B)不对.因为质点带负电,受力方向与 E 方向相反,故(C)不对,(D)对.

第 6 章　真空中的静电场

3. 解：球面上任一带电面元在球面内任一点产生的场强一定不为零.（均匀带电球面上所有带电面元在球面内任一点产生场强的矢量合为零），(C)对.

4. 解：两板间场强大小为

$$E = \frac{2\sigma}{2\varepsilon_0} - \frac{\sigma}{2\varepsilon_0} = \frac{\sigma}{2\varepsilon_0}$$

(D)对.

5. 解：点电荷受力如图 6-33 所示，平衡时有

$$F_电 = mg\tan 30°$$

即

$$\frac{\sigma}{2\varepsilon_0} \cdot q = mg\tan 30°$$

解得

$$q = 2.0 \times 10^{-11}\text{C}$$

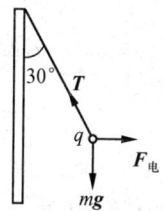

图 6-33

(B)对.

6. 解：如图 6-34 所示，MN 上距长带电直细棒为 x 处长为 $\mathrm{d}x$ 段受到长带电直线的电场力大小为

$$\mathrm{d}F = \frac{\lambda}{2\pi\varepsilon_0 x} \cdot \lambda \mathrm{d}x$$

MN 段受力大小为

$$F = \int \mathrm{d}F = \int_L^{2L} \frac{\lambda}{2\pi\varepsilon_0 x} \cdot \lambda \mathrm{d}x = \frac{\lambda^2}{2\pi\varepsilon_0}\ln 2$$

图 6-34

$\boldsymbol{F}$ 沿 $M \to N$ 方向.(A)对.

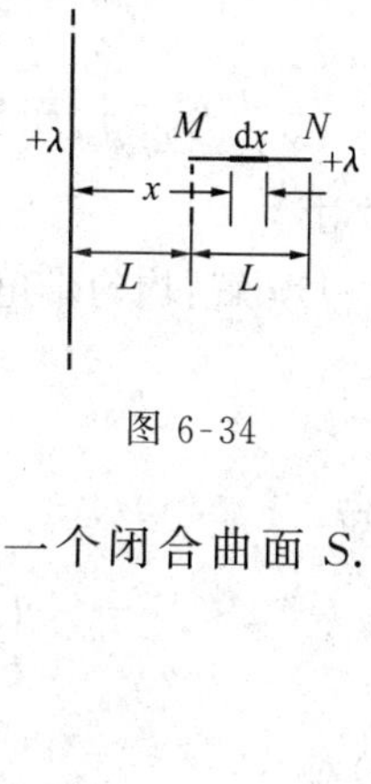

7. 解：设 S_1 为半球面，S_2 为半球面底面，S_1、S_2 构成了一个闭合曲面 S. 可知，通过 S 的电场强度通量为

$$\oint_S \boldsymbol{E} \cdot \mathrm{d}\boldsymbol{S} = \oint_{S_1} \boldsymbol{E} \cdot \mathrm{d}\boldsymbol{S} + \oint_{S_2} \boldsymbol{E} \cdot \mathrm{d}\boldsymbol{S} = 0$$

所以通过半球面场强通量为

$$\Phi_e = \oint_{S_1} \boldsymbol{E} \cdot \mathrm{d}\boldsymbol{S} = -\oint_{S_2} \boldsymbol{E} \cdot \mathrm{d}\boldsymbol{S} = -\boldsymbol{E} \cdot \boldsymbol{S}_2 = -ES_2\cos\pi = E \cdot \pi R^2$$

(A)对.

8. 解：由题知

$$\oint_S \boldsymbol{E} \cdot \mathrm{d}\boldsymbol{S} = \oint_{\Delta S} \boldsymbol{E} \cdot \mathrm{d}\boldsymbol{S} + \oint_{\Delta S'(\text{其余部分})} \boldsymbol{E} \cdot \mathrm{d}\boldsymbol{S} = 0$$

即

$$\oint_{\Delta S'(\text{其余部分})} \boldsymbol{E} \cdot \mathrm{d}\boldsymbol{S} = -\oint_{\Delta S} \boldsymbol{E} \cdot \mathrm{d}\boldsymbol{S} = -\Delta \Phi_e$$

(A)对.

9. 解:如图 6-35 所示,设坐标为 x 处厚度为 $\mathrm{d}x$ 的无限大薄板的电荷面密度为 $\sigma(x)$,此薄板在 P 处产生场强大小为 $\mathrm{d}E = \dfrac{\sigma(x)}{2\varepsilon_0}$.

$$\sigma(x) = \text{底面积为 1 厚度为 } \mathrm{d}x \text{ 薄板所含电量}$$
$$= \rho \cdot \mathrm{d}V \quad (\mathrm{d}V \text{ 为体积})$$
$$= \rho \cdot (1 \cdot \mathrm{d}x) = \rho \mathrm{d}x = kx \mathrm{d}x$$

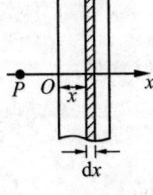

图 6-35

有

$$\mathrm{d}E = \frac{kx}{2\varepsilon_0} \mathrm{d}x$$

整个板在 P 处产生电场大小为

$$E = \int \mathrm{d}E = \int_0^L \frac{kx}{2\varepsilon_0} \mathrm{d}x = \frac{kL^2}{4\varepsilon_0}$$

方向沿 x 负轴方向.(B)对.

10. 解:由高斯定理可知 $\boldsymbol{E}_P = 0$.

$$U_P = \int_r^\infty \boldsymbol{E} \cdot \mathrm{d}\boldsymbol{r} = \int_r^R 0 \cdot \mathrm{d}\boldsymbol{r} + \int_R^\infty \boldsymbol{E} \cdot \mathrm{d}\boldsymbol{r} = \int_R^\infty \frac{Q}{4\pi\varepsilon_0 r^2} \mathrm{d}r = \frac{Q}{4\pi\varepsilon_0 R}$$

(B)对.

11. 解:均匀带电圆环在轴线上距环心为 x 处产生的电势为

$$U = \frac{Q}{4\pi\varepsilon_0 \sqrt{R^2 + x^2}}$$

可知

$$\frac{U_2}{U_1} = \frac{1}{\sqrt{R^2 + (2R)^2}} \bigg/ \frac{1}{\sqrt{R^2 + R^2}} = \sqrt{\frac{2}{5}}$$

(D)对.

12. 解:均匀带电球面产生的电势为

$$U = \begin{cases} \dfrac{Q}{4\pi\varepsilon_0 R} & \text{(球面内)} \\ \dfrac{Q}{4\pi\varepsilon_0 r} & \text{(球面外)} \end{cases}$$

由此可知,(A)对.

13. 解:$U_{P'} = \displaystyle\int_r^R \boldsymbol{E} \cdot \mathrm{d}\boldsymbol{r} = \int_r^R \dfrac{q}{4\pi\varepsilon_0 r^2} \mathrm{d}r = \dfrac{q}{4\pi\varepsilon_0} \left(\dfrac{1}{r} - \dfrac{1}{R} \right)$

(B)对.

14. 解：由质点的动能定理知：$\Delta E_k = W = $ 电势能增量负值 $= -(-q)(U-0) = qU$

(B)对.

15. 解：外力功 = 克服电场力做功 = 电势能增量 $= Q(U_0 - U_\infty) = QU_0$

U_0 在本章填充题 11 中已求出，即 $U_0 = \dfrac{3\sqrt{3}q}{2\pi\varepsilon_0 a}$

外力功为
$$W = \dfrac{3\sqrt{3}qQ}{2\pi\varepsilon_0 a}$$

(C)对.

16. 解：二点电荷连线中点处电势梯度 $\nabla U = -\boldsymbol{E} = 0$. (A)对.

17. 解：场强沿 $-x$ 方向，场强方向就是电势降落的方向，由此知(C)对.

四、计算题

1. 解：(1) 在球内取半径为 r 厚度为 dr 的薄球壳，该球壳所含电量为
$$dQ = \rho dU = \dfrac{qr}{\pi R^4} \cdot 4\pi r^2 dr = \dfrac{1}{R^4} \cdot 4qr^3 dr$$

整个球带电量为
$$Q = \int dQ = \int_0^R \dfrac{1}{R^4} \cdot 4qr^3 dr = q \quad (>0)$$

(2) 在球内做半径为 r_1 的球形高斯面 S_1，由高斯定理 $\oint_S \boldsymbol{E} \cdot d\boldsymbol{S} = \dfrac{1}{\varepsilon_0} \sum_{S内} q$ 有
$$4\pi r_1^2 E_1 = \dfrac{1}{\varepsilon_0} \int_0^{r_1} \rho dV = \dfrac{1}{\varepsilon_0} \int_0^{r_1} \dfrac{qr}{\pi R^4} \cdot 4\pi r^2 dr = \dfrac{qr_1^4}{\varepsilon_0 R^4}$$

即 $E_1 = \dfrac{qr_1^2}{4\pi\varepsilon_0 R^4} (r_1 \leqslant R)$，$\boldsymbol{E}_1$ 方向沿半径向外.

在球外做半径为 r_2 的球形高斯面 S_2，由高斯定理有
$$4\pi r_2^2 E_2 = \dfrac{1}{\varepsilon_0} q$$

即 $E_2 = \dfrac{q}{4\pi\varepsilon_0 r_2^2} (r_2 \geqslant R)$，$\boldsymbol{E}_2$ 方向沿半径向外.

(3) 距球心为 $r_1 (r_1 \leqslant R)$ 处电势为
$$U_1 = \int_{r_1}^{\infty} \boldsymbol{E} \cdot d\boldsymbol{r} = \int_{r_1}^{R} \boldsymbol{E}_1 \cdot d\boldsymbol{r} + \int_{R}^{\infty} \boldsymbol{E}_2 \cdot d\boldsymbol{r}$$
$$= \int_{r_1}^{R} \dfrac{qr^2}{4\pi\varepsilon_0 R^4} dr + \int_{R}^{\infty} \dfrac{q}{4\pi\varepsilon_0 r^2} dr = \dfrac{q}{12\pi\varepsilon_0 R} \left(4 - \dfrac{r_1^3}{R^3}\right)$$

距球心为 $r_2 (r_2 \geqslant R)$ 处电势为

$$U_2 = \int_{r_2}^{\infty} \boldsymbol{E} \cdot \mathrm{d}\boldsymbol{r} = \int_{r_2}^{\infty} \frac{q}{4\pi\varepsilon_0 r^2} \mathrm{d}r = \frac{q}{4\pi\varepsilon_0 r_2}$$

2. 解：P 处的场强可看作由电荷面密度为 $+\sigma$ 的无限大平面在该处产生的场强 $\boldsymbol{E}_1$ 和电荷面密度为 $-\sigma$ 的半径为 R 的圆平面（P 点在该圆平面轴线上）在该点产生场强 $\boldsymbol{E}_2$ 的矢量合。即 $\boldsymbol{E}_P = \boldsymbol{E}_1 + \boldsymbol{E}_2$，$\boldsymbol{E}_P$ 大小为

$$E_P = E_1 - E_2 = \frac{\sigma}{2\varepsilon_0} - \frac{\sigma}{2\varepsilon_0}\left(1 - \frac{x}{\sqrt{R^2+x^2}}\right) = \frac{\sigma x}{2\varepsilon_0\sqrt{R^2+x^2}}$$

$\boldsymbol{E}_P$ 方向沿 $\overrightarrow{OP}$ 方向.

3. 解：如图 6-36 所取坐标，环心为原点，x 轴平行于带电圆环轴线。带电圆环在 x 处产生的场强为

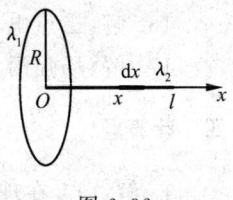

$$E = E_x = \frac{qx}{4\pi\varepsilon_0(R^2+x^2)^{\frac{3}{2}}} = \frac{\lambda_1 \cdot 2\pi R \cdot x}{4\pi\varepsilon_0(R^2+x^2)^{\frac{3}{2}}}$$

$$= \frac{\lambda_1 R x}{2\varepsilon_0(R^2+x^2)^{\frac{3}{2}}}$$

图 6-36

带电直线段上 x 处 $\mathrm{d}x$ 长的电荷元 $\mathrm{d}q$ 受到的电场力为

$$\mathrm{d}F = E\mathrm{d}q = \frac{\lambda_1\lambda_2 R x \mathrm{d}x}{2\varepsilon_0(R^2+x^2)^{\frac{3}{2}}}$$

带电直线段受到的总电场力为

$$F = \int \mathrm{d}F = \int_0^l \frac{\lambda_1\lambda_2 R x \mathrm{d}x}{2\varepsilon_0(R^2+x^2)^{\frac{3}{2}}} = \frac{\lambda_1\lambda_2 R}{2\varepsilon_0} \cdot \frac{1}{2} \cdot \frac{1}{-\frac{1}{2}} \cdot \frac{1}{\sqrt{R^2+x^2}}\bigg|_0^l$$

$$= \frac{\lambda_1\lambda_2 R}{2\varepsilon_0}\left(\frac{1}{R} - \frac{1}{\sqrt{R^2+l^2}}\right) = \frac{\lambda_1\lambda_2}{2\varepsilon_0}\left(\frac{1}{R} - \frac{1}{\sqrt{R^2+l^2}}\right)$$

$\lambda_1\lambda_2 > 0$，$\boldsymbol{F}$ 沿 x 轴正方向；$\lambda_1\lambda_2 > 0$，$\boldsymbol{F}$ 沿 x 轴负方向.

4. 证：如图 6-37 所示，阴影圆环在 O 处产生电势为

$$\mathrm{d}U = \frac{\mathrm{d}q}{4\pi\varepsilon_0\sqrt{x^2+r^2}} = \frac{\sigma \cdot 2\pi r \mathrm{d}l}{4\pi\varepsilon_0 l} = \frac{\sigma}{2\varepsilon_0} \cdot \frac{r}{l}\mathrm{d}l$$

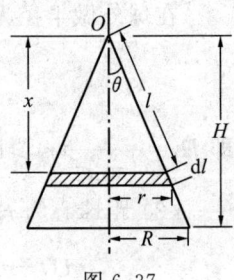

由于

$$\frac{r}{l} = \sin\theta = \frac{R}{\sqrt{R^2+H^2}}$$

所以

图 6-37

$$\mathrm{d}U = \frac{\sigma R}{2\varepsilon_0\sqrt{R^2+H^2}}\mathrm{d}l$$

整个锥面在 O 处产生电势为

$$U = \int dU = \int_0^{\sqrt{R^2+H^2}} \frac{\sigma R}{2\varepsilon_0 \sqrt{R^2+H^2}} dl = \frac{\sigma R}{2\varepsilon_0}$$

5. 解:(1) 如图 6-38 所取坐标,dx 段带电元在 C 点产生的电势为

$$dU_C = \frac{1}{4\pi\varepsilon_0} \frac{\lambda dx}{2a-x} = \frac{1}{4\pi\varepsilon_0} \cdot \frac{Q}{2a} \frac{dx}{2a-x}$$

$$= \frac{Q dx}{8\pi\varepsilon_0 a(2a-x)}$$

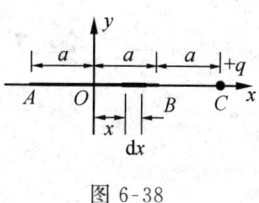

图 6-38

整个杆在 C 点产生的电势为

$$U_C = \int dU_C = \int_{-a}^{a} \frac{Q dx}{8\pi\varepsilon_0 a(2a-x)}$$

$$= \frac{-Q}{8\pi\varepsilon_0 a} \ln(2a-x) \Big|_{-a}^{a} = \frac{Q}{8\pi\varepsilon_0 a} \ln 3$$

带电粒子在 C 点时与杆的相互作用能为

$$W_C = qU_C = \frac{qQ}{8\pi\varepsilon_0 a} \ln 3$$

(2) 取无穷远处电势为零,当带电粒子在静电场下运动到无限远处时,则电势能的减少转变为粒子动能增的增加.

$$\frac{1}{2} m v_\infty^2 - \frac{1}{2} m v_C^2 = W_C - W_\infty = \frac{qQ}{8\pi\varepsilon_0 a} \ln 3$$

得

$$v_\infty = \left[\frac{qQ}{8\pi\varepsilon_0 a m} \ln 3 + v_C^2 \right]^{1/2}$$

第7章 静电场中的导体和电介质

7.1 基本要求

1. 理解静电场中导体静电平衡的条件,并能从静电平衡条件来分析导体在静电场中的电荷分布和电场分布.

2. 了解介质的极化及其微观机理,理解电位移矢量 D 的概念,以及在各向同性介质中电位移矢量 D 和电场强度 E 的关系.理解电介质中的高斯定理,并会用它来计算电介质中对称电场的电场强度.

3. 理解电容的定义,能计算常见电容器的电容.

4. 了解电场能密度的概念,能计算电场能量.

7.2 本章小结

一、基本概念

1. 导体的静电平衡及条件

(1) 导体的静电平衡:导体内没有电荷做定向运动.

(2) 导体的静电平衡条件 $\begin{cases} 场强角度 \begin{cases} 导体内任意一点的场强为零 \\ 导体表处场强方向与导体表面垂直 \end{cases} \\ 电势角度:导体是一个等势体 \end{cases}$

2. 电介质及其电介质的极化

(1) 电介质:是指在通常情况下导电性能极差的物质,也常被认为是绝缘体.电工中一般认为电阻率超过 $10^8\,\Omega\cdot m$ 的物质为电介质.

(2) 电介质的极化:在外电场作用下,电介质分子的电偶极矩趋于外电场方向排列,结果在电介质的表面出现极化电荷(束缚电荷)的现象,称此现象为电介质的极化.

3. 电位移矢量:电位移矢量 D 定义为: $D=\varepsilon_0 E+P$. 其中 E 为电场强度,P 为极化强度,ε_0 为真空电容率.对于各向同性的电介质,电位移矢量和场强的关系为 $D=\varepsilon E$. 其中 $\varepsilon=\varepsilon_0\varepsilon_r$,$\varepsilon_r$ 为电介质的相对电容率,ε 为电介质的电容率.对于各向同性均匀的电介质,式 $D=\varepsilon E$ 中的 ε 为常量.注意:电位移矢量 D 是一个辅助量.

4. 电位移通量：通过某一面 S 上的电位移线条数称为通过该面上的电位移通量.

5. 孤立导体电容：孤立导体所带的电量与其电势的比值称为孤立导体的电容.

6. 电容器及其电容

(1) 电容器：能够带有等量异号电荷的两个导体所组成的系统. 其中带正电的导体常称为正极板，带负电的导体常称为负极板.

(2) 电容器电容：一个极板上的电量与该极板与另一个极板之间的电势差的比值称为电容器的电容.

二、基本规律

1. 导体静电平衡时的电荷分布

实心导体：净电荷分布在导体表面上.
空腔导体且腔内无电荷：净电荷分布在空腔导体的外表面上.
空腔导体且腔内有电荷 q：空腔内表面有感应电荷 $-q$，外表面有感应电荷 $+q$.
导体电荷面密度：导体表面曲率越大，其电荷面密度就越大.

2. 电介质极化的微观机理

无极分子介质：由于分子的正负电荷中心在外电场作用下发生相对位移而形成偶极矩，并且该偶极矩趋向于外电场方向，从而形成极化.
有极分子介质：分子偶极矩在外电场的作用下转向到趋于外电场方向上，从而形成极化.

3. 电介质中的高斯定理：通过任一闭合曲面的电位移通量等于该曲面包围的自由电荷代数和，即 $\oint_S \boldsymbol{D} \cdot \mathrm{d}\boldsymbol{S} = \sum_{S内} q$.

三、基本公式

1. 导体表面附近的场强（标量式）

$$E = \frac{\sigma}{\varepsilon_0}$$

2. 孤立导体电容

$$C = \frac{Q}{U}$$

3. 电容器电容

$$C = \frac{Q_A}{U_{AB}} = \frac{Q_A}{U_A - U_B} \quad (A, B 为极板标号)$$

4. 典型电容 $\begin{cases} 平板电容器 & C=\varepsilon S/d=\varepsilon_0\varepsilon_r S/d \\ 柱形电容器 & C=2\pi\varepsilon l/\ln\dfrac{R_2}{R_1}=2\pi\varepsilon_0\varepsilon_r l/\ln\dfrac{R_2}{R_1} \\ 球形电容器 & C=4\pi\varepsilon R_1 R_2/(R_2-R_1)=4\pi\varepsilon_0\varepsilon_r R_1 R_2/(R_2-R_1) \end{cases}$

5. 电位移通量 $\begin{cases} \varPhi_D=\displaystyle\int_S \boldsymbol{D}\cdot\mathrm{d}\boldsymbol{S} & （非闭合曲面） \\ \varPhi_D=\displaystyle\oint_S \boldsymbol{D}\cdot\mathrm{d}\boldsymbol{S} & （闭合曲面） \end{cases}$

6. 用高斯定理 $\displaystyle\oint_S \boldsymbol{D}\cdot\mathrm{d}\boldsymbol{S}=\sum_{S内}q$ 求场强（可解情况）$\begin{cases} 电场球对称 \\ 电场轴对称 \\ 电场面对称 \end{cases}$

各向同性介质中 $\boldsymbol{D}=\varepsilon\boldsymbol{E}=\varepsilon_0\varepsilon_r\boldsymbol{E}$

7. 电容器能量 $W_e=\dfrac{1}{2}\dfrac{Q^2}{C}=\dfrac{1}{2}QU=\dfrac{1}{2}CU^2$

8. 电场能量 $\begin{cases} 电场能量密度\quad \omega_e=\dfrac{1}{2}\varepsilon E^2=\dfrac{1}{2}DE \\ 电场能量\quad W_e=\displaystyle\int_V \omega_e\mathrm{d}V=\int_V \dfrac{1}{2}\varepsilon E^2\mathrm{d}V=\int_V \dfrac{1}{2}DE\mathrm{d}V \end{cases}$

7.3 典型思考题与习题

一、思考题

1. 如图 7-1 所示,有一封闭的金属球壳(即空腔导体),其内、外有两个点电荷 q_1、q_2,试问它们是否有相互作用?

解 可能认为由于金属球壳的静电屏蔽作用,因此内外两点电荷之间没有相互作用. 但是这种说法是不正确的. 因为静电屏蔽作用,得出壳外电荷不影响壳内电场,是指壳外电荷以及由它在导体壳外表面上感应出的异号电荷在壳内产生场强的矢量和等于零,并不是说壳外的电荷在壳内产生电场强度为零.

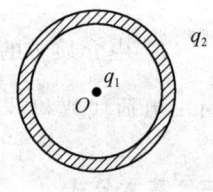

图 7-1

2. 如图 7-2 所示,有一个孤立的不带电的导体球壳,则

(1) 若在导体球壳中心处放一点电荷 $+q$,试问球壳内外表面上的感应电荷分布是否均匀?

(2) 若使点电荷 $+q$ 偏离球心,则球壳内外表面电荷分布又如何?

解 (1) 当 $+q$ 位于球壳的中心时,由于对称性可知,壳内的电场线是辐射状,所以内外壁感应电荷分布式均匀的,

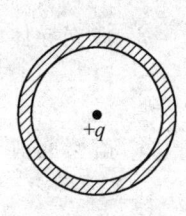

图 7-2

如图 7-3 所示.

(2) 当 $+q$ 偏离球心时,则内壁电荷分布不均匀,但外壁上电荷分布是均匀的. 如图 7-4 所示. 因为静电感应中,在壳内壁上离 $+q$ 较近的地方感应电荷较多,离 $+q$ 较远的地方感应电荷较少,所以壳内表面上电荷分布是不均匀的. 由 $+q$ 及壳内壁上的感应电荷在内壁之外任意一点产生的合场强为零,即静电屏蔽作用. 另外,在球壳内外壁之间任取一点 P,静电平衡时 $E_P=0$,又由于 P 点的场强完全由球壳外表面上的感应电荷所决定,而只有球壳外表面上感应电荷均匀分布时在 P 点产生的场强才等于零,所以,在 $+q$ 偏离球壳中心时,外壁上的感应电荷是均匀分布的.

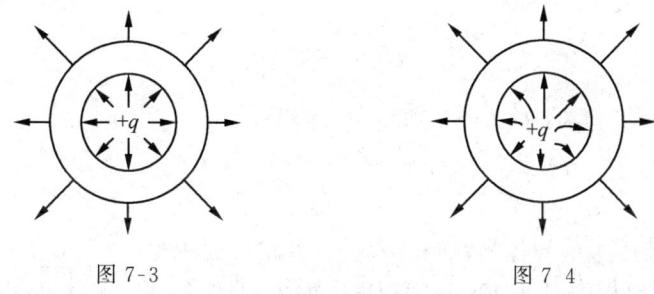

图 7-3　　　　　　图 7-4

3. 为何引进电位移矢量?

解　电介质在外电场中要极化,由极化产生的极化电荷也要产生电场. 因此,电介质中某点的电场强度 E 是自由电荷 q 产生的电场 E_0 与极化电荷 q' 产生的电场强度 E' 的叠加,即 $E=E_0+E'$. 计算有电介质时电场中某点的电场强度,必须要同时知道自由电荷和极化电荷的分布,这往往是很困难的,甚至是做不到的. 为了回避极化电荷而引进了一个新的辅助量,即电位移矢量 D. 由此可达到求电场强度 E 的目的.

4. 有人根据电介质中的高斯定理 $\oint_S \boldsymbol{D} \cdot d\boldsymbol{S} = \sum_{S内} q$($q$ 是自由电荷),就得出 D 仅与自由电荷有关的结论,这是否正确?

解　这个结论一般是不正确的. 通常情况下 D 既与自由电荷有关,也与极化电荷有关,介质的形状与分布改变后,极化电荷的分布也会随之改变,从而引起 D 的变化.

5. 一空气电容器充电后切断电源,然后灌入煤油.
(1) 试问电容器的能量如何变化?
(2) 如果在灌煤油时,电容器一直与电源相连,能量又如何变化?

解　(1) 电容器断开电源情况
在没有灌入煤油时,电容器能量为

$$W_{e1} = \frac{1}{2}\frac{Q_1^2}{C_1}$$

在灌入煤油后,电容器能量为

$$W_{e2} = \frac{1}{2}\frac{Q_2^2}{C_2}$$

因为 $Q_1=Q_2$,$C_1=\varepsilon_r C_2$ 且 $\varepsilon_r>1$,所以 $W_{e2}<W_{e1}$.

(2) 电容器与电流相连情况

在没有灌入煤油时,电容器能量为

$$W_{e1} = \frac{1}{2}C_1 U_1^2$$

在灌入煤油后,电容器能量为

$$W_{e2} = \frac{1}{2}C_2 U_2^2$$

因为 $U_1=U_2$,$C_2=\varepsilon_r C_1$ 且 $\varepsilon_r>1$,所以 $W_{e2}<W_{e1}$.

二、典型习题

1. 两平行等大的导体板,面积为 S(二者相对面积也为 S),其线度比板的厚度和两板间距离大得多,两板分别带电 Q_1 和 Q_2,求两板各表面的电荷面密度.

解 如图 7-5 所示,设两板的四个表面电荷面密度分别为 σ_1、σ_2、σ_3 和 σ_4,根据静电平衡条件,导体内任意一点 P 的场强为零,即

$$\boldsymbol{E} = \boldsymbol{E}_1 + \boldsymbol{E}_2 + \boldsymbol{E}_3 + \boldsymbol{E}_4 = 0$$

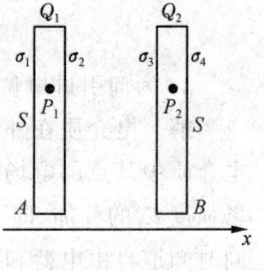

图 7-5

在两板内分别取 P_1、P_2 两点,由 $E=\dfrac{\sigma}{2\varepsilon_0}$ 有

$$E_{P_1} = \frac{\sigma_1}{2\varepsilon_0} - \frac{\sigma_2}{2\varepsilon_0} - \frac{\sigma_3}{2\varepsilon_0} - \frac{\sigma_4}{2\varepsilon_0} = 0$$

$$E_{P_2} = \frac{\sigma_1}{2\varepsilon_0} + \frac{\sigma_2}{2\varepsilon_0} + \frac{\sigma_3}{2\varepsilon_0} - \frac{\sigma_4}{2\varepsilon_0} = 0$$

即

$$\begin{cases}\sigma_1-\sigma_2-\sigma_3-\sigma_4=0\\ \sigma_1+\sigma_2+\sigma_3-\sigma_4=0\end{cases}$$

又知

$$\begin{cases}A \text{ 上电量} \quad \sigma_1 S+\sigma_2 S=Q_1\\ B \text{ 上电量} \quad \sigma_3 S+\sigma_4 S=Q_2\end{cases}$$

由上两组方程解得

第7章 静电场中的导体和电介质

$$\begin{cases} \sigma_1 = \sigma_4 = \dfrac{Q_1 + Q_2}{2S} \\ \sigma_2 = \sigma_3 = \dfrac{Q_1 - Q_2}{2S} \end{cases}$$

结论:两板相对两个表面的电荷面密度等量异号,外侧两个表面的电荷面密度等量同号.

讨论:i) 若 $Q_1 = -Q_2 = Q$,则有 $\begin{cases} \sigma_1 = \sigma_4 = 0 \\ \sigma_2 = \sigma_3 = \dfrac{Q}{S} \end{cases}$

ii) 若 $Q_1 = Q_2$,则有 $\begin{cases} \sigma_1 = \sigma_4 = \dfrac{Q}{S} \\ \sigma_2 = -\sigma_3 = 0 \end{cases}$

iii) 若 $Q_1 \neq 0, Q_2 = 0$,则有 $\begin{cases} \sigma_1 = \sigma_4 = \dfrac{Q_1}{2S} \\ \sigma_2 = -\sigma_3 = \dfrac{Q_1}{2S} \end{cases}$

2. 如图 7-6 所示,半径为 R_1 的导体球电荷为 q,球外有一半径为 R_2、R_3 的同心导体球壳,球壳上带电荷 Q. 求:

(1) 两球的电势及电势差;
(2) 若外壳接地,两球的电势及电势差;
(3) 若内球接地,两球的电势及电势差.

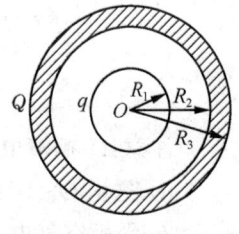

图 7-6

解 (1) 小球电荷均匀分布在外表面上,q 在球壳内表面感应电荷为 $-q$,球壳外表面上有电荷为 $q+Q$. 因为导体为等势体,所以导体球表面的电势和导体球壳的外表面电势就分别代表导体球的电势和导体球壳的电势. 取无限远处电势为零,由电势叠加原理有

$$U_{球} = \frac{q}{4\pi\varepsilon_0 R_1} + \frac{-q}{4\pi\varepsilon_0 R_2} + \frac{q+Q}{4\pi\varepsilon_0 R_3}$$

$$= \frac{1}{4\pi\varepsilon_0}\left(\frac{q}{R_1} + \frac{-q}{R_2} + \frac{q+Q}{R_3}\right)$$

$$U_{壳} = \frac{q}{4\pi\varepsilon_0 R_3} + \frac{-q}{4\pi\varepsilon_0 R_3} + \frac{q+Q}{4\pi\varepsilon_0 R_3} = \frac{q+Q}{4\pi\varepsilon_0 R_3}$$

$$U_{球壳} = U_{球} - U_{壳} = \frac{q}{4\pi\varepsilon_0}\left(\frac{1}{R_1} - \frac{1}{R_2}\right)$$

(2) 若外壳接地(此时球壳电势为零),壳外表面电荷消失,可有

$$U_{球} = \frac{q}{4\pi\varepsilon_0 R_1} + \frac{-q}{4\pi\varepsilon_0 R_2}$$

$$U_{壳} = 0$$

$$U_{球壳} = U_{球} - U_{壳} = \frac{1}{4\pi\varepsilon_0}\left(\frac{1}{R_1} - \frac{1}{R_2}\right)$$

(3) 若内球接地(此时内球电势为零),那么是否可认为它无净电荷呢？不能这样认为. 设内球带电量为 Q_x, 根据静电平衡条件, 球壳内表面上有感应电荷 $-Q_x$, 根据电荷守恒定律, 则球壳外表面带电荷为 $Q_x + Q$. 因此可有

$$U_{球} = \frac{Q_x}{4\pi\varepsilon_0 R_1} + \frac{-Q_x}{4\pi\varepsilon_0 R_2} + \frac{Q_x + Q}{4\pi\varepsilon_0 R_3} = 0$$

得

$$Q_x = \frac{Q}{R_3} \Big/ \left(\frac{1}{R_2} - \frac{1}{R_1} - \frac{1}{R_3}\right) = -\frac{R_1 R_2 Q}{R_1 R_2 + R_2 R_3 - R_3 R_1}$$

因为 $R_2 R_3 > R_1 R_3$, 所以 Q_x 与 Q 符号相反.

$$U_{壳} = \frac{Q_x}{4\pi\varepsilon_0 R_3} + \frac{-Q_x}{4\pi\varepsilon_0 R_3} + \frac{Q_x + Q}{4\pi\varepsilon_0 R_3} = \frac{Q_x + Q}{4\pi\varepsilon_0 R_3}$$

$$= \frac{Q}{4\pi\varepsilon_0 R_3}\left(1 - \frac{R_1 R_2}{R_1 R_2 + R_2 R_3 - R_3 R_1}\right)$$

$$U_{球壳} = U_{球} - U_{壳} = \frac{Q}{4\pi\varepsilon_0 R_3}\left(\frac{R_1 R_2}{R_1 R_2 + R_2 R_3 - R_3 R_1} - 1\right)$$

$$= \frac{Q}{4\pi\varepsilon_0} \cdot \frac{R_1 - R_2}{R_1 R_2 + R_2 R_3 - R_3 R_1}$$

注意：i) 搞清电势叠加原理；

ii) 这里 $Q_x \neq 0$ 是导体静电平衡的要求.

3. 平板空气电容器, 极板面积为 S, 充电后两板带电量分别为 $\pm Q$, 断开电源, 将两板距离从 d 拉开到 $2d$. 求：

(1) 外力克服两极板之间的引力所做的功；

(2) 两极板间相互引力的大小.

解 (1) 〈方法一〉：两极板距离为 d 时电容器的能量和电容分别为

$$W_{e1} = \frac{1}{2}\frac{Q^2}{C_1}, \quad C_1 = \frac{\varepsilon_0 S}{d}$$

两极板距离为 $2d$ 时电容器的能量和电容分别为

$$W_{e2} = \frac{1}{2}\frac{Q^2}{C_2}, \quad C_2 = \frac{\varepsilon_0 S}{2d}$$

电容器能量增量为

$$\Delta W_e = W_{e2} - W_{e1} = \frac{1}{2} \cdot \frac{Q^2 d}{\varepsilon_0 S}$$

外力所做的功为

$$W = \Delta W_e = \frac{Q^2 d}{2\varepsilon_0 S}$$

〈方法二〉：电容器的能量是极板之间距离 x 的函数. 设两极板距离为 x，电容器的能量和电容分别为

$$W_e = \frac{1}{2}\frac{Q^2}{C}, \quad C = \frac{\varepsilon_0 S}{x}$$

在两极板距离增量为 $\mathrm{d}x$ 的过程中，电容器的能量增量为

$$\mathrm{d}W_e = \frac{Q^2}{2\varepsilon_0 S}\mathrm{d}x$$

当电容器距离从 $d \to 2d$ 过程中，电容器的能量增量为

$$\Delta W_e = \int_{W_{e1}}^{W_{e2}} \mathrm{d}W_e = \int_d^{2d} \frac{Q^2}{2\varepsilon_0 S}\mathrm{d}x = \frac{Q^2 d}{2\varepsilon_0 S}$$

外力所做的功为

$$W = \Delta W_e = \frac{Q^2 d}{2\varepsilon_0 S}$$

(2) 用平板电容器场强公式求解，一板受到另一板的作用力大小为

$$F = QE_1 = Q \cdot \frac{\sigma}{2\varepsilon_0} = Q\frac{Q}{2\varepsilon_0 S} = \frac{Q^2}{2\varepsilon_0 S}$$

4. 如图 7-7 所示，半径为 a 的导体球外有一同心的半径为 b 的导体薄球壳，二者构成了球形空气电容器. 在 b 和两导体间的电势差 U 维持恒定的条件下，求：

(1) a 为多大时才能使导体球表面附近的电场强度最小；

(2) 问题(1)中电场强度的最小值.

解 〈方法一〉：(1) 球形电容器电容为

$$C = \frac{4\pi\varepsilon_0 ab}{b-a}$$

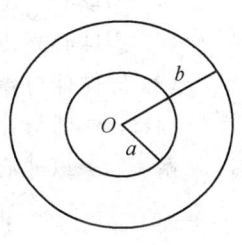

图 7-7

设导体球电量为 Q，则有

$$Q = CU = \frac{4\pi\varepsilon_0 ab}{b-a}U$$

在距导体球心为 $r(a<r<b)$ 处场强为

$$E = \frac{Q}{4\pi\varepsilon_0 r^2} = \frac{abU}{(b-a)r^2}$$

在导体球表面附近，$r \to a$，有 $E = \dfrac{bU}{(b-a)a}$.

依题意知，当 $(b-a)a$ 有最大值时，E 有最小值. $(b-a)a$ 有极值时须

$$\frac{\mathrm{d}}{\mathrm{d}a}(b-a)a = b - 2a = 0$$

即

$$a = b/2$$

又由于

$$\frac{\mathrm{d}^2}{\mathrm{d}a^2}(b-a)a = 2$$

所以 $a = b/2$ 时，$(b-a)a$ 有最大值. 此时导体球表面附近场强有最小值.

(2) 将 $a = b/2$ 代入导体球表面附近场强表达式中，得其最小值为 $E_{\min} = 4U/b$.

〈方法二〉：设导体球电量为 Q，在距导体球心为 $r(a<r<b)$ 处场强为

$$E = \frac{Q}{4\pi\varepsilon_0 r^2}$$

两导体之间的电势差为

$$U = \int_a^b \boldsymbol{E} \cdot d\boldsymbol{r} = \int_a^b E\,dr = \int_a^b \frac{Q}{4\pi\varepsilon_0 r^2}dr = \frac{Q(b-a)}{4\pi\varepsilon_0 ab}$$

由上式有

$$Q = \frac{4\pi\varepsilon_0 abU}{b-a}$$

Q 代入场强表达式中有

$$E = \frac{abU}{(b-a)r^2}$$

此后按照〈方法一〉步骤可求得 $a=b/2$ 及 $E_{\min}=4U/b$.

5. 如图 7-8 所示，有一带电荷为 $+q$ 半径为 R_1 的导体球，与一内外半径分别为 R_3 和 R_4 带电量为 $-q$ 的导体球壳同心，二者之间有两层均匀电介质，内层和外层电介质的电容率分别为 ε_1 和 ε_2，且二介质的分界面是与导体球同心的半径为 R_2 的球面. 求：

(1) 离球心 r 处的电位移矢量；
(2) 离球心 r 处的电场强度；
(3) 导体球与导体球壳间的电势差；
(4) 导体球与导体球壳构成电容器的电容.

解 (1) 以球心为中心，做一半径为 r 的球形高斯面 S，由高斯定理 $\oint_S \boldsymbol{D} \cdot d\boldsymbol{S} = \sum_{S内} q$ 有

$$D = \frac{1}{4\pi r^2}\sum_{S内} q = \begin{cases} 0 & (r<R_1) \\ \dfrac{q}{4\pi r^2} & (R_1<r<R_3) \\ 0 & (r>R_3) \end{cases}$$

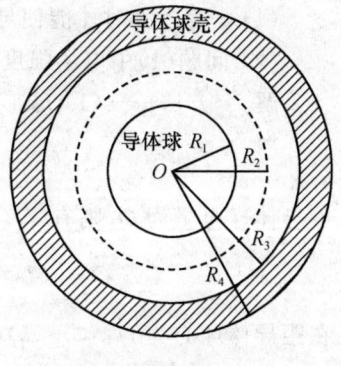

图 7-8

$\boldsymbol{D}$ 不等于零处，其方向沿矢径 r 方向（r 由球心指向考察点）.

(2) 在各向同性均匀介质中，由 $\boldsymbol{D}=\varepsilon\boldsymbol{E}$ 有

$$E = \frac{D}{\varepsilon} = \begin{cases} 0 & (r<R_1) \\ \dfrac{q}{4\pi\varepsilon_1 r^2} & (R_1<r<R_2) \\ \dfrac{q}{4\pi\varepsilon_2 r^2} & (R_2<r<R_3) \\ 0 & (r>R_3) \end{cases}$$

$\boldsymbol{E}$ 不等于零处，其方向沿矢径 r 方向.

(3) $\quad U_{球壳} = U_{球} - U_{壳} = \int_{R_1}^{R_3} \boldsymbol{E} \cdot d\boldsymbol{r}$

$= \int_{R_1}^{R_2} \boldsymbol{E} \cdot d\boldsymbol{r} + \int_{R_2}^{R_3} \boldsymbol{E} \cdot d\boldsymbol{r}$

$= \int_{R_1}^{R_2} \dfrac{q}{4\pi\varepsilon_1 r^2} dr + \int_{R_2}^{R_3} \dfrac{q}{4\pi\varepsilon_2 r^2} dr$

$= \dfrac{q}{4\pi\varepsilon_1}\left(\dfrac{1}{R_1} - \dfrac{1}{R_2}\right) + \dfrac{q}{4\pi\varepsilon_2}\left(\dfrac{1}{R_2} - \dfrac{1}{R_3}\right)$

$= \dfrac{q}{4\pi\varepsilon_1\varepsilon_2 R_1 R_2 R_3}[(R_2 - R_1)\varepsilon_2 R_3 + (R_3 - R_2)\varepsilon_1 R_1]$

(4) $\quad C = \dfrac{q}{U_{球} - U_{壳}} = \dfrac{4\pi\varepsilon_1\varepsilon_2 R_1 R_2 R_3}{[(R_2 - R_1)\varepsilon_2 R_3 + (R_3 - R_2)\varepsilon_1 R_1]}$

注意：i) $\boldsymbol{E}$ 与 $\boldsymbol{D}$ 的关系；

ii) 电势差求法；

iii) 电容器的概念.

7.4 检测复习题

一、判断题

指出下列说法是否正确：

1. 电位移矢量只与闭合曲面内的自由电荷有关与束缚电荷无关.
2. 电位移通量只与闭合曲面内的自由电荷有关与束缚电荷无关.
3. 关系式 $\boldsymbol{D} = \varepsilon_0 \varepsilon_r \boldsymbol{E}$ 只是对各向同性的电介质才成立.
4. 关系式 $\boldsymbol{D} = \varepsilon_0 \boldsymbol{E} + \boldsymbol{P}$ 普遍成立.

二、填空题

1. 若电场强度大于 2×10^6 V·m^{-1} 时空气被击穿，则直径为 0.1 m 的导体球的最大带电量为 $Q = $ _____ [$(4\pi\varepsilon_0)^{-1} = 9\times10^9$ N·m^2·C^{-2}].

2. 如图 7-9 所示，把一块原来不带电的金属板 B 移近一块已带有正电荷 Q 的金属板 A，平行放置，设两板面积都是 S，板间距离是 d，忽略边缘效应，当 B 板不接地时，两板间电势差 $U_{AB} = $ _____；B 板接地时，两板间电势差 $U'_{AB} = $ _____.

3. 两个点电荷在真空中相距为 r_1 时的相互作用力等于它们在某一"无限大"各向同性均匀电介质中相距为 r_2

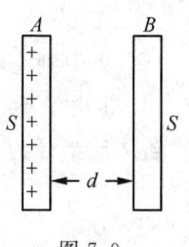

图 7-9

时的相互作用力,则该电介质的相对电容率 $\varepsilon_r=$ _____.

4. 用增加、减小、不变字样完成下列括号. 一空气电容器保持与电源相接,若把此电容器放在煤油中,则电容器的电容_____,极板间场强_____,两极板间电势差_____,电容器上电量_____,电容器的静电能_____.

5. 用增加、减小、不变字样完成下列括号. 一空气电容器被充电后去掉电源,然后把此电容器放入煤油中,则电容器的电容_____,极板间场强_____,两极板间电势差_____,电容器上电量_____,电容器的静电能_____.

三、选择题

1. 同心导体球与导体球壳周围电场的电场线分布如图 7-10 所示,由电场线分布情况可知球壳上所带总电量为( )
   A. $q>0$ B. $q=0$ C. $q<0$ D. 无法确定

2. 如图 7-11 所示,有一接地的金属球,用一弹簧吊起,金属球原来不带电,若在它的下方放置一电量为 q 的点电荷,则( )
   A. 只有当 $q>0$ 时,金属球才下移   B. 只有当 $q<0$ 时,金属球才下移
   C. 无论 q 是正是负金属球都下移   D. 无论 q 是正是负金属球都不动

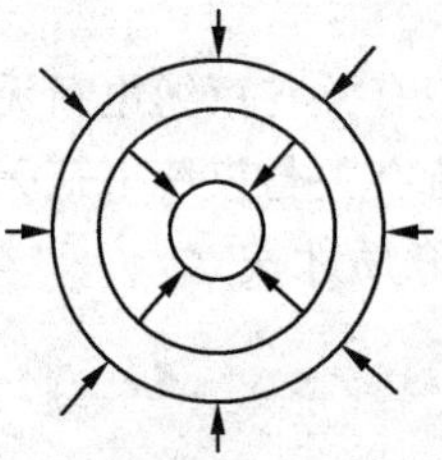

图 7-10 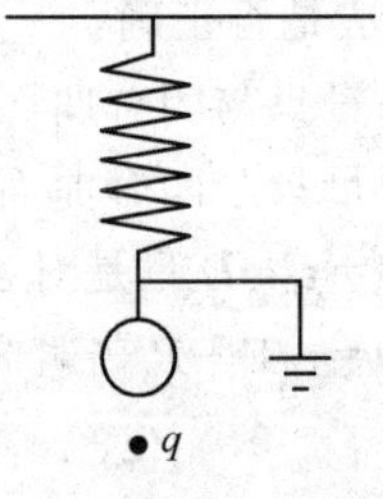   图 7-11

3. 有两个直径相同带电量不同的金属球,一个是实心的,一个是空心的,现使两者相互接触一下再分开,则两导体球上的电荷( )
   A. 不变化   B. 平均分配
   C. 集中到空心导体球上   D. 集中到实心导体球上

4. 带电量不相等的两个球形导体相隔很远,现用一根细导线将它们连接起来,若大球半径为 R,小球半径为 r,当静电平衡后,二球表面电荷面密度比 σ_R/σ_r 为( )
   A. R/r B. r/R C. R^2/r^2 D. r^2/R^2

5. 一"无限大"均匀带电平面 A,其附近放一与它平行的有一定厚度的"无限大"

平面导体板 B,如图 7-12 所示,已知 A 上的电荷面密度为 $+\sigma$,则在导体板 B 的两个表面 1 和 2 上的感应电荷面密度为(　　)

A. $\sigma_1 = -\sigma, \sigma_2 = +\sigma$　　　B. $\sigma_1 = -\frac{1}{2}\sigma, \sigma_2 = +\frac{1}{2}\sigma$

C. $\sigma_1 = -\frac{1}{2}\sigma, \sigma_2 = -\frac{1}{2}\sigma$　　　D. $\sigma_1 = -\sigma, \sigma_2 = 0$

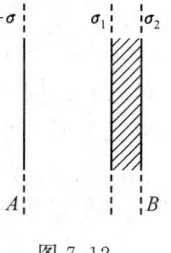

图 7-12

6. 在一不带电的金属球壳的球心处放一点电荷 $+q$,若将此点电荷偏离球心,该金属球壳的电位将(　　)

A. 升高　　　B. 不变　　　C. 降低　　　D. 无法判断

7. 有一个不带电的导体球,它的半径为 R,现将一带电为 $+q$ 的点电荷放到距球心 O 为 d ($d > R$) 的一点,这时导体球中心处的电势为(取无限远处电势为零)(　　)

A. 0　　　B. $\frac{q}{4\pi\varepsilon_0 R}$　　　C. $\frac{q}{4\pi\varepsilon_0 d}$　　　D. $\frac{q}{4\pi\varepsilon_0 (d-R)}$

8. 如图 7-13 所示,半径为 a 带电为 Q 的导体球,其外有内半径为 b、外半径为 c 的同心介质球壳,球壳的相对电容率为 ε_r,介质球壳不带电.可知导体球表面上的电势为(取无限远处电势为零)(　　)

A. $\frac{Q}{4\pi\varepsilon_0 a}$

B. $\frac{1}{4\pi\varepsilon_0}\left(\frac{1}{c} + \frac{1}{\varepsilon_r b} + \frac{1}{a}\right)$

C. $\frac{Q}{4\pi\varepsilon_0}\left(\frac{\varepsilon_r - 1}{\varepsilon_r c} + \frac{1-\varepsilon_r}{\varepsilon_r b} + \frac{1}{a}\right)$

D. $\frac{Q}{4\pi\varepsilon_0}\left(\frac{1-\varepsilon_r}{c} + \frac{\varepsilon_r}{b-a}\right)$

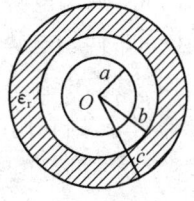

图 7-13

9. 一半径为 R 的孤立导体球面,其内部是真空,外部均匀充满电容率为 ε 的电介质,导体球面的电容为(　　)

A. $4\pi\varepsilon_0 R$　　　B. $4\pi\varepsilon R$　　　C. $4\pi(\varepsilon_0 + \varepsilon)R$　　　D. $4\pi\frac{\varepsilon_0 \varepsilon}{\varepsilon_0 + \varepsilon}R$

10. 平行板电容器一极板上每单位面积所受到另一极板的电场力大小 f 与加在电容器极板间的电压 U 的关系为(　　)

A. $\propto \frac{1}{U}$　　　B. $\propto U$　　　C. $\propto U^2$　　　D. $\propto U^4$

11. 空气平行板电容器接通电源后,将其中充满相对电容率为 ε_r 的各向同性均匀的电介质.则电容 C、场强大小 E 和极板上的电荷面密度 σ 和充入介质前相比的变化情况是(　　)

A. C 不变,E 不变,σ 不变　　　B. C 增大,E 不变,σ 增大

C. C 增大,E 增大,σ 增大 　　　　D. C 不变,E 增大,σ 不变

12. 空气平行板电容器充完电后与电源断开,然后将其中充满相对电容率为 ε_r 的各向同性均匀的电介质.则电容 C、电容器的电压 U、电容器的电场能量 W_e 和充入介质前相比的变化情况是(　　)

A. C 减小,U 增大,W_e 增大 　　　　B. C 增大,U 减小,W_e 减小

C. C 增大,U 增大,W_e 减小 　　　　D. C 增大,U 增大,W_e 增大

13. 如果在空气平行板电容器的两极板间平行地插入一块形状及面积与极板面积相同的金属板,则由于金属板的插入及其相对极板所放位置的不同,对电容器电容的影响情况为(　　)

A. 使电容减小,但与金属板位置无关　　B. 使电容减小,且与金属板位置有关

C. 使电容增大,但与金属板位置无关　　D. 使电容增大,且与金属板位置有关

14. 如图 7-14 所示,C_1 和 C_2 两空气电容器串联起来接上电源充电,然后将电源断开,再把一电介质板插入 C_1 中,则(　　)

A. C_1 两端电势差减少,C_2 两端电势差增大

B. C_1 两端电势差减少,C_2 两端电势差不变

C. C_1 两端电势差增大,C_2 两端电势差减小

D. C_1 两端电势差增大,C_2 两端电势差不变

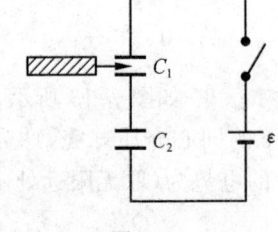

图 7-14

15. 真空中有一均匀带电球体和一均匀带电球面,如果它们的半径和所带的电量都相等,则它们的静电能之间的关系是(　　)

A. 球体的静电能等于球面的静电能

B. 球体的静电能大于球面的静电能

C. 球体的静电能小于球面的静电能

D. 球体内的静电能大于球面内的静电能,球体外的静电能小于球面外的静电能

四、计算题

1. 如图 7-15 所示,一电容器由两个很长的同轴导体圆筒组成,内、外圆筒半径分别为 $R_1=2$cm 和 $R_2=5$cm,其间充满相对电容率为 ε_r 的各向同性均匀的电介质,电容器接在电压 $U=32$V 的电源上.求:

(1) 距离轴线 $R=3.5$cm 处 A 点的电场强度;

(2) A 点与外筒间的电势差.

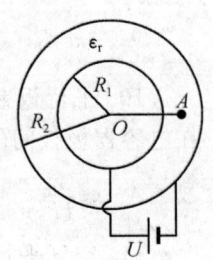

图 7-15

2. 半径分别为 a 和 b 的两个金属球,它们的间距比本身线度大得多.今用一细导线将两者相连接,并给系统带上电荷 Q.求:

(1) 每个球上分配到的电荷;

(2) 按电容定义式,计算此系统的电容.

3. 假想从无限远处陆续移来微量电荷使一半径为 R 的导体球带电,则

(1) 当球上已带电荷 q 时,再将一个电荷元 dq 从无限远处移到球上的过程中,外力做多少功?

(2) 使球上电荷从零开始增加到 Q 的过程中,外力共做多少功?

7.5 检测复习题解答

一、判断题

1. ×. 2. √. 3. √. 4. √.

二、填空题

1. 解:导体球外任一点场强大小为 $E=\dfrac{Q}{4\pi\varepsilon_0 r}$,无限趋于导体表面时,$E=\dfrac{Q}{4\pi\varepsilon_0 R}$ 欲不发生击穿,应有 $E=\dfrac{Q}{4\pi\varepsilon_0 R}\leqslant 2\times 10^6 \text{V}\cdot\text{m}^{-1}$,可知,导体球最大带电量为

$$Q=4\pi\varepsilon_0 R^2\times 2\times 10^6=\dfrac{1}{9\times 10^9}\times\left(\dfrac{0.1}{2}\right)^2\times 2\times 10^6=5.6\times 10^{-7}(\text{C})$$

2. 解:(1) 设四个表面电荷面密度为 $\sigma_1,\sigma_2,\sigma_3$ 和 σ_4,可有

$$\sigma_1=\sigma_4=\dfrac{q_A+q_B}{2S}=\dfrac{Q}{2S}$$

$$\sigma_2=-\sigma_3=\dfrac{q_A-q_B}{2S}=\dfrac{Q}{2S}$$

(上述结果见本章典型习题1)电荷分布如图 7-16 所示.

A、B 间场强大小为 $E=\dfrac{\sigma_2}{\varepsilon_0}=\dfrac{Q}{2S\varepsilon_0}$,有 $U_{AB}=Ed=\dfrac{Q}{2\varepsilon_0 S}d$

(2) B 接地后,负电荷从地进入 B,有

$$\sigma_1=\sigma_4=0$$

$$\sigma_2=-\sigma_3=\dfrac{Q}{S}$$

电荷分布如图 7-17 所示. A、B 间场强大小为

$$E=\dfrac{\sigma_2}{\varepsilon_0}=\dfrac{Q}{\varepsilon_0 S}$$

有

$$U_{AB}=Ed=\dfrac{Q}{\varepsilon_0 S}d$$

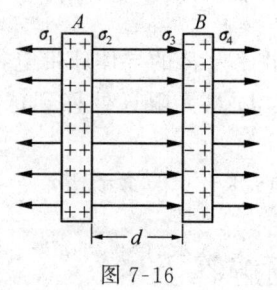
图 7-16

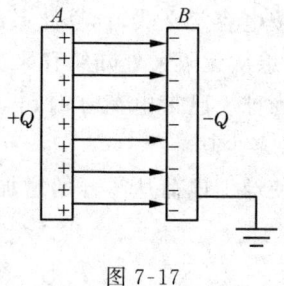
图 7-17

3. 解:由题意有 $\dfrac{q_1 q_2}{4\pi\varepsilon_0 r_1^2}=\dfrac{q_1 q_2}{4\pi\varepsilon_0 \varepsilon_r r_2^2}$,得 $\varepsilon_r = r_1^2/r_2^2$.

4. 解:(1) 增加;(2) 不变;(3) 不变;(4) 增加;(5) 增加.

5. 解:(1) 增加;(2) 减小;(3) 减小;(4) 不变;(5) 减小.

三、选择题

1. 解:由图 7-11 知,球壳内表面带正电,外表面带负电,而且外表面的负电荷应比内表面的正电荷多,所以球壳带总电量为 $q<0$,(C)对.

2. 解:当 $q>0$ 时,由于静电感应,金属球应带过剩负电荷(从地进入球),由于 q 吸引金属球,所以球要下移. 当 $q<0$ 时,由于静电感应,金属球应带过剩正电荷(有负电荷从球进入地),由于 q 吸引金属球,所以球要下移,(C)对.

3. 解:静电平衡时,金属球的所有净电荷都分布在表面上,二者接触分开后,电荷的分布与二者表面的曲率有关.因为二者表面半径相同,所以二表面的曲率相同.由此知,二表面上电荷面密度相同,所以,电荷应平均分配,(B)对.

4. 解:当二球静电平衡时,电势应相等.因为二者相离很远,所以它们的电荷分布可视为互不影响,即每个导体球净电荷都均匀分布在表面上.取无限远处电势为零,有 $\dfrac{q_R}{4\pi\varepsilon_0 R}=\dfrac{q_r}{4\pi\varepsilon_0 r}$,可写为

$$\dfrac{q_R}{4\pi\varepsilon_0 R^2}R = \dfrac{q_r}{4\pi\varepsilon_0 r^2}r$$

得 $\sigma_R R = \sigma_r r$,即 $\sigma_R/\sigma_r = r/R$.(B)对.

5. 解:设二表面感应电荷面密度分别为 σ_1 和 σ_2,静电平衡时,对导体 B 内任一点 P,有 $\boldsymbol{E}=0$,即

$$\dfrac{\sigma}{2\varepsilon_0} + \dfrac{\sigma_1}{2\varepsilon_0} - \dfrac{\sigma_2}{2\varepsilon_0} = 0 \quad (\text{取向右方向为正})$$

因为导体原来不带电,所以 $\sigma_1 + \sigma_2 = 0$

由上解得 $\sigma_1 = -\dfrac{1}{2}\sigma, \sigma_2 = \dfrac{1}{2}\sigma$

(B)对.

6. 解：当 $+q$ 偏离球心时，只是引起金属球壳内表面的感应电荷不均匀分布，而对外表面的感应电荷分别无影响，即外表面电荷仍为均匀分布。可知，球壳外场强分布没变。$U_{壳} = \int_R^\infty \boldsymbol{E} \cdot \mathrm{d}\boldsymbol{r}$（$R$ 为球壳外半径）而 $\boldsymbol{E}$ 分布没变，故 $U_{壳}$ 不变。(B)对。

7. 解：如图 7-18 所示，球面上所有感应电荷在球心处产生的电势之和为零。因此，球心处电势即为 $+q$ 在 O 处产生的电势。取无限远处电势为零，有

$$U_0 = \frac{q}{4\pi\varepsilon_0 d}$$

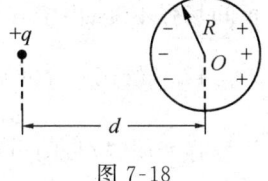

图 7-18

(C)对。

8. 解：由题意和高斯定理知，场强大小分布为

$$E = \begin{cases} 0 & \\ \dfrac{Q}{4\pi\varepsilon_0 r^2} & (a < r < b) \\ \dfrac{Q}{4\pi\varepsilon_0 \varepsilon_r r^2} & (b < r < c) \\ \dfrac{Q}{4\pi\varepsilon_0 r^2} & (r > c) \end{cases}$$

球的表面电势为 $U = \int_a^\infty \boldsymbol{E} \cdot \mathrm{d}\boldsymbol{r} = \int_a^b \boldsymbol{E} \cdot \mathrm{d}\boldsymbol{r} + \int_b^c \boldsymbol{E} \cdot \mathrm{d}\boldsymbol{r} + \int_c^\infty \boldsymbol{E} \cdot \mathrm{d}\boldsymbol{r}$

$$= \int_a^b \frac{Q}{4\pi\varepsilon_0 r^2} \mathrm{d}r + \int_b^c \frac{Q}{4\pi\varepsilon_0 \varepsilon_r r^2} \mathrm{d}r + \int_c^\infty \frac{Q}{4\pi\varepsilon_0 r^2} \mathrm{d}r$$

$$= \frac{Q}{4\pi\varepsilon_0}\left(\frac{\varepsilon_r - 1}{\varepsilon_r c} + \frac{1 - \varepsilon_r}{\varepsilon_r b} + \frac{1}{a}\right)$$

(C)对。

9. 解：依题意知，导体电势为

$$U = \int_R^\infty \boldsymbol{E} \cdot \mathrm{d}\boldsymbol{r} = \int_R^\infty \frac{Q}{4\pi\varepsilon r^2} \mathrm{d}r = \frac{Q}{4\pi\varepsilon R}$$

根据孤立导体电容定义，有

$$C = \frac{Q}{u} = 4\pi\varepsilon R$$

(B)对。

10. 解：如图 7-19 所示，A 在 B 处产生的场强大小为

$$E = \frac{\sigma}{2\varepsilon_0}$$

B 上单位面积受 A 板的电场力大小为

$$f = E\sigma = \frac{\sigma^2}{2\varepsilon_0}$$

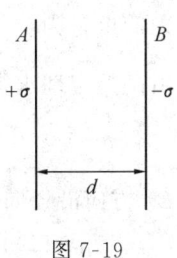

图 7-19

因为 $U=E'd=\dfrac{\sigma}{\varepsilon_0}d$，即 $\sigma=\dfrac{\varepsilon_0}{d}U$，所以 $f=\dfrac{1}{2\varepsilon_0}\left(\dfrac{\varepsilon_0}{d}U\right)^2 \propto U^2$
(C)对.

11. 解：插入介质后 C 增大；因为保持和电源相连，所以电容器电压不变，可知板间场强不变；由于 $q=CU$ 变大，因此 σ 变大，(B)对.

12. 解：充入介质后 C 增大；因为去掉电源，所以电量不变，由 $U=\dfrac{q}{C}$ 知，极板间场强变弱，故板间电压变小；由 $W_e=\dfrac{1}{2}\dfrac{Q^2}{C}$ 知，W 变小，(B)对.

13. 解：如图 7-20 所示，设金属板插入如图所示位置，可知
$$E_1=E_2=\dfrac{q}{\varepsilon_0 S}$$
极板间电势差为
$$\begin{aligned}U&=U_A-U_B=E_1d_1+E_2(d-d_1-t)\\&=\dfrac{q}{\varepsilon_0 S}d_1+\dfrac{q}{\varepsilon_0 S}(d-d_1-t)=\dfrac{q(d-t)}{\varepsilon_0 S}\end{aligned}$$

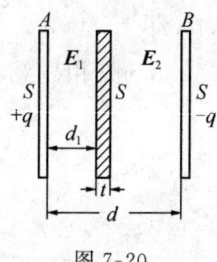

图 7-20

得 $C=\dfrac{q}{U}=\dfrac{\varepsilon_0 S}{d-t}$，可知 C 变大了，并 C 与 d_1 无关. (C)对.

14. 解：C_1 与 C_2 串联，它们相应极板电量相同，与电源分开后，各极板上电量不变. 对于 C_1：插入介质后电容增大了，又电量不变，所以电势差减小了. 对于 C_2：由于电容不变，电量也不变，因此电势差没变，(B)对.

15. 解：由高斯定理知，球体和球面外的场强分布完全相同，因此在球体外和球面外具有的静电能相同；因为球体内场强不等于零，而球面内场强等于零，故球体内有静电能，而球面内无静电能. 综上所知，球体具有的静电能大于球面具有的静电能，(B)对.

四、计算题

1. 解：(1)〈方法一〉：圆柱形电容器的电容为
$$C=\dfrac{2\pi\varepsilon_0\varepsilon_r L}{\ln(R_2/R_1)}$$
内筒电量为
$$q=CU=\dfrac{2\pi\varepsilon_0\varepsilon_r LV}{\ln(R_2/R_1)}$$
由高斯定理求得 A 点的场强大小为
$$E_A=\dfrac{q/L}{2\pi\varepsilon_0\varepsilon_r R}=\dfrac{V}{R\ln(R_2/R_1)}=998\text{V}\cdot\text{m}^{-1}$$
E_A 方向沿径向向外.

〈方法二〉：设内筒电荷线密度为 λ，则二筒间场强大小为

第 7 章　静电场中的导体和电介质

$$E = \frac{\lambda}{2\pi\varepsilon_0\varepsilon_r r}$$

二筒间电压为

$$U = \int_{R_1}^{R_2} \boldsymbol{E} \cdot \mathrm{d}\boldsymbol{r} = \int_{R_1}^{R_2} \frac{\lambda}{2\pi\varepsilon_0\varepsilon_r r}\mathrm{d}r = \frac{\lambda}{2\pi\varepsilon_0\varepsilon_r}\ln\frac{R_2}{R_1}$$

即

$$\frac{\lambda}{2\pi\varepsilon_0\varepsilon_r} = \frac{U}{\ln(R_2/R_1)}$$

得

$$E = \frac{U}{\ln(R_2/R_1)} \cdot \frac{1}{r}$$

A 处场强大小为 $E_A = \dfrac{U}{\ln(R_2/R_1)} \cdot \dfrac{1}{R} = 998 \text{V} \cdot \text{m}^{-1}$

$\boldsymbol{E}_A$ 方向沿半径向外.

(2) 两筒间距离筒的轴线为 r 处的电场强度大小为

$$E = \frac{U}{\ln(R_2/R_1)} \cdot \frac{1}{r}$$

A 点与外筒间电势差为

$$U' = \int_{R}^{R_2} \boldsymbol{E} \cdot \mathrm{d}\boldsymbol{r} = \int_{R}^{R_2} \frac{U}{\ln(R_2/R_1)} \cdot \frac{\mathrm{d}r}{r} = \frac{U}{\ln(R_2/R_1)}\ln\frac{R_2}{R} = 12.5\text{V}$$

2. 解:(1) 设 a、b 带电分别为 Q_a 和 Q_b,有

$$Q_a + Q_b = Q$$

由题意知,二者电势相等,并把它们各自看作是孤立的,因此有

$$\frac{Q_a}{4\pi\varepsilon_0 a} = \frac{Q_b}{4\pi\varepsilon_0 b}$$

由上解得

$$\begin{cases} Q_a = \dfrac{Qa}{a+b} \\ Q_b = \dfrac{Qb}{a+b} \end{cases}$$

(2) 系统电容为(a、b 看作孤立系统)

$$C = \frac{Q}{U} = \frac{Q}{U_a} = Q \Big/ \frac{Q_a}{4\pi\varepsilon_0 a} = 4\pi\varepsilon_0(a+b)$$

3. 解:(1) 令无限远处电势为零,则带电量为 q 的导体球,其电势为

$$U = \frac{q}{4\pi\varepsilon_0 R}$$

将 $\mathrm{d}q$ 从无限远处搬到球上的过程中,外力做的功等于该电荷元在球上所具有的电势能,即

$$\mathrm{d}W = U\mathrm{d}q = \frac{q}{4\pi\varepsilon_0 R}\mathrm{d}q$$

(2) 带电球体的电荷从零增加到 Q 的过程中,外力做的功为

$$W = \int \mathrm{d}W = \int_{0}^{Q} \frac{q}{4\pi\varepsilon_0 R}\mathrm{d}q = \frac{Q^2}{8\pi\varepsilon_0 R}$$

第 8 章 稳恒电流的磁场

8.1 基本要求

1. 掌握磁感应强度的概念.
2. 理解毕奥-萨伐尔定律,能利用它和磁场叠加原理计算一些简单问题中的磁感应强度.
3. 理解稳恒磁场的磁场高斯定理和安培环路定理.理解用安培环路定理计算磁感应强度的条件和方法.
4. 理解安培定律和洛伦兹力公式.能分析电荷在均匀电场和磁场中的受力和运动.了解磁矩的概念,能计算简单几何形状载流导体和载流平面线圈在磁场中所受的力和力矩.
5. 了解介质的磁化现象及其微观解释,了解磁场强度的概念以及在各向同性介质中 H 和 B 的关系,了解介质中的安培环路定理.了解铁磁质的特性.

8.2 本章小结

一、基本概念

1. 磁感应强度:用来描述磁场性质的物理量.可定义为,正电荷 $+q$ 以速度 $\boldsymbol{v}$ 经过磁场中某点,若它不受磁场力,规定 $\boldsymbol{v}$ 的方向为该点磁感应强度 $\boldsymbol{B}$ 的方向(与此处放一小磁针时小磁针的 N 极指向一致);当正电荷 $+q$ 经过磁场中某点其速度 $\boldsymbol{v}$ 的方向与磁感应强度 $\boldsymbol{B}$ 的方向垂直时,它受到的磁场力最大,其值记为 $F_\perp$,规定该点磁感应强度 $\boldsymbol{B}$ 的大小为 $B = F_\perp/(qv)$.

2. 磁场强度 H 定义为,$H = B/\mu_0 - M$,其中 B 为磁感应强度,M 为磁化强度,μ_0 为真空磁导率.对于各向同性均匀的磁介质,磁场强度和磁感应强度的关系为 $B = \mu H$.其中 $\mu = \mu_r \mu_0$,μ_r 为磁介质的相对磁导率,μ 为磁介质的磁导率.注意磁场强度 H 是一个辅助量.

3. 安培力:电流元受到的磁场力.

4. 洛伦兹力:运动电荷受到的磁场力.

5. 磁矩:载流平面线圈的磁矩定义为 $\boldsymbol{m} = I\boldsymbol{S}$,其中 I 为电流,$\boldsymbol{S}$ 的大小为线圈

面积,电流流向与 S 的方向满足右手螺旋定则.

6. 磁力矩:磁矩为 m 的任意载流平面线圈,在磁感应强度为 B 的匀强磁场中所受到的磁力矩为 $M=m\times B$.

7. 磁通量:通过某一面上的磁场线条数称为通过该面上的磁通量.

8. 磁介质:在磁场作用下能被磁化并反过来影响磁场的物质称为磁介质.任何实物在磁场作用下都或多或少地发生磁化并反过来影响原来的磁场,因此,任何实物都是磁介质.

9. 磁介质分类:设真空中原来磁场的磁感应强度为 B_0,引入磁介质后磁介质因磁化产生附加的磁感应强度为 B',则磁介质中总的磁感应强度是 B_0 和 B' 的矢量和,即 $B=B_0+B'$. B 与 B_0 的大小之比称为磁介质的相对磁导率,即 $\mu_r=B/B_0$. 磁介质可以分成三类,即 $\mu_r>1$:顺磁质;$\mu_r<1$:抗磁质;$\mu_r\gg1$:铁磁质. 对于顺磁质和铁磁质产生的 B' 与 B_0 同向,而对于抗磁质产生的 B' 与 B_0 反向.

二、基本规律

1. 毕奥-萨伐尔定律:真空中,电流元 Idl 在距它位矢为 r 处产生的磁感应强度为

$$d\boldsymbol{B}=\frac{\mu_0}{4\pi}\cdot\frac{Id\boldsymbol{l}\times\boldsymbol{r}}{r^3}$$

2. 磁场叠加原理:导线 L 上的电流 I 在任意一点 P 产生的磁感应强度 B 等于导线上各个电流元独立存在时在 P 点产生磁感应强度的矢量和,即

$$\boldsymbol{B}=\int d\boldsymbol{B}=\int_L\frac{\mu_0}{4\pi}\cdot\frac{Id\boldsymbol{l}\times\boldsymbol{r}}{r^3}$$

3. 磁场中的高斯定理:磁场中通过任何闭合曲面 S 的磁通量等于零,即 $\oint_S \boldsymbol{B}\cdot d\boldsymbol{S}=0$.

4. 安培环路定理

(1) 真空中,磁感应强度 B 沿任一闭合回路 l 的线积分(磁感应强度的环流)等于真空磁导率乘以穿过回路 l 电流的代数和,即

$$\oint_l \boldsymbol{B}\cdot d\boldsymbol{l}=\mu_0\sum_{(l内)} I_i$$

(2) 介质中,磁场强度 H 沿某一闭合回路 l 的线积分(磁场强度的环流)等于穿过回路 l 传导电流的代数和,即

$$\oint_l \boldsymbol{H}\cdot d\boldsymbol{l}=\sum_{(l内)} I_i$$

5. 安培定律:电流元 Idl 受到的磁场力为 $d\boldsymbol{F}=Id\boldsymbol{l}\times\boldsymbol{B}$,其中 B 是电流元 Idl 所在处的磁感应强度.

6. 磁介质磁化的微观机理：

（1）抗磁质：它的分子磁矩为零，磁场引起的附加磁矩是它引起磁化的唯一的原因．因为抗磁质的附加磁场总是与外磁场的方向相反，所以使得原来的磁场得到减弱；

（2）顺磁质：它的分子磁矩一般要比附加磁矩大得多，顺磁质产生的附加磁场主要以所有的分子磁矩转向到外磁场方向为主，由此产生的附加磁场使得原来的磁场得到加强．

三、基本公式

1. 磁通量 $\begin{cases} \Phi_m = \int_S \boldsymbol{B} \cdot d\boldsymbol{S} & \text{（非闭合曲面）} \\ \Phi_m = \oint_S \boldsymbol{B} \cdot d\boldsymbol{S} & \text{（闭合曲面）} \end{cases}$

2. 运动电荷产生的磁场

$$\boldsymbol{B} = \frac{\mu_0}{4\pi} \cdot \frac{q\boldsymbol{v} \times \boldsymbol{r}}{r^3}$$

3. 洛伦兹力

$$\boldsymbol{F} = q\boldsymbol{v} \times \boldsymbol{B}$$

4. 带电粒子受到的电磁力

$$\boldsymbol{F} = q(\boldsymbol{E} + q\boldsymbol{v} \times \boldsymbol{B})$$

四、典型载流物体的磁场

1. 一段载流直导线的磁场：$B = \frac{\mu_0 I}{4\pi r}(\cos\theta_1 - \cos\theta_2)$，其中，$r$ 是考察点到直导线的距离，θ_1 是电流流入端同考察点连线与电流流向之间的夹角，θ_2 是电流流出端同考察点连线与电流流向延长线之间的夹角．

2. 无限长载流直导线的磁场

$$B = \frac{\mu_0 I}{2\pi r}$$

3. 载流细圆环轴线上的磁场

$$B = \frac{\mu_0 I R^2}{2(R^2 + x^2)^{\frac{3}{2}}}$$

4. 载流细圆环中心的磁场

$$B = \frac{\mu_0 I}{2R}$$

5. 长直螺线管中部磁场

$$B = \mu_0 nI$$

8.3 典型思考题与习题

一、思考题

1. 有人说,一个电荷能在它的周围空间任一点激发电场,一个电流元也能够在它周围空间任一点激发磁场,此说法是否正确?

解 由毕奥-萨伐尔定律 $d\boldsymbol{B} = \dfrac{\mu_0}{4\pi} \dfrac{Id\boldsymbol{l} \times \boldsymbol{r}}{r^3}$ 可看出,当电流元 $Id\boldsymbol{l}$ 与由它指到考察点的矢量 $\boldsymbol{r}$ 平行时,即考察点在 $Id\boldsymbol{l}$ 的延长线上时,在考察点处 $d\boldsymbol{B}=0$,因此,$Id\boldsymbol{l}$ 不能在它周围空间任一点都激发磁场.

2. 是否可以用安培环路定理来求一段有限长直导线的载流导线周围的磁场,若认为在一般情况下缺乏对称性而不能求,那么对于有限长载流直导线的中截面上的情况不是具有很好的对称性吗?此情况下能否用安培环路定理求磁场?

解 对于有限长的载流直导线不能用安培环路定理求解出磁场,即使考察点位于导线的中截面上也不能.因为安培环路定理是对稳恒电流成立的,而稳恒电流必须是闭合的,而有限长稳恒电流不能孤立存在,它是形成一闭合电流的一部分,而除它以外的电流部分在考察点产生的磁场不能忽略,因此在有限长载流直导线的中截面上产生的磁场不具有对称性,故此情况下不能用安培环路定理求磁场. 如是正方形载流导线的一个边,则由于其他三个边的存在,在这一边周围总的磁场分布并不具有对称性,所以不能由安培环路定理来求解出磁场.

3. 若闭合曲线内没有包围传导电流,则 $\oint_l \boldsymbol{H} \cdot d\boldsymbol{l} = 0$,试问曲线上各点的 $\boldsymbol{H}$ 是否必为零?

解 不一定. $\oint_l \boldsymbol{H} \cdot d\boldsymbol{l} = \sum_{l内} I$,当 l 内包围的净电流等于零时,$\oint_l \boldsymbol{H} \cdot d\boldsymbol{l} = 0$. $\oint_l \boldsymbol{H} \cdot d\boldsymbol{l} = 0$ 只说明 $\boldsymbol{H}$ 沿 l 上的线积分等于零,并不能说明被积函数 $\boldsymbol{H}$ 一定为零. 如设 l 为一平面闭合回路,只在 l 外有一无限长的载流直导线,此导线与 l 所在平面垂直,可知 $\oint_l \boldsymbol{H} \cdot d\boldsymbol{l} = 0$,但在 l 上各点 $\boldsymbol{H}$ 均不为零. $\boldsymbol{H}$ 不仅与 l 内的电流有关,而与 l 外的电流也有关.

4. 如图 8-1 所示,有同样的导线焊接成立方形,在 B 点和 H 点分别接有长载流直导线 L_1 和 L_2,且 L_1、L_2 在对角线 BH 的延长线上,试问立方

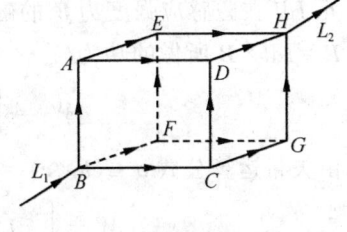

图 8-1

形中心 O 处的磁感应强度为何?

解 依题意知,关于立方体中心对称的每两条边其电流相同,电流方向也相同,因此这两条边在立方体中心产生的磁感应强度大小相等,但方向相反,故相互抵消.由此分析可知在立方体中心处的磁感应强度为零.

5. 两电流元之间的安培力是否一定满足牛顿第三定律?

解 不一定满足牛顿第三定律.说明如下:如图 8-2 所示,设电流元 $I_1\mathrm{d}l_1$ 位于原点,方向沿 z 轴正向;$I_2\mathrm{d}l_2$ 在 y 轴上,坐标为 $(0,y,0)$,方向沿坐标为 $(0,y,0)$,方向沿 y 轴正向.电流元 $I_1\mathrm{d}l_1$ 在 $I_2\mathrm{d}l_2$ 处产生的磁场为

$$\mathrm{d}\boldsymbol{B}_1 = \frac{\mu_0}{4\pi}\frac{I_1 l_1 \times y\boldsymbol{j}}{y^3} = \frac{\mu_0 I_1 \mathrm{d}l_1}{4\pi y^2}(-\boldsymbol{i})$$

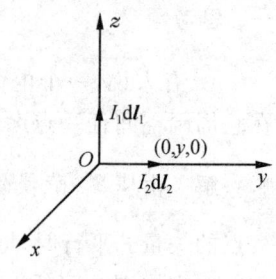

图 8-2

$I_2\mathrm{d}l_2$ 受作用力为

$$\mathrm{d}\boldsymbol{F}_2 = I_2\mathrm{d}l_2 \times \mathrm{d}\boldsymbol{B}_1 = \frac{\mu_0 I_1 \mathrm{d}l_1 I_2 \mathrm{d}l_2}{4\pi y^2}\boldsymbol{k}$$

$I_2\mathrm{d}l_2$ 在 O 处产生的磁场 $\mathrm{d}\boldsymbol{B}_2=0$,所以 $I_1\mathrm{d}l_1$ 受 $I_2\mathrm{d}l_2$ 的磁场力 $\mathrm{d}\boldsymbol{F}_1=0$.可见电流元间作用力不满足牛顿第三定律.

注意:电流元间作用力不满足牛顿第三定律的原因是孤立的电流元是不存在的.但是,可以证明任意两个载流回路之间的作用力是满足牛顿第三定律的.

6. 为何引进磁场强度 $\boldsymbol{H}$?

解 磁介质在外磁场作用下要产生附加的磁场,磁介质中总的磁感应强度 $\boldsymbol{B}$ 是外磁场的磁感应强度 $\boldsymbol{B}_0$ 与磁介质的附加磁场的磁感应强度 $\boldsymbol{B}'$ 的矢量和,即 $\boldsymbol{B} = \boldsymbol{B}_0 + \boldsymbol{B}'$.$\boldsymbol{B}'$ 是由于磁介质的磁化电流引起的,要求得磁化电流往往是很困难的,甚至是做不到的.为了回避磁化电流而引进了一个新的辅助量,即磁场强度 $\boldsymbol{H}$.由此可达到求磁感应强度 $\boldsymbol{B}$ 的目的.

7. 在静电学中,电荷在电场中移动一周电场力做的功一定为零.如果电流元在磁场中移动一周,磁场力做的功是否一定为零?

解 电流元在磁场中移动一周,磁场力做的功不一定为零.分析如下:当电流元 $I\mathrm{d}l$ 在磁感应强度为 $\boldsymbol{B}$ 的磁场中沿任意回路 L 移动一周时,对电流元的磁场力 $\boldsymbol{F} = I\mathrm{d}l \times \boldsymbol{B}$ 所做的功为

$$W = \oint_L \boldsymbol{F} \cdot \mathrm{d}\boldsymbol{L} = \oint_L (I\mathrm{d}l \times \boldsymbol{B}) \cdot \mathrm{d}\boldsymbol{L}$$

由矢量运算公式 $\boldsymbol{a} \cdot (\boldsymbol{b} \times \boldsymbol{c}) = \boldsymbol{c} \cdot (\boldsymbol{a} \times \boldsymbol{b})$ 有

$$W = \oint_L \mathrm{d}\boldsymbol{L} \cdot (I\mathrm{d}l \times \boldsymbol{B}) = \oint_L \boldsymbol{B} \cdot (\mathrm{d}\boldsymbol{L} \times I\mathrm{d}l)$$

$$= I\oint_L \boldsymbol{B} \cdot (\mathrm{d}\boldsymbol{L} \times \mathrm{d}\boldsymbol{l}) = I\oint_L \boldsymbol{B} \cdot \mathrm{d}\boldsymbol{S} = I\Phi_m$$

式中，$\mathrm{d}\boldsymbol{S} = \mathrm{d}\boldsymbol{L} \times \mathrm{d}\boldsymbol{l}$，它是电流元 $I\mathrm{d}\boldsymbol{l}$ 沿回路 L 移过位移 $\mathrm{d}\boldsymbol{L}$ 时所扫过的面积矢量．而 $\boldsymbol{B} \cdot (\mathrm{d}\boldsymbol{L} \times \mathrm{d}\boldsymbol{l})$ 是通过电流元 $I\mathrm{d}\boldsymbol{l}$ 所扫过的面积矢量 $\mathrm{d}\boldsymbol{S}$ 上的磁通量．故 Φ_m 是通过电流元 $I\mathrm{d}\boldsymbol{l}$ 沿回路 L 移动一周时扫过面积上的磁通量．由上可知，当 $\Phi_m = 0$ 时，磁场力做的功等于零；当 $\Phi_m \neq 0$ 时，磁场力做的功不等于零．

二、典型习题

1. 真空中有一半径为 R 的木球，其上绕有细导线，所绕的线圈彼此平行并依次紧密的均匀排列，以单匝盖住半球面，共有 N 匝，设导线中通有电流 I，求球心 O 处的磁感应强度．

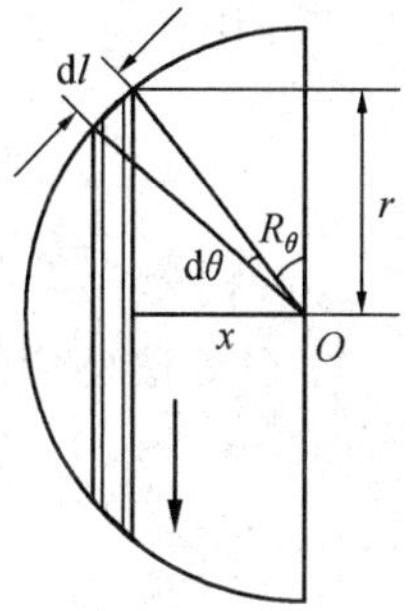

解 如图 8-3 所示，把半球面分成很多个圆环（均平行半球面底面），先计算其中一个小圆环在 O 点产生的磁感应强度，之后，积分得出整个半球面上载流导线在 O 处产生的磁感应强度的大小．所取的小环右侧中心距 O 点距离为 x，此环在 O 点产生的磁感应强度大小为

$$\mathrm{d}B = \frac{\mu_0}{2} \cdot \frac{r^2 \mathrm{d}I}{(r^2+x^2)^{3/2}} = \frac{\mu_0 r^2 \mathrm{d}I}{2R^3}$$

图 8-3

可知单位弧长上匝数 $= \dfrac{N}{\pi R/2}$，有

$$\mathrm{d}I = \frac{IN}{\pi R/2} \cdot \mathrm{d}l = \frac{IN}{\pi R/2} \cdot R\mathrm{d}\theta = \frac{2IN}{\pi} \cdot \mathrm{d}\theta$$

由上有

$$\mathrm{d}B = \frac{\mu_0 (R\cos\theta)^2 \dfrac{2NI}{\pi}\mathrm{d}\theta}{2R^3} = \frac{\mu_0 IN \cos^2\theta}{\pi R}\mathrm{d}\theta$$

因为所有的这样小环在 O 处产生的磁感应强度方向均沿环的轴线向右，所以

$$B = \int \mathrm{d}B = \frac{\mu_0 IN}{\pi R}\int_0^{\frac{\pi}{2}} \cos^2\theta \mathrm{d}\theta = \frac{\mu_0 IN}{4R}$$

$\boldsymbol{B}$ 的方向沿环的轴线向右.

注意：i) $\mathrm{d}I$ 的正确求法；

ii) 要熟悉载流圆环在中心轴线上任一点产生的磁感应强度的公式．

2. 如图 8-4 所示，真空中有一条载有电流 I 的导线形成 $abcda$ 形状．其中 ab 和 cd 是直线段，其余为圆弧．两个圆弧的长度和半径分别为 l_1、R_1

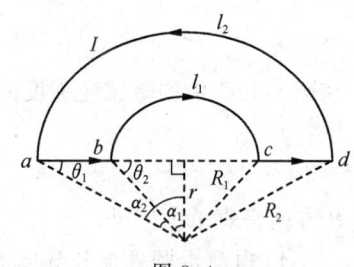

图 8-4

和 l_2、R_2，且两个圆弧同心．求圆心 O 处磁感应强度的大小．

解 小、大圆弧在 O 处产生的磁感应强度的大小分别为

$$B_1 = \frac{\mu_0 I}{2R_1} \cdot \frac{l_1}{2\pi R_1} = \frac{\mu_0 I l_1}{4\pi R_1^2}, \quad \text{方向垂直指向纸面}$$

$$B_2 = \frac{\mu_0 I}{2R_2} \cdot \frac{l_1}{2\pi R_2} = \frac{\mu_0 I l_2}{4\pi R_2^2}, \quad \text{方向垂直纸面指向读者}$$

ab、cd 段在 O 处产生的磁感应强度相同，方向垂直指向纸面．ab 在 O 处产生的磁感应强度大小为

$$B_3 = \frac{\mu_0 I}{4\pi r}(\cos\theta_1 - \cos\theta_2) = \frac{\mu_0 I}{4\pi R_1 \cos\alpha_1}\left[\cos\left(\frac{\pi}{2} - \alpha_2\right) - \cos\left(\frac{\pi}{2} - \alpha_1\right)\right]$$

$$= \frac{\mu_0 I}{4\pi R_1 \cos\dfrac{l_1}{2R_1}}(\sin\alpha_2 - \sin\alpha_1) = \frac{\mu_0 I}{4\pi R_1 \cos\dfrac{l_1}{2R_1}}\left(\sin\frac{l_2}{2R_2} - \sin\frac{l_1}{2R_1}\right)$$

O 处磁感应强度的大小为 $B = B_1 - B_2 + 2B_3$，即

$$B = \frac{\mu_0 I l_1}{4\pi R_1^2} - \frac{\mu_0 I l_2}{4\pi R_2^2} + \frac{\mu_0 I}{2\pi R_1 \cos\dfrac{l_1}{2R_1}}\left(\sin\frac{l_2}{2R_2} - \sin\frac{l_1}{2R_1}\right)$$

3. 如图 8-5 所示，真空中有一电量为 $q(q>0)$ 的粒子，以角速度 ω 做半径为 R 的匀速圆周运动，求在圆心处产生的磁感应强度．

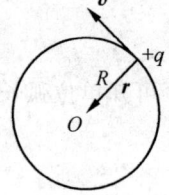

图 8-5

解 〈方法一〉：运动电荷产生的磁场为

$$\boldsymbol{B} = \frac{\mu_0}{4\pi} \frac{q\boldsymbol{v} \times \boldsymbol{r}}{r^3}$$

$\boldsymbol{B}$ 大小为

$$B = \frac{\mu_0}{4\pi} \frac{qvr\sin(\pi/2)}{r^3} = \frac{\mu_0}{4\pi} \frac{qv}{R^2}$$

因为 $v = R\omega$，所以 $B = \dfrac{\mu_0}{4\pi} \dfrac{q\omega}{R}$．$\boldsymbol{B}$ 方向垂直纸面向外．

〈方法二〉：电荷运动形成的电流看成沿逆时针方向流动的圆电流．电流为

$$I = qf = q\frac{\omega}{2\pi}$$

在圆心处产生的磁感应强度的大小为

$$B = \frac{\mu_0 I}{2R} = \frac{\mu_0}{4\pi} \frac{q\omega}{R}$$

$\boldsymbol{B}$ 方向垂直纸面向外．

4. 电流沿圆柱形长导体流动，导体内离轴线 r 处的电流密度大小 j 和磁场强度大小 H 都是 r 的函数，试证明：

第 8 章 稳恒电流的磁场

$$j = \frac{H}{r} + \frac{\partial H}{\partial r}$$

证 载流导体的横截面如图 8-6 所示,以轴线上一点 O 为圆心,以 r 为半径,做一圆周回路 l,并使回路绕行方向与电流流向满足右手螺旋定则.

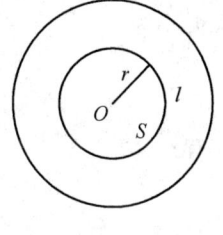

图 8-6

安培环路定理为

$$\oint_l \boldsymbol{H} \cdot \mathrm{d}\boldsymbol{l} = \sum_{l内} I$$

有

$$\oint_l \boldsymbol{H} \cdot \mathrm{d}\boldsymbol{l} = \oint_l H \mathrm{d}l = H \oint_l \mathrm{d}l = H 2\pi r$$

$$\sum_{l内} I = \iint_S \boldsymbol{j} \cdot \mathrm{d}\boldsymbol{S} = \iint_S j \mathrm{d}S = \int_0^r j 2\pi \rho \mathrm{d}\rho = 2\pi \int_0^r j(\rho) \rho \mathrm{d}\rho$$

因为

$$H \cdot 2\pi r = 2\pi \int_0^r j(\rho) \rho \mathrm{d}\rho$$

将上式两边均对 r 求偏导数,有

$$\frac{\partial H}{\partial r} r + H = j(r) r$$

即

$$j = \frac{H}{r} + \frac{\partial H}{\partial r}$$

注意:i) 安培环路定理的应用;

ii) 数学技巧的应用.

5. 真空中有一无限长导线通以电流 I_1,其旁有一直角三角形线圈通以电流 I_2,线圈与直导线共面,相对位置如图 8-7 所示(BC 平行于长导线).求:

(1) 电流 I_1 对 AC 段的磁场力;

(2) 电流 I_1 对 AB 段的磁场力.

解 (1) AC 段上的电流元 $I_2 \mathrm{d}\boldsymbol{x}$ 受 I_1 的磁场力为

$$\mathrm{d}\boldsymbol{F}_{AC} = I_2 \mathrm{d}\boldsymbol{x} \times \boldsymbol{B}$$

大小为

$$\mathrm{d}F_{AC} = I_2 \mathrm{d}x B = \frac{\mu_0 I_1 I_2}{2\pi x} \mathrm{d}x$$

有

$$F_{AC} = \int \mathrm{d}F_{AC} = \int_a^{a+b} \frac{\mu_0 I_1 I_2}{2\pi x} \mathrm{d}x = \frac{\mu_0 I_1 I_2}{2\pi} \ln \frac{a+b}{a}$$

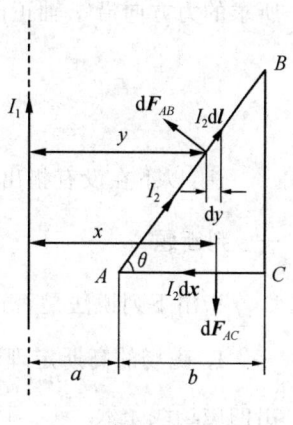

图 8-7

所求的力方向垂直 AC 向下.

(2) AB 段上的电流元 $I_2 \mathrm{d}l$ 受 I_1 的磁场力为
$$\mathrm{d}\boldsymbol{F}_{AB} = I_2 \mathrm{d}\boldsymbol{l} \times \boldsymbol{B}$$
大小为
$$\mathrm{d}F_{AB} = I_2 \mathrm{d}lB = \frac{\mu_0 I_1 I_2}{2\pi y} \cdot \frac{\mathrm{d}y}{\cos\theta}$$
有
$$F_{AB} = \int \mathrm{d}F_{AB} = \int_a^{a+b} \frac{\mu_0 I_1 I_2}{2\pi y} \cdot \frac{\mathrm{d}y}{\cos\theta} = \frac{\mu_0 I_1 I_2}{2\pi \cos\theta} \ln\frac{a+b}{a}$$
所求的力方向垂直 AB 并指向斜上方.

6. 如图 8-8 所示,真空中有一半径为 R 的圆形线圈载有电流 I_2,置于无限长载有电流 I_1 的直导线的磁场中,导线与圆线圈共面,且导线恰过圆线圈中心,二者间绝缘.求线圈所受 I_1 的磁场力.

解 电流元 $I_2 \mathrm{d}l$ 受 I_1 的磁场力为
$$\mathrm{d}\boldsymbol{F} = I_2 \mathrm{d}\boldsymbol{l} \times \boldsymbol{B}$$
大小为
$$\mathrm{d}F = I_2 \mathrm{d}lB = \frac{\mu_0 I_1 I_2}{2\pi x} \mathrm{d}l$$
$$= \frac{\mu_0 I_1 I_2}{2\pi R \sin\theta} R \mathrm{d}\theta = \frac{\mu_0 I_1 I_2}{2\pi \sin\theta} \mathrm{d}\theta$$

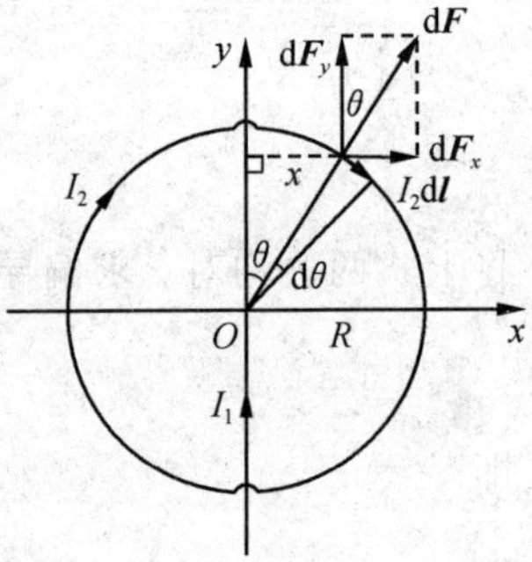

$\mathrm{d}\boldsymbol{F}$ 方向沿半径向外.根据电流元受力的对称性,圆线圈在 y 方向受到的磁场力为零.在 x 方向受到的磁场力的大小为

图 8-8

$$F_x = \int \mathrm{d}F_x = \int \mathrm{d}F\sin\theta = \int_0^{2\pi} \frac{\mu_0 I_1 I_2}{2\pi \sin\theta} \sin\theta \mathrm{d}\theta = \mu_0 I_1 I_2$$

所求的力方向沿 x 轴正向.

8.4 检测复习题

注:以下在没有指出介质时按真空情况处理.

一、判断题

指出下列说法是否正确:

1. 磁场的高斯定理 $\oint_S \boldsymbol{B} \cdot \mathrm{d}\boldsymbol{S} = 0$ 说明了穿入闭曲面的磁场线条数必然等于穿出的磁场线条数.

2. 一个电流元不能在它周围的任一点都激发磁场.

3. 一匀速直线运动的电荷在其周围空间产生的磁场不是稳恒磁场.

4. 电流元在磁场中不一定受到磁场的作用力.

二、填空题

1. 如图 8-9 所示,在半径为 R 的球心处有电流元 Idl,方向沿 z 轴正向,则 P 点 $\boldsymbol{B}$ 的大小为_____,方向与 y 轴正向夹角为_____.

2. 如图 8-10 所示,有一用均匀导线绕成的闭合正方形平面线圈 $ABCD$,在顶角 B、D 处分别用两根与线圈共面的长直导线注入电流 I,则中心 O 处的磁感应强度大小为_____.

3. 如图 8-11 所示,两根无限长直导线互相垂直放置,相距 $d=2.0\times10^{-2}$m,其中一根导线与 z 轴重合,另一根导线与 x 轴平行且在 xOy 平面内,设两导线中皆通有 $I=10$A 的电流,则在 y 轴上离两根导线等距的点 P 处的磁感应强度的大小为_____($\mu_0=4\pi\times10^{-7}$T·m·A^{-1}).

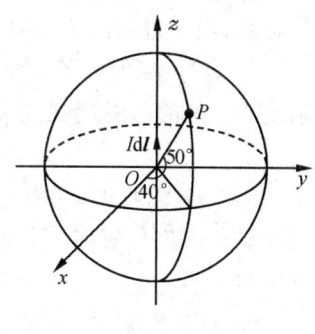

图 8-9

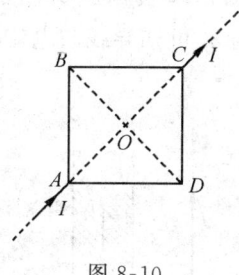

图 8-10

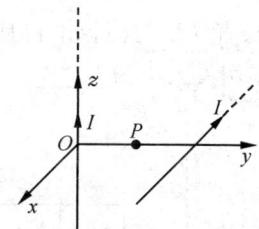

图 8-11

4. 如图 8-12 所示,用均匀细金属丝构成一半径为 R 的圆环 C,电流 I 由导线 1 流入圆环 A 点,而后由圆环 B 点流出,进入导线 2.设导线 1 和导线 2 与圆环共面,则环心 O 处的磁感应强度大小为_____,方向为_____.

5. 如图 8-13 所示,在宽度为 d 的导体片上有电流 I 沿此导体长度方向流过,电流在导体宽度方向上均匀分布,导体表面中线附近处的磁感应强度的大小为_____.

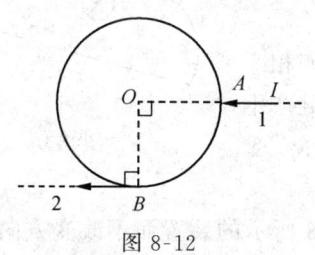

图 8-12

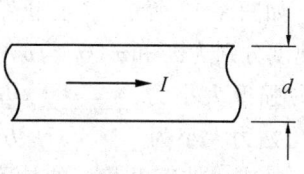

图 8-13

6. 用一定、不一定字样完成下列填空. 安培环路定理为 $\oint_l \boldsymbol{B} \cdot \mathrm{d}\boldsymbol{l} = \mu_0 \sum_{l内} I$, 当 l 上 $\boldsymbol{B}$ 处处为零时, 穿过 l 内的净电流 _____ 为零; 当 l 内无净电流穿过时, 回路 l 上 $\boldsymbol{B}$ _____ 处处为零; 当 l 上 $\boldsymbol{B}$ 处处不为零时, 穿过回路 l 内净电流 _____ 不等于零; 当穿过回路 l 内的净电流不为零时, 回路 l 上 $\boldsymbol{B}$ _____ 处处不为零.

7. 有一半径为 R 的无限长圆柱导体, 沿其轴线方向均匀的通有稳恒电流, 距轴线为 r 处的磁感应强度大小为 B. 当 $r<R$ 时, B 为 _____; 当 $r>R$ 时, B 为 _____.

8. 一电流元 $I\mathrm{d}\boldsymbol{l}$ 在磁场中某处沿 x 轴正方向放置时不受力, 把此电流元转到沿 y 轴正方向放置时受到的安培力指向 z 轴正方向. 可知该电流元所在位置 $\boldsymbol{B}$ 的方向为 _____.

9. 如图 8-14 所示, 在无限长载流直导线的右侧有面积为 S_1 和 S_2 两个矩形回路, 两个回路与长直载流导线共面, 且矩形回路的竖直边与长直导线平行. 可知通过面积为 S_1 的矩形回路的磁通量与通过面积为 S_2 的矩形回路的磁通量之比为 _____.

10. 如图 8-15 所示, 无限长直导线与一无限长薄电流板构成闭合回路, 电流板宽为 a, 长直导线与薄板平行且共面, 二者相距也为 a. 可知导线与电流板间单位长度内的作用力大小为 _____.

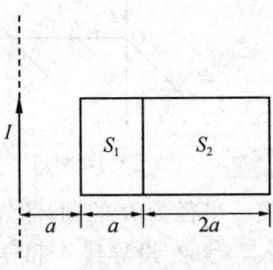

图 8-14

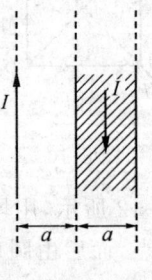

图 8-15

11. 如图 8-16 所示, 纸面内有一闭合载流线圈, 电流为 I, 回路直线段部分 AC 长为 L 回路处于磁感应强度为 $\boldsymbol{B}$ 的磁场中. 可知回路中 AC 段以外部分受到的安培力的大小为 _____.

12. 如图 8-17 所示, 二正电荷 q_1 和 q_2, 当它们相距 a 时其速度分别为 $\boldsymbol{v}_1$ 和 $\boldsymbol{v}_2$ ($\boldsymbol{v}_1$ 与 $\boldsymbol{v}_2$ 垂直). q_1 在 q_2 处产生的磁感应强度大小为 _____, 方向为 _____; q_2 受到的洛伦兹力大小为 _____, 方向为 _____.

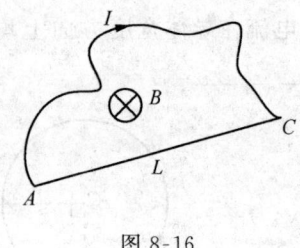

图 8-16

13. 要使一带正电荷 q 的粒子通过如图 8-18 所示的装置而不改变方向, 在粒

子的速度 v、电场强度 E 和磁感应强度 B 互相垂直的情况下，v、B 和 E 之间的关系为_____（不计粒子重力）.

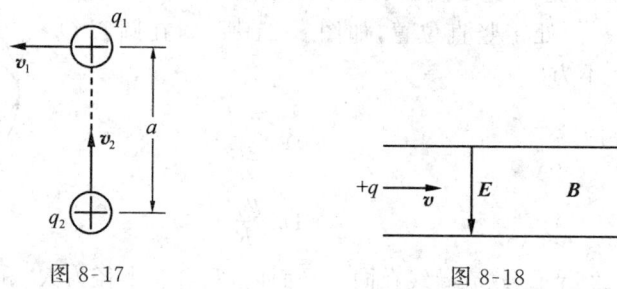

图 8-17   图 8-18

14. 在方向一致的电场和磁场中，电子以下面三种方式射入，电子将做何运动？

（1）沿着平行于场的方向入射，做_____运动；

（2）沿着垂直于场的方向入射，做_____运动；

（3）沿着与场成 α 角的方向入射，做_____运动.

15. 通有电流 I、边长为 a 的正方形线圈处在磁感应强度为 B 的均匀磁场中，B 水平向东，线圈平面水平. 从上向下看线圈中的电流是顺时针流向，线圈的磁矩大小为_____，方向为_____；线圈受到的磁力矩大小为_____，方向为_____.

16. 如图 8-19 所示，在磁感应强度为 B 的均匀磁场中有一半径为 R 电荷线密度为 $\lambda(\lambda>0)$ 的均匀带电细圆环，圆环平面与 B 平行. 当圆环以角速度 ω 绕过其中心且与环面垂直的转轴转动时，圆环受到的磁力矩的大小为_____，方向为_____.

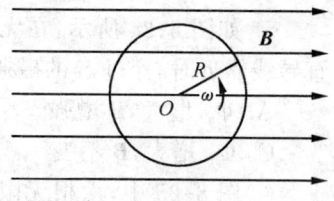

图 8-19

17. 一长直螺线管，单位长度上单层密绕 n 匝线圈，线圈通有电流 I. 管内充满各向同性均匀的磁介质，介质的相对磁导率为 μ_r. 可知管内中部附近磁场强度的大小为_____，磁感应强度的大小为_____.

三、选择题

1. 如图 8-20 所示，载流导线在同一平面内，两端沿直线伸至无限远，ABC 是半径为 R 的 3/4 圆周，在圆心 O 处磁感应强度的大小为（   ）

A. $\dfrac{5\mu_0 I}{8R}$ B. $\dfrac{5\mu_0 I}{8\pi R}$

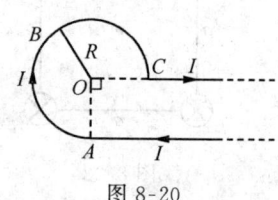

图 8-20

C. $\dfrac{\mu_0 I}{4R}\left(\dfrac{1}{\pi}+\dfrac{3}{2}\right)$ 　　　　　D. $\dfrac{\mu_0 I}{4\pi R}\left(2+\dfrac{3}{2}\pi\right)$

2. 载有相等电流 I 且大小相同的两个圆线圈,其中一个处于水平位置,另一个处于竖直位置,如图 8-21 所示,在圆心 O 处磁感应强度大小为(　　)

A. 0 　　　　　　　　　　　B. $\dfrac{\mu_0 I}{2R}$

C. $\dfrac{\sqrt{2}\mu_0 I}{2R}$ 　　　　　　　D. $\dfrac{\mu_0 I}{R}$

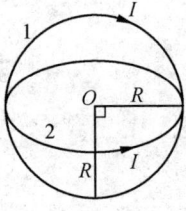

图 8-21

3. 如图 8-22 所示,载流导线在同一平面内,它含有半径为 R_1 和 R_2 两个半圆周部分和在直径方向上的两直线段部分,在圆心 O 处产生的磁感应强度大小为(　　)

A. $\dfrac{\mu_0 I}{4R_1}$ 　　　　　　　B. $\dfrac{\mu_0 I}{4R_2}$

C. $\dfrac{\mu_0 I}{4}\left(\dfrac{1}{R_1}+\dfrac{1}{R_2}\right)$ 　　D. $\dfrac{\mu_0 I}{4}\left(\dfrac{1}{R_1}-\dfrac{1}{R_2}\right)$

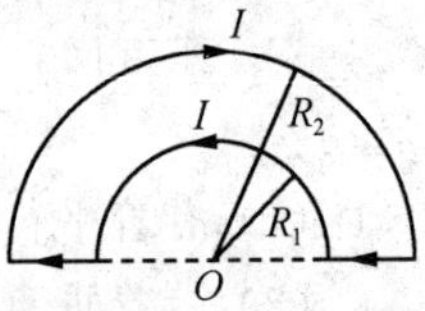

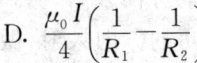

图 8-22

4. 四条相互平行的长载流直导线中的电流均为 I,如图 8-23 放置,正方形的边长为 a,正方形中心 O 处的磁感应强度大小为(　　)

A. $\dfrac{2\sqrt{2}\mu_0 I}{\pi a}$ 　　B. $\dfrac{\sqrt{2}\mu_0 I}{\pi a}$ 　　C. $\dfrac{\sqrt{2}\mu_0 I}{2\pi a}$ 　　D. 0

5. 如图 8-24 所示,在无限长载流直导线附近做一球形闭合曲面 S,当 S 向长直导线靠近时,穿过 S 的磁通量 Φ_m 和 S 面上各点的磁感应强度 $\boldsymbol{B}$ 将(　　)

A. Φ_m 增大,$\boldsymbol{B}$ 增强　　　　　B. Φ_m 不变,$\boldsymbol{B}$ 也不变

C. Φ_m 增大,$\boldsymbol{B}$ 不变　　　　　D. Φ_m 不变,$\boldsymbol{B}$ 增强

6. 图 8-25 中,六根无限长导线相互绝缘,通过电流均为 I,区域Ⅰ、Ⅱ、Ⅲ、Ⅳ均为相等的正方形,哪一个区域指向纸面的磁通量最大?(　　)

A. Ⅰ区域　　　B. Ⅱ区域　　　C. Ⅲ区域　　　D. Ⅳ区域

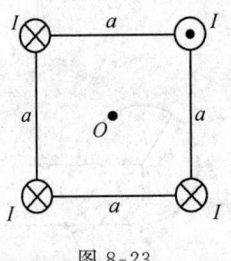

图 8-23

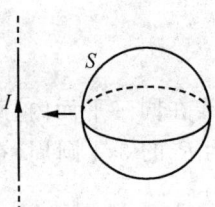

图 8-24

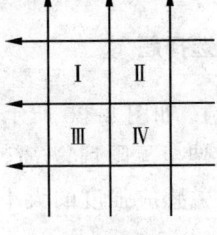

图 8-25

7. 如图 8-26 所示,流出纸面的电流为 $2I$,流进纸面的电流为 I,这两个稳恒

电流由图中的回路所包围,沿图中四条回路 B 的环流哪个结果是正确的?(　　)

A. $\oint_1 \boldsymbol{B} \cdot \mathrm{d}\boldsymbol{l} = 2\mu_0 I$

B. $\oint_2 \boldsymbol{B} \cdot \mathrm{d}\boldsymbol{l} = -2\mu_0 I$

C. $\oint_3 \boldsymbol{B} \cdot \mathrm{d}\boldsymbol{l} = \mu_0 I$

D. $\oint_4 \boldsymbol{B} \cdot \mathrm{d}\boldsymbol{l} = -\mu_0 I$

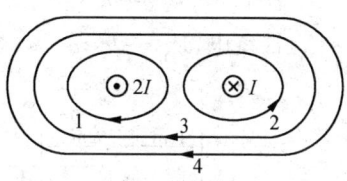

图 8-26

8. 无限长载流空心圆柱体的内外半径分别为 a、b,电流在导体截面上均匀分布,则空间各处 B 的大小与场点到圆柱中心轴线的距离 r 的关系符合图8-27中的哪一个?(　　)

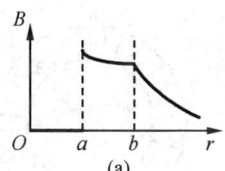
(a)

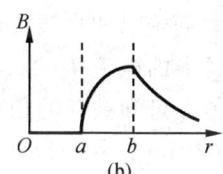
(b)

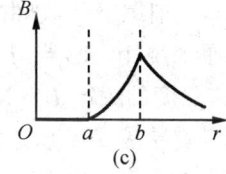
(c)

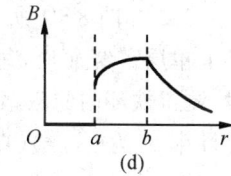
(d)

图 8-27

9. 有一半径为 R 的单匝圆线圈,通以电流 I,若将该导线弯成匝数为 $N=2$ 的平面圆线圈,导线长度不变,并通以同样的电流,则线圈中心的磁感应强度和线圈的磁矩的大小分别是原来的(　　)

A. 4倍和1/8   B. 4倍和1/2

C. 2倍和1/4   D. 2倍和1/2

10. 如图8-28所示,在磁感应强度为 B 的匀强磁场中有一个边长为 a 通有电流为 I 的正方形线圈,线圈平面的单位法向矢量 $\boldsymbol{n}$ 与 B 之间的夹角为 30°. 可知线圈受到的磁力矩大小为(　　)

A. 0   B. $\frac{1}{2}IBa^2$

C. $\frac{\sqrt{3}}{2}IBa^2$ D. IBa^2

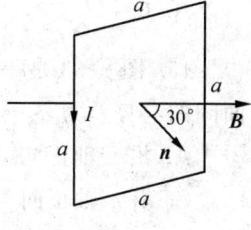

图 8-28

11. 长直导线中通有电流 $I_1=20\mathrm{A}$,矩形线圈中通有电流 $I_2=10\mathrm{A}$,线圈与长直导线共面,且线圈的两个边与长直导线平行,有关尺寸如图8-29所示. 可知线圈受到的安培力的大小为(　　)

A. 0   B. $1.45×10^{-4}\mathrm{N}$

C. $7.20×10^{-4}\mathrm{N}$ D. $8.80×10^{-4}\mathrm{N}$

12. 如图8-30所示,一带电粒子径迹在纸面内,它在匀强磁场中运动,并穿过

铅板,损失一部分动能.由此可知粒子(　　)

A. 带负电,从 $a \to b \to c$ 　　　　B. 带正电,从 $a \to b \to c$

C. 带负电,从 $c \to b \to a$ 　　　　D. 带正电,从 $c \to b \to a$

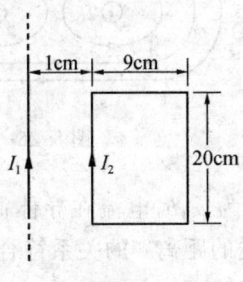

图 8-29

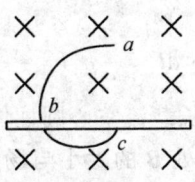

图 8-30

13. 如图 8-31 所示,一细螺绕环,它由表面绝缘的导线在铁环上单层密绕而成,每厘米绕 10 匝,当导线中的电流 $I=2.0$A 时,测得铁环内的磁感应强度的大小 $B=1.0$T.可知铁环的相对磁导率 μ_r 为(　　)(真空磁导率 $\mu_0=4\pi\times10^{-7}$ T·m·A^{-1})

A. 7.96×10^2 　　　　　　　　B. 3.98×10^2

C. 1.99×10^2 　　　　　　　　D. 63.3

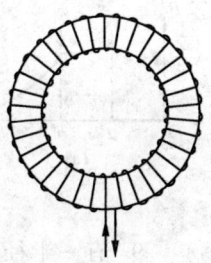

图 8-31

14. 一半径为 R 的半圆形线框可绕竖直光滑轴 O_1、O_2 转动,将线框通以电流 I 后,放在磁感应强度为 $\boldsymbol{B}$ 的匀强磁场(水平向右)中,使线框平面与 $\boldsymbol{B}$ 平行,如图 8-32 所示.线框在磁力矩作用下转过 90° 时磁力矩做的功为(　　)

A. 0 　　　B. $\frac{1}{4}\pi R^2 IB$ 　　　C. $\frac{1}{2}\pi R^2 IB$ 　　　D. $\pi R^2 IB$

15. 图 8-33 是一载流金属导体块中出现的霍尔效应,I 沿 y 轴正向,测得两底面间的电势差为 $u_A-u_B=0.3\times10^{-3}$V,则图中所加的匀强磁场方向为(　　)

A. 沿 z 轴正向 　　　　　　　　B. 沿 z 轴负向

C. 沿 x 轴正向 　　　　　　　　D. 沿 x 轴负向

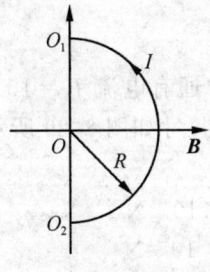

图 8-32

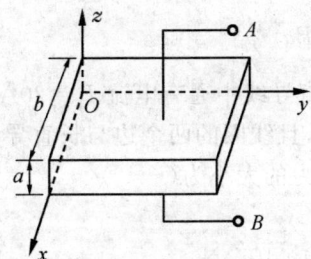

图 8-33

四、计算题

1. 如图8-34所示，一均匀带电细直线段 AB，电荷线密度为 $\lambda(\lambda>0)$，它绕垂直于 AB 的轴 O 以角速度 ω 匀速转动（AB 形状不变，O 点在 AB 的延长线上）．求：

(1) O 点磁感应强度 $\boldsymbol{B}_0$；

(2) AB 对应的磁矩 m；

(3) 在 $a \gg b$ 情况下的 $\boldsymbol{B}_0$ 及 m．

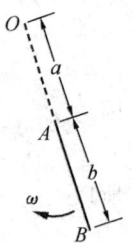

图 8-34

2. 如图8-35所示，一半径为 R 的无限长导体半圆柱面 A，其中通有轴向电流 I，I 在半圆柱面上均匀分布．在 A 的轴线上有一无限长细直导线 B，B 与 A 通有等值反向电流．求：

(1) B 上单位长度导线受到 A 的磁场力；

(2) 若用通有与 A 相同电流的另一条无限长细直导线 C 来代替 A，要求对 B 上单位长度导线产生与问题(1)中同样的力，则 C 应该放在何处（用坐标表示其位置）？

3. 一长直导线载有电流 $50A$，离导线 5.0cm 处有一电子以速率 $1.0 \times 10^7 \text{m} \cdot \text{s}^{-1}$ 运动．求下列情况下作用在电子上的洛伦兹力：

(1) 设电子的速度 v 与导线中的电流方向相同；

(2) 设电子速度 v 垂直于导线和电子所构成的平面．

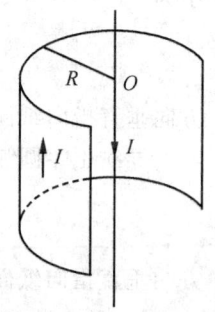

图 8-35

8.5 检测复习题解答

一、判断题

1. √．2. √．3. √．4. √．

二、填空题

1. 解：(1) 由毕奥-萨伐尔定律 $\mathrm{d}\boldsymbol{B} = \dfrac{\mu_0}{4\pi} \dfrac{I\mathrm{d}\boldsymbol{l} \times \boldsymbol{r}}{r^3}$ 有

$$\mathrm{d}B = \dfrac{\mu_0}{4\pi} \dfrac{I\mathrm{d}l \sin 40°}{R^2}$$

(2) $\mathrm{d}\boldsymbol{B}$ 方向：由题知，$\mathrm{d}\boldsymbol{B}$ 与 y 轴正方向夹角为 $\alpha = 40°$（图8-36为俯视图）．

2. 解：对角线延长线上二部分电流在 O 处产生磁场为零，根据对称性，AB 和 BC

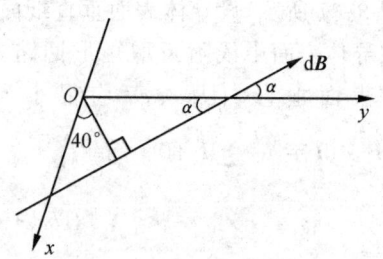

图 8-36

在 O 处产生的磁场与 AD 和 DC 在 O 处产生的的磁场相抵消,故 $\boldsymbol{B}_0=0$.

3. 解:每根导线在 P 点产生的磁感应强度大小为

$$B_1 = B_2 = \frac{\mu_0 I}{2\pi \cdot d/2} = \frac{\mu_0 I}{\pi d}$$

因为

$$\boldsymbol{B}_1 \perp \boldsymbol{B}_2$$

所以

$$B = \sqrt{B_1^2 + B_2^2} = \frac{\mu_0 I}{\pi d}\sqrt{2} = \frac{4\pi \times 10^{-7} \times 10}{\pi \times 2 \times 10^2}\sqrt{2} = 2.8 \times 10^{-8} (\text{T})$$

4. 解:(1)由题意知,导线 1 在 O 处不产生磁场,导线 2 在 O 处产生的磁场大小为

$$B_1 = \frac{\mu_0 I}{4\pi R}$$

方向垂直指向纸面.

导线 1/4 圆弧部分在 O 处产生磁场大小为

$$B_2 = \frac{1}{4} \cdot \frac{\mu_0 I'}{2R} = \frac{1}{4} \cdot \frac{\mu_0}{2R} \cdot \frac{3}{4} I = \frac{3\mu_0 I}{32R}$$

方向垂直指向纸面.

导线 3/4 圆弧部分在 O 处产生磁场的大小为

$$B_3 = \frac{3}{4} \cdot \frac{\mu_0 I''}{2R} = \frac{3}{4} \cdot \frac{\mu_0}{2R} \frac{1}{4} I = \frac{3\mu_0 I}{32R}$$

方向垂直纸面指向读者.

由上可知

$$B_0 = B_1 + B_2 - B_3 = B_1 = \frac{\mu_0 I}{4\pi R}$$

(2) $\boldsymbol{B}_0$ 方向:垂直指向纸面.

5. 解:由题知,在所研究处的磁场可视为无限大载流平面产生的磁场,因而在考察处可视为均匀场.如图 8-37 所示,设导体表面垂直纸面,电流由纸面向外,在导体表面中线附近取矩形回路 $abcda$,$\overline{ab}$ 和 $\overline{cd}$ 与导体表面垂直,且 $\overline{ab}$、$\overline{cd}$ 均很小.由安培环路定理 $\oint_l \boldsymbol{B} \cdot \mathrm{d}\boldsymbol{l} = \mu_0 \sum_{l内} I$ 有

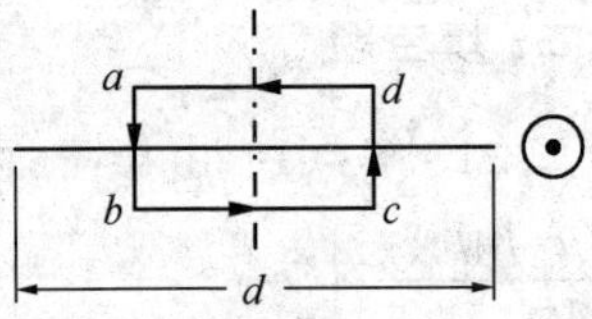

$$B\overline{bc} + B\overline{da} = \mu_0 \cdot \frac{I}{d} \cdot \overline{bc}$$

图 8-37

(考察点 $\boldsymbol{B}$ 的方向与导体表面平行)

即
$$B = \frac{\mu_0 I}{2d}$$

6. 解:(1) 一定;(2) 不一定;(3) 不一定;(4) 不一定.

7. 解:由安培环路定理 $\oint_l \boldsymbol{B} \cdot \mathrm{d}\boldsymbol{l} = \mu_0 \sum_{l内} I$ 知

(1) $r < R$ 时,$B = \frac{\mu_0 I}{2\pi R^2} r$.

(2) $r > R$ 时,$B = \frac{\mu_0 I}{2\pi r}$.

8. 解:$I\mathrm{d}l$ 受安培力为
$$\mathrm{d}\boldsymbol{F} = I\mathrm{d}\boldsymbol{l} \times \boldsymbol{B}$$
因为 $I\mathrm{d}l$ 沿 x 轴正向时,$I\mathrm{d}l$ 不受力,说明 $\boldsymbol{B}$ 平行于 x 轴.由于 $I\mathrm{d}l$ 沿 y 轴正向时,$\mathrm{d}\boldsymbol{F}$ 方向沿 z 轴正向,得知 $\boldsymbol{B}$ 沿 x 轴负向.

9. 解:长导线在距它为 x 处产生 $\boldsymbol{B}$ 的大小为 $B = \frac{\mu_0 I}{2\pi x}$

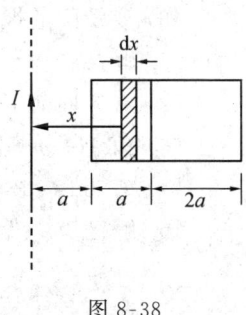

图 8-38

如图 8-38 所示,设矩形回路平行长导线的边长为 l,沿回路顺时针绕行方向为正方向,有

$$\Phi_{m1} = \int_{S_1} \boldsymbol{B} \cdot \mathrm{d}\boldsymbol{S} = \int_a^{2a} \frac{\mu_0 I}{2\pi x} l \mathrm{d}x = \frac{\mu_0 I}{2\pi} l \ln 2$$

$$\Phi_{m2} = \int_{S_2} \boldsymbol{B} \cdot \mathrm{d}\boldsymbol{S} = \int_{2a}^{4a} \frac{\mu_0 I}{2\pi x} l \mathrm{d}x = \frac{\mu_0 I}{2\pi} l \ln 2$$

得 $\Phi_{m1} / \Phi_{m2} = 1 : 1$

10. 解:如图 8-39 所示,$\mathrm{d}x$ 宽窄条在长导线处产生磁场的大小为

$$\mathrm{d}B = \frac{\mu_0 \mathrm{d}I}{2\pi x} = \frac{\mu_0 I}{2\pi ax} \mathrm{d}x$$

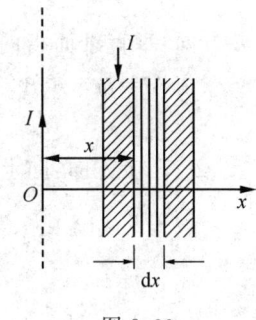

图 8-39

薄板在长导线处产生总磁场的大小为

$$B = \int_a^{2a} \frac{\mu_0 I \mathrm{d}x}{2\pi ax} = \frac{\mu_0 I}{2\pi a} \ln 2$$

$\boldsymbol{B}$ 的方向垂直指向纸面.

所求力的大小为
$$F = BI = \frac{\mu_0 I^2}{2\pi a} \ln 2$$

11. 解:均匀磁场中的闭合载流线圈受到的安培力等于零,所求力 $\boldsymbol{F} = -\boldsymbol{F}_{AC}$ 可有 $F = F_{AC} = BIl$.

12. 解:(1) 带电粒子运动时,产生的磁感应强度为

$$B = \frac{\mu_0}{4\pi} \cdot \frac{q\boldsymbol{v} \times \boldsymbol{r}}{r^3}$$

可知 q_1 在 q_2 处产生 $\boldsymbol{B}$ 的大小为

$$B = \frac{\mu_0 q_1 v_1}{4\pi a^2}$$

(2) $\boldsymbol{B}$ 方向:垂直纸面指向读者.

(3) 由 $\boldsymbol{F} = q\boldsymbol{v} \times \boldsymbol{B}$ 知 q_2 受到的洛伦兹力大小为

$$F = q_2 v_2 B = \frac{\mu_0 q_1 v_1 q_2 v_2}{4\pi a^2}$$

(4) $\boldsymbol{F}$ 方向:向右.

13. 解:依题意知 $\boldsymbol{F} = q(\boldsymbol{E} + \boldsymbol{v} \times \boldsymbol{B}) = 0$,有 $\boldsymbol{E} = -\boldsymbol{v} \times \boldsymbol{B}$ 或 $\boldsymbol{E} = \boldsymbol{B} \times \boldsymbol{v}$

14. 解:(1) 匀变速直线;

(2) 变螺距的螺旋线;

(3) 变螺距的螺旋线.

15. 解:(1) $m = Ia^2$;

(2) $\boldsymbol{m}$ 方向向下;

(3) 由 $\boldsymbol{M} = \boldsymbol{m} \times \boldsymbol{B}$ 知 $M = mB\sin 90° = Ia^2 B$;

(4) $\boldsymbol{M}$ 方向:由北向南.

16. 解:(1) 线圈运动形成的圆电流为

$$I = \frac{\omega}{2\pi} \cdot \lambda \cdot 2\pi R = \omega \lambda R$$

线圈磁矩大小为

$$m = IS = \pi R^2 \cdot \omega \lambda R = \pi \omega \lambda R^3$$

$\boldsymbol{m}$ 方向:垂直纸面指向读者

由 $\boldsymbol{M} = \boldsymbol{m} \times \boldsymbol{B}$ 知

$$M = mB\sin 90° = \pi \omega R^3 \lambda B$$

(2) $\boldsymbol{M}$ 方向:向上.

17. 解:(1) 由安培环路定理 $\oint_l \boldsymbol{H} \cdot \mathrm{d}\boldsymbol{l} = \sum_{l内} I$ 知

$$H = nI$$

(2) $B = \mu H = \mu_0 \mu_r n I$

三、选择题

1. 解:
$$B_0 = \frac{\mu_0 I}{4\pi R} + \frac{3}{4} \cdot \frac{\mu_0 I}{2R} = \frac{\mu_0 I}{4R}\left(\frac{1}{\pi} + \frac{3}{2}\right)$$

(C)对.

2. 解：由题意知，$\boldsymbol{B}_1 \perp \boldsymbol{B}_2$，则

$$B_0 = \sqrt{B_1^2 + B_2^2} = \sqrt{\left(\frac{\mu_0 I}{2R}\right)^2 + \left(\frac{\mu_0 I}{2R}\right)^2} = \frac{\sqrt{2}\mu_0 I}{2R}$$

(C)对．

3. 解：由题意知

$$B_0 = \frac{1}{2} \cdot \frac{\mu_0 I}{2R_1} - \frac{1}{2} \cdot \frac{\mu_0 I}{2R_2} = \frac{\mu_0 I}{4}\left(\frac{1}{R_1} - \frac{1}{R_2}\right)$$

(D)对．

4. 解：由题可知，一个对角线上的二根导线在 O 处产生的磁场相抵消，另一个对角线上的二根导线在 O 处产生的磁场相同

$$B_0 = 2B = 2 \cdot \frac{\mu_0 I}{2\pi \sqrt{2}a/2} = \frac{\sqrt{2}\mu_0 I}{\pi a}$$

(B)对．

5. 解：由 $\Phi_m = \oint_S \boldsymbol{B} \cdot d\boldsymbol{S} \equiv 0$ 及 $B = \frac{\mu_0 I}{2\pi r}$ 知(D)对．

6. 解：由图 8-25 知，指向纸面磁通量最大的区域是 Ⅱ，(B)对．

7. 解：由题知，正确结果应是

$$\oint_1 \boldsymbol{B} \cdot d\boldsymbol{l} = -2\mu_0 I, \quad \oint_2 \boldsymbol{B} \cdot d\boldsymbol{l} = -\mu_0 I$$

$$\oint_3 \boldsymbol{B} \cdot d\boldsymbol{l} = -\mu_0 I, \quad \oint_4 \boldsymbol{B} \cdot d\boldsymbol{l} = -\mu_0 I$$

(D)对．

8. 解：在 $r < a$ 时，$B = 0$；在 $r > b$ 时，$B = \frac{\mu_0 I}{2\pi r}$．可知，四个答案都满足上述要求．

在 $a \leqslant r \leqslant b$ 时，由安培环路定理 $\oint_l \boldsymbol{B} \cdot d\boldsymbol{l} = \mu_0 \sum_{l内} I$，有

$$B \cdot 2\pi r = \mu_0 \frac{I}{\pi(b^2 - a^2)} \pi(r^2 - a^2)$$

即 $B = \frac{\mu_0 I}{2\pi(b^2 - a^2)}\left(r - \frac{a^2}{r}\right)$，当 $r \to a$ 时，$B \to 0$．可见(A)、(D)不对．

因为 $\frac{dB}{dr} = \frac{\mu_0 I}{2\pi(b^2 - a^2)}\left(1 + \frac{a^2}{r^2}\right) > 0$，即 B 随 r 的增加而单调增加；$\frac{d^2 B}{dr^2} = \frac{\mu_0 I}{2\pi(b^2 - a^2)}\left(-\frac{2a^2}{r^3}\right) < 0$，即 B 与 x 的关系曲线凹向下，可见(B)满足这些要求．

(B)对．

9. 解：可知

$$B_1 = \frac{\mu_0 I}{2R}, \quad m_1 = IS_1 = I\pi R^2$$

变成两匝后,有 $2 \cdot 2\pi r = 2\pi R$,即 $r = \frac{1}{2}R$,有

$$B_2 = \frac{\mu_0(NI)}{2r} = \frac{\mu_0 \cdot 2I}{R} = 4B_1$$

$$m_2 = NIS_2 = 2I(\pi r)^2 = 2I\left(\pi \cdot \frac{1}{2}R\right)^2 = \frac{1}{2}m_1$$

(B)对.

10. 解:可知 $\quad M = mB\sin 30° = \frac{1}{2}a^2 IB$

(B)对.

11. 解:矩形线圈中,垂直长导线的二部分受 I_1 的磁场力相抵消,与长直导线平行的二部分受 I_1 的磁场力方向相反,故所求力的大小为

$$F = \frac{\mu_0 I_1}{2\pi r_1}I_2 l - \frac{\mu_0 I_1}{2\pi r_2}I_2 l = \frac{\mu_0 I_1 I_2 l}{2\pi}\left(\frac{1}{r_1} - \frac{1}{r_2}\right)$$

$$= \frac{4\pi \times 10^{-7} \times 20 \times 10 \times 0.20}{2\pi}\left(\frac{1}{0.01} - \frac{1}{0.10}\right)$$

$$= 7.20 \times 10^{-4} \text{(N)}$$

(C)对.

12. 解:带电粒子运动轨道半径为

$$r = \frac{mv}{|q|B}$$

穿过铅板后,因为动能减小,即 v 减小,所以 r 减小. 由图 8-30 知 bc 段 r 较小,所以带电粒子沿 $a \to b \to c$ 方向运动. 由于 $\boldsymbol{F} = q\boldsymbol{v} \times \boldsymbol{B}$,而 $\boldsymbol{F}$ 指向曲线凹侧,因此 $q > 0$.

(B)对.

13. 解:由 $B = \mu_r \mu_0 nI$ 知

$$\mu_r = \frac{B}{\mu_0 nI} = \frac{1.0}{4\pi \times 10^{-7} \times (10/0.01) \times 2.0} = 3.98 \times 10^2$$

(B)对.

14. 解:磁力矩做的功

$$W = I\Delta\Phi_m = I\left(B \cdot \frac{1}{2}\pi R^2 - 0\right) = \frac{1}{2}B\pi R^2 I$$

(C)对.

15. 解:由题知,A 面出现电子不足,B 面出现过剩电子,即电子受到的磁场力沿 z 轴负向. 因为电流沿 y 轴正向,所以自由电子运动方向沿 y 轴负向. 根据洛伦兹力公式 $\boldsymbol{F} = -e\boldsymbol{v} \times \boldsymbol{B}$,可知 $\boldsymbol{B}$ 沿 x 轴正向,(C)对.

四、计算题

1. 解：(1) 如图 8-40 所示，dL 段电量为 $dq = \lambda dL$，所产生的电流为

$$dI = \frac{\omega}{2\pi} dq = \frac{\omega}{2\pi} \lambda dL$$

dI 相当一圆形电流，它在 O 处产生的磁感应强度的大小为

$$dB = \frac{\mu_0 dI}{2L} = \frac{\mu_0 \omega \lambda}{4\pi L} dL$$

AB 段在 O 处产生总的磁感应强度的大小为

$$B = \int dB = \int_a^{a+b} \frac{\mu_0 \omega \lambda}{4\pi L} dL = \frac{\mu_0 \omega \lambda}{4\pi} \ln\frac{a+b}{a}$$

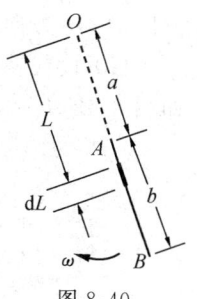

图 8-40

$\boldsymbol{B}$ 方向垂直指向纸面

(2) 半径为 L 电流为 dI 的圆电流产生的磁矩大小为

$$dm = \pi L^2 \cdot dI = \frac{1}{2}\omega\lambda L^2 dL$$

总磁矩大小为

$$m = \int dm = \int_a^{a+b} \frac{1}{2}\omega\lambda L^2 dL = \frac{1}{6}\omega\lambda[(a+b)^3 - a^3]$$

$\boldsymbol{m}$ 方向：垂直指向纸面

(3) 若 $a \gg b$，则 AB 段可视为点电荷，此时

$$B' = \frac{\mu_0 I}{2a} = \frac{\mu_0}{2a} \cdot \frac{\omega}{2\pi} \cdot \lambda b = \frac{\mu_0 \omega \lambda b}{4\pi a}$$

$\boldsymbol{B'}$ 方向：垂直指向纸面

$$m' = \pi a^2 I = \pi a^2 \cdot \frac{\omega}{2\pi} \lambda b = \frac{1}{2} a^2 \omega \lambda b$$

$\boldsymbol{m'}$ 方向：垂直指向纸面

2. 解：(1) 如图 8-41 所取坐标，导体柱面垂直于 xOy 平面，宽为 dl 的窄条在 O 处产生磁感应强度的大小为

$$dB = \frac{\mu_0 dI}{2\pi R} = \frac{\mu_0 \frac{I}{\pi R} dl}{2\pi R} = \frac{\mu_0 I}{2\pi^2 R^2} dl$$

由对称性可知，$B_x = 0$

$$B_y = \int dB_y = \int dB \sin\theta = \int_0^\pi \frac{\mu_0 I}{2\pi^2 R^2} \sin\theta R d\theta = \frac{\mu_0 I}{\pi^2 R}$$

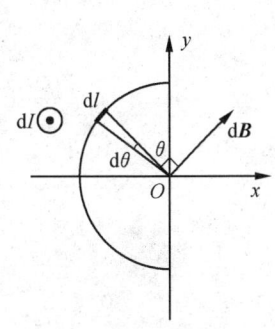

图 8-41

$\boldsymbol{B}_y$ 方向：沿 y 轴正向．所求磁场力的大小为

$$F = B_y I = \frac{\mu_0 I^2}{\pi^2 R}$$

方向沿$+x$方向.

(2) 设代替半圆柱面的导线在x轴上,距离原点为d,如图 8-42 所示. 由

$$\frac{\mu_0 I^2}{\pi^2 R} = \frac{\mu_0 I^2}{2\pi d}$$

有$d = \pi R/2$,即导线坐标为$x = -\pi R/2$.

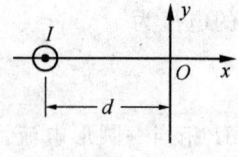

图 8-42

3. 解:(1) 如图 8-43 所示,由 $\boldsymbol{F} = -e\boldsymbol{v} \times \boldsymbol{B}$ 有

$$F = evB\sin 90° = ev\frac{\mu_0 I}{2\pi r}$$

$$= \frac{1.6 \times 10^{-19} \times 10^7 \times 4\pi \times 10^{-7} \times 50}{2\pi \times 0.05}$$

$$= 3.2 \times 10^{-16} (\text{N})$$

$\boldsymbol{F}$方向:垂直远离直导线(即向右).

(2) 此时$\boldsymbol{v}$平行于$\boldsymbol{B}$,所以$\boldsymbol{F} = 0$.

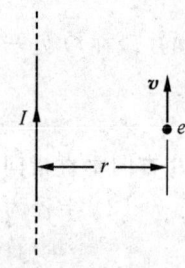

图 8-43

第 9 章　电磁感应

9.1　基本要求

1. 掌握并能熟练应用法拉第电磁感应定律和楞次定律来计算感应电动势,并判断其方向及电势高低.
2. 理解动生电动势和感生电动势的本质.会计算动生电动势和感生电动势.了解涡旋电场的概念.
3. 了解自感和互感现象,会计算几何形状和结构简单的导体的自感和互感.
4. 了解磁场能量和磁场能量密度的概念.会计算均匀磁场和对称磁场的能量.

9.2　本章小结

一、基本概念

1. 电源:把正电荷从低电势移到高电势的装置.
2. 电动势:把单位正电荷从电源的负极 A 经内电路移到正极 B 的过程中非静电力 E_k 对它做的功为电源的电动势,记为 ε,即 $\varepsilon = \int_A^B E_k \cdot dl$.

注意:(1) 电源的电动势与外电路的状况无关;
(2) 电动势反映了电源中非静电力做功的本领,它表征电源本身的特性;
(3) 电动势是标量,但有方向.规定电动势的方向由负极经电源内部到正极.

3. 感应电动势 $\begin{cases} 动生电动势:由于导体或导体回路在恒定磁场中运动,导体或 \\ \qquad\qquad\quad 回路中产生的感应电动势. \\ 感生电动势:导体或导体回路不动,由于磁场随时间变化,导 \\ \qquad\qquad\quad 体或导体回路中产生的感应电动势. \\ 注意:一般说来,动生电动势与感生电动势只具有相对意义. \end{cases}$

4. 自感电动势与互感电动势 $\begin{cases} 自感电动势:线圈电流引起自身回路磁通量变 \\ \qquad\qquad\quad 化而产生的电动势. \\ 互感电动势:一个线圈在另一个线圈中引起磁 \\ \qquad\qquad\quad 通量变化而产生的电动势. \end{cases}$

二、基本规律

1. 法拉第电磁感应定律：导体回路中产生的感应电动势 ε_i 与穿过回路的磁通量对时间的变化率 $\mathrm{d}\Phi_m/\mathrm{d}t$ 成正比，这就是法拉第电磁感应定律。数学表达式为 $\varepsilon_i = -\dfrac{\mathrm{d}\Phi_m}{\mathrm{d}t}$ (SI). 式中负号用来表明 ε_i 的方向.

2. 楞次定律：导体回路中产生的感应电流，总是阻碍引起它的原因.

3. 涡旋电场假设：变化的磁场在其周围空间要激发一种电场，该电场称为涡旋电场或感生电场. 涡旋电场与静电场的异同点如下：

$$\begin{cases} 相同点：二者对电荷均有作用力. \\ 不同点 \begin{cases} (1) 涡旋电场是变化的磁场产生的，电场线闭合，是非保守场. \\ (2) 静电场是由电荷产生的，电场线不闭合，是保守场. \end{cases} \end{cases}$$

三、基本公式

1. 动生和感生电动势
$$\begin{cases} 动生电动势 \begin{cases} 非静电力：洛伦兹力 \\ 计算公式：\varepsilon_{AB} = \int_A^B (\boldsymbol{v} \times \boldsymbol{B}) \cdot \mathrm{d}\boldsymbol{l} \\ \varepsilon_{AB} \begin{cases} > 0: \varepsilon_{AB} \text{ 由 } A \to B, B \text{ 点比 } A \text{ 点电势高} \\ < 0: \varepsilon_{AB} \text{ 由 } B \to A, A \text{ 点比 } B \text{ 点电势高} \end{cases} \end{cases} \\ 感生电动势 \begin{cases} 非静电力：涡旋电场力 \\ 计算公式 \begin{cases} \varepsilon_i = \oint_l \boldsymbol{E}_k \cdot \mathrm{d}\boldsymbol{l} = -\dfrac{\mathrm{d}\Phi_m}{\mathrm{d}t} \text{（闭合回路）} \\ \varepsilon_i = \int_A^B \boldsymbol{E}_k \cdot \mathrm{d}\boldsymbol{l} \text{（非闭合回路）} \end{cases} \end{cases} \end{cases}$$

2. 自感与互感
$$\begin{cases} 自感现象 \begin{cases} 自感系数：L = \Phi_m/I \\ 自感电动势（L 不变）：\varepsilon_L = -L\dfrac{\mathrm{d}\Phi_m}{\mathrm{d}t} \end{cases} \\ 互感系数 \begin{cases} 互感系数：M = \Phi_{21}/I_1 = \Phi_{12}/I_2 \\ 互感电动势（M 不变）\begin{cases} \varepsilon_{M21} = -M\dfrac{\mathrm{d}I_1}{\mathrm{d}t} \\ \varepsilon_{M12} = -M\dfrac{\mathrm{d}I_2}{\mathrm{d}t} \end{cases} \end{cases} \end{cases}$$

3. 载流线圈磁场能量 $W = \dfrac{1}{2}LI^2$

4. 磁场能量
$$\begin{cases} 能量密度 \omega_m = \dfrac{B^2}{2\mu} = \dfrac{1}{2}BH \\ 磁场能量 W_m = \int_V \dfrac{B^2}{2\mu}\mathrm{d}V = \int_V \dfrac{1}{2}BH\,\mathrm{d}V \end{cases}$$

9.3 典型思考题与习题

一、思考题

1. 如图 9-1 所示,长直导线 L 中通以稳恒电流 I,矩形金属线圈 $ABCD$ 与 L 共面,AB 平行于 L,在下面情况中线圈中感应电流方向如何?

(1) 线圈沿 BC 方向移动;

(2) 线圈以 L 为轴转动.

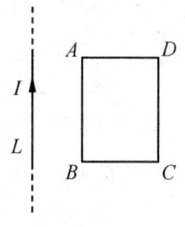

图 9-1

解 (1) 因为此情况下通过线圈的磁通量发生变化,根据法拉第电磁感应定律知此时线圈中产生感应电动势,由楞次定律知感应电流沿 $ADCBA$ 方向.

(2) 因为此时线圈内无磁通量变化,所以无感应电动势,故无感应电流.

2. 如图 9-2 所示,有一金属环,由两个半圆组成,电阻分别为 R_1 和 R_2,将它放入对称分布的均匀磁场中,当磁感应强度增强时,比较分界面上的 A、B 两点的电势.

解 由于磁场均匀对称分布,所以当磁场变化时,产生的涡旋电场的电场线是以金属环中心为圆心的一系列的同心圆周.当磁场增强时,由楞次定律知金属环中的感应电流为逆时针方向.导体回路中的电动势为 $\varepsilon = \oint_L \boldsymbol{E}_k \cdot \mathrm{d}\boldsymbol{l} = 2\pi r E_k$($L$ 为导体中沿电场线的闭合回路,积分沿逆时针方向进行),所以导体中感应电流为 $I = \varepsilon/(R_1+R_2)$.由于金属环上各处的 $\boldsymbol{E}_k$ 大小相等,所以在半圆 R_1 上的感应电动势与在半圆 R_2 上的感应电动势相等,于是可以画出其等效电路图(图 9-3).由一段含电源电路的欧姆定律得

$$U_A - U_B = R_1 I - \frac{1}{2}\varepsilon = \frac{R_1 \varepsilon}{R_1 + R_2} - \frac{\varepsilon}{2} = \frac{(R_1 - R_2)\varepsilon}{2(R_1 + R_2)}$$

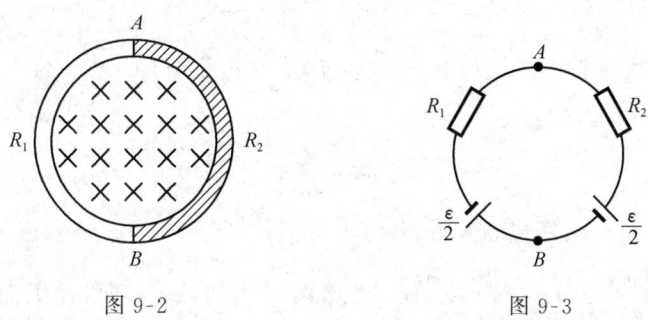

图 9-2　　　　　图 9-3

可见,当 $R_1 > R_2$ 时,$U_A > U_B$,A 点电势高于 B 点电势;当 $R_1 < R_2$ 时,$U_A <$

U_B，A 点电势低于 B 点电势；当 $R_1=R_2$ 时，$U_A=U_B$，A 与 B 二点电势相等.

3. 如图 9-4 所示，在长直螺线管横截面内放两段导体，AB 在横截面的直径上，CD 在横截面的弦上，在此横截面外放一导体 EF，它与导线 CD 共线，在螺线管通电瞬间，试分别比较 A 点和 B 点，C 点和 D 点，E 点和 F 点的哪点电势高.

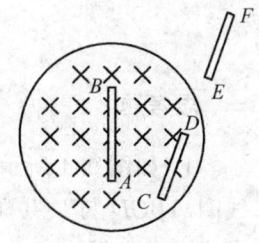

解 （1）比较 A 点与 B 点电势. 在通电瞬间电流增加，螺线管内磁场增强，而变化的磁场会产生涡旋电场，根据楞次定律，涡旋电场的电场线是以螺线管横截面中心为圆心的一系列逆时针的同心圆. 由于导线 AB 位于直径上，涡旋电场处处与 AB 垂直，场强在 AB 方向的分量为零，电荷不会沿着 AB 上流动，A、B 两端没有净电荷堆积，A、B 之间也就没有静电场，所以 $U_{AB}=0$，即 A 点与 B 点等电势.

图 9-4

（2）比较 C 点和 D 点电势. 因为 CD 位于弦上，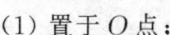上各处与涡旋电场强度 $\boldsymbol{E}_k$ 方向的夹角小于 $90°$，导线上各点，涡旋电场都有一个由 C 指向 D 的分量，在此电场作用下，自由电子向 C 端移动，结果使 C 端堆积净的负电荷，D 端堆积净的正电荷，它们之间的静电场对自由电子进一步向 C 端移动起到阻碍作用，直到 CD 之间的静电场与涡旋电场在 CD 上的分量等值相反. 因为 D 端带正电荷，C 端带负电荷，所以 D 端电势比 C 端电势高.

（3）比较 E 点与 F 点电势：E、F 两端分别相当于 C、D 两端，用（2）中完全相同的分析方法可知 F 端电势比 E 端电势高.

4. 在局限于半径为 R 的圆柱形空间内，有一垂直纸面向里的轴向均匀磁场，如图 9-5 所示，其磁感应强度为 $\boldsymbol{B}$，正以 $dB/dt=C>0$ 的变化率增加，现将一电子置于不同点，请写出其加速度的大小及方向.

(1) 置于 O 点；

(2) 置于 A 点；

(3) 置于 D 点.

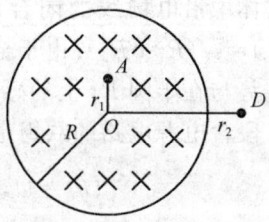

图 9-5

解 （1）由牛顿第二定律有 $e\boldsymbol{E}_k=m\boldsymbol{a}$，其中 e 为电子的电量的绝对值，m 为电子的质量，加速度大小为

$$a=\frac{eE_k}{m}$$

在 O 点，因为 $\boldsymbol{E}_k=0$，所以 $a_O=0$.

（2）$a_A=\dfrac{e}{m}\cdot\dfrac{1}{2}r_1\cdot\dfrac{dB}{dt}=\dfrac{er_1}{2m}C$，由楞次定律知，$\boldsymbol{a}_A$ 方向：在纸面内沿垂直于 OA 向右.

(3) $a_D = \dfrac{e}{m} \cdot \dfrac{1}{2r_2} \cdot \dfrac{\mathrm{d}B}{\mathrm{d}t} = \dfrac{e}{2mr_2}C$,由楞次定律知,$\boldsymbol{a}_D$ 方向:在纸面内垂直于 OD 向下.

5. $\varepsilon_i = \oint_l \boldsymbol{E}_k \cdot \mathrm{d}\boldsymbol{l} = -\dfrac{\mathrm{d}\Phi_m}{\mathrm{d}t}$ 是否只对由导体组成的闭合回路成立?将磁铁插入非金属环中,环内有无感生电动势?有无感生电流?环内将发生何种现象?

解 (1)法拉第电磁感应定律的原始形式为 $\varepsilon_i = -\dfrac{\mathrm{d}\Phi_m}{\mathrm{d}t}$,它只适用于由导体组成的回路;而由麦克斯韦关于感应电场的假设建立起来的 $\varepsilon_i = \oint_l \boldsymbol{E}_k \cdot \mathrm{d}\boldsymbol{l} = -\dfrac{\mathrm{d}\Phi_m}{\mathrm{d}t}$,则不管闭合回路是否由导体组成,也不管闭合回路是在真空中或在介质中,都是成立的.只要通过回路的磁通量发生变化,在回路中就会激发感应电场 $\boldsymbol{E}_k$,$\boldsymbol{E}_k$ 的大小与材料无关,由 $\varepsilon_i = \oint_l \boldsymbol{E}_k \cdot \mathrm{d}\boldsymbol{l} = -\dfrac{\mathrm{d}\Phi_m}{\mathrm{d}t}$ 知,就会在回路中激发感应电动势,并且 ε_i 与材料无关.

(2)由(1)知,将磁铁插入非金属环中时有感应电动势产生.

(3)因为非金属环内几乎没有可自由移动的电子,故将磁铁插入非金属环中时无感应电流.

(4)此时由于 $\boldsymbol{E}_k$ 的存在在非导体环中产生极化现象.

二、典型习题

1. 如图 9-6 所示,长为 L 的金属杆 AC 放在均匀磁场 $\boldsymbol{B}$ 中,$\boldsymbol{B}$ 方向向下,金属杆绕过其上 O 点的竖直轴在水平面内以角速度 ω 匀速转动(从上向下看顺时针转动),

(1) 求 A、C 间电势差;
(2) 杆上哪点电势最高?

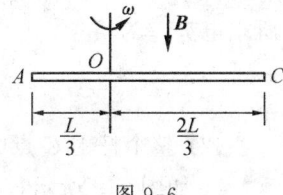

图 9-6

解 (1)〈方法一〉:由题意知,OA 段与 OC 段产生的电动势方向相反.在此分别计算以上两段产生的电动势.如图 9-7 所示,OC 段上 $\mathrm{d}x$ 段产生的电动势的大小为

$$\mathrm{d}\varepsilon_{iOC} = (\boldsymbol{v} \times \boldsymbol{B}) \cdot \mathrm{d}\boldsymbol{x} = |\boldsymbol{v} \times \boldsymbol{B}| \mathrm{d}x \cos 0°$$
$$= vB\sin 90° \mathrm{d}x = x\omega B \mathrm{d}x$$

OC 段产生的电动势的大小为

$$\varepsilon_{iOC} = \int \mathrm{d}\varepsilon_{iOC} = \int_0^{\frac{2}{3}L} x\omega B \mathrm{d}x = \dfrac{2}{9}\omega B L^2$$

ε_{iOC} 的方向为 $O \to C$.

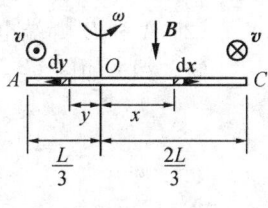

图 9-7

OA 段上 dy 段产生的电动势的大小为

$$d\varepsilon_{iOA} = (\boldsymbol{v} \times \boldsymbol{B}) \cdot d\boldsymbol{y} = |\boldsymbol{v} \times \boldsymbol{B}| dy\cos 0° = vB\sin 90° dy = y\omega B dy$$

OA 段产生的电动势的大小为

$$\varepsilon_{iOA} = \int d\varepsilon_{iOA} = \int_0^{\frac{1}{3}L} y\omega B dy = \frac{1}{18}\omega BL^2$$

ε_{iOA} 的方向由 $O \to A$. 整个杆的电动势大小为

$$\varepsilon_i = \varepsilon_{iOC} - \varepsilon_{iOA} = \frac{2}{9}\omega BL^2 - \frac{1}{18}\omega BL^2 = \frac{1}{6}\omega BL^2$$

所求电势差为

$$U_{CA} = \varepsilon_i = \frac{1}{6}\omega BL^2$$

〈方法二〉：如图 9-8 所示，在杆上取 $OD = OA$，可知整个杆产生的电动势等于 DC 段产生的电动势. DC 段上 dl 段产生的电动势的大小为

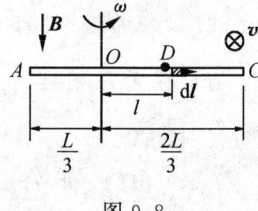

图 9-8

$$d\varepsilon_{iDC} = (\boldsymbol{v} \times \boldsymbol{B}) \cdot d\boldsymbol{l} = |\boldsymbol{v} \times \boldsymbol{B}| dl\cos 0°$$
$$= vB\sin 90° dl = l\omega B dl$$

OD 段产生的电动势的大小为

$$\varepsilon_{iDC} = \int d\varepsilon_{iDC} = \int_{\frac{1}{3}L}^{\frac{2}{3}L} l\omega B dl = \frac{1}{6}\omega BL^2$$

整个杆上产生的电动势的大小为

$$\varepsilon_i = \varepsilon_{iDC} = \frac{1}{6}\omega BL^2$$

所求电势差为

$$U_{CA} = \varepsilon_i = \frac{1}{6}\omega BL^2$$

(2) 整个杆上 C 点电势最高.

2. 如图 9-9 所示，一长直导线载有电流 I，在它的旁边有一段长为 l 的直导线 AB，AB 与长直导线共面，AB 与长直导线之间的夹角为 $\theta(0<\theta<\pi/2)$，A 端距长直导线为 a，AB 以速度 $\boldsymbol{v}$ 沿平行于长导线方向向上运动. 求：

(1) AB 导线产生的感应电动势；

(2) A 和 B 哪端电势高.

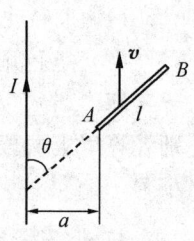

图 9-9

解 (1) 如图 9-10 所示，AB 上 dl 段产生的电动势为

$$\varepsilon_i = \int_0^l (\boldsymbol{v} \times \boldsymbol{B}) \cdot d\boldsymbol{l} = \int_0^l vB\boldsymbol{n} \cdot d\boldsymbol{l}$$
$$= \int_0^l vB dl\cos(\pi/2 + \theta) = \int_0^l -vB\sin\theta dl$$

$$= -\int_0^l \frac{\mu_0 Iv}{2\pi r} \sin\theta \, dl = -\int_a^{a+l\sin\theta} \frac{\mu_0 Iv}{2\pi r} \sin\theta \, \frac{dr}{\sin\theta}$$

$$= -\int_a^{a+l\sin\theta} \frac{\mu_0 Iv}{2\pi r} dr = -\frac{\mu_0 Iv}{2\pi} \ln\frac{a+l\sin\theta}{a}$$

因为 $\varepsilon_i < 0$,所以 ε_i 方向由 $B \to A$.

(2) A 点比 B 点电势高.

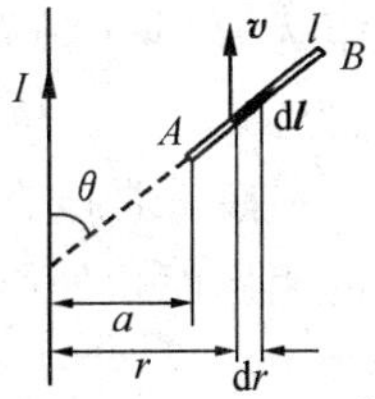

图 9-10

3. 如图 9-11 所示,有一半径 $r=10$cm 的多匝圆形线圈,匝数 $N=100$,置于均匀磁场 $\boldsymbol{B}(B=0.5\text{T})$ 中. 圆形线圈可绕通过圆心的轴 O_1O_2 转动,转速 $n=600\text{r}\cdot\text{min}^{-1}$. 当圆形线圈自图示初始位置转过 $\pi/2$ 时,求:

(1) 线圈中瞬时电流的大小(线圈电阻 $R=100\Omega$,不计自感);

(2) 圆心处磁感应强度的大小.

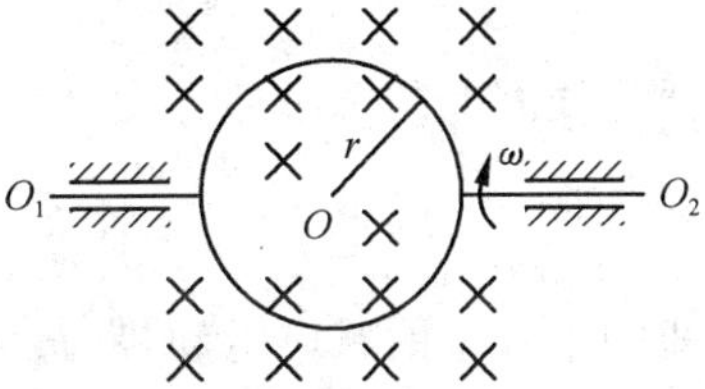

解 (1) 设线圈平面的初位置的正法向方向垂直指向纸面,t 时刻线圈正法向转过 θ 角,通过线圈的磁通量为

图 9-11

$$\Phi_m = N\boldsymbol{B} \cdot \boldsymbol{S} = NBS\cos\theta = NB\pi r^2\cos(\omega t)$$
$$= NB\pi r^2\cos(2\pi nt)$$

式中,n 为单位时间内线圈转过的圈数. t 时刻线圈产生的感应电动势为

$$\varepsilon_i = -\frac{d\Phi_m}{dt} = 2\pi n \cdot NB\pi r^2 \sin(2\pi nt) = 2\pi^2 r^2 nNB\sin(2\pi nt)$$

$$i = \frac{\varepsilon_i}{R} = \frac{2\pi^2 r^2 nNB}{R}\sin(2\pi nt) = I_0 \sin(2\pi nt)$$

式中,$I_0 = \frac{2\pi^2 r^2 nNB}{R}$. 当圆形线圈自初始位置转过 $\pi/2$ 时,有

$$i = I_0 = \frac{2\pi^2 r^2 nNB}{R} = \frac{2\pi^2 \times 0.1^2 \times 10 \times 100 \times 0.5}{100} = 0.99(\text{A})$$

(2) 当圆形线圈自初始位置转过 $\pi/2$ 时,线圈产生的磁场 $\boldsymbol{B}'$ 方向与外磁场方向垂直,此时线圈中心处磁感应强度 $\boldsymbol{B}$ 的大小为

$$B_0 = \sqrt{B^2 + B'^2} = \sqrt{B^2 + \left(N\frac{\mu_0 i}{2r}\right)^2}$$

$$= \sqrt{0.5^2 + \left(100 \times \frac{4\pi \times 10^{-7} \times 0.99}{2 \times 0.1}\right)^2}$$

$$= 0.5(\text{T})$$

4. 如图 9-12 所示,一无限长均匀带电细直线,电荷线密度为 λ,其旁有一个边长为 a 固定的正方形导体线圈与它共面,线圈的两条边与带电直线平行,其近边与带电直线相距为 a. 带电直线以变速 $v(t)$ 沿着其长度方向向上运动,线圈中的总电

阻为 R. 求 t 时刻线圈中感应电流 $i(t)$ 的大小(不计线圈的自感)

解 带电直线运动产生的电流为 $i(t)=v(t)\lambda$,在线圈的阴影面积处产生的磁感应强度(标量式)为

$$B = \frac{\mu_0 i}{2\pi x} = \frac{\mu_0 v(t)\lambda}{2\pi x}$$

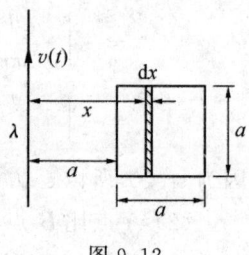

图 9-12

通过阴影面积上的磁通量为

$$d\Phi_m = \frac{\mu_0 v(t)\lambda}{2\pi x} a\, dx$$

通过线圈上的总磁通量为

$$\Phi_m = \int d\Phi_m = \int_a^{2a} \frac{\mu_0 v(t)\lambda}{2\pi x} a\, dx = \frac{\mu_0 v(t)\lambda a}{2\pi}\ln 2$$

线圈中产生的感应电动势为

$$\varepsilon_i = -\frac{d\Phi_m}{dt} = -\frac{\mu_0 \lambda a}{2\pi}\ln 2 \frac{dv(t)}{dt}$$

线圈中产生的感应电流的大小为

$$|i| = \left|\frac{\varepsilon_i}{R}\right| = \frac{\mu_0 \lambda a}{2\pi R}\ln 2 \left|\frac{dv(t)}{dt}\right|$$

5. 矩形导体线圈与长直载流导线共面,且 CF 边与长直导线平行,长直导线电流为 I,求下列情况下矩形线圈的感应电动势,有关尺寸见图 9-13.

(1) I 不变,线圈沿 $C \to D$ 方向以速度 v 匀速运动;

(2) I 不变,线圈绕通过其中心且与长直导线平行的轴以匀角速度 ω 转动;

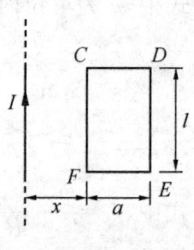

图 9-13

(3) $I = I_0 \sin\omega t$,线圈不动;

(4) $I = I_0 \sin\omega t$,且线圈沿 CD 方向以速度 v 匀速运动.

解 (1) 长直导线在距它为 r 处产生的磁感应强度大小为

$$B = \frac{\mu_0 I}{2\pi r}$$

所求感应电动势为

$$\varepsilon_i = \varepsilon_{iCF} - \varepsilon_{iDE} = B_C lv - B_D lv = \frac{\mu_0 Ilv}{2\pi x} - \frac{\mu_0 Ilv}{2\pi(x+a)} = \frac{\mu_0 Ivla}{2\pi x(x+a)}$$

ε_i 方向沿线圈的顺时针方向.

(2) 如图 9-14 所示(为俯视图),图中画出了磁场线和 t 时刻线圈的位置. 在 r 坐标轴上,距长直导线为 r 处,通过高为 l、宽为 dr 矩形(该矩形与长直导线共面)的面积上的磁通量为

$$d\Phi_m = \boldsymbol{B} \cdot d\boldsymbol{S} = BdS = \frac{\mu_0 I}{2\pi r} l\,dr$$

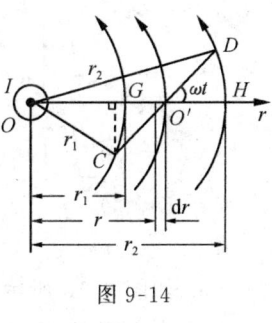

由磁场线的分布可知,通过线圈的磁通量等于通过高为 l、宽为 GH 长度的矩形(该矩形与长直导线共面)面积上的磁通量,即

$$\Phi_m = \int d\Phi_m = \int_{r_1}^{r_2} \frac{\mu_0 I}{2\pi r} l\,dr = \frac{\mu_0 I l}{2\pi} \ln\frac{r_2}{r_1}$$

图 9-14

线圈中感应电动势为

$$\varepsilon_i = -\frac{d\Phi_m}{dt} = -\frac{\mu_0 I l}{2\pi}\frac{d}{dt}\ln\frac{r_2}{r_1} = \frac{\mu_0 I l}{2\pi}\left(\frac{1}{r_1}\frac{dr_1}{dt} - \frac{1}{r_2}\frac{dr_2}{dt}\right)$$

由图 9-14 中的三角形 $OO'C$ 和 $OO'D$ 知

$$r_1^2 = (x + a/2)^2 + (a/2)^2 - 2(x + a/2)(a/2)\cos\omega t$$
$$r_2^2 = (x + a/2)^2 + (a/2)^2 - 2(x + a/2)(a/2)\cos(\pi - \omega t)$$

式中,x 为线圈与长直导线共面时 CF 边与长直导线的距离. 由上式有

$$\frac{dr_1}{dt} = \frac{1}{2r_1}\left[a\omega\left(x + \frac{a}{2}\right)\sin\omega t\right] \quad 及 \quad \frac{dr_2}{dt} = -\frac{1}{2r_2}\left[a\omega\left(x + \frac{a}{2}\right)\sin\omega t\right]$$

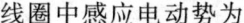上式代入到 ε_i 中,得

$$\varepsilon_i = \frac{\mu_0 I l a\omega(x + a/2)\sin\omega t}{4\pi}\left(\frac{1}{r_1^2} + \frac{1}{r_2^2}\right)$$

(3) 如图 9-15 所示,通过阴影面积上的磁通量为

$$d\Phi_m = \boldsymbol{B} \cdot d\boldsymbol{S} = BdS = \frac{\mu_0 I}{2\pi r}l\,dr = \frac{\mu_0 I_0 \sin\omega t}{2\pi r}l\,dr$$

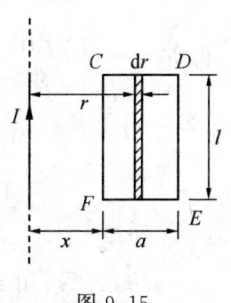

通过线圈的磁通量为

$$\Phi_m = \int d\Phi_m = \int_x^{x+a} Bl\,dr = \int_x^{x+a}\frac{\mu_0 I_0 \sin\omega t}{2\pi r}l\,dr$$
$$= \frac{\mu_0 l I_0 \sin\omega t}{2\pi}\ln\frac{x+a}{x}$$

图 9-15

线圈中感应电动势为

$$\varepsilon_i = -\frac{d\Phi_m}{dt} = -\frac{\mu_0 l\omega I_0 \cos\omega t}{2\pi}\ln\frac{x+a}{x}$$

(4) 用(3)中同样方法,求得通过线圈的磁通量为

$$\Phi_m = \frac{\mu_0 l I_0 \sin\omega t}{2\pi}\ln\frac{x+a}{x}$$

线圈中感应电动势为

$$\varepsilon_i = -\frac{d\Phi_m}{dt} = -\frac{\mu_0 l I_0}{2\pi}\frac{d}{dt}\left(\sin\omega t \ln\frac{x+a}{x}\right)$$

$$= -\frac{\mu_0 l I_0}{2\pi} \left[\omega\cos\omega t \ln\frac{x+a}{x} + \sin\omega t\ \frac{x}{x+a} \cdot \frac{x\dfrac{dx}{dt} - (x+a)\dfrac{dx}{dt}}{x^2} \right]$$

$$= -\frac{\mu_0 l I_0}{2\pi} \left[\omega\cos\omega t \ln\frac{x+a}{x} + \sin\omega t\ \frac{-av}{x(x+a)} \right]$$

$$= \frac{\mu_0 l a v I_0 \sin\omega t}{2\pi x(x+a)} - \frac{\mu_0 l I_0 \omega \cos\omega t}{2\pi} \ln\frac{x+a}{x}$$

6. 如图 9-16 所示，在半径为 R 的圆柱形空间存在着匀强磁场，磁感应强度 $\boldsymbol{B}$ 的方向与柱的轴线平行．有一长为 L 的金属细棒放在磁场中，设 B 的变化率为 dB/dt．求棒上感应电动势的大小．

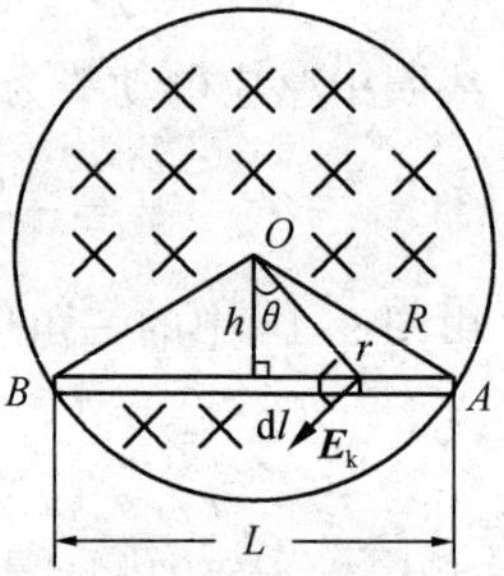

解 〈方法一〉：用 $\varepsilon_{iAB} = \int_A^B \boldsymbol{E}_k \cdot d\boldsymbol{l}$ 解．

在圆柱形的横截面上取以 O 为中心半径为 $r(r<R)$ 的圆形回路 l，设顺时针为绕行方向，由

$$\oint_l \boldsymbol{E}_k \cdot d\boldsymbol{l} = -\frac{d\Phi_m}{dt}$$

图 9-16

有

$$E_k 2\pi r = -\frac{d(\boldsymbol{B}\cdot\boldsymbol{S})}{dt} = -\frac{d(BS)}{dt} = -S\frac{dB}{dt} = -\pi r^2 \frac{dB}{dt}$$

得 $E_k = -\dfrac{1}{2}r\dfrac{dB}{dt}$．$\varepsilon_{iAB}$ 的大小为

$$|\varepsilon_{iAB}| = \int_{AB} \boldsymbol{E}_k \cdot d\boldsymbol{l} = \int_{AB} |\boldsymbol{E}_k| |d\boldsymbol{l}| \cos\theta = \int_{AB} \left| -\frac{1}{2}r\frac{dB}{dt} \right| \frac{h}{r} dl$$

$$= \frac{1}{2}\left|\frac{dB}{dt}\right| h \int_{AB} dl = \frac{1}{2}\left|\frac{dB}{dt}\right| hL = \frac{1}{2}L\sqrt{R^2-(L/2)^2}\left|\frac{dB}{dt}\right|$$

〈方法二〉：用 $\varepsilon_{AB} = -\dfrac{d\Phi_m}{dt}$ 解．

取回路 $AOBA$，通过它的磁通量为

$$\Phi_m = \boldsymbol{B}\cdot\boldsymbol{S} = BS = B\frac{1}{2}Lh = \frac{1}{2}L\sqrt{R^2-(L/2)^2}\,B$$

回路中产生的电动势为

$$\varepsilon_i = -\frac{d\Phi_m}{dt} = -\frac{1}{2}L\sqrt{R^2+(L/2)^2}\frac{dB}{dt}$$

因为 $\boldsymbol{E}_k$ 垂直半径，所以 OA 段及 OB 段都不产生电动势，即回路上的电动势即为 AB 上电动势，故 AB 上电动势的大小为

$$\varepsilon_{iAB} = |\varepsilon_i| = \frac{1}{2}L\sqrt{R^2+(L/2)^2}\left|\frac{dB}{dt}\right|$$

7. 如图 9-17 所示,二个半径分别为 R 和 r 的同轴圆形线圈,小线圈距大线圈为 x,且 $x \gg R$. 若大线圈中有电流 I,而小线圈在沿 x 轴以速率 v 向上运动,求:

(1) 当 $x = NR$（N 为正数）时小线圈中产生的感应电动势的大小；

(2) 小线圈中感应电流的方向如何.

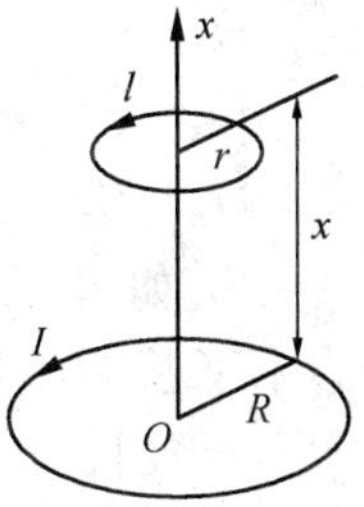

解 (1) 由题意可知,大线圈在小线圈回路中产生的磁场可视为匀强磁场. 沿着 x 轴看,取小线圈的顺时针方向为它所在回路的绕行正方向,穿过小回路中的磁通量为

$$\Phi_m = \boldsymbol{B} \cdot \boldsymbol{S} = BS = \frac{\mu_0 IR^2 \pi r^2}{2(R^2+x^2)^{\frac{3}{2}}} \approx \frac{\mu_0 IR^2 \pi r^2}{2x^3}$$

图 9-17

小回路产生电动势的大小为

$$|\varepsilon_i| = \left|-\frac{d\Phi_m}{dt}\right| = \frac{1}{2}\mu_0 IR^2 \pi r^2 \frac{3\frac{dx}{dt}}{x^4} = \frac{3\mu_0 IR^2 \pi r^2 v}{2x^4}$$

$$= \frac{3\mu_0 IR^2 \pi r^2 v}{2(NR)^4} = \frac{3\mu_0 I\pi r^2 v}{2N^4 R^2}$$

(2) 因为 ε_i 与回路绕行方向一致,所以感应电流的方向也与回路绕行方向一致.

9.4 检测复习题

注:以下在没有指出介质时按真空情况处理.

一、判断题

指出下列说法是否正确：

1. 若用条形磁铁插入木质圆环,则环中不产生感应电动势.
2. 若用条形磁铁插入木质圆环,则环中不产生感应电流.
3. 涡旋电场与静电场完全一样.
4. 通过回路的电流强度越小,则回路的自感系数就越大.

二、填空题

1. 半径为 R 的均匀导体圆盘绕通过中心 O 的垂直轴转动,角速度为 ω,盘面与均匀磁场垂直,如图 9-18 所示.

(1) 指出 OA 线段中动生电动势的方向；

(2) 填写下列电势差的值（设 CA 段长度为 d）:

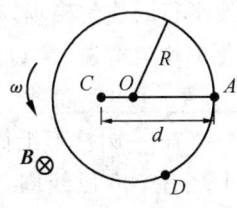

图 9-18

$U_A - U_O = $ _____ ;

$U_A - U_D = $ _____ ;

$U_A - U_C = $ _____ .

2. 如图 9-19 所示,一无限长细直导线竖直放置,其电流为 I. 长度为 L 的直导线 MN 与长直导线共面并垂直,MN 由图示位置自由下落,则 t 秒末导线两端的电势差 $U_M - U_N = $ _____ (不计 MN 运动时其内电子受到的磁场力作用).

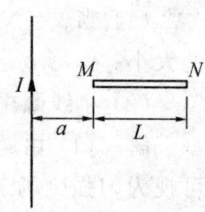

图 9-19

3. 一半径 $r = 10$cm 的圆形闭合导线回路置于 $\boldsymbol{B}(B = 0.80\text{T})$ 的均匀磁场中,$\boldsymbol{B}$ 与回路平面正交,若圆形回路的半径从 $t = 0$ 开始以恒定的速率 $dr/dt = -80$cm·s^{-1} 收缩,则在 $t = 0$ 时刻,闭合回路中的感应电动势大小为 _____ ;如要求感应电动势数值保持不变,则闭合回路面积应以 $dS/dt = $ _____ 的恒定速率收缩.

4. 在图 9-20 所示的电路中,导线 AC 在固定导线框上向右平移. 设 $AC = 5$cm,均匀磁场的变化率 $dB/dt = -0.1$T·s^{-1},AC 速率 $v_0 = 2$m·s^{-1},某一时刻 $B = 0.5$T,$x = 10$cm,则此时动生电动势的大小为 _____ ;总感应电动势的大小为 _____ ;以后动生电动势的大小随着 AC 的运动而 _____ .

5. 磁换能器常用来检测微小的振动,如图 9-21 所示,在振动杆的一端固接一个 N 匝的矩形线圈,线圈的一部分在匀强磁场 $\boldsymbol{B}$ 中,设杆的微小振动规律为 $x = A\cos\omega t$,线圈随杆振动时,线圈中的感应电动势为 _____ .

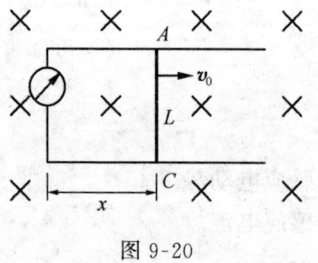

图 9-20

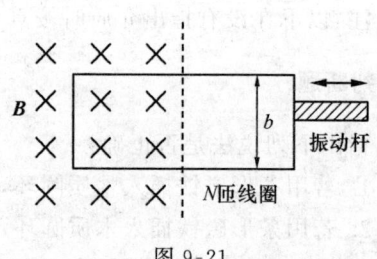

图 9-21

6. 如图 9-22 所示,在半径为 R 的圆筒内,有方向与轴线平行的均匀磁场,磁感应强度为 $\boldsymbol{B}$,它以 $dB/dt > 0$ 的变化率均匀增强,在 Q 点和 P 点涡旋电场强度大小分别为 _____ 和 _____ .

7. 一圆柱形纸筒,长 30cm,横截面直径为 3.0cm,筒上绕有 500 匝线圈,这个线圈的自感为 _____ ;如果在这个线圈内放入 $\mu_r = 5000$ 的铁芯(铁芯与线圈紧密接

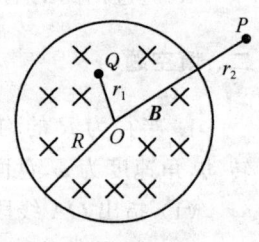

图 9-22

触),此时线圈的自感为_____.

8. 一圆形小线圈 C_1 由 50 匝表面绝缘的细导线绕成,圆面积为 $S=4.0\text{cm}^2$,将线圈放在另一个半径为 $R=20\text{cm}$ 的圆形大线圈 C_2 的中心.两者共轴,大线圈由 100 匝表面绝缘的导线绕成,这两个线圈的互感为_____;当大线圈 C_2 中的电流以 $50\text{A}\cdot\text{s}^{-1}$ 的变化率减小时,线圈 C_1 中感应电动势的大小为_____.

9. 真空中有两只长直螺线管 1 和 2,它们的长度相等,单层密绕线圈匝数相同,直径之比 $d_1/d_2=1/4$.当它们通以相同电流时,两螺线管储存的磁能之比为 $W_{m1}/W_{m2}=$_____.

三、选择题

1. 一长直导线载有电流 I,旁边有一正方形线圈与它共面,线圈边长为 $2a$,AD 边与长直导线平行,它的中心距长直导线为 b,如图 9-23 所示,若线圈沿 $A\rightarrow B$ 方向以匀速率 v 运动,那么线圈内感应电动势为(　　)

A. $\dfrac{2\mu_0 Ivab}{\pi(b^2-a^2)}$,顺时针方向

B. $\dfrac{2\mu_0 Ivab}{\pi(b^2-a^2)}$,逆时针方向

C. $\dfrac{2\mu_0 Iv^2 b}{\pi(b^2-a^2)}$,顺时针方向

D. $\dfrac{2\mu_0 Iva^2}{\pi(b^2-a^2)}$,顺时针方向

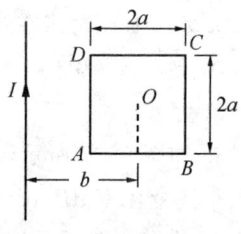

图 9-23

2. 半径为 a 的圆线圈置于磁感应强度为 $\boldsymbol{B}$ 的均匀磁场中,线圈平面正法向与磁场方向相同,线圈电阻为 R,当把线圈转动到使其正法向与 $\boldsymbol{B}$ 的夹角为 $60°$ 时,线圈中已通过的电量与线圈面积及转动的时间关系是(　　)

A. 与线圈面积成正比,与时间无关

B. 与线圈面积成正比,与时间成正比

C. 与线圈面积成反比,与时间成正比

D. 与线圈面积成反比,与时间无关

3. 如图 9-24 所示,一矩形线圈放在一无限长载流直导线附近,开始时线圈与导线在同一平面内,矩形的长边与导线平行.若矩形线圈以图(a)、(b)、(c)和(d)所示的四种方式运动,则在开始瞬间,以哪种方式运动的矩形线圈中感应电流最大?(　　)

A. 图(a)　　　B. 图(b)　　　C. 图(c)　　　D. 图(d)

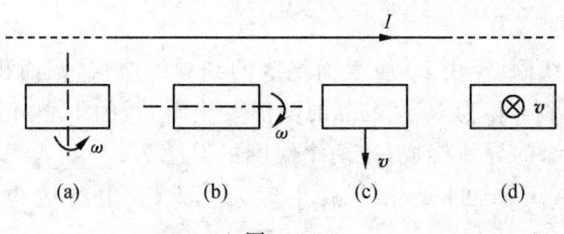

图 9-24

4. 如图 9-25 所示,在长直导线附近挂着一块长方形薄金属片 A,其重量很轻,A 与直导线共面,当长直导线中突然通以大电流 I 时,由于电磁感应,薄片 A 中产生涡旋电流,而 A 片在开始瞬间(　　)

A. 向右运动　　　　　　　　B. 向左运动

C. 只做转动　　　　　　　　D. 不动

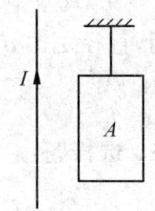

图 9-25

5. 在圆柱形空间内有一磁感应强度 B 的均匀磁场,如图 9-26 所示,B 的大小按速率 dB/dt 变化,有一长度为 l_0 的金属棒先后放在磁场的两个不同位置 1(ab) 和 2($a'b'$),则金属棒在这两个位置时棒内感应电动势的大小关系为(　　)

A. $\varepsilon_2 = \varepsilon_1 \neq 0$　　　　　　B. $\varepsilon_2 > \varepsilon_1$

C. $\varepsilon_2 < \varepsilon_1$　　　　　　　　D. $\varepsilon_2 = \varepsilon_1 = 0$

6. 如图 9-27 所示,均匀磁场 B 局限在半径为 $R=0.10$m 的圆柱形空间内,B 的大小按变化率 $dB/dt=3\times10^{-3}$ T·s^{-1} 均匀增强,现把一长为 $L=0.20$m 的金属杆 MN 放在如图所示位置,其一半在磁场内,另一半在磁场外。N 端与 M 端的电势差为(　　)

A. 0　　　　　　　　　　　B. 0.8×10^{-5} V

C. 1.3×10^{-5} V　　　　　　D. 2.1×10^{-5} V

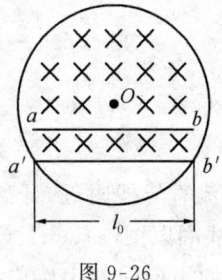

图 9-26

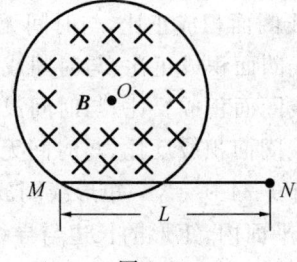

图 9-27

7. 取自感系数的定义式 $L=\Phi_m/I$,当线圈的几何形状不变,周围无铁磁性物质时,若线圈中的电流变小,则线圈的自感系数 L(　　)

A. 变大,与电流成反比关系

B. 变小

C. 不变

D. 变大,但与电流不成反比关系

8. 两个通有电流的平面圆线圈相距不远,如果要使其互感系数近似为零.则应调整线圈的取向使( )

A. 两线圈平面都平行于两圆心连线

B. 两线圈平面都垂直于两圆心连线

C. 两个线圈平面垂直,其中一个线圈平面垂直于两圆心连线

D. 两线圈中电流方向相反

9. 一导线弯成为 5cm 的圆环,放在近似为真空的空间,当其中载有 100A 的电流时,圆心处的磁场能量密度为( )

A. 0　　　　　　　　　　　B. 9.91×10^{-13} J·m^{-3}

C. 7.89×10^{-3} J·m^{-3}　　　D. 0.63 J·m^{-3}

10. 有两个长直单层密绕螺线管,长度及线圈匝数均相同,半径分别为 r_1 和 r_2,管内充满均匀介质.其磁导率分别为 μ_1 和 μ_2.设 $r_1:r_2=1:2$,$\mu_1:\mu_2=2:1$,当将两只螺线管串联在电路中通电稳定后,其自感之比 $L_1:L_2$ 与磁能之比 $W_{m1}:W_{m2}$ 分别为( )

A. 1:1 与 1:1　　　　　　B. 1:2 与 1:1

C. 1:2 与 1:2　　　　　　D. 2:1 与 2:1

四、计算题

1. 如图 9-28 所示,有一无限长竖直导线,电流为 I.有一长为 L_0 的导线 OP 与长直导线共面,导线 OP 以角速度 ω 绕 O 端在长直导线和它所组成的平面内匀速转动,O 点距离长直导线为 a,且 $a > L_0$.求导线 OP 在与水平面成 θ 角时动生电动势的大小和方向.

2. 如图 9-29 所示,长直导线 AB 通有电流 i,矩形线框 $abcd$ 与长直导线共面,且 ad 平行于 AB,dc 边固定,ab 边沿 da 及 cb 以速度 v 无摩擦的匀速平动,设线框自感忽略不计.求:

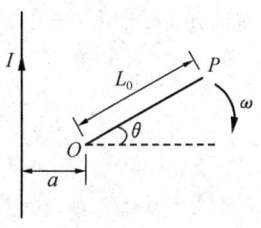

图 9-28

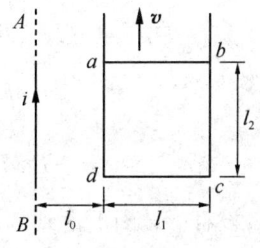

图 9-29

(1) $i=I_0$ (I_0 为正的常数)时,ab 中感应电动势的大小为何?ab 两点哪点电势高?

(2) $i=I_0\cos\omega t$ 时,线框中的总感应电动势的大小为何?

3. 如图 9-30 所示,无限长直导线通有电流 I,有一与之共面的直角三角形线圈 ABC,已知 AC 边长为 b,且与长直导线平行,BC 边长为 a,若线圈以垂直于导线方向的速度 v 向右平移,当 B 点与长直导线的距离为 d 时,求线圈 ABC 内的感应电动势的大小和方向.

4. 环形螺线管,共有 N 匝线圈,横截面为长方形,其尺寸如图 9-31 所示.求证:此螺线管的自感系数为 $L=\dfrac{\mu_0 N^2 b}{2\pi}\ln\dfrac{b}{a}$.

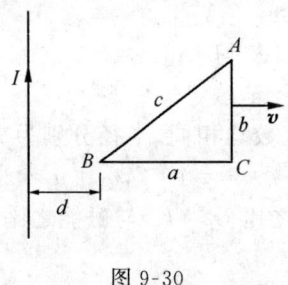

图 9-30

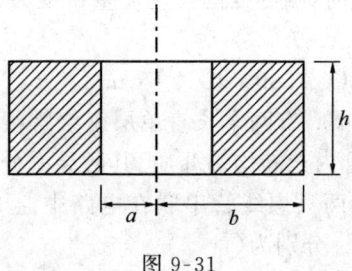

图 9-31

9.5 检测复习题解答

一、判断题

1. ×. 2. √. 3. ×. 4. ×.

二、填空题

1. 解:(1) 由 A 指向 O.

(2) $$U_A-U_O=-|\varepsilon_{OA}|=-\dfrac{1}{2}B\omega R^2$$

$$U_A-U_D=0$$

$$U_A-U_C=(-|\varepsilon_{OA}|)-(-|\varepsilon_{OC}|) \quad \text{(为清楚,可取 } U_O=0\text{)}$$

$$=-\dfrac{1}{2}B\omega R^2+\dfrac{1}{2}B\omega(d-R)^2$$

$$=-\dfrac{1}{2}B\omega d(2R-d)$$

2. 解:设杆 t 时刻下落到如图 9-32 所示位置,速度大小 $v=gt$. $\mathrm{d}x$ 段产生的电动势为

$$d\varepsilon_i = (\boldsymbol{v} \times \boldsymbol{B}) \cdot d\boldsymbol{x} = vB\,dx\cos 0° = vB\,dx$$

整个杆产生的电动势

$$\varepsilon_{iMN} = \int d\varepsilon = \int_a^{a+L} vB\,dx$$

$$= \int_a^{a+L} v\frac{\mu_0 I}{2\pi x}dx = \frac{\mu_0 Iv}{2\pi}\ln\frac{a+L}{a}$$

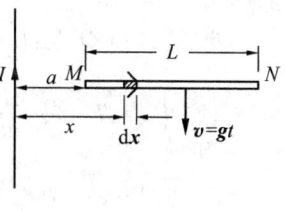

图 9-32

可知 N 点电势高,$u_M - u_N = -\varepsilon_{iMN} = -\dfrac{\mu_0 Iv}{2\pi}\ln\dfrac{a+L}{a}$.

3. 解:(1) $\Phi_m = BS = B\pi r^2$(取 $\boldsymbol{S}$ 与 $\boldsymbol{B}$ 同向)

$$\varepsilon_i = -\frac{d\Phi_m}{dt} = -2B\pi r\frac{dr}{dt}$$

$$= -2 \times 0.8 \times 3.14 \times 0.10 \times (-0.80)$$

$$= 0.4(\text{V})$$

电动势大小为 0.4V.

(2) $\Phi_m = BS$

$$\varepsilon_i = -\frac{d\Phi_m}{dt} = -\frac{d}{dt}(BS) = -B\frac{dS}{dt}$$

即

$$\frac{dS}{dt} = -\frac{\varepsilon_i}{B} = -\frac{0.4}{0.8} = -0.5(\text{m}^2 \cdot \text{s}^{-1})$$

4. 解:(1) $\varepsilon_{i动} = BLv = 0.5 \times 0.05 \times 2 = 0.05(\text{V}) = 50(\text{mV})$

(2) $\Phi_m = BS = BxL$(取 $\boldsymbol{S}$ 方向垂直指向纸面)

$$\varepsilon_{i总} = -\frac{d\Phi_m}{dt} = -xL\frac{dB}{dt} - BL\frac{dx}{dt}$$

$$= -0.1 \times 0.05 \times (-0.1) - 0.5 \times 0.05 \times 2$$

$$= -0.0495(\text{V}) = -49.5(\text{mV})$$

即大小为 49.5mV.

(3) $\varepsilon_{动} = BLv$ 因为 L、v 为常数,B 在减弱,所以随 AC 的运动,动生电动势大小在减小.

5. 解:设 t 时刻线圈底边在磁场中的长度为 $(x+a)$,a 为 $x=0$ 时线圈底边在磁场中的长度. 取线圈平面正法向垂直纸面向外,有

$$\Phi_m = N\boldsymbol{B} \cdot \boldsymbol{S} = -NBS = -NBb(x+a)$$

$$\varepsilon_i = -\frac{d\Phi_m}{dt} = NBb\frac{dx}{dt} = NBb[-\omega A\sin\omega t]$$

$$= NBb\omega A\cos(\omega t + \pi/2)$$

6. 解：(1) Q 点：$E = \dfrac{1}{2} r \dfrac{\mathrm{d}B}{\mathrm{d}t}$.

(2) P 点：$E = \dfrac{R^2}{2r} \dfrac{\mathrm{d}B}{\mathrm{d}t}$.

7. 解：(1) $L = \mu_0 n^2 V = 4\pi \times 10^{-7} \left(\dfrac{500}{0.30}\right)^2 \left[\pi \left(\dfrac{0.03}{2}\right)^2 \times 0.30\right] = 7.4 \times 10^{-4}$ (H)

(2) $L = \mu_0 \mu_r n^2 V = 5000 \times 7.4 \times 10^{-4} = 3.7$ (H)

8. 解：(1) 由题意知，小线圈可视为处于均匀磁场中，磁感应强度为大线圈在其中心产生的磁感应强度的大小.

$$\Phi_{m12} = N_1 \cdot B_2 S_1 = N_1 \dfrac{\mu_0 N_2 I_2}{2R} S_1$$

可得

$$M = \Phi_{m12}/I_2 = \dfrac{\mu_0 N_1 N_2}{2R} S_1 = \dfrac{4\pi \times 10^{-7} \times 50 \times 100}{2 \times 0.20} \times 4.0 \times 10^{-4}$$

$$= 6.28 \times 10^{-6} \text{(H)}$$

(2) $\varepsilon_{m12} = -M \dfrac{\mathrm{d}I_2}{\mathrm{d}t} = -6.28 \times 10^{-6} \times (-50) = 3.14 \times 10^{-4}$ (V)

即 C_1 中互感电动势大小为 3.14×10^{-4} V.

9. 解：$W_1 : W_2 = \dfrac{1}{2} L_1 I^2 : \dfrac{1}{2} L_2 I^2 = L_1 : L_2 = \left(\dfrac{d_1}{2}\right)^2 : \left(\dfrac{d_2}{2}\right)^2$

$$= \left(\dfrac{d_1}{d_2}\right)^2 = \dfrac{1}{16}$$

三、选择题

1. 解：由题知，线圈内电动势大小是由 AD 边与 BC 边产生的电动势大小之差，即

$$\varepsilon_i = \dfrac{\mu_0 I}{2\pi(b-a)} \cdot 2av - \dfrac{\mu_0 I}{2\pi(b+a)} \cdot 2av = \dfrac{2\mu_0 I v a^2}{\pi(b^2 - a^2)}$$

ε_i 的方向：顺时针方向，(D)对.

2. 解：$q = \int_0^t i \mathrm{d}t = \int_0^t \dfrac{\varepsilon_i}{R} \mathrm{d}t = \int_0^t \dfrac{1}{R} \left(-\dfrac{\mathrm{d}\Phi_m}{\mathrm{d}t}\right) \mathrm{d}t$

$$= -\dfrac{1}{R} \int_{\Phi_{m1}}^{\Phi_{m2}} \mathrm{d}\Phi_m = \dfrac{1}{R}(\Phi_{m1} - \Phi_{m2}) = \dfrac{1}{R}(BS\cos\theta_1 - BS\cos\theta_2)$$

$$= \dfrac{1}{R} BS(\cos 0° - \cos 60°) = \dfrac{1}{2R} BS$$

可见 q 与 S 成正比，而与 t 无关，(A)对.

3. 解：可用动生电动势公式 $d\varepsilon_i = (\boldsymbol{v} \times \boldsymbol{B}) \cdot d\boldsymbol{l}$ 来考虑。在图 9-24 所示位置中，(a)、(b) 和 (d) 中各段 $\boldsymbol{v}$ 与 $\boldsymbol{B}$ 均平行，所以各 $d\varepsilon_i$ 均为 0，即 (a)、(b)、(d) 图中 ε_i 均为 0。在 (c) 中，两长两边切割磁场线，并且两边产生总的感应电动势 $\varepsilon_i \neq 0$，所以 (c) 中感应电流最大，(C) 对。

4. 解：I 增大时，穿过 A 的磁场线将增加，根据楞次定律知，A 将抵制这种增加，所以它将远离长导线，(A) 对。

5. 解：分别连 Oa、Ob 和 Oa'、Ob'，使成为两个三角形，组成二个回路，设 $\triangle Oab$ 面积为 S_1，$\triangle Oa'b'$ 面积为 S_2。因为此二三角形的边长相等，及 $\triangle Oa'b'$ 的高大于 $\triangle Oab$ 的高，所以 $S_2 > S_1$。因为 $|\varepsilon_{i1}| = \left|\dfrac{-d\Phi_{m1}}{dt}\right| = S_1 \left|\dfrac{dB}{dt}\right|$ 及 $|\varepsilon_{i2}| = \left|-\dfrac{d\Phi_{m2}}{dt}\right| = S_2 \left|\dfrac{dB}{dt}\right|$，又由于半径方向不产生电动势，所以 $\varepsilon_2 > \varepsilon_1$ ($\varepsilon_1 = |\varepsilon_{i1}|$，$\varepsilon_2 = |\varepsilon_{i2}|$)，(B) 对。

6. 解：如图 9-33 所示，连 OM、ON 和 OP，$\angle MOP = 60°$，$\angle PON = 30°$。取回路 $MNOM$ 沿顺时针方向绕向为正方向，穿过回路的磁通量为

$$\Phi_m = \boldsymbol{B} \cdot \boldsymbol{S} = BS = B\left(\dfrac{1}{2}R\dfrac{\sqrt{3}}{2}R + \dfrac{1}{2}\dfrac{\pi}{6}R^2\right)$$

$$= BR^2\left(\dfrac{\sqrt{3}}{4} + \dfrac{\pi}{12}\right)$$

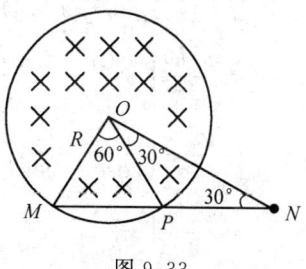

图 9-33

回路产生电动势的大小为

$$|\varepsilon_i| = \left|-\dfrac{d\Phi_m}{dt}\right| = \left|R^2\left(\dfrac{\sqrt{3}}{4} + \dfrac{\pi}{12}\right)\dfrac{dB}{dt}\right| = \left|0.10^2 \times \left(\dfrac{\sqrt{3}}{4} + \dfrac{\pi}{12}\right) \times 3 \times 10^{-3}\right|$$

$$= 2.1 \times 10^{-5} \text{(V)}$$

因为 OM、ON 不产生电动势，所以杆 MN 产生电动势的大小为

$$|\varepsilon_{MN}| = |\varepsilon_i| = 2.1 \times 10^{-5} \text{ V}$$

因为 N 点比 M 点电势高，所以 $U_N - U_M = 2.1 \times 10^{-5}$ V，(D) 对。

7. 解：在此情况下，L 与 I 无关，(C) 对。

8. 解：当两个线圈平面垂直且一个线圈平面通过另一个线圈轴线时，M 近似为零，(C) 对。

9. 解：$\omega_m = \dfrac{I}{2\mu_0}B^2 = \dfrac{I}{2\mu_0}\left[\dfrac{\mu_0 I}{2R}\right]^2 = \dfrac{\mu_0 I^2}{8R} = \dfrac{4\pi \times 10^{-7} \times 100^2}{8 \times 0.05^2} = 0.63 \text{(J} \cdot \text{m}^{-3})$

(D) 对。

10. 解：设螺线管长为 l

$$\dfrac{L_1}{L_2} = \dfrac{\mu_1 n^2 V_1}{\mu_2 n^2 V_2} = \dfrac{\mu_1 \pi r_1^2 l}{\mu_2 \pi r_2^2 l} = \dfrac{\mu_1 r_1^2}{\mu_2 r_2^2} = \dfrac{1}{2}$$

$$\frac{W_{m1}}{W_{m2}} = \frac{L_1 I^2/2}{L_2 I^2/2} = \frac{L_1}{L_2} = \frac{1}{2}$$

(C)对.

四、计算题

1. 解：如图 9-34 所示，dL 段产生的动生电动势为

$$d\varepsilon_i = (\boldsymbol{v} \times \boldsymbol{B}) \cdot d\boldsymbol{L} = vB dL\cos 0°$$

$$= \omega L \frac{\mu_0 I}{2\pi(a + L\cos\theta)} dL$$

$$\varepsilon_i = \int d\varepsilon_i = \int_0^{L_0} \omega L \frac{\mu_0 I dL}{2\pi(a + L\cos\theta)}$$

$$= \frac{\mu_0 I \omega}{2\pi} \int_0^{L_0} \frac{L\, dL}{a + L\cos\theta}$$

$$= \frac{\mu_0 I \omega}{2\pi} \int_0^{L_0} \frac{(a+L\cos\theta)/\cos\theta - a/\cos\theta}{a + L\cos\theta} dL$$

$$= \frac{\mu_0 I \omega}{2\pi} \left(\frac{L_0}{\cos\theta} - \frac{a}{\cos\theta} \int_0^{L_0} \frac{dL}{a + L\cos\theta} \right)$$

$$= \frac{\mu_0 I \omega}{2\pi} \left(\frac{L_0}{\cos\theta} - \frac{a}{\cos^2\theta} \ln\frac{a + L_0\cos\theta}{a} \right)$$

$$= \frac{\mu_0 I \omega}{2\pi\cos\theta} \left(L_0 - \frac{a}{\cos\theta} \ln\frac{a + L_0\cos\theta}{a} \right)$$

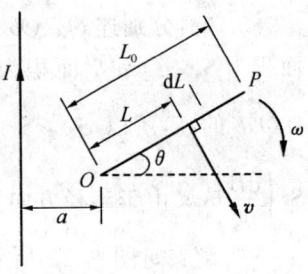

图 9-34

方向：由 O 指向 P.

2. 解：(1) 如图 9-35 所示，dL 段产生的动生电动势为

$$d\varepsilon_{iab} = (\boldsymbol{v} \times \boldsymbol{B}) \cdot d\boldsymbol{L} = vB dL\cos\pi = -v\frac{\mu_0 I_0}{2\pi L} dL$$

$$\varepsilon_{iab} = -\int_{l_0}^{l_0+l_1} v\frac{\mu_0 I_0}{2\pi L} dL = -\frac{\mu_0 I_0 v}{2\pi} \ln\frac{l_0 + l_1}{l_0}$$

$$|\varepsilon_{iab}| = \frac{\mu_0 I_0 v}{2\pi} \ln\frac{l_0 + l_1}{l_0}$$

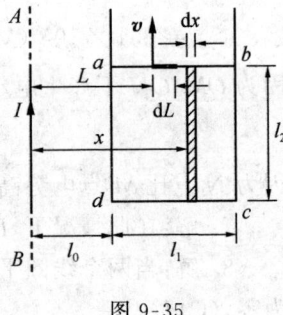

图 9-35

ε_{iab} 沿 $b \to a$ 方向，$U_a > U_b$.

(2) t 时刻 $bc = l_2$，穿过阴影面积磁通量为

$$d\Phi_m = BdS = \frac{\mu_0 i}{2\pi x} l_2 dx \text{（取 } d\boldsymbol{S} \text{ 垂直指向纸面）}$$

$$\Phi_m = \int d\Phi_m = \int_{l_0}^{l_0+l_1} \frac{\mu_0 i}{2\pi x} l_2 dx = \frac{l_2 \mu_0 i}{2\pi} \ln\frac{l_0 + l_1}{l_0}$$

$$\varepsilon_i = -\frac{d\Phi_m}{dt} = -\frac{d}{dt}\left(\frac{\mu_0}{2\pi}\ln\frac{l_0+l_1}{l_0} \cdot I_0\cos\omega t \cdot l_2\right)$$

$$= -\frac{\mu_0}{2\pi}\ln\frac{l_0+l_1}{l_0}\left(I_0\cos\omega t\frac{dl_2}{dt} - l_2\omega I_0\sin\omega t\right)$$

$$= -\frac{\mu_0}{2\pi}\ln\frac{l_0+l_1}{l_0}(vI_0\cos\omega t - l_2\omega I_0\sin\omega t)$$

$$|\varepsilon_i| = \frac{\mu_0}{2\pi}\ln\frac{l_0+l_1}{l_0}|vI_0\cos\omega t - l_2\omega I_0\sin\omega t|$$

3. 解: 如图 9-36 所示,设 t 时刻 B 点距直导线为 x,阴影面积上磁通量为(取回路顺时针为正)

$$d\Phi_m = BdS = \frac{\mu_0 I}{2\pi(x+y)}y\tan\theta dy = \frac{\mu_0 Ib}{2\pi a}\frac{ydy}{(x+y)}$$

$$\Phi_m = \int_0^a \frac{\mu_0 Ib}{2\pi a}\frac{ydy}{(x+y)} = \frac{\mu_0 Ib}{2\pi a}\int_0^a \frac{(x+y)-x}{x+y}dy$$

$$= \frac{\mu_0 Ib}{2\pi a}\left[a - x\ln\frac{x+a}{x}\right]$$

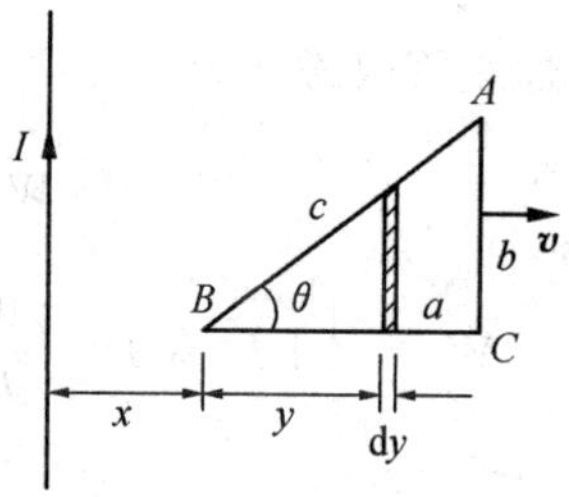

$$\varepsilon_i = -\frac{d\Phi_m}{dt}$$

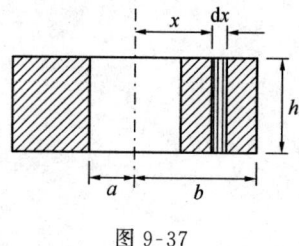

图 9-36

$$= \frac{\mu_0 Ib}{2\pi a}\left(\frac{dx}{dt}\ln\frac{x+a}{x} + x \cdot \frac{x}{x+a} \cdot \frac{\frac{dx}{dt}x - (x+a)\frac{dx}{dt}}{x^2}\right)$$

$$= \frac{\mu_0 Ib}{2\pi a}\left[v\ln\frac{x+a}{x} - \frac{a}{x+a}v\right]$$

$x=d$ 时,$\varepsilon_i = \frac{\mu_0 Ib}{2\pi a}\left(\ln\frac{a+d}{d} - \frac{a}{a+d}\right)v$,$\varepsilon_i$ 方向:$ACBA$(即顺时针).

4. 证: 〈方法一〉:如图 9-37 所示,通过一匝线圈竖直线阴影部分面积上的磁通量为

$$d\Phi_m = BdS = \frac{\mu_0(NI)}{2\pi x} \cdot hdx$$

$$\Phi_m = \int_a^b \frac{\mu_0 NIh}{2\pi x}dx = \frac{\mu_0 NIh}{2\pi}\ln\frac{b}{a}$$

图 9-37

磁通链为

$$\psi_m = N\Phi_m$$

$$L = \frac{\psi_m}{I} = \frac{N\Phi_m}{I} = \frac{\mu_0 N^2 h}{2\pi}\ln\frac{b}{a}$$

〈方法二〉：图 9-38 为图 9-31 的俯视图，距轴 O 为 x 处（在螺线管内）$\boldsymbol{B}$ 大小为

$$B = \frac{\mu_0(NI)}{2\pi x}$$

此处磁场能量密度为

$$\omega_m = \frac{B^2}{2\mu_0} = \frac{\mu_0 N^2 I^2}{8\pi^2 x^2}$$

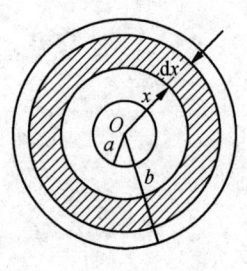

图 9-38

在内半径为 x、厚度为 $\mathrm{d}x$ 和高为 h 的薄筒内磁场能量为

$$\mathrm{d}W_m = \omega_m \mathrm{d}V = \omega_m \cdot 2\pi x \mathrm{d}x \cdot h$$
$$= \frac{\mu_0 N^2 I^2 h \mathrm{d}x}{4\pi x}$$

螺线管内磁能为

$$W_m = \int_a^b \frac{\mu_0 N^2 I^2 h \mathrm{d}x}{4\pi x} = \frac{\mu_0 N^2 I^2 h}{4\pi} \ln \frac{b}{a}$$

由 $W_m = \frac{1}{2}LI^2$ 有 $L = \frac{2W_m}{I^2} = \frac{\mu_0 N^2 h}{2\pi} \ln \frac{b}{a}$.

第 10 章 电磁场基本理论

10.1 基本要求

1. 了解位移电流的概念以及麦克斯韦方程组(积分形式)的物理意义.
2. 理解麦克斯韦电磁场的基本概念.

10.2 本章小结

一、基本概念

1. 位移电流:通过某一截面的电位移通量对时间的变化率称为通过该截面的位移电流.
2. 位移电流密度:某一点的电位移对时间的变化率称为该点的位移电流密度.
3. 麦克斯韦电磁场的基本概念:变化的磁场产生电场,变化的电场产生磁场.
4. 电磁波:变化的电场和变化的磁场相互连续激发,并在空间以波的形式传播.

二、基本规律

1. 位移电流假设:把通过某一截面的电位移通量对时间的变化率假设为通过该截面的位移电流. 位移电流与传导电流的异同点如下.

$$\begin{cases} \text{相同点:二者都能产生磁场.} \\ \text{不同点} \begin{cases} (1) \text{位移电流是变化的电场产生的}(\text{不表示有电荷定向运动}),\text{它不产生焦耳热.} \\ (2) \text{传导电流是由电荷定向运动产生的},\text{它产生焦耳热.} \end{cases} \end{cases}$$

2. 全电流安培环路定理:磁场强度 H 沿某一闭合回路 l 的线积分(磁场强度的环流)等于通过回路 l 的传导电流 I 和位移电流 I_D 的代数和,即 $\oint_l \boldsymbol{H} \cdot \mathrm{d}\boldsymbol{l} = \sum_{l\text{内}} I + I_D$.

3. 麦克斯韦方程组（积分形式）
$$\begin{cases} \oint_l \boldsymbol{E} \cdot \mathrm{d}\boldsymbol{l} = -\dfrac{\mathrm{d}\Phi_\mathrm{m}}{\mathrm{d}t} \\ \oint_S \boldsymbol{D} \cdot \mathrm{d}\boldsymbol{S} = \sum_{S\text{内}} q \\ \oint_l \boldsymbol{H} \cdot \mathrm{d}\boldsymbol{l} = \sum_{L\text{内}} I + \dfrac{\mathrm{d}\Phi_\mathrm{D}}{\mathrm{d}t} \\ \oint_S \boldsymbol{B} \cdot \mathrm{d}\boldsymbol{S} = 0 \end{cases}$$

其中第一个方程说明变化的磁场可以激发电场；第二个方程说明电场是有源场；第三个方程说明变化的电场可以激发磁场；第四个方程说明磁场是无源场．

4. 电磁波的基本性质：

（1）电磁波为横波．电场强度 $\boldsymbol{E}$ 振动方向、磁场强度 $\boldsymbol{H}$ 振动方向和波动速度 $\boldsymbol{C}$ 方向互相垂直，且 $\boldsymbol{C}$ 沿 $(\boldsymbol{E} \times \boldsymbol{H})$ 方向．

（2）电场强度 $\boldsymbol{E}$ 和磁场强度 $\boldsymbol{H}$ 变化是同步的（即同相位．在第 11 章中可介绍）．

（3）电场强度 $\boldsymbol{E}$ 和磁场强度 $\boldsymbol{H}$ 幅值 E_0 和 H_0 成比例，即

$$\sqrt{\varepsilon_0 \varepsilon_\mathrm{r}} E_0 = \sqrt{\mu_0 \mu_\mathrm{r}} H_0$$

式中，ε_0 为真空电容率；ε_r 为介质的相对电容率；μ_0 为真空磁导率；μ_r 为介质的相对磁导率．

（4）真空中电磁波速度大小为 $C = 1/\sqrt{\varepsilon_0 \mu_0} \approx 3 \times 10^8 \mathrm{m} \cdot \mathrm{s}^{-1}$．

三、基本公式

1. 位移电流

$$I_\mathrm{D} = \frac{\mathrm{d}\Phi_\mathrm{D}}{\mathrm{d}t}$$

2. 位移电流密度

$$\boldsymbol{j}_\mathrm{D} = \frac{\mathrm{d}\boldsymbol{D}}{\mathrm{d}t}$$

3. 电磁波能量密度（单位时间内垂直通过单位面积上的电磁波能量）：$\boldsymbol{S} = \boldsymbol{E} \times \boldsymbol{H}$，$\boldsymbol{S}$ 也称为坡印亭矢量．

10.3 典型思考题与习题

一、思考题

1. 试比较传导电流与位移电流的异同之处．

解 (1) 共同点：都能产生磁场．

(2) 不同点：位移电流是变化电场产生的(不表示有电荷定向运动，只表示电场变化)，不产生焦耳热；传导电流是电荷的宏观定向运动产生的，产生焦耳热．

2.(1)变化的电场所产生的磁场，是否一定随时间而变化？(2)变化的磁场所产生的电场，是否一定随时间而变化？

解 (1) 不一定．位移电流为 $I_D = \mathrm{d}\Phi_D/\mathrm{d}t$，当 $\mathrm{d}\Phi_D/\mathrm{d}t = $ 常量时，$I_D = $ 常量，此时产生的磁场不随时间变化；当 $\mathrm{d}\Phi_D/\mathrm{d}t \neq $ 常量时，$I_D \neq $ 常量，此时产生的磁场随时间变化．

(2) 不一定．当 $\mathrm{d}\boldsymbol{B}/\mathrm{d}t = $ 常量时，产生的电场不随时间变化；当 $\mathrm{d}\boldsymbol{B}/\mathrm{d}t \neq $ 常量时，产生的电场随时间变化．

二、典型习题

1. 一平行板空气电容器的两极板都是半径为 5.0cm 的圆形导体片，在充电时，其中电场强度变化率为 $\mathrm{d}E/\mathrm{d}t = 1.0 \times 10^{12} \mathrm{V \cdot m^{-1} \cdot s^{-1}}$．求：

(1) 两极板间的位移电流 I_D；

(2) 两极板间距离其轴线为 4.0cm 处位移电流所产生的磁感应强度的大小．(不计电容器的边缘效应)．

解 (1) 如图 10-1 所示，忽略边缘效应，极板间电场可看作局限在半径为 $R = 5.0$cm 内的均匀电场．通过两极板间与极板面积相等、位置相对的平面 S 上电位移通量为(取平面 S 的正法向方向由正极板指向负极板)

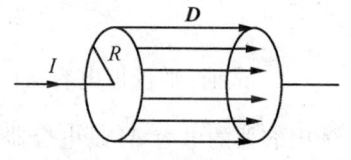

图 10-1

$$\Phi_D = \boldsymbol{D} \cdot \boldsymbol{S} = DS = \varepsilon_0 ES = \varepsilon_0 \pi R^2 E$$

位移电流为

$$I_D = \frac{\mathrm{d}\Phi_D}{\mathrm{d}t} = \varepsilon_0 \pi R^2 \frac{\mathrm{d}E}{\mathrm{d}t}$$

$$= 8.85 \times 10^{-12} \times 3.14 \times 0.05^2 \times 1.0 \times 10^{12}$$

$$= 6.95 \times 10^{-2} (\mathrm{A})$$

(2) 由对称性可知，变化电场产生的磁场其磁场线是以极板对称轴上点为圆心的一系列圆周．如图 10-2 所示，取半径为 $r(r<R)$ 的圆形回路 l，回路中心在极板对称轴上，回路平面平行于极板，绕行方向同磁场线绕行方向．由全电流环流定理

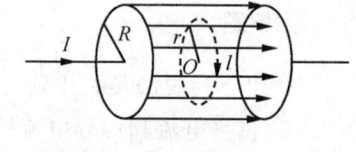

图 10-2

$$\oint_l \boldsymbol{H} \cdot \mathrm{d}\boldsymbol{l} = \sum_{L内} I + \frac{\mathrm{d}\Phi_D}{\mathrm{d}t}$$

有
$$\oint_l \boldsymbol{H} \cdot \mathrm{d}\boldsymbol{l} = \sum_{l内} \frac{\mathrm{d}\Phi_D}{\mathrm{d}t}$$

$$\oint_l \boldsymbol{H} \cdot \mathrm{d}\boldsymbol{l} = \oint_l H \cdot \mathrm{d}l\cos 0° = H\oint_l \mathrm{d}l = H \cdot 2\pi r$$

$$\sum_{l内} \frac{\mathrm{d}\Phi_D}{\mathrm{d}t} = \sum_{l内} I'_D = \frac{\pi r^2}{\pi R^2} I_D = \left(\frac{r}{R}\right)^2 I_D$$

由上有
$$H \cdot 2\pi r = \left(\frac{r}{R}\right)^2 I_D$$

即
$$H = \frac{r}{2\pi R^2} I_D$$

$r=4.0\mathrm{cm}$ 处位移电流所产生的磁感应强度的大小为

$$B = \mu_0 H = \frac{\mu_0 r}{2\pi R^2} I_D$$
$$= \frac{4\pi \times 10^{-7} \times 0.04}{2\pi \times 0.05^2} \times 6.95 \times 10^{-2}$$
$$= 2.22 \times 10^{-7}(\mathrm{T})$$

2. 试证:平行板电容器(不计边缘效应)中位移电流可写为 $I_D = C\dfrac{\mathrm{d}V}{\mathrm{d}t}$,式中 C 为电容器的电容,V 是电容器两板间的电势差.

证 平行板电容器中位移电流为

$$I_D = \frac{\mathrm{d}\Phi_D}{\mathrm{d}t} = \frac{\mathrm{d}}{\mathrm{d}t}(DS) = \frac{\mathrm{d}}{\mathrm{d}t}[\sigma S] = \frac{\mathrm{d}}{\mathrm{d}t}q = \frac{\mathrm{d}}{\mathrm{d}t}CV = C\frac{\mathrm{d}V}{\mathrm{d}t}$$

10.4 检测复习题

注意:以下在没有指出介质时按真空情况处理.

一、判断题

指出下列说法是否正确:

1. 位移电流和传导电流一样,也是由电荷的定向运动形成的.
2. 在产生磁场方面,位移电流和传导电流是等效的.
3. 电磁场具有质量.
4. 电磁场具有动量.

二、填空题

1. 充了电的半径为 r 的两块导体圆板组成的平行板电容器,在放电时两板间的电场强度的大小 $E=E_0 e^{-t/RC}$,式中,E_0、R、C 均为常数,则两板间的位移电流为(不计边缘效应)_____;其方向与场强方向_____。

2. 如图 10-3 所示,平行板电容器,从 $q=0$ 开始充电,在充电过程中,极板间 P 处电场强度方向和磁感应强度方向分别为_____ 和_____。

3. 平行板电容器的电容为 $20.0\mu F$,两板上的电压变化率为 $dV/dt=1.50\times 10^5 V\cdot s^{-1}$,则该平行板电容器中的位移电流为_____。

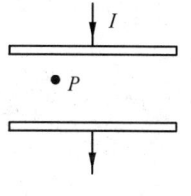

图 10-3

4. 写出麦克斯韦方程组的积分形式
_____;_____;
_____;_____。

5. 在没有自由电荷与传导电流的变化电磁场中
$\oint_l \boldsymbol{H}\cdot d\boldsymbol{l}=$_____;$\oint_l \boldsymbol{E}\cdot d\boldsymbol{l}=$_____。

6. 电磁波是_____波;电磁波的电场强度 $\boldsymbol{E}$ 和磁场强度 $\boldsymbol{H}$ 的点积 $\boldsymbol{E}\cdot\boldsymbol{H}=$_____;设 $\boldsymbol{k}$ 为电磁波传播方向的单位矢量,则点积 $\boldsymbol{E}\cdot\boldsymbol{k}=$_____,$\boldsymbol{H}\cdot\boldsymbol{k}=$_____,在真空中 $\boldsymbol{E}$ 与 $\boldsymbol{H}$ 的幅值之比为_____,坡印亭矢量 $\boldsymbol{S}=$_____。

三、选择题

1. 如图 10-4 所示,平板电容器(不计边缘效应)充电时,沿环路 l_1、l_2 磁场强度 $\boldsymbol{H}$ 的环流中,必有( )

A. $\oint_{l_1} \boldsymbol{H}\cdot d\boldsymbol{l} > \oint_{l_2} \boldsymbol{H}\cdot d\boldsymbol{l}$

B. $\oint_{l_1} \boldsymbol{H}\cdot d\boldsymbol{l} = \oint_{l_2} \boldsymbol{H}\cdot d\boldsymbol{l}$

C. $\oint_{l_1} \boldsymbol{H}\cdot d\boldsymbol{l} < \oint_{l_2} \boldsymbol{H}\cdot d\boldsymbol{l}$

D. $\oint_{l_1} \boldsymbol{H}\cdot d\boldsymbol{l} = 0$

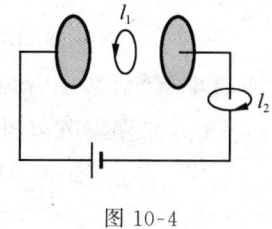

图 10-4

2. 一空气平行板电容器的两极板都是半径为 R 的圆导体片,在充电时,板间的电场强度的变化率为 dE/dt。若略去边缘效应,则两板间的位移电流为(取面元 $d\boldsymbol{S}$ 的方向与其上的电位移矢量 $\boldsymbol{D}$ 的方向相同)( )

A. $\dfrac{dE}{dt}$ B. $\varepsilon_0 \dfrac{dE}{dt}$ C. $\pi R^2 \dfrac{dE}{dt}$ D. $\varepsilon_0 \pi R^2 \dfrac{dE}{dt}$

3. 半径为 R 的两块金属圆板构成空气平行板电容器,如图 10-5 所示,给电容匀速充电时,极板间的电场强度变化率为 $dE/dt>0$,距两极板中心连线为 $r(r<R)$ 的 P 点的磁感应强度大小为(不计电容器的边缘效应)( )

A. 0 B. $\dfrac{\varepsilon_0 \mu_0}{2} r \dfrac{dE}{dt}$

C. $\dfrac{\varepsilon_0 \mu_0}{2} \dfrac{R^2}{r} \dfrac{dE}{dt}$ D. $\varepsilon_0 \mu_0 r \dfrac{dE}{dt}$

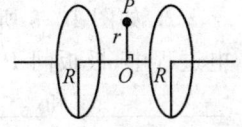

图 10-5

4. 为了在 $1\mu F$ 的电容器上产生 $1A$ 的位移电流,问加在电容器上的电压变化率为多少?( )

A. $1V \cdot s^{-1}$ B. $1\times 10^3 V \cdot s^{-1}$

C. $1\times 10^6 V \cdot s^{-1}$ D. $2V \cdot s^{-1}$

5. 如图 10-6 所示,它是一个直流电路,在电源内部的 P 点坡印廷矢量 S 的方向为(回路及 P 点在纸面内)( )

A. 垂直指向纸面 B. 垂直纸面指向读者

C. 平行纸面向上 D. 平行纸面向下

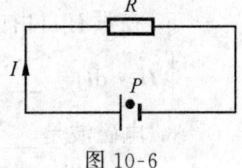

图 10-6

四、计算题

1. 平行板电容器其极板为正方形,极板边长为 $0.3m$,当放电电流为 $1.0A$ 时(不计边缘效应),求:

(1) 两极板上电荷密度随时间的变化率;

(2) 通过极板上的正方形回路 $abcda$ 区域的位移电流大小(图 10-7);

(3) 对于 $abcda$ 回路积分 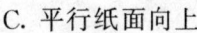 $\boldsymbol{B} \cdot d\boldsymbol{l} = ?$

2. 一广播电台的平均辐射功率为 $10kW$,假定辐射的能流均匀分布在以电台为中心的半球面上.

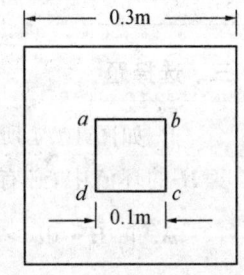

图 10-7

(1) 求距离电台为 $r=10km$ 处坡印亭矢量的大小的平均值;

(2) 在上述距离处的电磁波视为平面波,求该处电场强度和磁场强度的振幅值.

10.5 检测复习题解答

一、判断题

1. ×. 2. √. 3. √. 4. √.

二、填空题

1. 解：(1)
$$I_D = \frac{d\Phi_D}{dt} = \frac{d}{dt}(\varepsilon_0 E \cdot S) = \varepsilon_0 S \frac{d}{dt} E$$
$$= \varepsilon_0 S \frac{d}{dt}[E_0 e^{-t/RC}] = -\frac{\varepsilon_0 \pi r^2}{RC} E_0 e^{-t/RC}$$

(2) 放电时 I_D 由负极到正极，即与 E 方向相反．

2. 解：(1) E 方向由上极板指向下极板．

(2) B 方向垂直指向纸面．

3. 解：$I_D = C\dfrac{dV}{dt} = 20.0 \times 10^{-6} \times 1.50 \times 10^5 = 3(\text{A})$

4. 解：(1) $\oint_l \boldsymbol{E} \cdot d\boldsymbol{l} = -\dfrac{d\Phi_m}{dt}$

(2) $\oint_S \boldsymbol{D} \cdot d\boldsymbol{S} = \sum_{S内} q$

(3) $\oint_l \boldsymbol{H} \cdot d\boldsymbol{l} = \sum_{l内}\left(I + \dfrac{d\Phi_D}{dt}\right)$

(4) $\oint_S \boldsymbol{B} \cdot d\boldsymbol{S} = 0$

5. 解：(1) $\dfrac{d\Phi_D}{dt}$ 或 $\displaystyle\int_S \dfrac{\partial}{\partial t}\boldsymbol{D} \cdot d\boldsymbol{S}$

(2) $-\dfrac{d\Phi_m}{dt}$ 或 $-\displaystyle\int_S \dfrac{\partial}{\partial t}\boldsymbol{B} \cdot d\boldsymbol{S}$

6. 解：(1) 横；(2) 0；(3) 0；(4) 0；(5) $\sqrt{\dfrac{\mu_0}{\varepsilon_0}}$；(6) $\boldsymbol{E} \times \boldsymbol{H}$．

三、选择题

1. 解：由题知 $\oint_{l_2} \boldsymbol{H} \cdot d\boldsymbol{l} =$ 位移电流 I_D 的一部分

$$\oint_{l_1} \boldsymbol{H} \cdot d\boldsymbol{l} = \text{位移电流 } I$$

因为 $I_D = I$，所以 $\oint_{l_1} \boldsymbol{H} \cdot d\boldsymbol{l} < \oint_{l_2} \boldsymbol{H} \cdot d\boldsymbol{l}$，(C) 对．

2. 解：$I_D = \dfrac{d\Phi_D}{dt} = \dfrac{d}{dt}(\boldsymbol{D} \cdot \boldsymbol{S}) = \dfrac{d}{dt}(DS) = \dfrac{d}{dt}(\varepsilon_0 ES)$

$= \varepsilon_0 S \dfrac{dE}{dt} = \varepsilon_0 \pi R^2 \dfrac{dE}{dt}$

(D) 对．

3. 解：由上题知，$I_D = \varepsilon_0 \pi R^2 \dfrac{dE}{dt}$. 以 O 为中心，过 P 点作半径为 r 的回路，由安培环路定律有：$\oint_l \boldsymbol{H} \cdot d\boldsymbol{l} =$ 通过回路 l 的位移电流，即 $H \cdot 2\pi r = \dfrac{I_D}{\pi R^2} \cdot \pi r^2$（视 I_D 均匀分布在以二极板为底所组成的圆柱的横截面上），由此有

$$H = \dfrac{I_D}{2\pi R^2} r = \dfrac{1}{2}\varepsilon_0 r \dfrac{dE}{dt}$$

得

$$B = \mu_0 H = \dfrac{1}{2}\mu_0 \varepsilon_0 r \dfrac{dE}{dt}$$

(B)对．

4. 解：由 $I_D = C\dfrac{dV}{dt}$ 有

$$\dfrac{dV}{dt} = \dfrac{I_D}{C} = \dfrac{1}{1 \times 10^{-6}} = 10^6 (\text{V} \cdot \text{s}^{-1})$$

(C)对．

5. 解：P 点 $\boldsymbol{H}$ 垂直纸面向里，$\boldsymbol{E}$ 向左，可知 $\boldsymbol{S} = \boldsymbol{E} \times \boldsymbol{H}$ 向下，(D)对．

四、计算题

1. 解：(1) $$I_D = \dfrac{d\Phi_D}{dt} = S\dfrac{dD}{dt} = S\dfrac{d\sigma}{dt}$$

即

$$\dfrac{d\sigma}{dt} = \dfrac{I_D}{S} = \dfrac{I}{S} = \dfrac{1.0}{0.3^2} = 11.1 (\text{C} \cdot \text{s}^{-1} \cdot \text{m}^{-2})$$

(2) $I_D' = \dfrac{I_D}{S} S' = \dfrac{1.0}{0.3^2} \times 0.1^2 = 0.111 (\text{A})$

(3) $\oint_l \boldsymbol{B} \cdot d\boldsymbol{l} = \mu_0 I_D' = 4\pi \times 10^{-7} \times 0.111 = 1.40 \times 10^{-7} (\text{Wb} \cdot \text{m})$

2. 解：(1) 平均辐射功率 $\bar{P} = 10\text{kW}$，在相距 r 处坡印亭矢量大小平均值 $\bar{S}$ 为

$$\bar{S} = \dfrac{\bar{P}}{2\pi r^2} = \dfrac{10 \times 10^3}{2\pi \times (10 \times 10^3)^2} = 1.58 \times 10^{-5} (\text{W} \cdot \text{m}^{-2})$$

(2) 设平面波电场强度和磁场强度的幅值为 E_0 和 H_0，由

$$\bar{S} = \dfrac{1}{2} E_0 H_0 = \dfrac{1}{2}\sqrt{\dfrac{\varepsilon_0}{\mu_0}} E_0^2$$

得

$$E_0 = \left(2\bar{S}\sqrt{\dfrac{\mu_0}{\varepsilon_0}}\right)^{1/2} = \left(2 \times 1.58 \times 10^{-5} \times \sqrt{\dfrac{4\pi \times 10^{-7}}{8.85 \times 10^{-12}}}\right)^{1/2}$$

$$= 0.110 (\text{V} \cdot \text{m}^{-1})$$

$$H_0 = \sqrt{\dfrac{\varepsilon_0}{\mu_0}} E_0 = 2.91 \times 10^{-4} \text{A} \cdot \text{m}^{-1}$$

第四篇　机械振动与机械波

第 11 章　机械振动

11.1　基本要求

1. 掌握描述简谐振动各物理量的物理意义及它们之间的关系.
2. 掌握描述简谐振动的曲线和旋转矢量方法,并能用来分析、求解简谐振动问题.
3. 掌握简谐振动的基本特征,能建立一维简谐振动的微分方程,能根据初始条件确定一维简谐振动的运动方程,并理解其物理意义.
4. 理解简谐振动的能量转换过程,会计算简谐振动的能量.
5. 理解同方向、同频率简谐振动合成的规律.

11.2　本章小结

一、基本概念

1. 振动:物理量(如位移、速度、电流、电场强度、磁场强度等)在某一数值附近随时间往复变化,则称该物理量在做振动.
2. 机械振动:物体在其平衡位置附近做往复的运动(以下针对机械振动进行描述,但应指出的是物理量做振动时有着相似的规律).
3. 简谐振动:做振动的物体的位置坐标按余弦(或正弦)函数规律随时间变化.
4. 振动周期:物体做一次完整振动所需要的时间.
5. 振动频率:单位时间内物体做完整振动的次数.
6. 振动角频率:在 2π 秒内物体做完整振动的次数.
7. 振动相位:$(\omega t+\varphi)$ 称为物体振动的相位(相位或周相).其中 ω 为角频率,t 为时间,φ 为初相.相位是决定物体振动状态的物理量.
8. 振动相位差:两个物体振动相位之差称为相位差.相位大的振动称为振动超前,相位小的振动称为振动落后.
9. 旋转矢量:设物体在 x 轴上做简谐振动,自原点 O 做一矢量 A,其模为简谐

振动的振幅 A，让 A 在物体振动的图面内绕 O 点逆时针转动，角速度的数值为简谐振动的角频率 ω. $t=0$ 时刻，矢量 A 与 x 轴正向夹角 φ 为简谐振动的初相，t 时刻矢量 A 与 x 轴正向夹角 $(\omega t+\varphi)$ 为 t 时刻简谐振动的相位，矢量 A 称为旋转矢量. 此时，A 的末端在 x 轴上的投影点在 x 轴上做简谐振动，用该投影点的运动可直观、方便地来描述相应物体在 x 轴上所做的简谐振动.

二、基本规律

1. 简谐振动的特征 $\begin{cases} 动力学特征: F=-kx \\ 运动学特征 \begin{cases} x=A\cos(\omega t+\varphi) \text{ 或} \\ x=A\sin(\omega t+\varphi) \text{ 或} \\ a=-\omega^2 x \text{ 或} \\ \dfrac{\mathrm{d}x^2}{\mathrm{d}t^2}+\omega^2 x=0 \end{cases} \end{cases}$

其中，F 为物体受到的合外力(标量式)；k 为常量(对于弹簧振子而言是弹簧的劲度系数)；x 为物体坐标(也是相对平衡点的位移)；A 为物体振幅；ω 为角频率；t 位时间；φ 为初相.

2. 同方向、同频率的简谐振动合成规律：同方向、同频率的两个简谐振动合成后仍然是简谐振动.

三、基本公式

1. 简谐振动方程 $x=A\cos(\omega t+\varphi)$.

注意：无特殊声明情况下振动方程采用余弦形式

2. 有关物理量和参量 $\begin{cases} \omega=\sqrt{\dfrac{k}{m}}=2\pi\nu=2\pi\dfrac{1}{T} \\ T=\dfrac{2\pi}{\omega}=\begin{cases} 2\pi\sqrt{\dfrac{m}{k}}\text{(谐振子)} \\ 2\pi\sqrt{\dfrac{g}{l}}\text{(单摆)} \end{cases} \\ A=\sqrt{x_0^2+\dfrac{v_0^2}{\omega^2}} \\ \varphi=\arctan\left(-\dfrac{v_0}{x_0\omega}\right) \end{cases}$

注意：有的情况下用旋转矢量方法确定 φ 方便.

3. 简谐振动速度及加速度 $\begin{cases} v=-\omega A\sin(\omega t+\varphi) \\ a=-\omega^2 A\cos(\omega t+\varphi)=-\omega^2 x \end{cases}$

4. 同方向同频率谐振动的合成 $\begin{cases} x_1 = A_1 \cos(\omega t + \varphi_1) \\ x_2 = A_2 \cos(\omega t + \varphi_2) \\ x = x_1 + x_2 = A\cos(\omega t + \varphi) \\ A = \sqrt{A_1^2 + A_2^2 + 2A_1 A_2 \cos(\varphi_2 - \varphi_1)} \\ \varphi = \arctan \dfrac{A_1 \sin\varphi_1 + A_2 \sin\varphi_2}{A_1 \cos\varphi_1 + A_2 \cos\varphi_2} \end{cases}$

5. 简谐振动能量 $\begin{cases} \text{动能 } E_k = \dfrac{1}{2}mv^2 = \dfrac{1}{2}m\omega^2 A^2 \sin^2(\omega t + \varphi) \\ \text{势能 } E_p = \dfrac{1}{2}kx^2 = \dfrac{1}{2}kA^2 \cos^2(\omega t + \varphi) \\ \text{总能量 } E = E_k + E_p = \dfrac{1}{2}kA^2 = \dfrac{1}{2}m\omega^2 A^2 \end{cases}$

11.3 典型思考题与习题

一、思考题

1. 如何从动力学角度和运动学角度来判断一个运动是否为简谐振动?

解 动力学角度:若一物体受合力与其位移正比反向,则该物体做简谐振动.

运动学角度:做振动的物体的位置坐标按余弦(或正弦)函数规律随时间变化,或物体的加速度与其位移正比反向,或物体位置坐标满足 $\mathrm{d}x^2/\mathrm{d}t^2 + \omega^2 x = 0$($\omega$ 为实常量),则该物体做简谐振动.

2. 在简谐振动中 $t=0$ 是质点开始运动的时刻,还是开始计时的时刻?

解 $t=0$ 是开始计时的时刻,开始计时的时刻不一定是质点开始运动的时刻.

3. 把单摆从平衡位置拉开,使摆线与竖直方向成 θ 角,然后放手,任其摆动.那么单摆振动的初相是否为 θ?

解 θ 是角坐标,它和谐振动的初相是两个不同的物理量,二者没有必然的联系.此外,初相与计时起点的选取有关,而计时起点又任选,所以计时起点不同其振动初相也不尽相同.

4. 单摆绕转轴转动的角速度是否为振动的角频率?

解 角速度和角频率是两个不同的物理概念,前者是角坐标对时间的一次导数,后者为 $\sqrt{l/g}$(l 为摆长,g 为重力加速度量值).

5. 有两只钟,一只钟依靠弹簧振动,另一只钟依靠单摆振动.若将两只钟拿到火星上去,在那里它们的计时与在地球上是否相同?

解 从弹簧振子的振动周期 $T = 2\pi\sqrt{m/k}$ 来看,仅与 m 和 k 有关,而质量 m

和劲度系数 k 不论在火星上还是地球上均是相同的,故周期 T 不变,在火星上和地球上计时相同.对单摆则不然,因周期 $T=2\pi\sqrt{l/g}$ 与重力加速度大小有关,在地球上 $g=9.8\mathrm{m\cdot s^{-2}}$,而在火星上 $g=0.37g$,故火星上单摆周期大于地球上单摆周期,故在火星上和地球上计时不同.

6. 一弹簧的劲度系数为 k,一质量为 m 的物体挂在它的下面,若把弹簧分为相等的两半,物体挂在分割后的半根弹簧上,问弹簧分割前后,振子的振动频率是否有变化?

解 有变化.可知弹性力大小与弹簧伸长量关系为 $F=kx$,对于整根弹簧(自然长度为 l),要伸长 x 时(图 11-1)需要外力大小为 F,对于半根弹簧(图 11-2),仍将伸长 x 时,须用力的大小为 $2F$,即 $2F=k_{半}x$.由上知 $k_{半}=2F/x=2k$.由振动的频率公式有

$$v_{半}=\frac{1}{2\pi}\sqrt{\frac{k_{半}}{m}}=\frac{1}{2\pi}\sqrt{\frac{2k}{m}}=\sqrt{2}\left(\frac{1}{2\pi}\sqrt{\frac{k}{m}}\right)=\sqrt{2}v_{整}$$

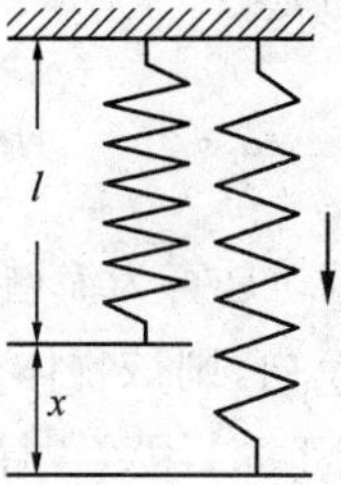

图 11-1 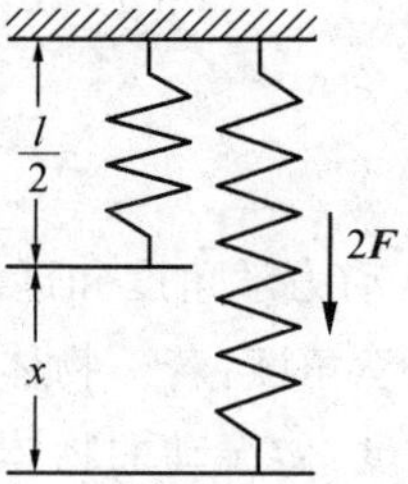   图 11-2

7. 试讨论谐振动中位移、振动速度、振动加速度之间相位关系.

解 谐振动中位移、振动速度、振动加速度分别为

$$x=A\cos(\omega t+\varphi)$$

$$v=-\omega A\sin(\omega t+\varphi)=\omega A\cos\left(\omega t+\varphi+\frac{\pi}{2}\right)$$

$$a=-\omega^2 A\cos(\omega t+\varphi)=\omega^2 A\cos(\omega t+\varphi+\pi)$$

可知,a 比 v 的位相超前 $\pi/2$,v 比 x 的位相超前 $\pi/2$.

8. 试从功能角度指明简谐振动的特征.

解 从功能角度而言,特征是孤立的简谐振动系统的机械能守恒.

二、典型习题

1. 一物体系于轻质弹簧下端,上挂在一固定的支架上,由于弹簧受到拉力的作用,使弹簧伸长了 $9.8\mathrm{cm}$,如果给物体一个向下的瞬时冲力.使它以 $1\mathrm{m\cdot s^{-1}}$ 的速度向下运动.

(1) 试证明该物体做简谐振动;

(2) 求出振动方程.

(1) **证明** 如图 11-3 所示,取 x 轴正向竖直向下,原点在 m 平衡处,设挂重物 m 平衡时弹簧伸长 l,当物体运动到 x 处时,由牛顿第二定律有

$$F = mg - k(l+x)$$

m 在 O 处平衡时,有 $mg - kl = 0$,故

$$F = -kx$$

即 $F = -kx$ 是物体做简谐振动的动力学特征,所以原命题得证.

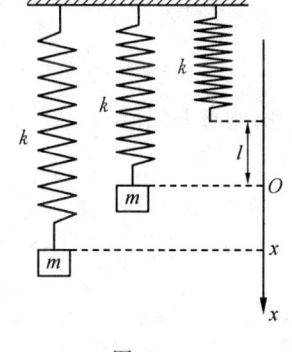

图 11-3

注意:当振动物体在振动方向上还受有弹性力以外的恒力时,物体的运动规律并不改变,只是平衡位置有所改变.

(2) **解** 设物体的振动方程为

$$x = A\cos(\omega t + \varphi)$$

由 $mg - kl = 0$ 有 $\dfrac{k}{m} = \dfrac{g}{l}$,得

$$\omega = \sqrt{\dfrac{k}{m}} = \sqrt{\dfrac{g}{l}} = \sqrt{\dfrac{9.8}{0.098}} = 10(\text{s}^{-1})$$

初始条件 $t=0$ 时,$x_0 = 0$,$v_0 = 1\text{m}\cdot\text{s}^{-1}$. 可有

$$A = \sqrt{x_0^2 + \dfrac{v_0^2}{\omega^2}} = \dfrac{v_0}{\omega} = \dfrac{1}{10} = 0.1(\text{m})$$

$$\varphi = \arctan\left(-\dfrac{v_0}{x_0\omega}\right) = \arctan(-\infty) = -\dfrac{\pi}{2}$$

φ 也可用旋转矢量法求出,如图 11-4 所示,可知 $\varphi = -\pi/2$. 故

$$x = 0.1\cos\left(10t - \dfrac{\pi}{2}\right)(\text{SI})$$

2. 质量为 1kg 的物体系在另一端固定的弹簧上沿 x 轴做简谐振动,振幅为 12cm,周期为 2s,当 $t=0$ 时,位移为 6cm. 且向 x 轴正向运动. 求:

(1) 物体的振动方程;
(2) 振动系统的能量;
(3) $t=1\text{s}$ 时物体所受合外力的大小;
(4) 物体向正向运动到 6cm 处时的速度;
(5) 物体由平衡位置向正方向运动到位移最大位置时所用的最短时间.

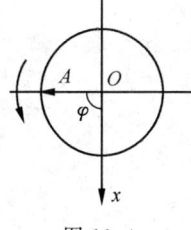

图 11-4

解 (1) 设物体的运动方程为

$$x = A\cos(\omega t + \varphi)$$

由题意有

$$A = 0.12\text{m}, \quad \omega = \frac{2\pi}{T} = \frac{2\pi}{2} = \pi\text{s}^{-1}$$

由题意并用旋转矢量方法,如图 11-5 所示,有

$$\varphi = -\frac{\pi}{3}$$

得

$$x = 0.12\cos\left(\pi t - \frac{\pi}{3}\right)\text{m}$$

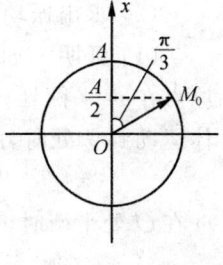

图 11-5

(2) $E = \frac{1}{2}kA^2 = \frac{1}{2}m\omega^2 A^2 = \frac{1}{2} \times 1 \times \pi^2 \times 0.12^2 = 0.07(\text{J})$

(3) $F = ma = m(-\omega^2 x) = -m\omega^2 \times 0.12\cos\left(\pi t - \frac{\pi}{3}\right)$

$= -1 \times \pi^2 \times 0.12\cos\left(\pi \times 1 - \frac{\pi}{3}\right)$

$= 0.59(\text{N})$

(4) 设此时

$$t = t', \quad v = -\omega A\sin(\omega t + \varphi) = -\pi \times 0.12\sin\left(\pi t' - \frac{\pi}{3}\right)$$

因为 $v > 0$,所以

$$\sin\left(\pi t' - \frac{\pi}{3}\right) < 0$$

由于 $0.06 = 0.12\cos\left(\pi t' - \frac{\pi}{3}\right)$,因此

$$\cos\left(\pi t' - \frac{\pi}{3}\right) = \frac{1}{2}$$

可知

$$\sin\left(\pi t' - \frac{\pi}{3}\right) = -\sqrt{1 - \cos^2\left(\pi t' - \frac{\pi}{3}\right)} = -\sqrt{1 - \left(\frac{1}{2}\right)^2} = -\frac{\sqrt{3}}{2}$$

有

$$v = -\pi \times 0.12 \times \left(-\frac{\sqrt{3}}{2}\right) = 0.33(\text{m} \cdot \text{s}^{-1})$$

(5) 物体由平衡位置向正向运动,对应的旋转矢量处于 OM 位置,如图 11-6 所示. 物体由此位置第一次运动到正向最大位移处,旋转矢量转过的角度为 $\Delta\varphi = \omega\Delta t = \pi/2$,由此得

$$\Delta t = \frac{\pi/2}{\pi} = \frac{1}{2}\text{s}$$

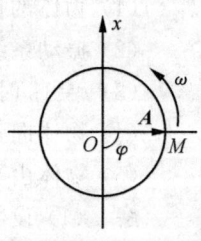

图 11-6

3. 如图 11-7 所示,有一水平放置的平板沿水平方向做简谐振动,周期为 0.5s,在此板上有一物体,物体与板之间的摩

擦系数为0.5.求：

(1) 要使此板上的物体不致滑动的最大振幅为多少.

(2) 若将板改为沿垂直平板的方向做简谐振动,振幅为5cm,要使物体一直保持与平板接触的最大振动频率为多少.

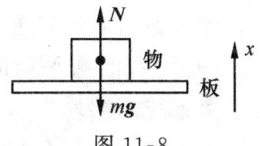

图 11-7

解 (1) 物体产生的加速度是由板对它的静摩擦力产生的,当物体与平板无相对滑动时,要求 $f_{摩} \geqslant m|a_{物}|$,即

$$mg\mu \geqslant m|-x\omega^2|$$

当 $x = \pm A$ 时,上式也成立,即 $mg\mu \geqslant mA\omega^2$,得

$$A_{\max} = \frac{g\mu}{\omega^2} = \frac{g\mu T^2}{(2\pi)^2} = 0.031\text{m}$$

(2) 物体受力情况如图 11-8 所示,物体受两个力,即重力 mg,板的支持力 N. 要使物体与板保持接触,则 $N \neq 0$. 设竖直向上为 x 轴正方向,物体受合外力在竖直方向投影为

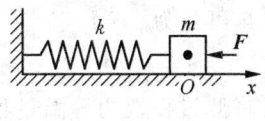

图 11-8

$$F = N - mg$$

即

$$N = mg + F = mg + ma_{物}$$

在物体与板接触时,$a_{物} = a_{板} = -\omega^2 x$,因此 $N = m(g + a_{板}) = m(g - \omega^2 x)$.

当物体与板保持接触时,$N \geqslant 0$,即 $g - \omega^2 x \geqslant 0$.

当 $x = A$ 时,上式也成立,即 $g - \omega^2 A \geqslant 0$.

由此有 $\omega \leqslant \sqrt{g/A}$,得

$$v_{\max} = \frac{\omega_{\max}}{2\pi} = \frac{\sqrt{g/A}}{2\pi} = \frac{\sqrt{9.8/0.05}}{2 \times 3.14} = 2.23(\text{s}^{-1})$$

4. 如图 11-9 所示,有一水平弹簧振子,弹簧的劲度系数为 $k = 24\text{N} \cdot \text{m}^{-1}$,重物的质量 $m = 6\text{kg}$,重物静止在平衡位置上,设以一水平恒力 $F = 10\text{N}$ 向左作用物体(不计摩擦),使之由平衡位置向左运动了 0.05m,此时撤去力 F,当重物运动到左方最远位置时开始计时,求物体的振动方程.

图 11-9

解 设振动方程为

$$x = A\cos(\omega t + \varphi)$$

可知

$$\omega = \sqrt{\frac{k}{m}} = \sqrt{\frac{24}{6}} = 2(\text{s}^{-1})$$

取弹簧振子和地球为系统,恒力对系统做的功等于系统机械能的增量,在此即为弹簧振子的能量增量. 该增量为

$$W = \boldsymbol{F} \cdot \boldsymbol{S} = FS\cos 0° = 10 \times 0.05 = 0.5(\text{J})$$

所以撤去力 F 时弹簧振子具有的能量为 W，此后系统的机械能守恒，所以弹簧振子运动到左方最远位置时，其能量与撤去力 F 时的能量相同. 又因为运动到左方最远位置时弹簧振子仅有弹性势能，因此有 $\frac{1}{2}kA^2 = W$，即

$$A = \sqrt{\frac{2W}{k}} = \sqrt{\frac{2 \times 0.5}{24}} = 0.204(\text{m})$$

又因为 $t=0$ 时，$x_0 = -A$，有振动方程有 $\cos\varphi = -1$，得 $\varphi = \pi$，故

$$x = 0.204\cos(2t + \pi)$$

5. 如图 11-10 所示，充氦的圆筒内装有一个与劲度系数为 k 的轻弹簧相联的截面积为 A、质量为 m 的活塞，活塞平衡时，氦气的总压强为 P_0，活塞距离系统两端均为 l，此时弹簧已被压缩了 x_0，即原长为 $l+x_0$. 如氦气的压缩和膨胀均可看成理想气体的等温过程，不计摩擦，

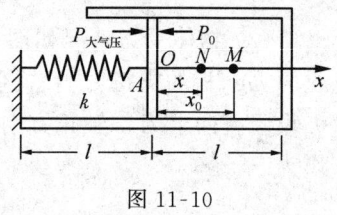

图 11-10

(1) 试证明活塞所做的微小振动为谐振动；

(2) 求活塞的振动周期.

(1) **证明** 如图 11-10 所取坐标，x 轴在弹簧长度方向上，原点在活塞平衡处，弹簧为原长时，活塞在 M 处. 设任意 t 时刻，活塞位于 N 处，氦气的压强为 P，此时活塞在 x 方向受合力大小为

$$F = P_{\text{大气压}}A + k(x_0 - x) - PA$$

平衡时

$$P_{\text{大气压}}A + kx_0 - P_0 A = 0$$

F 可化为

$$F = P_0 A - kx - PA$$

将此过程视为等温过程，即 $PV=$ 常量，有

$$P_0(lA) = P[(l-x)A]$$

解得

$$P = \frac{P_0 l}{l-x} = P_0 \frac{1}{1-x/l}$$

由上有

$$F = P_0 A - kx - P_0 A \frac{1}{1-x/l}$$

设 $y(x) = (1-x/l)^{-1}$，将 $F(x)$ 在 $x=0$ 处附近做泰勒级数展开，有

$$y(x) = y(0) + \frac{1}{1!}y'(0)x + \frac{1}{2!}y''(0)x^2 + \cdots$$
$$= 1 + \left(\frac{x}{l}\right) + \left(\frac{x}{l}\right)^2 + \cdots \approx 1 + \frac{x}{l} \left(\frac{x}{l} \text{ 很小}\right)$$

由上有

$$F(x) = P_0 A - kx - P_0 A\left(1 + \frac{x}{l}\right) = -(k + P_0 A/l)x$$

因为 F 与 x 正比反向, 所以此时活塞做简谐振动.

(2) 加速度为

$$a = \frac{F}{m} = \frac{-(k + P_0 A/l)}{m}x$$

由于 $a = -\omega^2 x$, 比较上面二式得

$$\omega = \left[\frac{1}{m}(k + P_0 A/l)\right]^{\frac{1}{2}}$$

周期为

$$T = \frac{2\pi}{\omega} = 2\pi \left(\frac{m}{k + P_0 A/l}\right)^{\frac{1}{2}}$$

11.4 检测复习题

一、判断题

指出下列说法是否正确:
1. 做简谐振动的物体其加速度与位移总是同相位.
2. 相位是决定做谐振动物体状态的物理量.
3. 做简谐振动的物体在一个周期内回复力对它做的功 $A > 0$.
4. 两个同方向、不同频率的简谐振动的合振动仍然为简谐振动.

二、填空题

1. 质量为 $m = 2.5\text{kg}$ 的物体系在另一端固定的轻质弹簧上在 x 轴上做简谐振动, 弹簧的劲度系数为 $k = 100\text{N} \cdot \text{m}^{-1}$, 当 $t = 0$ 时, $x_0 = 0.1\text{m}, v_0 = 0$. 振动的角频率为_____, 振幅为_____, 初相为_____, 余弦形式的振动方程为_____, $t = 1\text{s}$ 时, 物体的速度为_____, 加速度为_____.

2. 一简谐振动的旋转矢量如图 11-11 所示, 振幅矢量长 2cm, 则该谐振动的初相为_____, 振动方程为_____.

3. 一简谐振动如图 11-12 所示,则振动周期为_____.

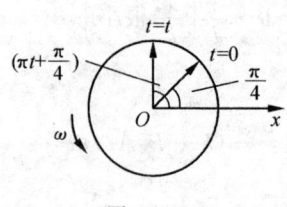

图 11-11

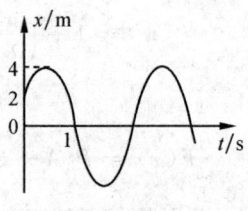

图 11-12

4. 质点做谐振动,速度的最大值 $v_m = 5\text{cm}\cdot\text{s}^{-1}$,振幅 $A=2\text{cm}$,若令速度具有正的最大值的那时刻为 $t=0$,则振动表达式为_____.

5. 图 11-13 中所示为两个简谐振动曲线,若以余弦函数表示这两个振动的合成振动,则合振动的方程为 $x=x_1+x_2=$_____(SI).

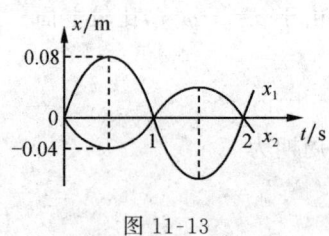

图 11-13

6. 振动方程为 $x=A\cos(\omega t+\varphi)$ 的物体,在振动过程中,速度为最大值一半的位置为_____,加速度的模为最大值的位置为_____;动能等于势能的位置为_____.

7. 一系统做简谐振动,周期为 T,用余弦函数表达振动时,初相为零,在 $0\leqslant t\leqslant T/2$ 范围内,系统在 $t=$_____时刻动能和势能相等.

三、选择题

1. 轻质弹簧 k 的一端固定,另一端系质量为 m 的物体,将弹簧按图 11-14 三种情况放置,如果物体做无阻尼的简谐振动,那么,它们的振动周期关系为( )
   A. $T_1>T_2>T_3$ B. $T_1=T_2=T_3$
   C. $T_1<T_2<T_3$ D. $T_2>T_1,T_2>T_3$

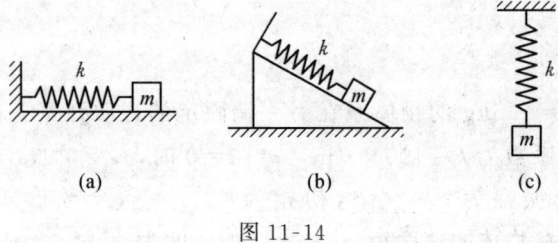

图 11-14

2. 轻弹簧下系一质量为 m_1 的物体,稳定后在 m_1 下边又系一质量为 m_2 的物

体,于是弹簧又伸长了 Δx. 若将 m_2 移去,并令其振动,则振动周期为( )

A. $T = 2\pi\sqrt{\dfrac{m_2 \Delta x}{m_1 g}}$
B. $T = 2\pi\sqrt{\dfrac{m_1 \Delta x}{m_2 g}}$
C. $T = \dfrac{1}{2\pi}\sqrt{\dfrac{m_1 \Delta x}{m_2 g}}$
D. $T = \dfrac{1}{2\pi}\sqrt{\dfrac{m_2 \Delta x}{(m_1+m_2) g}}$

3. 一质点沿 x 轴做简谐振动,其振动方程用余弦函数表示. 如果 $t=0$ 时,该质点处于平衡位置且向 x 轴正方向运动,那么它的振动初相位为( )

A. 0 B. $\dfrac{\pi}{2}$ C. $-\dfrac{\pi}{2}$ D. π

4. 图 11-15 为某质点做简谐振动的 x-t 曲线,那么该质点的振动方程如何? ( )

A. $x = 10\cos\left(2\pi t + \dfrac{\pi}{2}\right)$ cm
B. $x = 10\cos\left(2\pi t - \dfrac{\pi}{2}\right)$ cm
C. $x = 10\cos\left(\pi t + \dfrac{\pi}{2}\right)$ cm
D. $x = 10\cos\left(\pi t - \dfrac{\pi}{2}\right)$ cm

5. 质点做简谐振动,其运动速度与时间的关系曲线如图 11-16 所示,若质点的振动规律用余弦函数描述,则其初相为( )

A. $\dfrac{\pi}{6}$ B. $\dfrac{5\pi}{6}$ C. $-\dfrac{5\pi}{6}$ D. $-\dfrac{2\pi}{3}$

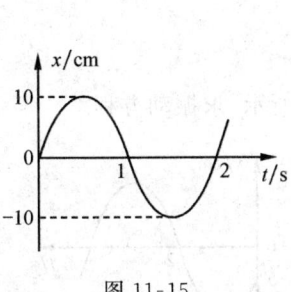

图 11-15

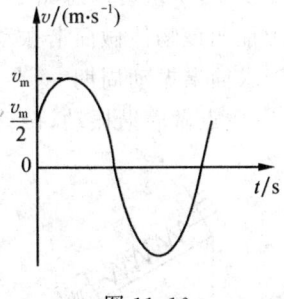

图 11-16

6. 一质点做简谐振动,周期为 T,当它由平衡位置向 x 轴正向运动时,从二分之一最大位移处运动到最大位移处所用的最短时间为( )

A. $\dfrac{T}{4}$ B. $\dfrac{T}{12}$ C. $\dfrac{T}{6}$ D. $\dfrac{T}{8}$

7. 如图 11-17 所示的简谐振动系统中,轻质弹簧的劲度系数为 k,两个物体的质量分别为 m_1 和 m_2,如果 m_1 与 m_2 间的最大静摩擦系数为 μ_s,m_1 与水平桌面间无摩擦,那么在 m_1 和 m_2 未发生相对滑动前,系统的可

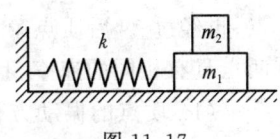

图 11-17

能最大振幅为( )

A. $\mu_s m_2 g/k$ B. $\mu_s(m_1+m_2)g/k$

C. $\mu_s(m_1+m_2)m_2g/(m_1k)$ D. $\mu_s m_1 m_2 g/[(m_1+m_2)k]$

8. 当质点做简谐振动时,它的动能和势能随时间都做周期性变化. 如果 T 是质点振动的周期,则其动能变化的周期为( )

A. $\dfrac{T}{4}$ B. $\dfrac{T}{2}$ C. T D. $2T$

9. 如果两个振动方向相同的简谐振动,振动方程分别为 $x_1=3\cos(10t+\pi/3)$ cm 和 $x_2=4\cos(10t-\pi/6)$ cm,那么它们合振动的振幅为( )

A. 1cm B. 5cm C. 7cm D. 6cm

10. 如图 11-18 所示,竖直放置的轻弹簧的劲度系数为 k,一质量为 m 的物体从离弹簧 h 高处由静止开始下落,物体的最大动能可达到( )

A. mgh B. $2mgh$

C. $mgh+m^2g_2/(2k)$ D. $mgh+m^2g^2/(4k)$

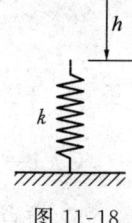

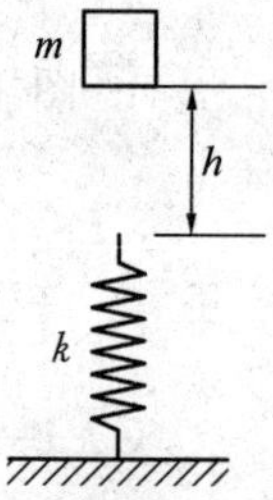

图 11-18

四、计算题

1. 如图 11-19 所示,在一个倾角为 θ 的光滑斜面上,固定安放一个原长为 l、劲度系数为 k,质量可以忽略不计的弹簧,在弹簧下端挂一个质量为 m 的重物.

(1) 证明该物体做简谐振动;

(2) 求简谐振动周期.

2. 一质点做简谐振动,振动曲线如图 11-20 所示,求振动方程.

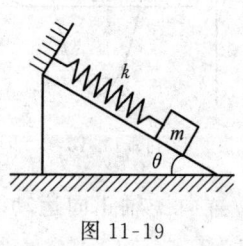

图 11-19

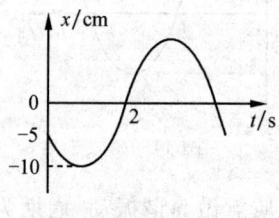

图 11-20

3. 如图 11-21 所示,一质点在 x 轴上做简谐振动,选取该质点向右运动通过 A 点时做为计时起点 $(t=0)$,经过 2s 后质点第一次经过 B 点,再经过 2s 后质点第二次经过 B 点,若已知该质点在 A、B 两点具有相同的速率,且 $AB=10$cm. 求:

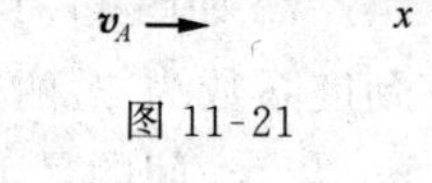

(1) 质点的振动方程;

(2) 质点在 A 点处的速率.

图 11-21

11.5 检测复习题解答

一、判断题

1. ×. 2. √. 3. ×. 4. ×.

二、填空题

1. 解:(1) $\omega = \sqrt{\dfrac{k}{m}} = \sqrt{\dfrac{100}{2.5}} = 2\sqrt{10}\,(\text{s}^{-1})$

(2) $A = \sqrt{x_0^2 + \dfrac{v_0^2}{\omega^2}} = \sqrt{0.1^2 + 0} = 0.1\,(\text{m})$

(3) 因为 $x_0 = A$,所以 $\varphi = 0$.

(4) $x = 0.1\cos(2\sqrt{10}\,t)\,\text{m}$

(5) $v = \dfrac{\mathrm{d}x}{\mathrm{d}t} = -2\sqrt{10} \times 0.1\sin(2\sqrt{10} \cdot t)$

$= -2\sqrt{10} \times 0.1\sin(2\sqrt{10} \cdot 1)$

$= -0.028\,(\text{m}\cdot\text{s}^{-1})$

(6) $a = \dfrac{\mathrm{d}^2 x}{\mathrm{d}t^2} = -(2\sqrt{10}) \times 0.1\cos(2\sqrt{10} \cdot t)$

$= -(2\sqrt{10}) \times 0.1\cos(2\sqrt{10} \cdot 1)$

$= -3.996\,(\text{m}\cdot\text{s}^{-2})$

2. 解:(1) $\varphi = \pi/4$

(2) $A = 2\times 10^{-2}\,\text{m}$

因为 t 时刻相位 $= \omega t + \pi/4 = \pi t + \pi/4$,所以 $\omega = \pi$,可有

$$x = 2\times 10^{-2}\cos(\pi t + \pi/4)\,(\text{SI})$$

3. 解:由题图知,$t=0$,质点位移为 $x = A/2$ 且向 x 轴正向运动,第一次到达平衡位置时,$t=1\text{s}$,由此可得到旋转矢量图(图11-22),旋转矢量在1s内转过的角度为

$$\omega t = \omega \times 1 = \angle MOM_0 = \dfrac{\pi}{2} + \dfrac{\pi}{3} = \dfrac{5}{6}\pi$$

因为 $T = \dfrac{2\pi}{\omega}$

所以 $T = \dfrac{12}{5} = 2.4\,(\text{s})$

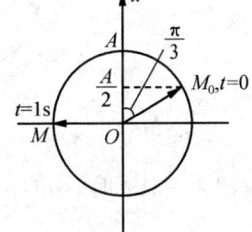

图 11-22

4. 解：设振动方程为
$$x = A\cos(\omega t + \varphi)$$
可知
$$A = 2\text{cm}$$
$$v_m = A\omega$$
$$\omega = v_m/A = 5/2 = 2.5(\text{s}^{-1})$$
由题意和旋转矢量法（图 11-23）知 $\varphi = -\pi/2$，得

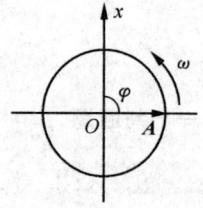

图 11-23

$$x = 2\times 10^{-2}\cos(2.5t - \pi/2)(\text{SI})$$

5. 解：可知，x_1、x_2 是同方向同频率的简谐振动，$T_1 = T_2 = 2\text{s}$，即 $\omega_1 = \omega_2 = \pi\text{s}^{-1}$，由旋转矢量法（图 11-24）知
$$\varphi_1 = -\frac{\pi}{2}, \quad \varphi_2 = \frac{\pi}{2}$$

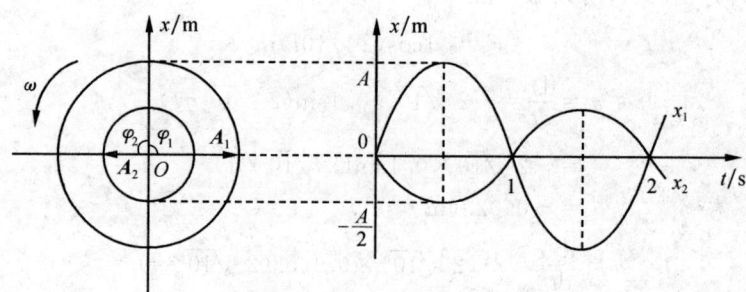

图 11-24

可见二者相位相反. 因为 $A_1 > A_2$，所以合成振动位移与第一个振动位移方向一致. 可有
$$A = A_1 - A_2 = 0.04\text{m}$$
在 $t=0$ 时，合振动对应的旋转矢量方向与 $\mathbf{A}_1$ 方向一致，故 $\varphi = \varphi_1$，有
$$\varphi = \varphi_1 = -\frac{\pi}{2}, \quad \omega = \omega_1 = \omega_2 = \pi\text{s}^{-1}$$
得
$$x = x_1 + x_2 = 0.04\cos\left(\pi t - \frac{\pi}{2}\right) (\text{SI})$$

6. 解：(1) $\quad v = -A\omega\sin(\omega t + \varphi)$
$|v| = \frac{1}{2}A\omega$ 时，$\sin(\omega t + \varphi) = \pm\frac{1}{2}$，可得
$$\cos(\omega t + \varphi) = \pm\sqrt{1 - \sin^2(\omega t + \varphi)} = \pm\frac{\sqrt{3}}{2}$$

有
$$x = A\cos(\omega t + \varphi) = \pm\frac{\sqrt{3}}{2}A$$

(2) $\quad a = -A\omega^2\cos(\omega t + \varphi)$

$|a| = \frac{1}{2}A\omega^2$ 时,$\cos(\omega t + \varphi) = \pm\frac{1}{2}$,有

$$x = A\cos(\omega t + \varphi) = \pm\frac{1}{2}A$$

(3) $E = E_k + E_p = \frac{1}{2}kA^2$,当 $E_k = E_p = \frac{1}{2}kx^2$ 时有 $kx^2 = \frac{1}{2}kA^2$,得

$$x = \pm\frac{\sqrt{2}}{2}A$$

7. 解:由题意知,$t = 0$ 时旋转矢量在 M_0 处 (图 11-25).

由上题(3)知,$E_k = E_p$ 时 $x = \pm\frac{\sqrt{2}}{2}A$.

因为在 $0 \leqslant t \leqslant T/2$ 内,$E_k = E_p$ 有两个位置,所以旋转矢量从 M_0 转到 M_1 时,转过的角度为

$$\omega t_1 = \angle M_1 O M_0 = \frac{\pi}{4}$$

即

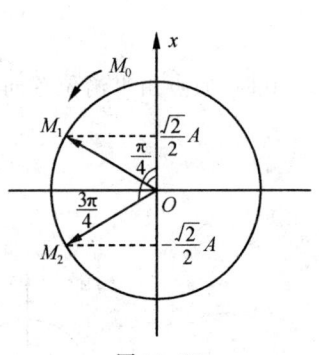

图 11-25

$$t_1 = \frac{\pi}{4} \cdot \frac{1}{\omega} = \frac{\pi}{4} \cdot \frac{1}{\frac{2\pi}{T}} = \frac{\pi}{8}$$

旋转矢量从 M_0 转到 M_2 时,转过的角度为

$$\omega t_2 = \angle M_2 O M_0 = \frac{3\pi}{4}$$

即

$$t_2 = \frac{3\pi}{4} \cdot \frac{1}{\omega} = \frac{3T}{8}$$

三、选择题

1. 解: $\quad T_1 = T_2 = T_3 = 2\pi\sqrt{m/k}$ （固有值）

(B)对.

2. 解:因为 $k\Delta x = m_2 g$,所以 $k = m_2 g/\Delta x$

$$\omega = \sqrt{\frac{k}{m_1}} = \sqrt{m_2 g/(m_1 \Delta x)}$$

可有
$$T = 2\pi/\omega = 2\pi\sqrt{m_1\Delta x/(m_2 g)}$$

(B)对.

3. 解：由题意知，$t=0$ 时旋转矢量如图 11-26 所示，可知
$$\varphi = -\frac{\pi}{2}$$

(C)对.

4. 解：设质点振动方程为
$$x = A\cos(\omega t + \varphi)$$

由题图知
$$A = 10\text{cm}, \quad \omega = \frac{2\pi}{T} = \frac{2\pi}{2}\pi(\text{s}^{-1})$$

$t=0$ 时，质点由平衡位置向上振动，由旋转矢量法（图 11-27）知，$\varphi = -\frac{\pi}{2}$，有
$$x = 10\cos\left(\pi t - \frac{\pi}{2}\right)\text{cm}$$

(D)对.

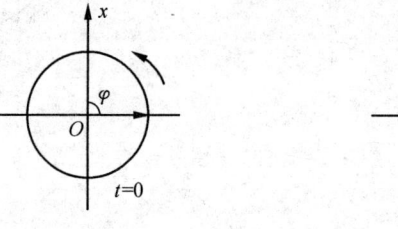

图 11-26   图 11-27

5. 解：由题意知
$$x = A\cos(\omega t + \varphi)$$

可有
$$v = -\omega A \sin(\omega t + \varphi)$$

$t=0$ 时
$$\frac{1}{2}v_m = -v_m\sin\varphi \quad (v_m = \omega A)$$

即
$$\sin\varphi = -\frac{1}{2}$$

此时有 $\varphi = -\frac{\pi}{6}$ 和 $\varphi = -\frac{5\pi}{6}$，如图 11-28 所示的旋转矢量.

因为 $t=0$ 时,振动物体速度趋于增大,故 $\varphi=-\dfrac{5\pi}{6}$,(C)对.

6. 解:由题意知旋转矢量位置如图 11-29 所示
$$\angle M_1OM_0 = \omega(t_2-t_1) = \dfrac{\pi}{3}$$
即
$$(t_2-t_1) = \dfrac{\pi}{3} \cdot \dfrac{1}{\omega} = \dfrac{\pi}{3} \cdot \dfrac{1}{\dfrac{2\pi}{T}} = \dfrac{T}{6}$$

(C)对.

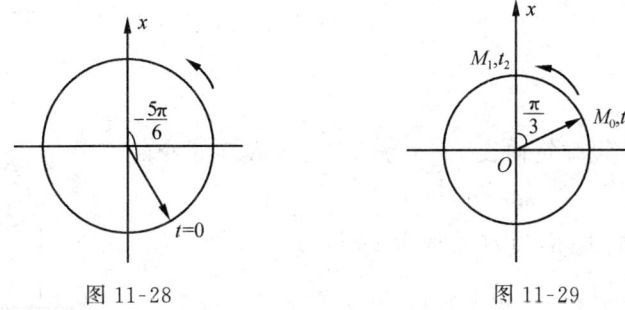

图 11-28　　　　　图 11-29

7. 解:m_2 受 m_1 表面最大的静摩擦力大小为
$$f = m_2 g \mu_s$$
m_2 与 m_1 不相对运动时,应有
$$m_2 a \leqslant f = m_2 g \mu_s$$
即
$$a \leqslant g\mu_s \quad (a \text{ 为 } m_1 \text{、} m_2 \text{ 的共同加速度幅值})$$
又
$$a = A\omega^2 = A\dfrac{k}{m_1+m_2}$$
所以
$$A_{\max} = (m_1+m_2)g\mu_s/k$$

(B)对.

8. 解:因为动能按正弦函数平方随时间变化,所以动能周期比谐振动周期缩短一半,(B)对.

9. 解:
$$A = \sqrt{A_1^2 + A_2^2 + 2A_1A_2\cos(\varphi_2-\varphi_1)}$$
$$= \sqrt{3^2 + 4^2 + 2\times3\times4\cos\left(-\dfrac{\pi}{6}-\dfrac{\pi}{3}\right)}$$
$$= 5(\text{cm})$$

(B)对.

10. 解:把 m、弹簧、地球看作系统,则系统的机械能守恒.如图 11-30 所示,设 m 在 C 处动能最大,应有

$$mg = kx_0$$

取 C 处 $E_p=0$,对 A、C 有

$$mg(x_0+h) = E_{kmax} + \frac{1}{2}kx_0^2$$

由上解得

$$E_{kmax} = mgh + m^2g^2/(2k)$$

(C)对.

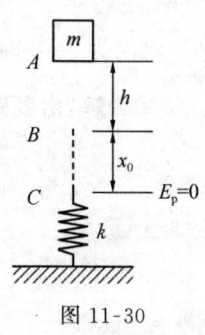

图 11-30

四、计算题

1. (1) 证:设弹簧伸长 x_0 时为 m 处于平衡位置,有

$$mg\sin\theta = kx_0$$

如图 11-31 所取坐标,当 m 坐标为 x 时,有

$$mg\sin\theta - k(x+x_0) = m\frac{d^2x}{dt^2}$$

即

$$\frac{d^2x}{dt^2} + \frac{k}{m} \cdot x = 0$$

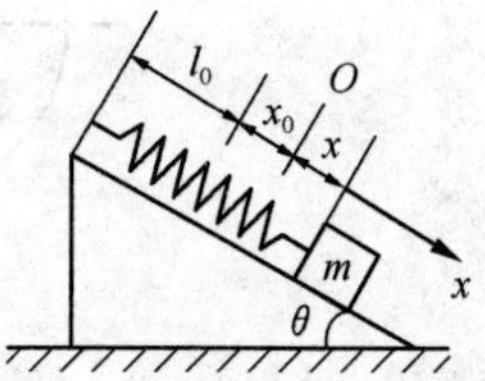

由此可知,物体做简谐振动.

图 11-31

(2) $$T = \frac{2\pi}{\omega} = 2\pi \Big/ \sqrt{\frac{k}{m}} = 2\pi\sqrt{\frac{m}{k}}$$

2. 解:设简谐振动方程 $x = A\cos(\omega t + \varphi)$,由振动曲线知,$A=10$cm,$t=0$ 及 $t=2$s 时对应的旋转矢量如图 11-32 所示. 在前 2s 内,转过角度为

$$\omega t = \omega \cdot 2 = \angle M_1OM_0 = \frac{\pi}{2} + \frac{\pi}{3} = \frac{5\pi}{6}$$

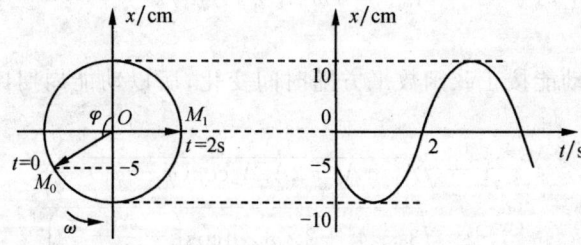

图 11-32

即 $\omega=\dfrac{5\pi}{12}$. 初相为 $\varphi=\pi-\dfrac{\pi}{3}=\dfrac{2}{3}\pi$. 得

$$x=0.1\cos\left(\dfrac{5}{12}\pi t+\dfrac{2}{3}\pi\right)(\text{SI})$$

3. 解：(1) 设振动方程为

$$x=A\cos(\omega t+\varphi)$$

因为在 A、B 处质点速率相同，所以 A、B 中点是平衡点，取此点为坐标原点 O，则 A、B 坐标分别为 -5cm 和 5cm. 由题意有图 11-33 所示的旋转矢量. 因为

$$\alpha_1+\alpha_2+\alpha_3=\pi$$

又

所以

$$\alpha_1=\alpha_3=\alpha_4$$

$$\alpha_4+\alpha_2+\alpha_3=\pi$$

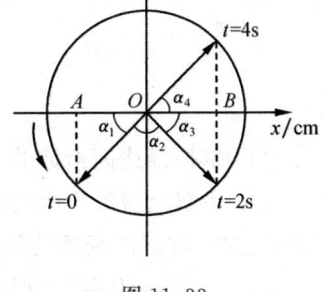

图 11-33

在前 4s 内，旋转矢量转过角度

$$\omega t_2=\pi$$

即

$$\omega=\dfrac{\pi}{4}$$

由于

$$\alpha_2=\omega t_1=\dfrac{\pi}{4}\cdot 2=\dfrac{\pi}{2}$$

因此

$$\alpha_3=\dfrac{1}{2}(\pi-\alpha_2)=\dfrac{\pi}{4}$$

可知

$$\varphi=-(\alpha_2+\alpha_3)=-\dfrac{3}{4}\pi$$

$$A=\overline{OB}/\cos\alpha_3=5/\cos\dfrac{\pi}{4}=5\sqrt{2}(\text{cm})$$

得

$$x=5\sqrt{2}\times 10^{-2}\cos\left(\dfrac{\pi}{4}t-\dfrac{3\pi}{4}\right)(\text{SI})$$

(2) $$v=\dfrac{dx}{dt}=-5\sqrt{2}\times 10^{-2}\times\dfrac{\pi}{4}\sin\left(\dfrac{\pi}{4}t-\dfrac{3\pi}{4}\right)$$

$t=0$ 时，$v_A=3.93\times 10^{-2}\text{m}\cdot\text{s}^{-1}$.

第 12 章 机 械 波

12.1 基本要求

1. 掌握描述简谐波的各个物理量及其相互关系.

2. 理解机械波产生的条件、振动与波动的关系.掌握建立平面简谐波的波函数的方法.理解波函数的物理意义,掌握波形图线.

3. 了解波的能量传播特征及能流、能流密度概念.

4. 理解惠更斯原理和波的叠加原理,理解波的相干条件,能应用相位差和波程差分析、确定相干加强和减弱的条件.

5. 理解驻波特点及其形成条件,理解半波损失.

6. 了解机械波的多普勒效应,在波源或观察者沿两者连线运动的情况下,能计算多普勒频移.

12.2 本章小结

一、基本概念

1. 机械波:机械振动在弹性介质中的传播称为机械波.

2. 横波和纵波:质点的振动方向与波的传播方向相互垂直的波称为横波;质点的振动方向与波的传播方向相互平行的波称为纵波.

3. 波线:自波源沿波的传播方向所画出的带箭头的线.

4. 波面(或同相面):介质中振动相位相同的各点组成的面.

5. 波前(或波阵面):在某一时刻传播到最前方的同相面.

6. 平面波和球面波:波面为平面的波称为平面波;波面为球面的波称为球面波.

7. 波的波长:同一波线上相位差为 2π 的两个质点之间的距离.或一个完整波形的长度.它反映了波在空间上的周期性.

8. 波的周期:一个完整波形通过波线上某一点所需要的时间.它反映了波在时间上的周期性.

9. 波的频率:单位时间内通过波线上某一点完整波形的个数.

10. 波的速度(相速度):质点的振动状态(或相位)传播的速度.它与波动的特

性无关,波速取决于传播介质的弹性性质和惯性性质.

11. 简谐波:波源和传播介质中的质点都在做简谐振动.

12. 波函数(波动方程):介质中任意质点相对平衡点的位移随时间变化的关系式.

13. 平均能量密度:单位体积内介质的波动能量在一个周期内的平均值.

14. 波的能流:单位时间内垂直通过某一面的波的能量.

15. 平均能流:能流在一个周期内的平均值.

16. 能流密度(波强):单位时间内垂直通过单位面积上的波的平均能流.

17. 相干现象:波在空间相遇,在相遇区域内的某些地方振动始终加强,而另一些地方振动始终减弱,并形成稳定的、有规律的振动强弱分布的现象.

18. 相干波及其相干条件:能够产生相干现象的波称为相干波,相应的波源称为相干波源.二相干波的条件是:两列波的频率相同、振动方向相同、相位相同或相位差恒定等.

19. 驻波:振幅相同的两列相干波,在同一直线上沿相反方向传播所合成的波.

20. 半波损失:在不同介质的分界面处,反射波与入射波比较,其相位出现 π 的突变,这相当于出现了半个波长的波程差,常称这种现象为半波损失.

21. 多普勒效应:当波源与观察者之间有相对运动时,观察者所接收到的波的频率与波源所发射的频率不同,这种现象称为多普勒效应.

二、基本规律

1. 惠更斯原理:介质中波传播到的各点,都可以看做是发射子波的波源,而在其后任意时刻,这些子波的包络就是新的波前(波阵面).惠更斯原理指出了从某一时刻出发去寻找下一时刻波阵面的方法.

2. 波的叠加原理:几列波在传播空间中相遇时,各个波保持自己的特性,各自按其原来传播方向继续传播,互不干扰;在相遇区域内,任一点的振动为各列波单独存在时在该点引起振动位移的矢量和.

三、基本公式

1. 有关公式

$$T = \frac{1}{\nu}, \quad \omega = 2\pi\nu = 2\pi\frac{1}{T}, \quad u = \lambda\nu = \frac{\lambda}{T} = \frac{\lambda\omega}{2\pi}$$

式中,λ 为波长;T 为周期;ν 为频率;ω 为角频率;u 为波速.

2. 平面简谐波方程
$$\begin{cases} y=A\cos\left[\omega\left(t\pm\dfrac{x}{v}\right)+\varphi\right] \\ y=A\cos\left[2\pi\left(vt\pm\dfrac{x}{\lambda}\right)+\varphi\right] \\ y=A\cos\left[2\pi\left(\dfrac{t}{T}\pm\dfrac{x}{\lambda}\right)+\varphi\right] \\ y=A\cos\left[\omega t+\varphi\pm\dfrac{2\pi}{\lambda}x\right] \end{cases}$$

式中,"$-$"表示波沿 x 轴正向传播;"$+$"表示波沿 x 轴负向传播;φ 为坐标原点处质点振动的初相.

3. 平面简谐波能量
$$\begin{cases} \text{质元动能 } dE_k=\dfrac{1}{2}\rho dVA^2\omega^2\sin^2\omega\left(t-\dfrac{x}{u}\right) \\ \text{质元势能 } dE_p=\dfrac{1}{2}\rho dVA^2\omega^2\sin^2\omega\left(t-\dfrac{x}{u}\right) \\ \text{质元总能量 } E=E_k+E_p=\rho dVA^2\omega^2\sin^2\omega\left(t-\dfrac{x}{u}\right) \\ \text{平均能量密度 } \bar{\omega}=\dfrac{1}{2}\rho\omega^2A^2 \\ \text{平均能流 } \bar{P}=\bar{\omega}uS \\ \text{平均能流密度(波强)} I=\dfrac{\bar{P}}{S}=\bar{\omega}u=\dfrac{1}{2}\rho\omega^2A^2u \end{cases}$$

4. 波的干涉
$$\begin{cases} \text{相干波源振动方程} \begin{cases} y_{01}=A_1\cos(\omega t+\varphi_1) \\ y_{02}=A_2\cos(\omega t+\varphi_2) \end{cases} \\ \text{在 } P \text{ 点引起振动的振动方程} \begin{cases} y_1=A_1\cos\left(\omega t+\varphi_1-\dfrac{2\pi r_1}{\lambda}\right) \\ y_2=A_2\cos\left(\omega t+\varphi_2-\dfrac{2\pi r_2}{\lambda}\right) \end{cases} \\ P \text{ 点合成振动的振动方程 } y_P=A\cos(\omega t+\varphi) \\ \text{其中} \begin{cases} A=\sqrt{A_1^2+A_2^2+2A_1A_2\cos\Delta\varphi}\left(\Delta\varphi=(\varphi_2-\varphi_1)-2\pi\dfrac{r_2-r_1}{\lambda}\right) \\ \varphi=\arctan\dfrac{A_1\sin\left(\varphi_1-\dfrac{2\pi r_1}{\lambda}\right)+A_2\sin\left(\varphi_2-\dfrac{2\pi r_2}{\lambda}\right)}{A_1\cos\left(\varphi_1-2\pi\dfrac{r_1}{\lambda}\right)+A_2\cos\left(\varphi_2-2\pi\dfrac{r_2}{\lambda}\right)} \end{cases} \end{cases}$$

式中,r_1 和 r_2 分别为从第一和第二个波源传到 P 点的波所走过的路程.

5. 驻波有关公式 $\begin{cases} \text{相干波 } y_1 = A\cos 2\pi\left(\dfrac{t}{T} - \dfrac{x}{\lambda}\right), y_2 = A\cos 2\pi\left(\dfrac{t}{T} + \dfrac{x}{\lambda}\right) \\ \text{驻波方程 } y = 2A\cos\dfrac{2\pi x}{\lambda}\cos\dfrac{2\pi t}{T} \\ \text{相邻波节距离 } \Delta x = \dfrac{\lambda}{2} \\ \text{相邻波幅距离 } \Delta x = \dfrac{\lambda}{2} \end{cases}$

6. 多普勒效应频率

$$v' = v\frac{u - v_o}{u - v_s}\text{（波源和观察者在同一直线上运动）}$$

式中，v' 为观察者所接收到的波的频率；v 为波源所发射的频率；u 为波速度；v_o 为观察者速度；v_s 为波源速度. 取 x 轴与波源和观察者运动方向平行，速度沿 x 轴正向时其值取正，沿 x 轴负向时其值取负.

12.3 典型思考题与习题

一、思考题

1. 平面简谐波的波动方程与简谐振动的振动方程有什么区别与联系？振动曲线与波动曲线有什么不同？

解 区别：平面简谐波的波动方程可表达为 $y = A\cos(\omega t + \varphi - 2\pi x/\lambda)$，它表示任意 t 时刻，坐标为 x 的任意质点相对平衡点的位移；简谐振动的振动方程为 $x = A\cos(\omega t + \varphi)$，它表示任意 t 时刻给定的振动物体相对平衡点的位移. 联系：在波动方程中，当 x 给定时，波动方程即变为了坐标为 x 处质点的振动方程.

振动曲线与波动曲线的不同：振动曲线描述的是一个质点相对平衡点的位移与时间的变化关系，该曲线好比是对该质点振动情况的"录像"；波动曲线描述的是介质中各质点在某一时刻相对各自平衡点的位移的分布情况，即是该时刻的波形曲线，该曲线好比是在某一瞬时对波拍的"照片".

2. 波源位置是否一定位于坐标原点？

解 不一定. 因为坐标原点的选择是任意的.

3. 简谐振动的频率与波动频率是否相同？

解 波动是振动的传播，当振源做一次完全振动时，则就向外传播一个完整的波形，因此振动的频率与波动频率在数值上相同（无多普勒效应情况）.

4. 质点的振动速度与波动速度是否相同？

解 振动速度与波动速度是两个完全不同的概念，前者是质点对其位移的一次导数，后者是波传播的速度，它只与介质的弹性性质和惯性性质有关.

5. 两振动频率相同而振动方向相互垂直的波为什么不能发生干涉？两振动方向相同而振动频率不同的波为什么不能发生干涉？

解 对于振动频率相同而振动方向垂直的两列波，因为振动方向不同，所以二波合成时，不会使某些点的合振动恒加强或恒减弱，故不会产生干涉.

对振动方向相同而振动频率不同的两列波，因为振动频率不同，所以二波传到某点时在该点引起的两个振动的位相差不恒定，即此二波不会使某些点的合振动恒加强或恒减弱，故不会产生干涉.

二、典型习题

1. 图 12-1 是 $t=0$ 时刻的波形图. 求：

(1) O 点的振动方程；

(2) 波动方程；

(3) P 处质点的振动方程并绘出振动曲线；

(4) a、b 二点相位差；

(5) 绘出 $t=5/4$s 时的波形图. 并指出 a、b 二点振动方向.

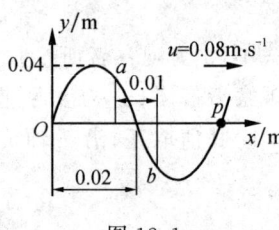

图 12-1

解 (1) 设 O 处质点振动方程为
$$y = A\cos(\omega t + \varphi)$$

由图 12-1 知

$$A = 0.04\text{m}, \quad \omega = 2\pi\nu = 2\pi\frac{u}{\lambda} = 2\pi\frac{0.08}{0.40} = \frac{2\pi}{5}(\text{s}^{-1})$$

有

$$y_0 = 0.04\cos\left(\frac{2}{5}\pi t + \varphi\right)(\text{SI})$$

因为 $t=0$ 时，$y_0=0$. 所以 $\cos\varphi=0$ 有 $\varphi=\pm\frac{\pi}{2}$. 由于 $v_0<0$，因此 $\varphi=\frac{\pi}{2}$，得

$$y_0 = 0.04\cos\left(\frac{2}{5}\pi t + \frac{\pi}{2}\right)(\text{SI})$$

(2) 波动方程为

$$y = 0.04\cos\left(\frac{2}{5}\pi t + \frac{\pi}{2} - 2\pi\frac{x}{\lambda}\right)$$
$$= 0.04\cos\left(\frac{2}{5}\pi t - 5\pi x + \frac{\pi}{2}\right)(\text{SI})$$

(3) 所求的振动方程为

$$y_p = 0.04\cos\left(\frac{2}{5}\pi t - 5\pi \times 0.40 + \frac{\pi}{2}\right)$$

$$= 0.04\cos\left(\frac{2}{5}\pi t - \frac{3}{2}\pi\right)(\text{SI})$$

借助旋转矢量来描绘出 $y_p - t$ 曲线,如图 12-2 所示.

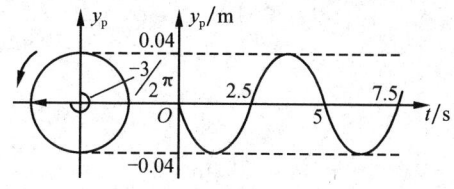

图 12-2

(4)〈方法一〉:由波动方程得 a、b 二点振动方程为

$$y_a = 0.04\cos\left(\frac{2}{5}\pi t - 5\pi x_a + \frac{\pi}{2}\right)(\text{SI})$$

$$y_b = 0.04\cos\left[\frac{2}{5}\pi t - 5\pi(x_a + 0.10) + \frac{\pi}{2}\right](\text{SI})$$

$$\Delta\varphi = \left(\frac{2}{5}\pi t - 5\pi x_a + \frac{\pi}{2}\right) - \left[\frac{2}{5}\pi t - 5\pi(x_a + 0.10) + \frac{\pi}{2}\right] = \frac{\pi}{2}$$

即 a 点比 b 点超前 $\frac{\pi}{2}$.

〈方法二〉: $\Delta\varphi = 2\pi\dfrac{x_b - x_a}{\lambda} = 2\pi\dfrac{(x_a + 0.10) - x_a}{0.40} = \dfrac{\pi}{2}$

即 a 点比 b 点超前 $\frac{\pi}{2}$.

(5) $t = \dfrac{5}{4}$ s 时,波向右传播 $\dfrac{1}{4}$ 波长距离,故波形图 12-3 所示. a、b 处二质点分别向下和向上振动.

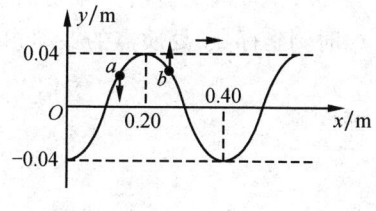

图 12-3

注意:i) 质点开始振动不一定是 $t = 0$ 时刻;
ii) 波源不一定位于坐标原点;
iii) $\Delta\varphi = 2\pi\dfrac{x_b - x_a}{\lambda}$ 的物理意义.

2. 有一平面简谐波,其波动方程为 $y = 0.02\cos(10t + 6x)(\text{SI})$. 求:
(1) 周期 T、频率 v、波长 λ、波速 u;
(2) 波谷过原点时刻;
(3) $t = 6$ s 时各波峰坐标.

解 (1)〈方法一〉:用比较法求解.
波动方程标准形式

$$y = A\cos 2\pi v\left(t + \frac{x}{u}\right) = A\cos 2\pi\left(\frac{t}{T} + \frac{x}{\lambda}\right)$$

题中方程可化为

$$y = 0.02\cos 10\left(t + \frac{x}{5/3}\right) = 0.02\cos 2\pi\left(\frac{t}{\pi/5} + \frac{x}{\pi/3}\right)$$

比较上述方程知

$$\begin{cases} v = 5/\pi \mathrm{s}^{-1} \\ u = 5/3 \mathrm{m\cdot s^{-1}} \\ T = \pi/5 \mathrm{s} \\ \lambda = \pi/3 \mathrm{m} \end{cases}$$

〈方法二〉：由物理意义求解 λ 和 u.

λ＝同一波线上相位差为 2π 的两个质点之间的距离

设此二点的坐标分别为 x_1、x_2（$x_2 > x_1$），有

$$(10t + 6x_2) - (10t + 6x_1) = 2\pi$$

即

$$6(x_2 - x_1) = 2\pi$$

得

$$\lambda = x_2 - x_1 = \frac{\pi}{3} \mathrm{m}$$

u＝某一振动状态（相位）单位时间内传播的路程

设 t_1 时刻某一振动态出现在坐标 x_1 处，t_2 时刻此振动状态传播到坐标 x_2 处，$x_2 < x_1$（因为波沿 x 轴负向传播），可知 t_2 时刻坐标 x_2 处质点的振动相位等于 t_1 时刻坐标 x_1 处质点的振动相位，有

$$(10t_2 + 6x_2) = (10t_1 + 6x_1)$$

即

$$6(x_1 - x_2) = 10(t_2 - t_1)$$

得

$$u = \frac{x_1 - x_2}{t_2 - t_1} = \frac{10}{6} = \frac{5}{3} (\mathrm{m\cdot s^{-1}})$$

(2)〈方法一〉：O 点处质点振动方程为

$$y_0 = 0.02\cos 10t$$

当波谷过原点时，即呈波谷的状态传到原点处，使原点处质点位移为负向最大，即

$$y_0 = -0.02 \mathrm{m}$$

由 $-0.02 = 0.02\cos 10t$ 知，$\cos 10t = -1$，即

$$10t = (2k-1)\pi \quad (k = 1, 2, 3, \cdots)$$

得
$$t = \frac{\pi}{10}(2k-1)$$

上式为第 k 个波谷传到 O 点时的时刻.

〈方法二〉：由波动方程知，$t=0$ 时的波形方程为
$$y = 0.02\cos(0+6x) = 0.02\cos 6x$$

波形如图 12-4 所示. 当第 k 个波谷传到 O 点时, 有下式成立
$$ut = k\lambda - \frac{1}{2}\lambda$$

即
$$t = \frac{\lambda}{2u}(2k-1) = \frac{\pi/3}{2\times 5/3}(2k-1) = \frac{\pi}{10}(2k-1) \quad (k=1,2,3,\cdots)$$

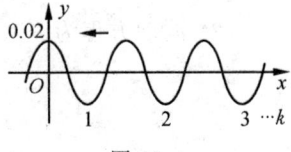

图 12-4

(3) $t=6$s 时，波形方程为
$$y = 0.02\cos(10\times 6 + 6x)$$

波峰处质点其坐标应满足
$$\cos(60+6x) = 1$$

即
$$60 + 6x = 2k\pi \quad (k=0,\pm 1, \pm 2, \cdots)$$

得
$$x = \left(\frac{\pi}{3}k - 10\right) \quad (k=0, \pm 1, \pm 2, \cdots)$$

注意：i) 注意波传播方向；

ii) 深刻理解波动中相位传播的意义.

3. 一平面简谐波沿 Ox 轴正向传播, 波长为 4m，周期为 4s，已知 $x=0$ 处质点的振动曲线如图 12-5 所示. 求：

(1) $x=0$ 处质点的振动方程；

(2) 波动方程；

(3) $t=1$s 时波形方程；

(4) $t=1$s 时 $x=1$m 处质点的振动速度.

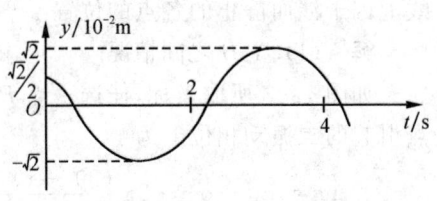

图 12-5

解 (1) 设 O 处质点的振动方程为
$$y_0 = A\cos(\omega t + \varphi)$$

依题意
$$A = \sqrt{2}\times 10^{-2}\text{m}, \quad \omega = \frac{2\pi}{T} = \frac{2\pi}{4} = \frac{\pi}{2}(\text{s}^{-1})$$

有
$$y_0 = \sqrt{2} \times 10^{-2} \cos\left(\frac{\pi}{2}t + \varphi\right)$$

由图 12-6 知,$t=0$ 时 O 处质点在 $x=A/2$ 处向 y 轴负向振动,由图 12-6 所示的旋转矢量知 $\varphi = \pi/3$,有

$$y_0 = \sqrt{2} \times 10^{-2} \cos\left(\frac{\pi}{2}t + \frac{\pi}{3}\right) \text{(SI)}$$

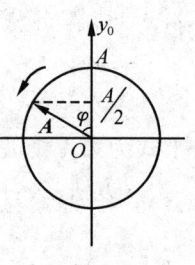

图 12-6

(2) 波动方程为

$$y = \sqrt{2} \times 10^{-2} \cos\left(\frac{\pi}{2}t + \frac{\pi}{3} - 2\pi\frac{x}{\lambda}\right)$$

$$= \sqrt{2} \times 10^{-2} \cos\left(\frac{\pi}{2}t + \frac{\pi}{3} - 2\pi\frac{x}{4}\right)$$

$$= \sqrt{2} \times 10^{-2} \cos\left(\frac{\pi}{2}t - \frac{\pi x}{2} + \frac{\pi}{3}\right) \text{(SI)}$$

(3) $t=1$s 时波形方程为

$$y = \sqrt{2} \times 10^{-2} \cos\left(\frac{5\pi}{6} - \frac{\pi x}{2}\right) \text{(SI)}$$

(4) 质点的振动速度为

$$v = \frac{dy}{dt} = -\frac{\pi}{2} \times \sqrt{2} \times 10^{-2} \sin\left(\frac{\pi}{2}t - \frac{\pi x}{2} + \frac{\pi}{3}\right) \text{(SI)}$$

所求速度为

$$v = -\frac{\pi}{2} \times \sqrt{2} \times 10^{-2} \sin\left(\frac{\pi}{2} \times 1 - \frac{\pi \times 1}{2} + \frac{\pi}{3}\right) = -1.9 \times 10^{-2} \text{(m·s}^{-1}\text{)}$$

4. 同一介质中的两个相干波源位于 A、B 两点,其振幅相等,频率为 100s^{-1}. B 的相位比 A 的相位超前 π. 若 A、B 两点相距 30m,波速为 400m·s^{-1},求:A、B 连线上因干涉而静止的各点的位置.

解 (1) A、B 之间情况.

如图 12-7 所取坐标,任选一点 P,两波在 P 点引起的二振动相位差为

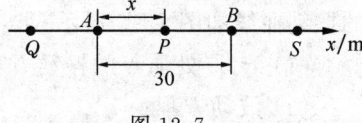

图 12-7

$$\Delta\varphi = \varphi_B - \varphi_A - 2\pi\frac{(30-x)-x}{\lambda}$$

又知

$$\lambda = \frac{u}{v} = \frac{400}{100} = 4\text{(m)}$$

有

$$\Delta\varphi = \pi - (15-x)\pi = -14\pi + \pi x$$

当 $\Delta\varphi = (2k+1)\pi$ 时,坐标 x 的质点由于干涉而静止(注意二波振幅相等),有

$$-14\pi + \pi x = (2k+1)\pi \quad (k \text{ 为一些整数})$$

得

$$x = 2k + 15 \quad (k = 0, \pm 1, \pm 2, \cdots \pm 7)$$

(2) 在 A 点左侧情况.

对任一点 Q,两波在 Q 点引起振动相位差为

$$\Delta\varphi = \varphi_B - \varphi_A - 2\pi \frac{r_{BQ} - r_{AQ}}{\lambda} = \pi - 2\pi \frac{30}{4} = -14\pi$$

可知,A 左侧不存在因干涉而静止的点.

(3) 在 B 点右侧情况.

对任一点 S,两波在 S 点引起振动位相差为

$$\Delta\varphi = \varphi_B - \varphi_A - 2\pi \frac{r_{BS} - r_{AS}}{\lambda} = \pi - 2\pi \frac{-30}{4} = 16\pi$$

可见,在 B 点右侧不存在因干涉而静止的点.

注意:干涉加强与减弱的条件.

5. 有一平面波 $y = 2\cos\left[600\pi\left(t - \dfrac{x}{330}\right)\right]$ (SI) 传到 A、B 两小孔上,如图 12-8 所示.$AB = 1$ m,$AC \perp AB$.若从 A、B 传出的波到达 C 点时.两波叠加恰为第一次减弱,试求 AC 之长.

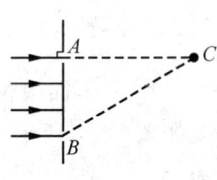

图 12-8

解 设 $AC = x$,有 $BC = \sqrt{1 + x^2}$,A、B 传出的次级波到达 C 点时相位差为

$$\Delta\varphi = \varphi_A - \varphi_B - 2\pi \frac{AC - BC}{\lambda}$$

$$= 2\pi \frac{BC - AC}{\lambda} = 2\pi \frac{\sqrt{1+x^2} - x}{\lambda}$$

(注意:$\varphi_A = \varphi_B$,A、B 为二子波源,φ_A、φ_B 为 A、B 初相)

当 $\Delta\varphi = 2\pi \dfrac{\sqrt{1+x^2} - x}{\lambda} = (2k+1)\pi$ 时($k = 0, 1, 2, 3, \cdots$),有干涉极小,依题意取($k = 0$),有

$$2(\sqrt{1+x^2} - x) = \lambda$$

解得 $x = \dfrac{4 - \lambda^2}{4\lambda}$. 波动方程标准形式

$$y = A\cos 2\pi\left(vt - \frac{x}{\lambda}\right)$$

题中波动方程化成标准形式

$$y = 2\cos 2\pi \left(300t - \frac{x}{1.1}\right)$$

比较以上二式知 $\lambda = 1.1\text{m}$. 代入 x 中,有 $x = \frac{4-1.1^2}{4\times 1.1} = 0.634\text{m}$.

强调:对惠更斯原理的理解及干涉减弱条件的掌握.

12.4 检测复习题

一、判断题

指出下列说法是否正确:
1. 没有机械振动振源,就不会产生机械波.
2. 只要有机械振动振源,就一定有机械波.
3. 波源的初位相一定为零.
4. 驻波的波形不传播.

二、填空题

1. 一平面余弦波沿 x 向轴正向传播,波速为 $2\text{m}\cdot\text{s}^{-1}$. 它在 $t=0$ 时刻的波形图如图 12-9 所示, t 以 s 计. 由此可知,该平面波的周期为_____;O 点振动方程为_____;波动方程为_____;$t=0$ 时刻 a、b 两点的振动方向分别为_____和_____;前者和后者的相位差为_____.

2. 一平面简谐波沿 x 轴负向传播. 已知 $x=-1\text{m}$ 处质点的振动方程为 $y=A\cos(\omega t+\varphi)$(SI),若波速为 u,则此波的波动方程为_____.

3. (1)一列波长为 λ 的平面简谐波沿 x 正方向传播. 已知在 $x=\lambda/2$ 处振动方程为 $y=A\cos\omega t$,此波的波动方程为_____. (2)如果在上述波的波线上 $x=L$ ($L>\lambda/2$) 处放一如图 12-10 所示的反射面,且假设反射波的振幅为 A'. 则反射波的波动方程为_____ ($x\leqslant\lambda$).

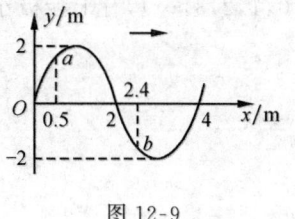

图 12-9

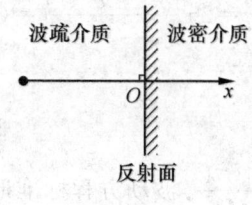

图 12-10

4. 一平面简谐机械波在介质中传播时,若一介质质元在 t 时刻的波的能量是 10J. 则在 $(t+T)$ (T 为波的周期)时刻该介质质元的振动动能是_____.

5. 一球面波在各向同性均匀介质中传播,已知波源的功率为100W.若介质不吸收能量,则距波源10m处的波的平均能流密度为_____.

6. 两列波在一根很长的弦线上传播,其波动方程为

$$y_1 = 6.0\times 10^{-2}\cos\left[\pi\left(x-\frac{40t}{2}\right)\right](\text{SI}), \quad y_2 = 6.0\times 10^{-2}\cos\left[\pi\left(x+\frac{40t}{2}\right)\right](\text{SI})$$

则合成波的方程式为_____;在 $x=10.0$m 内波节的位置是_____,波腹位置是_____.

7. 在简谐波中,对于行波,某一体积元的动能最大时,其势能_____;体积元的能量_____变化,这是因为_____. 对于驻波,_____能流传递;在相邻的两个波节之间,当各点的位移均最大时,此二波节间的总能量为各点的_____之和,此时能量较集中在_____附近;当各点的位移为零时,此二波节间的总能量为各点的_____之和,此时能量较集中在_____附近.

三、选择题

1. 对于波动学中,关于波长的下面几种计算方法中哪种是错误的?(　　)
   A. 用波速除以波的频率
   B. 测量两个相邻波峰间的距离
   C. 用振动态传播过的距离除以这段距离内完整波形的个数
   D. 测量波线上相邻两个静止点的距离

2. 一平面余弦波沿 x 轴正向传播,其频率为 100s^{-1},振幅为 1cm,波速为 $400\text{m}\cdot\text{s}^{-1}$. 如果波源位于原点,且以波源经平衡位置朝负方向运动的时刻为计时起点,那么该波在 2s 时的波形方程(SI)为(　　)

   A. $y=0.01\cos\dfrac{\pi x}{2}$　　　　B. $y=-0.01\cos\dfrac{\pi x}{2}$

   C. $y=0.01\sin\dfrac{\pi x}{2}$　　　　D. $y=-0.01\sin\dfrac{\pi x}{2}$

3. 波速为 $4\text{m}\cdot\text{s}^{-1}$ 的平面余弦波波沿 x 轴的负方向传播. 如果这列波使位于原点的质元做 $y=3\cos(\pi t/2)$(SI)的振动,那么位于 $x=4\text{m}$ 处质元的振动方程(SI)为(　　)

   A. $y=3\cos\dfrac{\pi t}{2}$　　　　B. $y=-3\cos\dfrac{\pi t}{2}$

   C. $y=\sin\dfrac{\pi t}{2}$　　　　D. $y=-\sin\dfrac{\pi t}{2}$

4. 一平面余弦波的方程为 $y=2\cos\pi(2.5t-0.01x)$,式中 x、y 以 cm 计,t 以 s 计. 在同一波线上,与 $x=5$cm 处质元振动状态相同的另外质元正的最小坐标为多少?(　　)

A. 10cm　　　　B. 55cm　　　　C. 105cm　　　　D. 205cm

5. 图 12-11 中实线为某一平面余弦波在 $t=0$ 时刻的波形图,如果该波沿 x 轴正向传播,周期为 T,那么图中虚线表示的波形对应的时刻可能是(　　)

A. $\dfrac{T}{4}$　　　　B. $\dfrac{T}{2}$　　　　C. $\dfrac{3T}{4}$　　　　D. T

6. 一列平面余弦波沿 x 轴正向传播.它在 $t=0$ 时刻的波形图如图 12-12 所示.此时位于 $x=1$m 处质点的相位可能为(　　)

A. 0　　　　B. π　　　　C. $\dfrac{\pi}{2}$　　　　D. $-\dfrac{\pi}{2}$

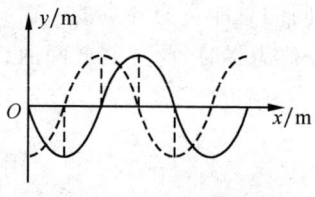

图 12-11

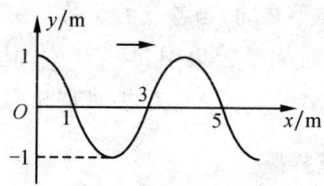

图 12-12

7. 一沿 x 轴负方向传播的平面简谐波,在 $t=2$s 时的波形曲线如图 12-13 所示,可知原点 O 处质点的振动方程(SI)为(　　)

A. $y=0.50\cos\left(\pi t+\dfrac{\pi}{2}\right)$　　　　B. $y=0.50\cos\left(\dfrac{1}{2}\pi t-\dfrac{\pi}{2}\right)$

C. $y=0.50\cos\left(\dfrac{1}{2}\pi t+\dfrac{\pi}{2}\right)$　　　　D. $y=0.50\cos\left(\dfrac{1}{4}\pi t+\dfrac{\pi}{2}\right)$

8. 一平面简谐波,沿 x 轴负方向传播,角频率为 ω,波速为 u.设 $t=T/4$ 时刻的波形如图 12-14 所示.可知该波的波动方程为(　　)

A. $y=A\cos\left[\omega\left(t-\dfrac{x}{u}\right)\right]$　　　　B. $y=A\cos\left[\omega\left(t-\dfrac{x}{u}\right)+\dfrac{\pi}{2}\right]$

C. $y=A\cos\left[\omega\left(t+\dfrac{x}{u}\right)\right]$　　　　D. $y=A\cos\left[\omega\left(t+\dfrac{x}{u}\right)+\pi\right]$

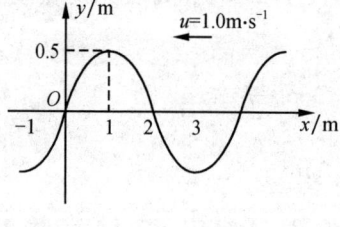

图 12-13

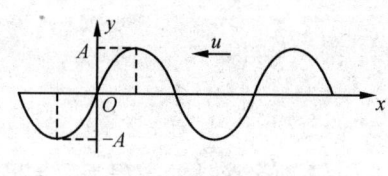

图 12-14

9. 图 12-15 为一平面简谐波在 $t=0$ 时刻的波形图,波速为 $u=200$m·s^{-1}.可

知 P 点处质点振动曲线为图 12-16 中的( )

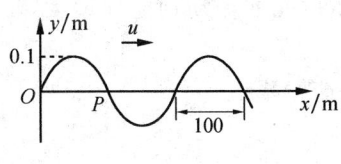

图 12-15

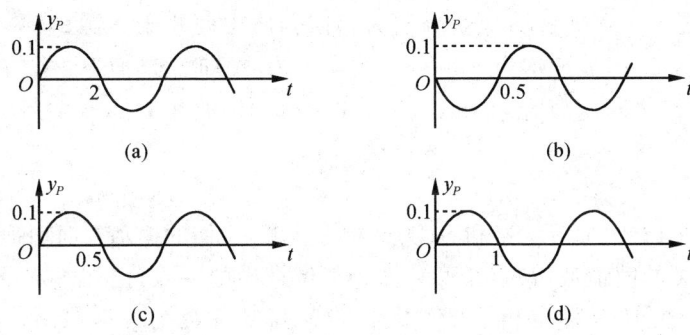

图 12-16

10. 一简谐波沿 x 轴正向传播，$t=0$ 时刻波形曲线如图 12-17 所示，已知周期为 2s. 可知 P 点处质点的振动速度 v 与时间 t 的关系曲线为图 12-18 中的( )

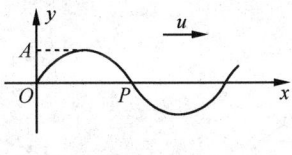

图 12-17

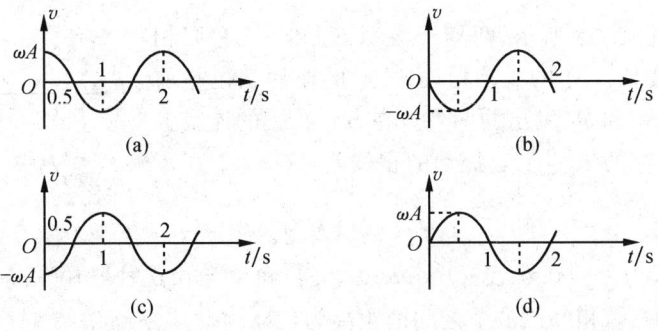

图 12-18

11. 图 12-19 为一平面简谐机械波在 t 时刻的波形曲线,若此时 A 点处介质质元的振动动能在增大,则( )

A. A 点处质元弹性势能在减小
B. 波沿 x 轴负向传播
C. B 点处质元的振动动能在减小
D. 各点的波的能量密度都不随时间变化

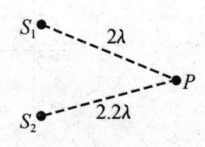

图 12-19

12. 如图 12-20 所示,S_1、S_2 分别为相同介质中两相干波源,频率为 $100s^{-1}$,两波振幅均为 5cm,波速均为 $10m \cdot s^{-1}$. 当 S_1 为波峰时,S_2 恰为波谷. P 点为两波线交点,且 $PS_2 \perp S_1 S_2$. $PS_2 = 3m$,$S_1 S_2 = 4m$. 可知两波在 P 点叠加后的合振幅为( )

A. 10cm B. 8cm C. 0 D. 6cm

13. 如图 12-21 所示,S_1 和 S_2 为两相干波源,它们的振动方向均垂直于图面,发出波长为 λ 的简谐波,P 点是两列波相遇区域中的一点,已知 $S_1 P = 2\lambda$,$S_2 P = 2.2\lambda$,两列波在 P 点发生相消干涉,若 S_1 的振动方程为 $y_1 = A\cos(2\pi t + \pi/2)$ (SI),则 S_2 的振动方程 (SI) 为( )

A. $y_2 = A\cos\left(2\pi t - \dfrac{1}{2}\pi\right)$ B. $y_2 = A\cos(2\pi t - \pi)$

C. $y_2 = A\cos\left(2\pi t + \dfrac{1}{2}\pi\right)$ D. $y_2 = A\cos(2\pi t - 0.1\pi)$

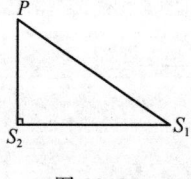

图 12-20

图 12-21

14. 如图 12-22 所示,两相干波源 S_1 和 S_2,它们相距 $\lambda/4$(λ 为波长),S_1 的振动相位比 S_2 的振动相位超前 $\pi/2$,由波源 S_1 和 S_2 发出的两列波在 S_1 与 S_2 的连线上且位于 S_1 外侧的 P 点引起振动的相位差是( )

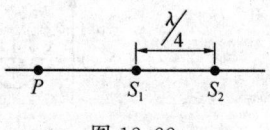

图 12-22

A. 0 B. π C. $\dfrac{\pi}{2}$ D. $\dfrac{3\pi}{2}$

15. 方程为 $y_1 = 0.01\cos(100\pi t - x)$ (SI) 和 $y_2 = 0.01\cos(100\pi t + x)$ (SI) 的两列相干波叠加后,相邻两波节之间的距离为( )

A. 0.5cm B. 1cm C. πm D. 2m

16. 在驻波中两个相邻波节间各质点的振动( )

A. 振幅相同,相位相同　　　　B. 振幅相同,相位不同

C. 振幅不同,相位相同　　　　D. 振幅不同,相位不同

17. 汽车匀速驶过车站时,车站上的观测者测得声音的频率由 $1200s^{-1}$ 变到 $1000s^{-1}$,已知空气中声速为 $330m \cdot s^{-1}$,则汽车的速率为( )

A. $30m \cdot s^{-1}$　　B. $55m \cdot s^{-1}$　　C. $66m \cdot s^{-1}$　　D. $90m \cdot s^{-1}$

四、计算题

1. 一平面简谐波沿 x 轴正向传播,其振幅为 A,频率为 v,波速为 u,设 $t=t'$ 时刻的波形曲线如图 12-23 所示,求:

(1) $x=0$ 处质点的振动方程;

(2) 波动方程.

2. 设平面简谐波的波源位于坐标原点,波源的振动曲线如图 12-24 所示,波沿 x 轴正方向传播,波速 $u=5m \cdot s^{-1}$.

(1) 画出距波源 25m 处的质点的振动曲线;

(2) 画 $t=3s$ 时的波形曲线.

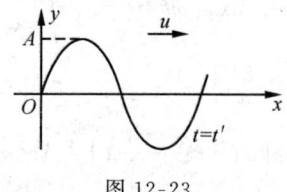

图 12-23

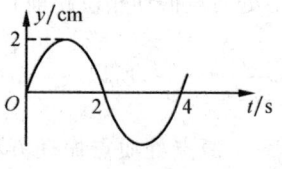

图 12-24

3. 如图 12-25 所示,两相干波源 S_1 和 S_2,相距 30m,S_1 和 S_2 都在坐标轴上,S_1 位于坐标原点 O.设由 S_1 和 S_2 分别发出的两列波沿 x 轴传播时,强度保持不变,$x_1=9m$ 和 $x_2=12m$ 处的两点是相邻的两个因干涉而静止的点.求:

(1) 两波的波长;

(2) 两波源振动最小相位差.

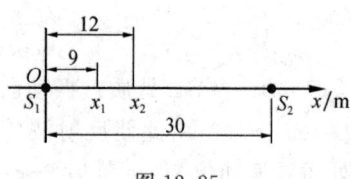

图 12-25

12.5　检测复习题解答

一、判断题

1. √. 2. ×. 3. ×. 4. √.

二、填空题

1. 解：(1) $\lambda = 4\text{m}, u = 2\text{m}\cdot\text{s}^{-1}$，可有 $T = \dfrac{\lambda}{u} = 2\text{s}$

(2) 可知，$A = 2\text{m}, \omega = \dfrac{2\pi}{T} = \pi\text{s}^{-1}$，在 $t=0$ 时刻 O 处质点由平衡位置向下振动，由图 12-26 所示的旋转矢量知，$\varphi = \dfrac{\pi}{2}$，所以

$$x = 2\cos\left(\pi t + \dfrac{\pi}{2}\right)(\text{SI})$$

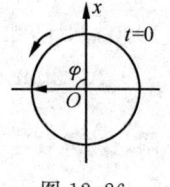

图 12-26

(3) $\quad y = 2\cos\left(\pi t + \dfrac{\pi}{2} - \dfrac{2\pi x}{\lambda}\right) = 2\cos\left(\pi t + \dfrac{\pi}{2} - \dfrac{\pi x}{2}\right)(\text{SI})$

(4) 向下.

(5) 向上.

(6) $\Delta\varphi = \dfrac{2\pi(x_b - x_a)}{4} = 0.95\pi$，$a$ 点振动相位超前.

2. 解：由题意知，原点处质点振动方程为 $y_0 = A\cos\left(\omega t + \varphi + \dfrac{2\pi}{\lambda}\right)(\text{SI})$（$O$ 处质点比 $x = -1\text{m}$ 处质点振动相位超前），波动方程为 $y = A\cos\left(\omega t + \varphi + \dfrac{2\pi}{\lambda} + \dfrac{2\pi x}{\lambda}\right)(\text{SI})$. 因为 $\lambda = \dfrac{u}{v} = \dfrac{u}{\omega/2\pi} = \dfrac{2\pi u}{\omega}$，所以 $y = A\cos\left(\omega t + \varphi + \dfrac{\omega}{u} + \dfrac{\omega x}{u}\right)(\text{SI})$.

3. 解：(1) 原点处质点振动方程为 $y_0 = A\cos\left(\omega t + \dfrac{2\pi}{\lambda}\cdot\dfrac{1}{2}\lambda\right) = A\cos(\omega t + \pi)$. 波动方程为

$$y = A\cos\left(\omega t + \pi - \dfrac{2\pi x}{\lambda}\right)$$

(2) $x = \lambda/2$ 处质点振动向右传播再反射到原点后，波传播路程为 $(L - \lambda/2) + L = 2L - \lambda/2$，由此使反射波传回到原点处时其原点处质点振动相位要比 $x = \lambda/2$ 处质点振动位相 ωt 落后 $2\pi(2L - \lambda/2)/\lambda$. 又因为波是从波疏介质射向波密介质，所以反射波有半波损失（可认为相位落后 π），故反射波在 O 点引起质点的振动方程为

$$y_0' = A'\cos\left[\omega t - \dfrac{2\pi(2L - \lambda/2)}{\lambda} - \pi\right] = A'\cos\left(\omega t - \dfrac{4\pi L}{\lambda}\right)$$

反射波波动方程为

$$y' = A'\cos\left(\omega t - \dfrac{4\pi L}{\lambda} + \dfrac{2\pi x}{\lambda}\right)$$

4. 解：t 时刻质元能量为

$$dE = dE_k + dE_p = 10\text{J}$$

因为 $dE_k = dE_p$，所以 $dE_k = 5J$. 质元在 $(t+T)$ 时刻和在 t 时刻的动能是相同的，故所求动能为 5J．

5. 解：由题意有，平均能流密度
$$I = \frac{P}{4\pi r^2} = \frac{100}{4 \times 10^2} = 7.96 \times 10^{-2} (W \cdot m^{-2})$$

6. 解：(1) 合成波的波动方程为
$$y = y_1 + y_2 = 6.0 \times 10^{-2} \cos\left[\frac{\pi(x-40t)}{2}\right] + 6.0 \times 10^{-2} \cos\left[\frac{\pi(x+40t)}{2}\right]$$
$$= 12 \times 10^{-2} \cos\frac{\pi x}{2} \cos 20\pi t (SI)$$

(2) 当 x 处为波节时，有 $\cos\frac{\pi x}{2} = 0$，即
$$\frac{\pi x}{2} = (2k+1)\frac{\pi}{2}, \quad k \text{ 取整数}$$
在 O 到 $x = 10.0$m 内，有
$$x = (2k+1)\text{m}, \quad k = 0,1,2,3,4$$

(3) 当 x 为波腹时，应有 $\left|\cos\frac{\pi x}{2}\right| = 1$，即
$$\frac{\pi x}{2} = k\pi, \quad k \text{ 取整数}$$
在 O 到 $x = 10.0$m 内，有
$$x = 2k\text{m}, \quad k = 0,1,2,3,4$$

7. 解：(1) 也最大；(2) 随时间；(3) 相邻体积元间有能量传递；(4) 无；(5) 势能；(6) 波节；(7) 动能；(8) 波腹．

三、选择题

1. 解：(A)、(B) 和 (C) 都对．[(C) 中：波数即完整波形的个数]
因为波线上相邻二静止点间距离 $\Delta x = \lambda/2$，所以 (D) 不对．故答案是 (D)．

2. 解：设波源振动方程为 $y_0 = A\cos(\omega t + \varphi)$ 由题知，$A = 10$cm，$\omega = 200\pi s^{-1}$，$t = 0$ 时旋转矢量位置如图 12-27 所示，可知 $\varphi = \pi/2$. 有
$$y_0 = 0.1\cos\left(200\pi t + \frac{\pi}{2}\right)(SI)$$ 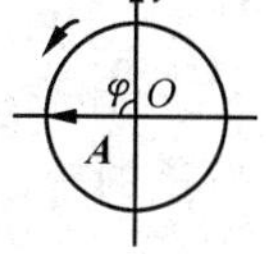

波动方程为
$$y = 0.1\cos\left(200\pi t + \frac{\pi}{2} - \frac{2\pi x}{\lambda}\right)(SI)$$

图 12-27

因为 $\lambda = \frac{u}{\nu} = \frac{400}{100} = 4$m，所以
$$y = 0.1\cos\left(200\pi t + \frac{\pi}{2} - \frac{\pi x}{2}\right)(SI)$$

$t=2$s 时,波形方程为

$$y = 0.1\cos\left(400\pi + \frac{\pi}{2} - \frac{\pi x}{2}\right) = 0.1\sin\frac{\pi x}{2}(\text{SI})$$

(C)对.

3. 解:波动方程为

$$y = 3\cos\left(\frac{\pi t}{2} + \frac{2\pi x}{\lambda}\right)$$

因为

$$\lambda = \frac{u}{v} = \frac{u}{\omega/2\pi} = \frac{4}{\frac{\pi}{2}/2\pi} = 16(\text{m})$$

所以

$$y = 3\cos\left(\frac{\pi t}{2} + \frac{\pi x}{8}\right)\text{m}$$

当 $x=4$m 时,有

$$y = 3\cos\left(\frac{\pi t}{2} + \frac{\pi}{2}\right) = -3\sin\frac{\pi t}{2}\text{m}$$

(D)对.

4. 解:设所求点坐标为 x,由题意有 $\frac{2\pi(x-5)}{\lambda}=2\pi$,解得 $x=\lambda+5$. 由波动方程知,$0.01\pi=\frac{2\pi}{\lambda}$,即 $\lambda=200$cm,得 $x=205$cm,(D)对.

5. 解:O 处质点的振动对应二波形图的旋转矢量分别为 $\boldsymbol{A}_1$(对应实线,$t=0$),$\boldsymbol{A}_2$(对应虚线,t 时刻),如图 12-28 所示. 从 $t=0$ 到 t 时刻,旋转矢量转过角度为

$$\omega t = 3\pi/2 + 2k\pi \quad (k=0,1,2,\cdots)$$

即

$$t = \frac{3\pi/2 + 2k\pi}{\omega} = \frac{3\pi/2 + 2k\pi}{2\pi/T} = \frac{3}{4}T + kT$$

$k=0$ 时,$t=\frac{3}{4}T$,(C)对.

6. 解:可知,$t=0$ 时 $x=1$m 处质点由平衡位置向 y 轴正向振动,由图 12-29 所示的旋转矢量知,$\varphi=-\pi/2$,(D)对.

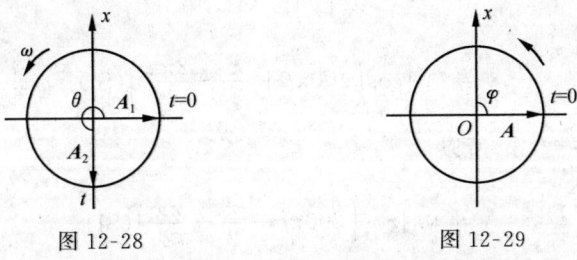

图 12-28　　　　　　图 12-29

7. 解:依题意知,$t=0$ 时波形图即为 $t=2$s 时波形图向右平移 $x=ut=1\times2=2$m(即半个波长)即可,结果如图 12-30 所示. 由该图知,$t=0$ 时 O 处质点在平衡位置向下振动,$\varphi=\pi/2$. 又知

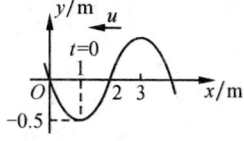

图 12-30

$$\omega=\frac{2\pi}{T}=\frac{2\pi}{\lambda/u}=\frac{2\pi}{4/1}=\frac{1}{2}\pi(\text{s}^{-1})$$

有

$$y=0.50\cos\left(\frac{\pi t}{2}+\frac{\pi}{2}\right)(\text{SI})$$

(C)对.

8. 解:依题意知,$t=0$ 时波形图即为 $t=T/4$ 时波形图向右平移 $1/4$ 个周期即可,结果如图 12-31 所示. 由图可知 $t=0$ 时 O 处质点在负向最大位移处,所以 $\varphi=\pi$,故 $y_0=A\cos(\omega t+\pi)$,波动方程为

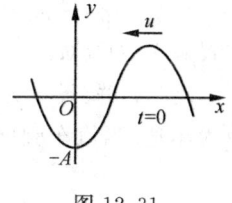

图 12-31

$$y=A\cos\left(\omega t+\pi+\frac{2\pi x}{\lambda}\right)=A\cos\left[\omega\left(t+\frac{x}{u}\right)+\pi\right]$$

(D)对.

9. 解:可知,$t=0$ 时 P 处质点位于平衡位置并向上振动,周期为 $T=u/\lambda=1$s. (C)对.

10. 解:由题图知,$t=0$ 时 P 处质点处于平衡位置并向上振动,故 $t=0$ 时 P 处质点速度为正的最大. (A)对.

11. 解:因为 A 点处质元势能等于其动能,又该动能增大,所以质元势能也增大,故(A)不对. 动能增大,说明 A 处质元在向下振动,由此可知,波沿 x 轴负向传播,故(B)对. 由于波沿 x 轴负向传播,因此 B 处质点向上振动,即向平衡位置振动,因而动能增大,故(C)不对. 由于波的能量密度是时间的正弦平方的函数,因此(D)不对.

12. 解:两波在 P 点引起振动的相位差为

$$\Delta\varphi=(\varphi_1-\varphi_2)-\frac{2\pi(r_{2P}-r_{1P})}{\lambda}=-\pi-\frac{2\pi(3-\sqrt{3^2+4^2})}{10/100}=-41\pi$$

因为二振动振幅相同且相位相反,所以 $A=0$ [$(\varphi_1-\varphi_2)$ 也可写成 π]. (C)对.

13. 解:由题意知,S_2 的振动方程可设为 $y_2=A\cos(2\pi t+\varphi_2)$. 当 S_1 和 S_2 发出的波在 P 点相遇发生干涉相消时,要求

$$\Delta\varphi=(\varphi_2-\varphi_1)-\frac{2\pi(r_{2P}-r_{1P})}{\lambda}=\left(\varphi_2-\frac{\pi}{2}\right)-\frac{2\pi(2.2\lambda-2\lambda)}{\lambda}$$

$$=\left(\varphi_2-\frac{\pi}{2}\right)-0.4\pi=(2k+1)\pi,\quad k=0,\pm1,\pm2,\cdots$$

当 $k=-1$ 时，$\varphi_2=-0.1\pi$. 故
$$y_2 = A\cos(2\pi t - 0.1\pi)\text{m}$$
(D)对.

14. 解：两波在 P 点引起的相位差为
$$\Delta\varphi = (\varphi_1 - \varphi_2) - \frac{2\pi(r_{1P} - r_{2P})}{\lambda} = \frac{\pi}{2} - \frac{2\pi(-\lambda/4)}{\lambda} = \pi$$
(B)对.

15. 解：由题知，二波叠加后为驻波，驻波中相邻波节距离 $\Delta x = \frac{\lambda}{2} = \frac{2\pi}{2} = \pi\text{m}$.
(C)对.

16. 解：驻波中，两个相邻波节之间各质点振动，它们相位是相同的，振幅与位置有关. (C)对.

17. 解：设 v 为汽车、人均对空气静止时，车发声的频率，u 为空气中的声速，v_s 为车速. 当汽车驶向观测者时，由于多普勒效应，观测者测得声波的频率为
$$v' = v\frac{u}{u-v_s}$$
当汽车驶过观测者时，观测者测得声波的频率为
$$v'' = v\frac{u}{u+v_s}$$
由上述二式解得
$$v_s = \frac{v'-v''}{v'+v''}u = \frac{1200-1000}{1200+1000} \times 330 = 30(\text{m}\cdot\text{s}^{-1})$$
(A)对.

四、计算题

1. 解：(1) 设 O 处质点的振动方程为 $y_0 = A\cos(2\pi v t + \varphi)$，$A$ 和 v 为已知，下面确定 φ.

由题可知，在 $t=t'$ 时刻，O 处质点处于平衡位置，即
$$y_0 = A\cos(2\pi v t' + \varphi) = 0,$$
并向下振动，所以对应旋转矢量位置如图 12-32 所示. 由上知
$$2\pi v t' + \varphi = \frac{\pi}{2} + 2k\pi \quad (k \text{ 为整数})$$

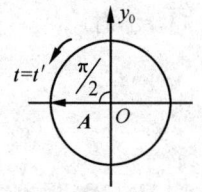

图 12-32

对于 $k=0$，有 $\varphi = \frac{\pi}{2} - 2\pi v t'$，所以 y_0 可表示为
$$y_0 = A\cos\left[2\pi v(t-t') + \frac{\pi}{2}\right]$$

(2) 波动方程为

$$y = A\cos\left[2\pi v(t-t') + \frac{\pi}{2} - \frac{2\pi x}{\lambda}\right] = A\cos\left[2\pi v\left(t-t'-\frac{x}{u}\right) + \frac{\pi}{2}\right]$$

2. 解:(1) 波源振动方程为

$$y_0 = 2\times 10^{-2}\cos\left(\frac{\pi t}{2} - \frac{\pi}{2}\right)(\text{SI})$$

波动方程为

$$y = 2\times 10^{-2}\cos\left(\frac{\pi t}{2} - \frac{\pi}{2} - \frac{2\pi x}{\lambda}\right)$$

$$= 2\times 10^{-2}\cos\left(\frac{\pi t}{2} - \frac{\pi}{2} - \frac{\pi x}{10}\right)(\text{SI})$$

距波源为 25m 处质点振动方程为

$$y_{25} = 2\times 10^{-2}\cos\left(\frac{\pi t}{2} - 3\pi\right)(\text{SI})$$

振动曲线如图 12-33 所示.

(2) $t=3$s 时,波形方程为

$$y = 2\times 10^{-2}\cos\left(\pi - \frac{\pi x}{10}\right)(\text{SI})$$

波形曲线如图 12-34 所示.

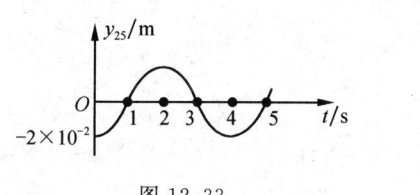

图 12-33

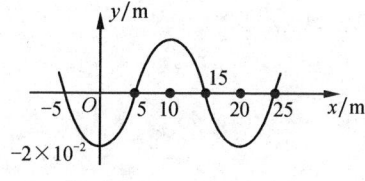

图 12-34

3. 解:由题意知,在 S_1 和 S_2 内形成驻波. 相邻波节之间距离为 $\lambda/2$,又因为 x_1 和 x_2 为相邻波节坐标,所以 $x_2 - x_1 = \lambda/2$. 得

$$\lambda = 2(x_2 - x_1) = 2(12-9) = 6(\text{m})$$

对于 x_1 处,有

$$\Delta\varphi = (\varphi_2 - \varphi_1) - \frac{2\pi(r_{21} - r_{11})}{\lambda} = (\varphi_2 - \varphi_1) - \frac{2\pi(21-9)}{6}$$

$$= (\varphi_2 - \varphi_1) - 4\pi = (2k-1)\pi, \quad k \text{ 为整数}$$

即

$$\varphi_2 - \varphi_1 = 5\pi + 2k\pi$$

所求结果为

$$\varphi_2 - \varphi_1 = \pm\pi, \quad k = -2, -3$$

第五篇 波 动 光 学

第13章 光 的 干 涉

13.1 基 本 要 求

1. 理解光的相干性及相干光的获取方法.
2. 掌握杨氏双缝干涉条件、条纹分布规律.了解劳埃德镜干涉规律.
3. 掌握光程的概念及光程差与相位差的关系.
4. 理解半波损失的概念及产生的条件.
5. 掌握薄膜干涉条件、条纹分布规律及应用.
6. 了解迈克耳孙干涉仪原理及其应用.

13.2 本 章 小 结

一、基本概念

1. 光源:发光的物体.如太阳、电灯都是常见的光源.
2. 光矢量:对于光波,振动的物理量是电场强度 E 和磁场强度 H,其中能引起人的视觉和底片感光的是 E,故通常把 E 叫做光矢量.
3. 光振动:光矢量 E 的振动.
4. 波列:光源发光是大量原子或分子发出的,原子或分子发光是不连续的,原子或分子每一次发出的光称为一个波列.每一个波列,其振动方向、频率相同.而不同的原子或分子所发出的波列它们的振动方向、频率等不尽相同.既使是同一个原子或分子在不同时刻发出的波列它们的振动方向、频率等也不尽相同.
5. 光程及光程差:光传播的几何路程 L 与其所在介质的折射率 n 乘积 nL 称为光程.在相同的时间 Δt 内,光程 nL 等于光在真空中传播的路程 $c\Delta t$,c 为真空中光速.两束光的光程之差称为光程差.
6. 相干光的条件:两束光的振动方向相同、频率相同、在相遇点相位差恒定.此外,两束光的振幅相差不能悬殊,光程差不能大于波列长度(相干长度).
7. 相干光的获取方法:有分波阵面法和分振幅法,即

(1) 分波阵面法.同一波阵面上两点作为次级波源,它们是相干波源,利用它们发出的光再相遇而产生光的干涉的方法称为分波阵面法.如杨氏双缝干涉、劳埃德镜干涉、菲涅耳双镜干涉等都属于分波阵面法干涉.

(2) 分振幅法.入射到薄膜界面上的光,通过薄膜界面反射和折射后再相遇而产生光的干涉的方法称为分振幅法.例如,等倾干涉、等厚干涉等都属于分振幅法干涉.

8. 半波损失.光从光疏介质(折射率较小的介质)射向光密介质(折射率较大的介质)时,在它们的界面上反射光相位出现 π 的突变,这相当于出现了半个波长的光程差 $\lambda/2$(λ 为该光在真空中的波长),常称这种现象为半波损失.

二、基本规律

1. 干涉加强(最强)与干涉减弱(最弱)条件:设两束光的程差为 δ,相位差为 $\Delta\varphi$,
(1) 干涉加强:$\delta=k\lambda$ 或 $\Delta\varphi=2\pi k$,其中 λ 为光的波长,k 为整数;
(2) 干涉减弱:$\delta=(2k+1)\lambda/2$ 或 $\Delta\varphi=(2k+1)\pi$,其中 λ 为光的波长,k 为整数.
2. 杨氏双缝干涉:干涉图案是一系列明暗相间的平行直条纹;距中央明纹越远的条纹其条纹级次越大;相邻明纹或相邻暗纹距离相等.
3. 等倾干涉:干涉图案是一系列明暗相间的环形条纹(特殊情况下为明暗相间的圆环形条纹),中心也可能是明斑或暗斑;距中心越远的条纹其条纹级次越小.
4. 劈尖干涉:属于等厚干涉.干涉图案是一系列明暗相间的平行直条纹;距劈棱越远的条纹其条纹级次越大;相邻明纹或相邻暗纹距离相等.
5. 牛顿环:属于等厚干涉.干涉图案是一系列明暗相间的圆环形条纹,中心也可能是明斑或暗斑;距中心越远的条纹其条纹级次越大.
6. 迈克耳孙干涉仪实验:当两反射镜垂直时,干涉图案为等倾干涉图案;当两反射镜不严格垂直时,干涉图案为等厚干涉图案.
注意:上述 3～6 均属于薄膜干涉,薄膜干涉包括等倾干涉和等厚干涉.

三、基本公式

1. 相位差与光程差关系
$$\Delta\varphi=\frac{2\pi}{\lambda}\delta$$

2. 杨氏双缝干涉 $\begin{cases} \text{明纹坐标 } x_k=\pm k\dfrac{d'\lambda}{d} \quad (k=0,1,2,3,\cdots) \\ \text{暗纹坐标 } x_k=\pm(2k-1)\dfrac{d'\lambda}{2d} \quad (k=1,2,3,\cdots) \\ \text{相邻明纹或相邻暗纹距离 } \Delta x=\dfrac{d'\lambda}{d} \end{cases}$

3. 薄膜干涉 $\begin{cases} \text{反射干涉光程差 } \delta = 2e\sqrt{n^2 - n'^2\sin^2 i} + \dfrac{\lambda}{2} \\ \qquad\qquad (n\text{ 为膜的折射率}, n'\text{ 为膜周围介质的折射率}) \\ \text{明纹条件 } 2e\sqrt{n^2 - n'^2\sin^2 i} + \dfrac{\lambda}{2} = k\lambda \quad (k=1,2,3,\cdots) \\ \text{暗纹条件 } 2e\sqrt{n^2 - n'^2\sin^2 i} + \dfrac{\lambda}{2} = (2k+1)\dfrac{\lambda}{2} \\ \qquad\qquad (e\neq 0 \text{ 时}, k=1,2,3,\cdots) \end{cases}$

4. 劈尖干涉 $\begin{cases} \text{相邻明纹或暗纹距离 } l = \dfrac{\lambda}{2n\theta} \\ \text{相邻明纹或暗纹对应膜的厚度差 } \Delta e = \dfrac{\lambda}{2n} \end{cases}$

5. 空气牛顿环 $\begin{cases} \text{明纹半径 } r_k = \sqrt{(2k-1)\dfrac{R\lambda}{2}} \quad (k=1,2,3,\cdots) \\ \text{暗纹半径 } r_k = \sqrt{kR\lambda} \quad (k=0,1,2,3,\cdots) \\ \text{相邻明纹或相邻暗纹对应膜的厚度差 } \Delta x = \dfrac{\lambda}{2} \end{cases}$

6. 迈克耳孙干涉仪:可动反射镜移动距离 d 与通过某一参考点条纹数目 N 的关系 $d = N\dfrac{\lambda}{2}$.

13.3 典型思考题与习题

一、思考题

1. 获得相干光的方法有几类?它们都是什么?它们的含义是什么?在我们所学的获得相干光的物理模型中,分别属于这些方法的各有哪些?

解 获得相干光的方法有两类;它们分别是分波振面法和分振幅法.分波振面法的含义:两相干光来自于同一波振面上,分振幅法的含义:入射到薄膜界面上的光,通过薄膜界面反射和折射后再相遇而产生光的干涉;在我们所学过的获得相干光的物理模型中,属于分波振面方法的有杨氏双缝干涉、菲涅耳双镜干涉、劳埃德镜干涉;属于分振幅干涉的有等倾干涉、等厚干涉(劈尖干涉、牛顿环干涉)、迈克耳孙干涉仪(可能属于等倾也可能等厚干涉).

2. 如图 13-1 所示,当劈尖中上边的玻璃板做如下运动时,干涉条纹的位置将如何变化?
(1) 向上平移;
(2) 向右平移;

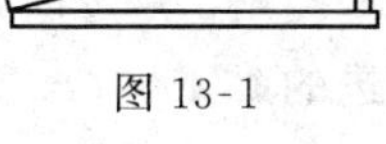

图 13-1

(3) 绕左侧棱边逆时针转动（读者向纸面上看）．

解 劈尖的上边玻璃板所做的运动分别如图 13-2 中的(a)、(b)和(c)所示．
(1) 原来 A 处的第 k 级条纹移到 A' 处，即条纹沿斜面下移，条纹间距不变．
(2) 条纹相对斜面不动，随斜面一起运动，条纹间距不变．
(3) 原来 A 处的第 k 级条纹移到 A' 处，即条纹沿斜面下移，条纹间距变小．

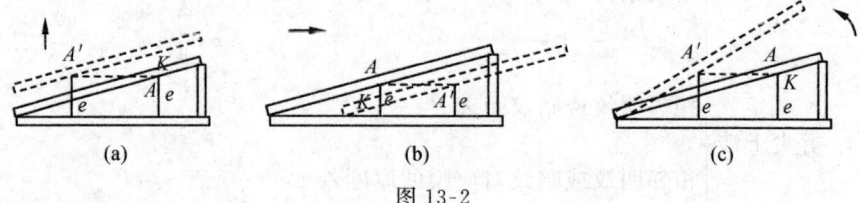

图 13-2

3. 用波长为 λ 的平行单色光垂直照射图 13-3 中所示的空气劈尖装置上，观察空气薄膜上下表面反射光形成的等厚干涉条纹．试画出相应的干涉条纹，只画暗条纹，表示出它们的形状，条数和疏密．

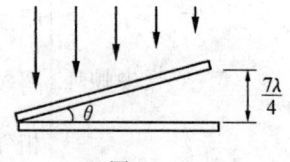

图 13-3

解 依题意知，暗纹条件为 $2e+\lambda/2=(2k+1)\lambda/2$．因为空气膜的最大厚度为 $e_{\max}=7\lambda/4$，所以有 $k=0,1,2,3$ 的四条暗纹，相邻暗纹对应空气膜的厚度差为 $\lambda/2$，条纹分布如图 13-4 所示．

4. 用劈尖干涉检测工件的表面，当波长为 λ 的单色光垂直入射时，观察到的干涉图样如图 13-5 所示．
(1) 试判断工件上表面是凸起还是凹进．
(2) 若每一条纹弯曲部分的顶点与它左边相邻的直条纹所在的直线的距离为相邻直条纹间距的一半，则工件上表面凸起或凹进多少？

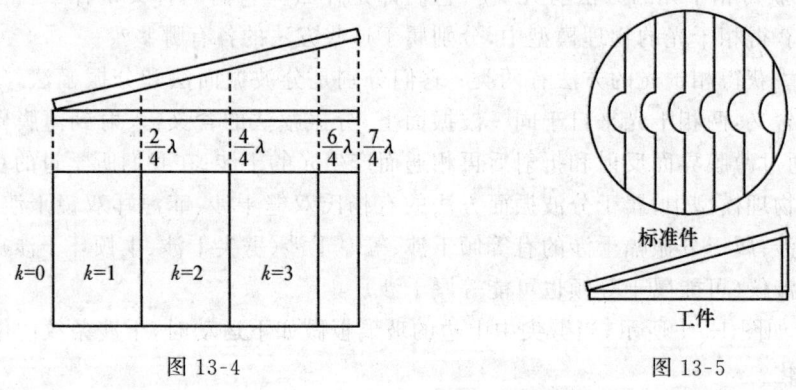

图 13-4　　　　　　　　图 13-5

解 (1) 因为同一条干涉条纹对应劈尖膜的厚度相同，所以工件上表面是凹进的．

(2) 因为相邻条纹对应的劈尖膜的厚度之差为 λ/2，所以工件上表面凹进 λ/4.

5. 如图 13-6 所示的牛顿环干涉装置中，玻璃板由冕牌玻璃（$n_1=1.50$）与火石玻璃（$n_2=1.75$）组成，透镜是由冕牌玻璃制成. 透镜与玻璃版间的空间充满二硫化碳（$n=1.62$）. 在反射光中可看到怎样的干涉图样？并说明理由.

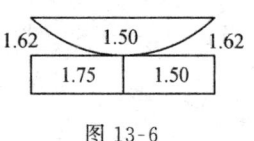

图 13-6

解 （1）干涉图样如图 13-7 所示，其中涂黑处为暗纹（或暗点），白色处为亮纹（或亮点）.

（2）得到图 13-7 干涉图样的理由如下：如图 13-8 所示，设 C 为透镜球面部分的曲率中心，R 为半径，干涉图样中半径 r 处二硫化碳气层厚度为 e，可知

$$r^2 = R^2 - (R-e)^2 = 2Re - e^2 \approx 2Re, \quad e \ll R$$

得

$$e = \frac{r^2}{2R}$$

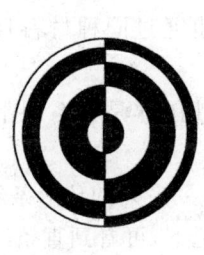

图 13-7

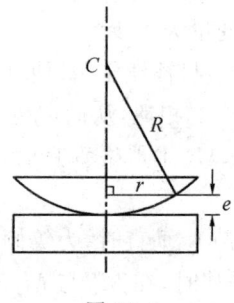

图 13-8

(a) 装置左半部分情况.

因为相干的二光束均有半波损失，所以二者的光程差为

$$\delta = 2ne = 2n \cdot \frac{r^2}{2R} = \frac{nr^2}{R}$$

当 $\delta = \dfrac{nr^2}{R} = k\lambda (k=0,1,2,3,\cdots)$ 时为明纹，可知明纹半径为

$$r = \sqrt{\frac{kR\lambda}{n}}, \quad k=0,1,2,3,\cdots$$

(b) 装置右半部分情况.

因为相干的二光束中从二硫化碳上表面反射的光有半波损失而从下表面反射的光无半波损失，所以二者的广程差为

$$\delta = 2ne + \frac{\lambda}{2} = \frac{nr^2}{R} + \frac{\lambda}{2}$$

当 $\delta = \dfrac{nr^2}{R} + \dfrac{\lambda}{2} = (2k-1)\dfrac{\lambda}{2}(k=1,2,3,\cdots)$ 时为暗纹,可知暗纹半径 r 为

$$r = \sqrt{\dfrac{(k-1)R\lambda}{n}}, \quad k = 1,2,3,\cdots$$

由上可见,右半部分的暗纹位置恰对应左半部分的亮纹位置.在 $r=0$ 处,右半部分为暗点,左半部分为亮点.同理可推知,右半部分的亮纹位置恰对应左半部分的暗纹位置,因此观察到的干涉图样如图 13-7 所示(或因为相邻明(或暗)纹对应膜的厚度为 $\lambda/(2n)$,所以左右明、暗条纹正好错位).

6. 如图 13-9 所示,在迈克耳孙干涉仪中

(1) G_2 起何种作用?

(2) M_1 与 M_2 不严格垂直时,干涉图样如何?

(3) M_1 与 M_2 垂直时干涉图样如何?

(4) M_1 做平移时可看到何种现象?

(5) 若在 G_1 与 M_1 间的光路中垂直光路放一折射率为 n 厚为 e 的透明介质,与放入介质前相比,则 $1'$ 与 $2'$ 的光程差改变量为多少?

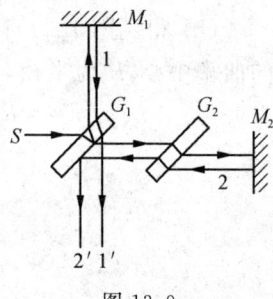

图 13-9

解 (1) G_2 起补偿作用,使 $2'$ 光与 $1'$ 光一样,也通过同种材料且等厚的玻璃板二次,保证 $2'$、$1'$ 相遇,从而产生干涉.

(2) M_1 与 M_2 不严格垂直时,为等厚干涉,干涉图样是一系列平行且等间距的直条纹.

(3) M_1 与 M_2 垂直时,为等倾干涉,干涉图样是一系列的环形条纹.

(4) M_1 平移时,在 M_1 与 M_2 不严格垂直的情况下,可看到直条纹有移;在 M_1 与 M_2 垂直情况下,可看到有条纹从干涉图案中心出现或陷入.

(5) 此时光程差改变量为 $\Delta' = 2e(n-1)$.

二、典型习题

1. 如图 13-10 所示,在杨氏双缝干涉中

(1) 若用很薄的云母片将上缝盖住,则干涉条纹位置如何变化?

(2) 若盖上云母片($n=1.58$)后,原中央亮纹位置被此时第 7 级亮纹所占据,且 $\lambda = 550$nm,那么,云母片的厚度为多少?

(3) 若将二缝距离 d 缩小为 l,则原来第 10 级亮纹位置被此时第 5 级亮纹所占据,求 $l/d = ?$

解 (1) 此时干涉条纹向上移动.

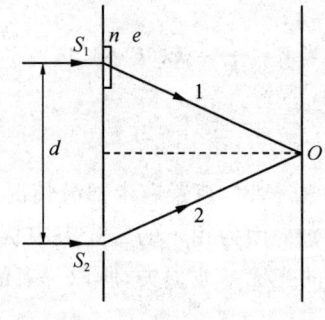

图 13-10

注意:在云母片折射率大于装置所在介质中的折射率时,云母片盖住上缝,则条纹向上移动,盖住下缝,则条纹向下移动.

(2) 此时,1、2 光在 O 点处由于盖住云母片产生的附加光程差为
$$\delta = [(S_1O-e)+ne] - S_2O = (n-1)e$$
这里 $S_1O = S_2O$. 依题意有
$$(n-1)e = k\lambda = 7\lambda$$
得
$$e = \frac{7\lambda}{n-1} = \frac{7 \times 550 \times 10^{-6}}{1.58-1} = 6.64 \times 10^{-3} (\text{mm})$$

注意:1、2 光在 O 处光程差的变化量是 $(n-1)e$,而不是 ne.

(3) 依题意有 $10 \frac{d'\lambda}{d} = 5 \frac{d'\lambda}{l}$,得
$$\frac{l}{d} = \frac{1}{2}$$

2. 一平面单色光从空气垂直照射在厚度均匀的薄油膜上,油膜覆盖在平板玻璃上,所用光源波长可以连续变化,观察到 500nm 与 700nm 这两个波长的光在反射中相邻消失,油膜折射率 $n_1 = 1.30$,玻璃折射率 $n_2 = 1.50$,求油膜厚度.

解 由题意知,二相干光的光位差为
$$\delta = 2n_1 e$$
反射光消失时,δ 满足
$$2n_1 e = (2k+1)\frac{\lambda}{2}, \quad k = 0,1,2,\cdots$$
有
$$2n_1 e = (2k_1+1)\frac{\lambda_1}{2} = (2k_1+1)\frac{500}{2} = 250(2k_1+1)$$
$$2n_1 e = (2k_2+1)\frac{\lambda_2}{2} = (2k_2+1)\frac{700}{2} = 350(2k_2+1)$$
由上二式知 $k_1 > k_2$. 依题意知 $k_1 = k_2 + 1$. 因此有
$$2n_1 e = 250[2(k_2+1)+1]$$
$$2n_1 e = 350(2k_2+1)$$
由上二式得 $k_2 = 2$,代上式中有
$$e = \frac{350(2k_2+1)}{2n_1} = \frac{350(2 \times 2+1)}{2 \times 1.30} = 673.1(\text{nm})$$

注意:会正确分析是否存在半波损失问题.

3. 用波长为 $\lambda = 600$nm 的光垂直照射由两块平玻璃板构成的空气劈尖薄膜,劈尖角 $\theta = 2 \times 10^{-4}$rad,改变劈尖角,相邻两明条纹间距缩小了 $\Delta l = 1.0$mm,求劈尖角的改变量 $\Delta\theta$.

解 原间距为
$$l_1 = \frac{\lambda}{2n\theta_1} = \frac{\lambda}{2\theta_1} = \frac{600 \times 10^{-6}}{2 \times 2 \times 10^{-4}} = 1.5(\text{mm})$$

改变后
$$l_2 = l - \Delta l = 1.5 - 1.0 = 0.5(\text{mm})$$

改变后
$$\theta_2 = \frac{\lambda}{2l_2} = \frac{600 \times 10^{-6}}{2 \times 0.5} = 6 \times 10^{-4}(\text{rad})$$

有
$$\Delta\theta = \theta_2 - \theta_1 = 4 \times 10^{-4}\text{rad}$$

4. 如图 13-11 所示,牛顿环装置的平凸透镜与平板玻璃有一小缝隙 e_0。现用波长为 λ 的单色光垂直照射,已知平凸透镜的球面的曲率半径为 R,求反射光形成的牛顿环的各暗环半径.

解 如图 13-12 所示,设 A 处空气层厚度为 $e_0 + e$,根据几何关系有
$$r^2 = R^2 - (R-e)^2 = 2Re - e^2 \approx 2Re, \quad R \gg r$$

即
$$e = \frac{r^2}{2R}$$

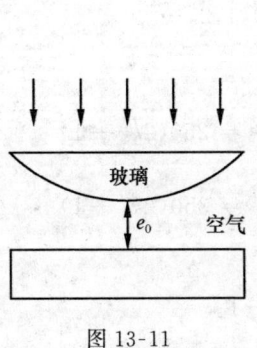

图 13-11

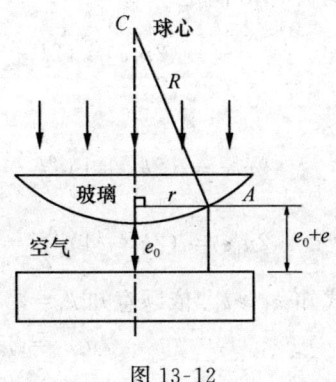

图 13-12

从空气层上下表面反射光相遇时它们的光程差为
$$\delta = 2(e_0 + e) + \frac{\lambda}{2}$$

形成暗纹时,有
$$2(e_0 + e) + \frac{\lambda}{2} = (2k+1)\frac{\lambda}{2}$$

将 e 代入上式,得

$$r = \sqrt{R(k\lambda - 2e_0)}$$

因为暗环 $r>0$($r=0$ 为暗斑或亮斑),所以 $k\lambda-2e_0>0$
即

$$k > \frac{2e_0}{\lambda}, \quad k \text{ 为整数}$$

5. 如图 13-13 所示,将折射率为 n_1 的玻璃片覆盖在折射率为 n_2 的平凹柱面透镜的凹面之上,玻璃片与透镜间为空气.

(1) 用单色平行光垂直照射,试找出明暗干涉条纹的分布位置;

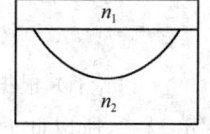

(2) 照射光波长为 500nm 时中央是暗纹,然后连续增大照

图 13-13

射光的波长,当波长为 600nm 时中央又首先呈出了暗纹,求平板玻璃片与柱面间空气间隙的最大高度.

解 在平板玻璃与平凹柱面透镜间形成了空气间隙,由此间隙上、下表面反射的光相遇时产生干涉现象.此干涉为等厚干涉,因为同一条干涉条纹对应的空气膜的厚度相同,所以干涉结果是一系列平行于柱面轴线的明暗相间的干涉直条纹(在气隙的上表面上),干涉图样的左半部分与右半部分对称.因为明、暗条纹的位置由相干二光束的光程差决定,所以在此先求出光程差.

(1) 由图 13-14 所示,设平凹透镜的圆柱面部分半径为 R,玻璃片与平凹透镜间空气层最大厚度为 h_0,取柱面的中点 O 为原点,x 轴在纸面内且与平板玻动片上下二面平行,y 轴沿柱面半径指向其曲率中心 C.在气隙下表面任一点 $P(x,y)$ 处,气隙厚度为 $e=h_0-y$,由题意知,二相干光中,从气隙下表面反射的光有半波损失,所以二者的光程差为

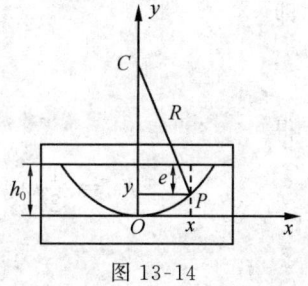

图 13-14

$$\delta = 2ne + \frac{\lambda}{2} = 2(h_0 - y) + \frac{\lambda}{2}$$

由几何关系知

$$x^2 = R^2 - (R-y)^2 = 2Ry - y^2 = 2Ry, \quad R \gg y$$

由 $y = \frac{x^2}{2R}$,得

$$\delta = 2h_0 - \frac{x^2}{R} + \frac{\lambda}{2}$$

对于明纹,有

$$2h_0 - \frac{x^2}{R} + \frac{\lambda}{2} = k\lambda, \quad k = 0,1,2,3,\cdots,m$$

$k=m$ 时,x 为离 y 轴最近的明纹位置坐标.由上式得

$$x_{明} = \pm\sqrt{2h_0 R - \left(k - \frac{1}{2}\right)\lambda R}, \quad k = 0,1,2,3,\cdots,m$$

对于暗纹,有

$$2h_0 - \frac{x^2}{R} + \frac{\lambda}{2} = (2k+1)\frac{\lambda}{2}, \quad k = 0,1,2,3,\cdots,m'$$

$k = m'$ 时,x 为离 y 轴最近的暗纹位置坐标. 由上式得

$$x_{暗} = \pm\sqrt{2h_0 R - k\lambda R}, \quad k = 0,1,2,3,\cdots,m'$$

讨论:i) 根据 $\delta = 2(h_0 - y) + \lambda/2$ 知,在平板玻璃与平凹透镜接触处($y = h_0$),$\delta = \lambda/2$,所以此处始终为暗纹. 原点处($y = 0$),$\delta = 2h_0 + \lambda/2$,可见此处的干涉结果由 h_0 决定.

ii) 离 y 轴越远的条纹,其级次越小.

iii) 因为光程差 δ 随 $|x|$ 的增加而变化的越快,所以条纹随 $|x|$ 的增加而变密.

(2) 由 $x_{暗}$ 表达式知,中央处出现暗纹时,由 $\delta = 2(h_0 - y) + \lambda/2$ 有

$$2h_0 = k\lambda$$

由此式及题意知,当 $\lambda_1 = 500$nm 在中央处形成第 k 级暗纹时,则 $\lambda_2 = 600$nm 在中央处必形成第 $k-1$ 级暗纹. 因此

$$2h_0 = k\lambda_1 = (k-1)\lambda_2$$

即

$$k = \frac{\lambda_2}{\lambda_2 - \lambda_1} = \frac{600}{600 - 500} = 6$$

得

$$h_0 = \frac{1}{2}k\lambda_1 = \frac{1}{2} \times 6 \times 500 = 1500(\text{nm}) = 1.5(\mu\text{m})$$

13.4　检测复习题

一、判断题

指出下列说法是否正确:

1. 光的干涉现象是光的波动性的一种表现.
2. 光在介质中经历的几何路程即为光程.
3. 杨氏干涉方法属于分波振面方法,而等倾干涉均属于分振幅方法.
4. 牛顿环干涉图样中,其中心一定为暗点.

二、填空题

1. 用增大、不变、减小等字样完成下列括号. 在杨氏双缝实验中,当两缝间距离

变小时,干涉条纹的间距_____,当屏幕移近双缝时,干涉条纹的间距_____. 若先用红光源,之后再把它换成紫光源,在换用光源后与换用光源前相比,则干涉条纹的间距_____. 若把整个杨氏双缝装置置于水中,此时与在空气中相比,则相邻干涉条纹的间距_____,干涉条纹的间距随着条纹级次的增加而_____.

2. 如图 13-15 所示,在双缝干涉实验中 $SS_1=SS_2$,用波长为 λ 的光照射双缝 S_1 和 S_2,通过空气后在屏幕 E 上形成干涉条纹,已知 P 点处为第三级明条纹,则 S_1 和 S_2 到 P 点的光程差为_____;若将整个装置放于某种透明液体中,P 点为第四级明条纹,则该液体的折射率为_____.

3. 如图 13-16 所示,假设有两个同相的相干点光源 S_1 和 S_2,发出波长为 λ 的光,A 是它们连线的中垂线上的一点. 若在 S_1 与 A 之间插入厚度为 e,折射率为 n 的薄玻璃片,则两光源发出的光在 A 点的相位差 $\Delta\varphi=$_____. 若已知 $\lambda=500\text{nm}$,$n=1.5$,A 点恰为第四级明纹中心,则 $e=$_____ nm.

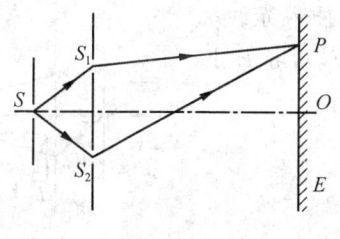

图 13-15

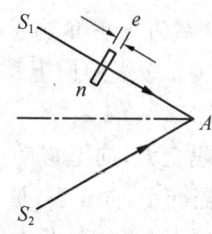

图 13-16

4. 一劈尖置于空气中,劈尖折射率为 $n=1.5$,尖角 $\theta=10^{-8}$ rad,在波长 $\lambda=550\text{nm}$ 的垂直照射下观察反射光的干涉. 可知劈棱处出现的是_____纹,相邻的明条纹对应的劈尖厚度差为_____ nm,相邻明条纹的间距为_____ nm,第五级明纹对应的空气膜的厚度为_____ nm.

5. 用 $\lambda=600\text{nm}$ 的单色光垂直照射空气牛顿环装置时,第四级暗环对应的空气膜厚度为_____ μm.

6. 用波长为 λ 的单色光垂直照射如图 13-17 所示的牛顿环装置,观察从空气膜上下表面反射的光形成的牛顿环,若使平凸透镜慢慢地垂直向上移动,从透镜顶点与平面玻璃接触到两者距离为 d 的移动过程中,移过视场中某固定观察点的条纹数目等于_____ mm.

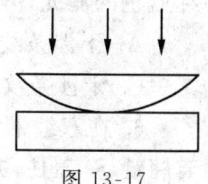

图 13-17

7. 在迈克耳孙干涉仪的可动反射镜平移一微小距离的过程中,观察到干涉条纹恰好移动 1848 条,所用单色光的波长为 546.1nm,由此可知反射镜平移的距离等于_____ mm(给出四位有效数字).

8. 光强均为 I_0 的两束相干光相遇而发生干涉时,在相遇区域内有可能出现的最大光强是_____.

三、选择题

1. 如图 13-18 所示,一束波长为 λ 的单色光,垂直入射到双缝上,在屏上形成明暗相间的干涉条纹,如果 P 点是在中央亮纹上方第二次出现的暗纹,则光程差 $\delta = r_2 - r_1$ 为( )

    A. 2λ B. $\dfrac{1}{2}\lambda$ C. $\dfrac{3}{2}\lambda$ D. $\dfrac{1}{4}\lambda$

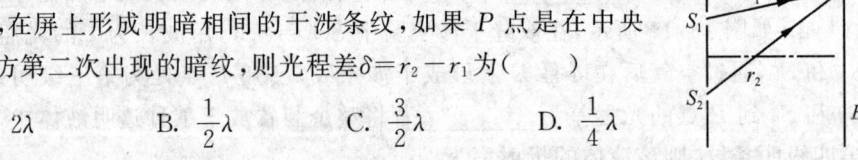

图 13-18

2. 杨氏双缝实验装置中,光源的波长为 600nm,两缝的间距为 2mm,试问在离缝 300cm 的光屏上观察到干涉图样的相邻明纹的距离为多少?( )

    A. 4.5mm   B. 0.9mm   C. 3.1mm   D. 4.1mm

3. 如图 13-19 所示,用波长为 λ 的单色光照射空气中的双缝干涉实验装置,若将一折射率为 n 劈角为 α 的透明劈尖 b 插入光线 2 中,则当劈尖 b 缓慢地向上移动时(只遮住 S_2),屏 E 上的干涉条纹( )

    A. 间隔变大,向上移动

    B. 间隔变小,向上移动

    C. 间隔不变,向下移动

    D. 间隔不变,向上移动

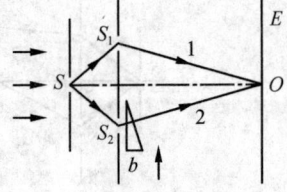

图 13-19

4. 若用厚度均为 d,折射率分别为 n_1、n_2 的两透明介质片($n_1 < n_2$),分别遮盖住杨氏双缝实验中的上、下两缝.若入射单色光的波长为 λ,屏上原来的中央明纹处被此时的第三级明纹所占据,则介质的厚度 d 为( )

    A. 3λ B. $\dfrac{3\lambda}{n_2 - n_1}$ C. 2λ D. $\dfrac{2\lambda}{n_2 - n_1}$

5. 用白光光源进行双缝实验,若用一个纯红色的滤光片遮盖一条缝,用一个纯蓝色的滤光片遮盖另一条缝,则( )

    A. 干涉条纹的宽度将发生改变   B. 产生红光和蓝光的两套彩色干涉条纹

    C. 干涉条纹的亮度将发生改变   D. 不产生干涉条纹

6. 在双缝干涉实验中,屏幕 E 上的 P 处是明条纹,若将缝 S_2 盖住,并在 $S_1 S_2$ 连线的垂直平分面上放一反射镜 M,如图 13-20 所示,此时( )

    A. P 点处仍为明条纹

    B. P 点处为暗条纹

    C. 不能确定 P 点处是明条纹还是暗条纹

    D. 无干涉条纹

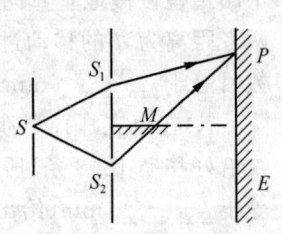

图 13-20

7. 真空中波长为 λ 的单色光,在折射率为 n 的透明介质中从 A 沿某路径传播到 B,若 A 与 B 两点光振动的相位差为 3π,则路径 AB 的光程为(　　)

　　A. 1.5λ　　B. $1.5n\lambda$　　C. 8λ　　D. $5\lambda/n$

8. 一束波长为 λ 的单色光从空气中垂直入射到折射率为 n 的透明薄膜上,要使反射光得到加强,薄膜的厚度至少为(　　)

　　A. $\dfrac{1}{4}\lambda$　　B. $\dfrac{1}{4n}\lambda$　　C. $\dfrac{1}{2}\lambda$　　D. $\dfrac{1}{2n}\lambda$

9. 借助玻璃表面上涂以折射率 $n=1.38$ 的 M_gF_2 透明薄膜,可以减少折射率 $n'=1.60$ 的玻璃表面上的反射,若波长为 500nm 的单色光从空气中垂直入射到 M_gF_2 薄膜上,为了实现最小的反射,问此透明薄膜的厚度至少为多少?(　　)

　　A. 5.0nm　　B. 30.0nm　　C. 90.6nm　　D. 250.0nm

10. 在两块平板玻璃之间,垫一金属细丝形成空气劈尖,如图 13-21 所示,以波长为 λ 的单色光垂直入射到劈尖上,测量 30 条明纹之间的距离为 L_0,金属丝到劈尖棱边的距离为 L,则金属丝直径 d 为(　　)

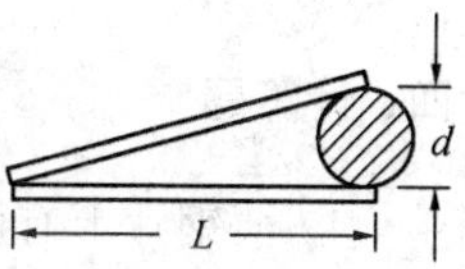

图 13-21

　　A. $\dfrac{\lambda}{2L_0}L$　　B. $\dfrac{30\lambda}{2L_0}L$　　C. $\dfrac{29\lambda}{2L_0}L$　　D. $\dfrac{29\lambda}{2}L$

11. 利用劈尖干涉可检测工件的表面,当波长为 λ 的单色光正入射时,观察到的干涉图样如图 13-22 所示,每一条纹弯曲部分顶点恰与右边相邻的直线部分连线相切,则工件上表面有(　　)

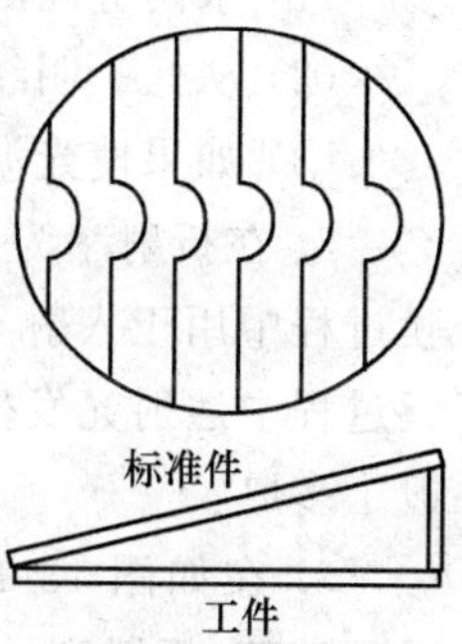

　　A. 深为 $\dfrac{1}{4}\lambda$ 的凹槽　　B. 深为 $\dfrac{1}{2}\lambda$ 的凹槽

　　C. 高为 $\dfrac{1}{4}\lambda$ 的凸埂　　D. 高为 $\dfrac{1}{2}\lambda$ 的凸埂

12. 牛顿环实验中,若把玻璃夹层中空气抽成真空,则(　　)

　　A. 干涉环半径变大　　B. 干涉环半径缩小
　　C. 干涉环半径不变　　D. 干涉现象消失

图 13-22

13. 在空气牛顿环实验中,平凸透镜的平面直径为 $d=2$cm,凸面曲率半径 $R=5$m,以 $\lambda=500$nm 的单色光垂直入射时,最多能看到多少环干涉明纹?(　　)

　　A. 38 环　　B. 39 环　　C. 40 环　　D. 45 环

14. 在利用空气牛顿环测未知单色光波长的实验中,当用已知波长 $\lambda_1=750$nm 的单色光垂直照射时,测得第一和第四暗环的距离为 $\Delta r_1=5\times 10^{-3}$m,当用未知单色光垂直入射时,测得第一和第四暗环的距离为 $\Delta r_2=4\times 10^{-3}$m,则未知单色光波长 λ_2 为多少?(　　)

A. 450nm　　　B. 480nm　　　C. 500nm　　　D. 550nm

15. 如图 13-23 所示,平板玻璃和凸透镜构成牛顿环装置,全部浸入 $n=1.60$ 的液体中,凸透镜可沿 OO' 轴移动,用波长 $\lambda=500$nm 的单色光垂直入射,从上向下观察,看到中心暗斑,此时凸透镜顶点与平板玻璃的距离最少是( )

A. 78.1nm　　　　　　　B. 74.4nm
C. 156.3nm　　　　　　D. 148.8nm

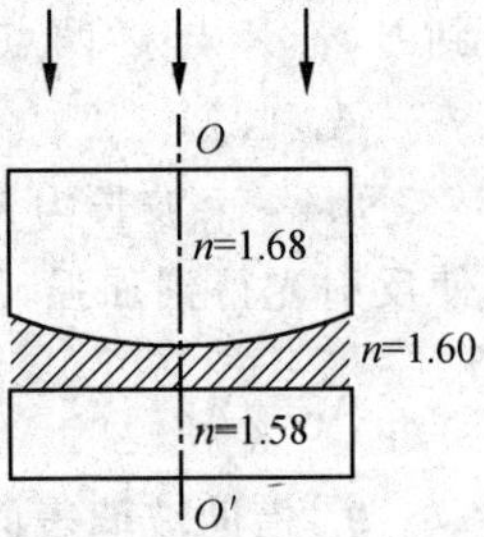

图 13-23

16. 在迈克耳孙干涉仪的一支光路中,放入一折射率为 n 的透明薄膜后,测出两束光的光程差为一个波长 λ,则薄膜的厚度是( )

A. $\lambda/2$　　　B. $\lambda/(2n)$　　　C. $\lambda/(n)$　　　D. $\lambda/[2(n-1)]$

四、计算题

1. 薄钢片上有两条紧靠的平行细缝,用波长 $\lambda=546.1$nm 的平面光波正入射到钢片上,屏幕距双缝的距离为 2.00m,测得中央明纹两侧的第五级明纹间的距离为 $\Delta x=12.0$mm.

(1) 求两缝间的距离;

(2) 从任一明纹(记作 0)向一边数到第 20 条明纹,共经过多大距离?

(3) 如果使光波斜入射到钢片上,相邻条纹间距将如何改变?

2. 在折射率为 1.5 的玻璃上镀一层折射率为 2.5 的透明介质膜增加反射.镀膜过程中用正入射平行光($\lambda=600$nm)进行监视,用照度表测量透射光的强度,镀膜过程中透射光发生时强时弱的现象,当观察到透射强度第四次出现最弱时膜已镀了多厚?

3. 在如图 13-24 所示牛顿环装置中,把玻璃平凸透镜和平面玻璃(折射率 $n'=1.50$)之间的空气(折射率 $n≈1.00$)改换成水(折射率 $n''=1.33$),求第 k 个暗环半径相对改变量 $(r_k-r_k')/r_k$(r_k 和 r_k' 分别是空气和水下的暗环半径).

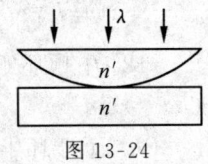

图 13-24

13.5　检测复习题解答

一、判断题

1. √. 2. ×. 3. √. 4. ×.

二、填空题

1. 解:(1) 增大;(2) 减小;(3) 减小;(4) 减小;(5) 不变.

第 13 章 光 的 干 涉

2. 解:(1) $\delta=k\lambda=3\lambda$

(2) 空气中第三级明纹与 O 距离等于液体中第四级明纹与 O 距离,即
$$3\frac{d'\lambda}{d}=4\frac{d'(\lambda/n)}{d}$$

有
$$n=\frac{4}{3}=1.33$$

3. 解:(1) $\Delta\varphi=\frac{2\pi}{\lambda}\delta=\frac{2\pi}{\lambda}[(S_1A-e)+ne-S_2A]=\frac{2\pi}{\lambda}(n-1)e$

(2) $\delta=(n-1)e$

依题意有
$$(n-1)e=4\lambda$$

得
$$e=\frac{4\lambda}{n-1}=\frac{4\times 500}{1.5-1}=4\times 10^3 (\text{nm})$$

4. 解:(1)依题意知,光程差为 $\delta=2ne+\lambda/2$, $e=0$ 时, $\delta=\lambda/2$, 故劈棱处为暗纹.

(2) $\Delta e=\frac{\lambda}{2n}=\frac{550}{2\times 1.5}=183.3(\text{nm})$

(3) $l=\frac{\lambda}{2n\theta}=\frac{550}{2\times 1.5\times 10^{-3}}=1.833\times 10^5(\text{nm})$

(4) $2ne+\frac{\lambda}{2}=k\lambda(k=1,2,\cdots)$ 时为明纹
$$e_5=\frac{k\lambda-\lambda/2}{2n}=\frac{(5-1/2)\times 550}{2\times 1.5}=825(\text{nm})$$

5. 解:空气牛顿环中,中心为暗点,所以第四级暗纹对应膜厚度
$$e=4\times\frac{\lambda}{2}=4\times 300=1200(\text{nm})=1.2(\mu m)$$

6. 解:空气层厚度每改变 $\lambda/2$ 时,就有一条条纹移过视场中某参考点. 在空气层厚度改变 d 时,移过某参考点的条纹数为 $N=\frac{d}{\lambda/2}=\frac{2d}{\lambda}$.

7. 解:由公式 $d=N\frac{\lambda}{2}$ 知
$$d=1848\times\frac{546.1}{2}=5.046\times 10^5(\text{nm})=0.5046(\text{mm})$$

8. 解:设没干涉时光矢量振幅为 E_0, 干涉最大时的合成光矢量振幅为 $E=2E_0$, 因为光强 $\propto$ 振幅平方,所以 $I=4I_0$.

三、选择题

1. 解:$\delta = r_2 - r_1 = (2k+1)\frac{\lambda}{2}(k=0,1,2,\cdots)$时为暗纹,依题意知,$k=1$,因此 $\delta = \frac{3\lambda}{2}$. (C)对.

2. 解:
$$\Delta x = \frac{d'\lambda}{d} = \frac{300 \times 600 \times 10^{-6}}{2} = 0.9(\text{mm})$$
(B)对.

3. 解:依题意知,光路 2 的光程逐渐增大,这样,零级条纹位置在 E 上逐渐向下移动,可知 E 上干涉条纹逐渐向下移动.因为相邻明暗或暗纹间距为 $\Delta x = d'\lambda/d$,所以此过程中 Δx 不变. (C)对.

4. 解:$\delta = (n_2-1)d - (n_1-1)d = (n_2-n_1)d = 3\lambda$(原来 $\delta=0$ 处即原中央明纹处,被此时第三级明纹所占据),即 $d = 3\lambda/(n_2-n_1)$. (B)对.

5. 解:可知二光路上的光一个是纯红色的,另一个是纯蓝色的,因为二者频率不同,所以不满足干涉条件,故不能产生干涉. (D)对.

6. 解:由题意知加 M 后,S_1 发射的光经 M 反射后又沿 S_2 的路径到达 P 点,它与 S_1 直射到 P 处的光相干涉.反射光走过几何路程与 S_2P 相等.未加 M 时,因为 P 处为明纹,所以 $S_2P - S_1P = $ 波长整数倍.加 M 后,由于反射光有半波损失,因此反射光与 S_1 直射到 P 处的光到达 P 处时光程差为 $(\overline{S_2P} - S_1P) + \lambda/2 = $ 半波长的奇数倍,故 P 处为暗纹. (B)对.

7. 解:位相差为 $\Delta\varphi = \frac{2\pi}{\lambda}\delta$,有
$$\delta = \frac{\Delta\varphi}{2\pi/\lambda} = \frac{3\pi}{2\pi/\lambda} = 1.5\lambda$$
(A)对.

8. 解:由题意知,从膜两个表面反射的光相遇时,光程差为 $\delta = 2ne + \lambda/2$.反射加强时,$2ne + \frac{\lambda}{2} = k\lambda(k=1,2,3,\cdots)$,得 $e = \frac{(k-1/2)\lambda}{2n}$.当 $k=1$ 时,$e_{\min} = \frac{\lambda}{4n}$. (B)对.

9. 解:从 M_gF_2 两个表面反射的光相遇时,光程差为 $\delta = 2ne$,反射光减弱时,有下式 $\delta = 2ne = (2k+1)\frac{\lambda}{2}(k=0,1,2,\cdots)$,$k=0$ 时,$e_{\min} = \frac{\lambda}{4n} = \frac{500}{4 \times 1.38} = 90.6(\text{nm})$. (C)对.

10. 解:相邻明纹间距为 $\frac{L_0}{29}$,劈尖倾角 $\theta = \frac{\lambda/2}{L_0/29} = \frac{29\lambda}{2L_0}$,得 $d = L\theta = \frac{29\lambda}{2L_0}L$. (C)对.

11. 解：等厚干涉中，同一条条纹对应膜的厚度相同，因为 A、B（图 13-25）处对应膜厚度应相等，所以工件必向上凸起来减小此处膜厚。又因为相邻明（暗）条纹对应膜的厚度差为 $\lambda/2$，所以工件凸起高度为 $\lambda/2$。(D) 对。

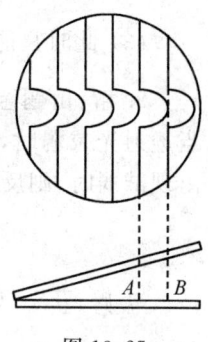

图 13-25

12. 解：可知干涉环半径 $r \propto \sqrt{\lambda/n}$，其中 λ 为真空中波长，n 为介质膜的折射率。由于抽成真空时 n 变小，所以干涉环半径变大。(A) 对。

13. 解：在此，明纹半径为 $r=\sqrt{(k-1/2)R\lambda}$，当 $r=d/2$ 时，有

$$k=\frac{d^2}{4R\lambda}+\frac{1}{2}=\frac{2^2}{4\times 5\times 10^2\times 500\times 10^{-7}}+\frac{1}{2}=40$$

(C) 对。

14. 解：可知

$$\Delta r_1=\sqrt{4R\lambda_1}-\sqrt{R\lambda_1} \text{ 及 } \Delta r_2=\sqrt{4R\lambda_2}-\sqrt{R\lambda_2}$$

由上有 $\frac{\Delta r_1}{\Delta r_2}=\sqrt{\frac{\lambda_1}{\lambda_2}}$，得

$$\lambda_2=\left(\frac{\Delta r_2}{\Delta r_1}\right)^2\lambda_1=\left(\frac{4\times 10^{-3}}{5\times 10^{-3}}\right)^2\times 750=480(\text{nm})$$

(B) 对。

15. 解：由题意知，从液体上下表面反射的光相遇时，光程差为 $\delta=2ne$，当中心为暗斑时，应有 $2ne=(2k+1)\frac{1}{2}\lambda(k=0,1,2,\cdots)$，即 $e=(2k+1)\frac{\lambda}{4n}$；$k=0$ 时

$$e=\frac{\lambda}{4n}=\frac{500}{4\times 1.60}=78.1(\text{nm})$$

(A) 对。

16. 解：放入薄膜后，光程差改变为 $2nd-d=2(n-1)d$（光经过二次薄膜，所以 nd 前乘以 2）。依题意有 $2(n-1)d=\lambda$，因此 $d=\lambda/[2(n-1)]$。(D) 对。

四、计算题

1. 解：(1) 因为 $\Delta x=2\dfrac{5d'\lambda}{d}$，因此

$$d=\frac{10d'\lambda}{\Delta x}=\frac{10\times 2.00\times 546.1\times 10^{-9}}{12.0\times 10^{-3}}=0.910\times 10^{-3}(\text{m})=0.910(\text{mm})$$

(2) 共经过 20 个条纹间距，即经过的距离为

$$L=\frac{20d'\lambda}{d}=2\Delta x=2\times 12.0=24.0(\text{mm})$$

(3) 此时只能改变条纹位置而不改变相邻条纹间距$\left(\text{相邻条纹间距}=\dfrac{d'\lambda}{d}\right)$.

2. 解：由题意知，从介质膜上下表面反射的光相遇时，光程差为 $\delta=2ne+\lambda/2$，当透射光减弱时，则反射光加强，即 $2ne+\lambda/2=k\lambda(k=1,2,\cdots)$. 当透射光第四次出现减弱时，则反射光为第四次增强，此时，$k=4$，即

$$e=\frac{7\lambda}{4n}=\frac{7\times 600}{4\times 2.5}=420(\text{nm})$$

3. 解：在空气中时，第 k 个暗环半径为

$$r_k=\sqrt{kR\frac{\lambda}{n}}=\sqrt{kR\lambda}$$

充水后，第 k 个暗环半径为 $r_k'=\sqrt{kR\dfrac{\lambda}{n''}}$. 干涉环半径相对变化量为

$$\frac{r_k-r_k'}{r_k}=\frac{\sqrt{kR\lambda}-\sqrt{kR\lambda/n''}}{\sqrt{kR\lambda}}=1-\sqrt{\frac{1}{n''}}=1-\sqrt{\frac{1}{1.33}}=13.3\%$$

第 14 章 光的衍射

14.1 基本要求

1. 了解惠更斯-菲涅耳原理.
2. 掌握夫琅禾费单缝衍射规律.
3. 能用光栅衍射方程来确定谱线的位置,会分析光栅常数及波长对光栅衍射谱线分布的影响.
4. 了解夫琅禾费圆孔衍射的结论以及光学仪器的分辨率.
5. 了解 x 射线的衍射规律.

14.2 本章小结

一、基本概念

1. 菲涅耳衍与夫琅禾费衍射:设光源到衍射物的距离为 r,从衍射物到观察屏的距离为 R,若 r 和 R 都是无限大,则称为夫琅禾费衍射;若 r 和 R 都是有限大,或其中一个为有限大,则称为菲涅耳衍射.本书中无说明时指的是夫琅禾费衍射.

2. 单缝衍射:当一束平行光照射到宽度可与光的波长相比拟的狭缝时,光会绕过狭缝的边缘发生衍射.衍射光经过会聚透镜后,在处于透镜焦平面的观察屏上形成明暗相间的衍射条纹,称此现象为单缝衍射.

3. 半波带:如图 14-1 所示,平行光垂直入射到一单缝上,经单缝衍射后的一束平行光经会聚透镜后会聚在 Q 处. A、B 是单缝的两个边缘位置,当 AC 恰好等于入射光波长 λ 的 n 倍时,做彼此相距为 $\lambda/2$ 的平行于 AC 而垂直于纸面的平面,这些平面把狭缝处的波面 AB 分成了 n 等份,其中的每一等份称为一个半波带.
注意:半波带位于波面 AB(即狭缝)上.

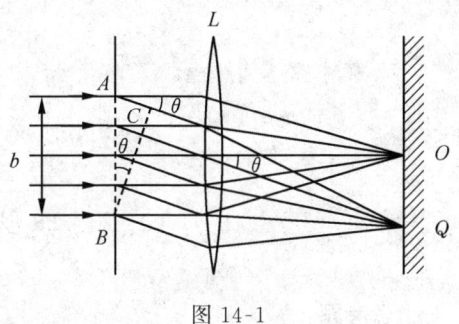

图 14-1

4. 光栅衍射:当一束平行光照射到光栅常数与光的波长可以相比拟的光栅(在此指的是平面式透射光栅)时,光会绕过各个单缝的边缘发生衍射.衍射光经过会聚透镜后,在处于透镜焦平面的观察屏上形成明暗相间的衍射条纹,称此现象为光栅衍射.光栅衍射是每个单缝的衍射与各个单缝间光的干涉总的结果.

5. 缺级:在光栅衍射中,由于单缝衍射为极小,使得按各个单缝的光之间满足干涉极大的明纹而不能出现,该现象称为缺级.

二、基本规律

惠更斯-菲涅耳原理:惠更斯提出,波在介质中传播到的各点都可以看作是发射子波的子波源.菲涅耳补充说:从同一波阵面上各点发出的子波经传播而在空间某点相遇时,各个子波间也可以互相叠加而产生干涉现象.以上总称为惠更斯-菲涅耳原理.

三、基本公式

1. 单缝衍射 $\begin{cases} \text{明纹条件} \begin{cases} b\sin\varphi = \pm(2k+1)\dfrac{\lambda}{2} & (k=1,2,3,\cdots) \\ \varphi = 0 \quad \text{(中央明纹)} \end{cases} \\ \text{暗纹条件} \ b\sin\varphi = \pm k\lambda \quad (k=1,2,3,\cdots) \\ \text{半波带数} \begin{cases} k(k\neq 0)\text{级明纹:对应}(2k+1)\text{个半波带} \\ k \text{级暗纹:对应} 2k \text{个半波带} \end{cases} \end{cases}$

2. 光栅衍射 $\begin{cases} \text{光栅衍射方程}(b+b')\sin\varphi = \pm k\lambda \quad (k=0,1,2,3,\cdots) \\ \text{缺级条件} \dfrac{b+b'}{b} = \dfrac{k}{k'} \\ (k\text{ 为光栅衍射明纹的级次},k'\text{ 为单缝衍射暗纹的级次}) \end{cases}$

3. 光学仪器分辨率

$$\theta_0 = 1.22\frac{\lambda}{D}$$

4. 布拉格反射公式

$$2d\sin\theta = k\lambda, \quad k=1,2,3,\cdots$$

14.3 典型思考题与习题

一、思考题

1. 干涉与衍射的区别何在?在杨氏双缝干涉实验和光栅衍射实验中,是否分别都含有上述两种物理现象?

解 (1) 在满足一定条件的两个或者多个光波相遇的区域,各点的强度会产生相互加强或相互减弱的现象,称这种现象为光的干涉.可见干涉强调的是一种叠加效应.光波遇到障碍物的时候,能绕过障碍物边缘出现分布开来的现象,称这种现象为光的衍射.可见衍射强调的是光不按直进的方式传播.

(2) 在杨氏双缝干涉实验和光栅衍射实验中都含有干涉和衍射现象.如在杨氏双缝干涉实验中,通常认为它是通过一个缝的光与通过另一个缝的光叠加的结果.但若无衍射现象,透过二缝的光就不会展成一个较宽的角度,二束光根本无法重叠,因此不能产生干涉.光栅的情况也是一样,每条缝的光均分散到很宽的角度范围出现衍射现象;而形成细的亮线及其较大的暗区,这必然又有干涉效应.

2. 为什么光栅刻痕不但要很多,而且各刻痕之间的距离也要相等?

解 光栅刻痕多(单位宽度上),即光栅常数$(b+b')$变小,使得明纹间距会增大;此外,光栅刻痕很多,条纹的亮度就更亮;再有,光栅刻痕很多,条纹会变得更窄.之所以各刻痕之间的距离要相等,是为了保证衍射条纹的清晰程度.如果刻痕等距离,对于某一衍射角,只要第一缝与第二缝是干涉加强,则其余各缝的衍射光也是互相加强的,从而形成亮度较大的明条纹.如果刻痕不等距,则$(b+b')\sin\varphi=\pm k\lambda$不能同时满足,即对$\varphi$处,不能使得两相邻缝都满足干涉加强的条件,结果使亮纹不亮,暗纹不暗,不可能形成有规律分布的衍射条纹.

3. 在夫琅禾费单缝衍射中,把缝沿垂直透镜光轴向上相对透镜做微小的移动时,衍射条纹是否跟着移动?

解 衍射条纹不移动.因为平行于光轴的任何光线经过透镜折射后都会聚于透镜的主焦点上(此时用点光源.若用线光源,则在焦面上形成过主焦点的直条纹),即中央明纹不移动,由此可判断所有的衍射条纹不动.

4. 一束平行光垂直照射到光栅上,若把光栅沿垂直于光的入射方向稍微平移时,谱线的位置是否移动?

解 谱线的位置不动.因为任何平行于光轴的光线经透镜折射后都会聚在焦面过主焦点的直线上,即零级条纹位置不移动,由此可判断衍射条纹即所有的谱线位置不动.

二、典型习题

1. 一单缝宽$b=0.6$mm,用橙黄色平行光垂直照射单缝,在单缝后有一焦距$f=40.00$cm的会聚透镜,若在屏上距中央亮纹中心为1.4mm的P处为一条明纹(设衍射角为正).求:

(1) 入射光的波长;

(2) P点条纹的级次;

(3) P 点条纹对应的半波带数目.(橙色光波长范围 592.0~620.0nm)

解 (1) 明纹条件为 $b\sin\varphi = \pm(2k+1)\dfrac{\lambda}{2}(k=1,2,3,\cdots)$. 如图 14-2 所示,因为 $\overline{OP}=1.4\text{mm}, f=40.00\text{cm}=400.0\text{mm}$,可知 φ 很小.因此 $\sin\varphi \approx \tan\varphi = \dfrac{\overline{OP}}{f}$. 由上可知 $b\sin\varphi = b\dfrac{\overline{OP}}{f} = (2k+1)\dfrac{\lambda}{2}(\varphi>0)$,有

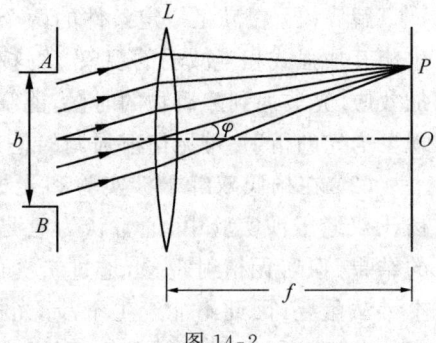

图 14-2

$$\lambda = \frac{2b\overline{OP}}{f} \cdot \frac{1}{2k+1} = \frac{2\times 0.6 \times 1.4 \times 10^6}{400(2k+1)}$$

$$= \frac{4200}{2k+1}(\text{nm}) = \begin{cases} 1400(\text{nm}) & (k=1) \\ 840(\text{nm}) & (k=2) \\ 600(\text{nm}) & (k=3) \\ 466.7(\text{nm}) & (k=4) \end{cases}$$

依题意知,$\lambda=600\text{nm}$.

(2) 由(1)知,P 处条纹级次为 $k=3$.

(3) P 点对应的半波带数目 $(2k+1)=(2\times 3+1)=7$.

注意:加强对半波带方法的理解.

2. 在单缝衍射实验中,光源发出的光含有两种波长 λ_1 和 λ_2,并垂直入射到单缝上,假如 λ_1 的第一级衍射极小与 λ_2 的第二级衍射极小相重合.试问:

(1) 这两种波长之间有何关系?

(2) 在这两种波长的光所形成的衍射图样中,是否还有其他极小相重合?

解 (1) 依题意有

$$\begin{cases} b\sin\varphi = \pm \lambda_1 \\ b\sin\varphi = \pm 2\lambda_2 \end{cases}$$

得

$$\lambda_1 = 2\lambda_2$$

(2) 当 λ_1 的第 k_1 级极小与 λ_2 的第 k_2 级极小重合时,有

$$\begin{cases} b\sin\varphi = \pm k_1\lambda_1 \\ b\sin\varphi = \pm k_2\lambda_2 \end{cases}$$

得

$$k_1\lambda_1 = k_2\lambda_2$$

可知满足 $2k_1=k_2$ 时发生重叠.

3. 用白光(波长范围 400~760nm)垂直照射在每厘米中有 6500 条刻痕的平

面光栅上,求第三级光谱的张角.

解 光栅常数

$$(b+b') = \frac{1}{6500}\text{cm} = \frac{1}{6500} \times 10^7 \text{nm}$$

光栅方程

$$(b+b')\sin\varphi = \pm k\lambda \quad (下面考虑 \varphi > 0 即可)$$

第三级光谱中

$$\begin{cases} \varphi_{3\min} = \arcsin\dfrac{3\lambda_{\min}}{b+b'} = \arcsin\dfrac{3 \times 400}{\dfrac{1}{6500} \times 10^7} = 51.26° \\ \varphi_{3\max} = \arcsin\dfrac{3\lambda_{\max}}{b+b'} = \arcsin\dfrac{3 \times 760}{\dfrac{1}{6500} \times 10^7} = \arcsin 1.48 \end{cases}$$

说明不存在第三级完整光谱,只是一部分出现. 这一光谱的张角是

$$\Delta\varphi = 90° - \varphi_{\min} = 38.74°$$

设第三级光谱中出现的最大波长为 λ',则由 $(b+b')\sin\varphi = k\lambda$ 有

$$\lambda' = \frac{(b+b')\sin 90°}{3} = \frac{\dfrac{1}{6500} \times 10^7}{3} = 513(\text{nm}) \quad (绿光)$$

可见,第三级光谱中只能出现紫、蓝、青、绿等色的光,比波长 513nm 大的黄、橙、红等光看不到.

4. 波长范围为 450~650nm 的复色平行光垂直照射在每厘米 5000 条刻痕的光栅上,屏幕放在透镜的焦面处,屏上第二级光谱各色光在屏上所占范围的宽度为 35.1cm,求透镜的焦距 f.

解 依题意有

$$(b+b') = \frac{1}{5000}\text{cm} = 2 \times 10^{-4}\text{cm} = 2 \times 10^{-6}\text{m}$$

光栅方程

$$(b+b')\sin\varphi = \pm k\lambda \quad (下面考虑 \varphi > 0 即可)$$

第二级光谱中

$$\begin{cases} \varphi_{2\min} = \arcsin\dfrac{2\lambda_{\min}}{b+b'} = \arcsin\dfrac{2 \times 450}{2 \times 10^{-6}} = 26.74° \\ \varphi_{3\max} = \arcsin\dfrac{2\lambda_{\max}}{b+b'} = \arcsin\dfrac{2 \times 650}{2 \times 10^{-6}} = 40.54° \end{cases}$$

因为

$$\begin{cases} x_{\min} = f\tan\varphi_{2\min} \\ x_{\max} = f\tan\varphi_{3\max} \end{cases}$$

因此
$$f = \frac{x_{\max} - x_{\min}}{\tan\varphi_{2\max} - \tan\varphi_{2\min}} = \frac{35.1}{\tan 40.54° - \tan 26.74°} = 100(\text{cm}) = 1.00(\text{m})$$

注意：此题中衍射角较大，故不能应用 $\sin\varphi \approx \tan\varphi$ 进行计算。

5. 一束平行光垂直入射到某光栅上，该光束有两种波长的光，$\lambda_1 = 440\text{nm}$，$\lambda_2 = 660\text{nm}$。实验发现，两种波长的谱线（不计中央明纹）第二次重合于衍射角 $\varphi = 60°$ 的方向上，求光栅常数 $(b+b')$。

解 光栅方程
$$(b+b')\sin\varphi = \pm k\lambda$$

依题意有
$$\begin{cases}(b+b')\sin\varphi = \pm k_1\lambda_1 \\ (b+b')\sin\varphi = \pm k_2\lambda_2\end{cases}$$

得
$$k_1\lambda_1 = k_2\lambda_2$$

可有
$$\frac{k_1}{k_2} = \frac{\lambda_2}{\lambda_1} = \frac{660}{440} = \frac{3}{2} = \frac{6}{4} = \frac{9}{6} = \cdots$$

当谱线第二次重合时（不计中央条纹），$k_1 = 6$，$k_2 = 4$，有
$$(b+b')\sin 60° = 6\lambda_1$$

得
$$(b+b') = \frac{6\lambda_1}{\sin 60°} = \frac{6 \times 440 \times 10^{-9}}{\sqrt{3}/2} = 3.05 \times 10^{-6}(\text{m})$$

6. 波长 $\lambda = 600\text{nm}$ 的单色光垂直入射到一光栅上，测得第二级主极大的衍射角为 $30°$，且第三级是缺级。求：

(1) 光栅常数 $(b+b')$；

(2) 透光缝可能的最小宽度；

(3) 在选定了 $(b+b')$ 和 b 之后，在屏上可能呈现的全部主极大的级次为何。

解 (1) 光栅方程为
$$(b+b')\sin\varphi = \pm k\lambda$$

依题意有
$$(b+b') = \frac{2\lambda}{\sin 30°} = \frac{2 \times 600}{\sin 30°} = 2400\text{nm} = 2.4 \times 10^{-4}\text{cm}$$

(2) 缺级时
$$\begin{cases}(b+b')\sin\varphi = \pm k\lambda \\ b\sin\varphi = \pm k'\lambda\end{cases}$$

有
$$\frac{b+b'}{b} = \frac{k}{k'}, \quad k' = 1, 2, 3, \cdots$$

最小缺级次数为 $k=3$,此时 $\dfrac{b+b'}{b}=\dfrac{3}{k'}$.因为 $(b+b')$ 已经确定,所以 $b=b_{\min}$ 时,$k'=1$,有

$$b=\dfrac{b+b'}{3}=0.8\times 10^{-4}\,\mathrm{cm}$$

(3) 由 $(a+b)\sin\varphi=\pm k\lambda$ 知

$$k_{\max}=\dfrac{(b+b')\sin 90°}{\lambda}=\dfrac{2400}{600}=4$$

因为 $\dfrac{b+b'}{b}=\dfrac{3}{1}=\dfrac{k}{k'}$,所以 $k=3k'(k'=1,2,3,\cdots)$时缺级.可知在屏上可能呈现的全部主极大的级次为 $0,\pm1,\pm2(k=3$ 时缺级$);k=4$ 时,$\varphi=90°$,故观察不到此条纹).

14.4 检测复习题

一、判断题

指出下列说法是否正确:
1. 光的衍射现象是光的波动性的一种表现.
2. 菲涅耳波带法的理论基础是惠更斯-菲涅耳原理.
3. 单缝衍射中明纹的亮度与它对应的半波带的数目无关.
4. 光栅衍射是单缝衍射与多缝干涉总的结果.

二、填空题

1. 惠更斯引入_____的概念提出了惠更斯原理,菲涅耳再用_____的思想补充了惠更斯原理,即发展成了惠更斯-菲涅耳原理.

2. 波长为 λ 的平行光垂直照射到缝宽为 b 的单缝上,当 $b\sin\varphi/\lambda=$ _____时为明纹条件,$b\sin\varphi/\lambda=$ _____时为暗纹条件;对于第二级暗纹来讲,它对应的半波带个数为_____;对于第三级明纹来讲,它对应的半波带个数为_____.设所用凸透镜的焦距为 f,则中央明纹的宽度为_____;第一级亮纹的宽度为_____;第三级暗纹中心与中央亮纹中心的距离_____.

3. 波长为 λ 的单色光垂直入射在缝宽 $b=4\lambda$ 的单缝上,对应于衍射角 $\varphi=30°$,单缝处的波面可划分为_____个半波带.

4. 在单缝的夫琅禾费衍射实验中,屏上第三级暗纹对应的单缝处波面可划分为_____个半波带,若将缝宽缩小一半,原来第三级暗纹处将是_____纹.

5. 波长为 λ 的单色光垂直照射到光栅常数为 $(b+b')$ 的光栅上,当 $(b+b')\sin\varphi/\lambda=$ _____时才有可能出现亮纹;若光栅上每毫米宽度内有 n 条刻痕,则 $(b+b')=$ _____ mm.设所用凸透镜的焦距为 f,则在处于它的焦平面的观察屏

上第一级主极大中心与第二主极大中心之间的距离为_____;若$(b+b')/\lambda=8.1$,且$(b+b')/b=3$,则在观察屏上能呈现_____条明条纹.若改用白光垂直照射到此光栅上,设可见光中最大波长为λ_1,最小波长为λ_2,则第三级光谱的张角为_____.

6. 一束单色光垂直入射在光栅上,衍射光谱中共出现5条明纹,若已知此光栅每个透光缝宽度与每个不透光部分的宽度相等,那么在中央明纹一侧的两条明纹分别是第_____级和第_____级谱线.

三、选择题

1. 波长为λ的单色光垂直入射到宽度为b的单缝上,若对应于衍射图样的第一暗纹的位置的衍射角$\varphi=\pi/6$,则b与λ的关系为(　　)

　　A. $b=\dfrac{1}{2}\lambda$　　B. $b=\lambda$　　C. $b=2\lambda$　　D. $b=3\lambda$

2. 在单缝衍射中,若屏上的P点满足$b\sin\varphi=5\lambda/2$,则该点为(　　)

　　A. 第二级暗纹　　B. 第五级暗纹　　C. 第二级明纹　　D. 第五级明纹

3. 一束波长为λ的单色光垂直入射到一单缝AB上,装置如图14-3所示,在屏幕上形成衍射图样,如图中P是中央亮纹一侧第一个暗纹所在的位置,则BC的长度为(　　)

　　A. λ　　B. $\lambda/2$
　　C. $3\lambda/2$　　D. 2λ

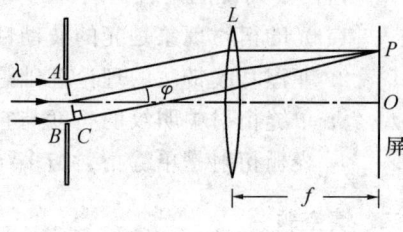

图14-3

4. 波长为$\lambda=500$nm的单色光垂直照射一宽度为$b=0.25$mm的单缝上,位于凸透镜焦平面的屏幕上出现衍射条纹,衍射图样中,中央亮纹两旁第三暗纹间距离为3mm,则透镜焦距为(　　)

　　A. 25cm　　B. 50cm　　C. 2.5m　　D. 5m

5. 白色光垂直入射到某一单缝上,在衍射图样中波长为λ_1光的第三级明纹和波长为$\lambda_2=630$nm红光的第二级明纹相重合,则λ_1值为(　　)

　　A. 420nm　　B. 605.8nm　　C. 450nm　　D. 540nm

6. 如图14-4所示,在单缝的夫琅禾费衍射实验装置中,S为单缝,L为透镜,E屏幕,当把单缝S垂直于透镜光轴稍微向上平移时,屏幕上的衍射图样(　　)

　　A. 向上平移　　B. 向下平移
　　C. 不动　　D. 条纹间距变大

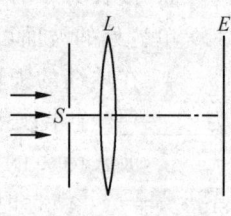

7. 若白光入射到衍射光栅上,则第一级光谱中偏离中

图14-4

央亮纹最远的光是(　　)

　　A. 红光　　　　B. 黄光　　　　C. 紫光　　　　D. 绿光

8. 波长为500nm及520nm的光,垂直照射到光栅常数为0.002cm的衍射光栅上,在光栅后面用焦距为2m的透镜把光线会聚于屏上,问这两种光线的第一级谱线之间的距离为多少?(　　)

　　A. $1×10^{-3}$m　　B. $2×10^{-3}$m　　C. $3×10^{-3}$m　　D. $4×10^{-3}$m

9. 某元素的特征光谱中含有波长分别为 $\lambda_1=450$nm 和 $\lambda_2=750$nm 的光谱线,在光栅光谱中,这两种波长的谱线有重叠现象,重叠处 λ_2 的谱线的级次是(　　)

　　A. 2,3,4,5,…　　　　　　　　B. 2,5,8,11,…
　　C. 2,4,6,8,…　　　　　　　　D. 3,6,9,12…

10. 以波长 500～800nm 的白光照射光栅,在它的衍射光谱中,第二级和第三级光谱发生重叠,试问第二级光谱被重叠部分的波长范围为多少?(　　)

　　A. 533.3～800nm　　　　　　B. 400～533.3nm
　　C. 600～800nm　　　　　　　D. 530～600nm

11. 在光栅光谱中,假如所有偶数级次的主级大都恰好在每缝衍射的暗纹方向上,因而实际上不出现,那么此光栅每个透光缝宽度 b 和相邻两缝间不透光部分宽度 b' 的关系为(　　)

　　A. $b=b'$　　　B. $b=2b'$　　　C. $b=3b'$　　　D. $b=b'/2$

12. 一衍射光栅,其光栅常数$(b+b')$为缝宽b的3倍,第一次用波长为 λ 的单色光垂直照射时,在某一衍射角 φ 处出现第二级主极大,若第二次换用波长为 400nm 的光垂直照射时,在上述衍射角 φ 处第一次出现缺级,并且此缝宽 b 是造成这次缺级的最小缝宽,则第一次照射时所用的光波的波长 λ 为多少?(　　)

　　A. 600nm　　　B. 500nm　　　C. 400nm　　　D. 700nm

13. 在双缝衍射实验中,若保持双缝 S_1 和 S_2 的中心之间的距离 d 不变,而把两条缝的宽度 b 略微加宽,则(　　)

　　A. 单缝衍射的中央主极大变宽,其中所包含的干涉条纹数目变少
　　B. 单缝衍射的中央主极大变宽,其中所包含的干涉条纹数目变多
　　C. 单缝衍射的中央主极大变窄,其中所包含的干涉条纹数目变少
　　D. 单缝衍射的中央主极大变窄,其中所包含的干涉条纹数目变多

14. 假设汽车前灯发出的黄光波长为500nm,二个灯距离为1.2m,人眼夜间瞳孔直径约5mm,则人的眼睛能区分汽车二个前灯时离车的最大距离是(　　)

　　A. 1km　　　　B. 3km　　　　C. 9.8km　　　D. 1.2km

15. X射线投射到点阵中相邻平行晶面间距为 d 的晶面上,X射线波长为 λ,对布拉格公式中 $k=2$ 的衍射条纹对应的衍射角为(　　)

A. $\arcsin\dfrac{\lambda}{d}$ B. $\arcsin\dfrac{2\lambda}{d}$ C. $\arcsin\dfrac{\lambda}{2d}$ D. $\arcsin\dfrac{4\lambda}{d}$

四、计算题

1. 波长 600nm 的单色光垂直入射到宽度为 0.10mm 的单缝上,观察夫琅禾费衍射图样,透镜焦距 1.0m,屏在透镜的焦平面处.求:
(1) 中央衍射明条纹的宽度 Δx;
(2) 第二级暗纹离透镜焦点的距离.

2. 用一束具有两种波长的平行光垂直入射到光栅上,$\lambda_1 = 600\text{nm}$,$\lambda_2 = 400\text{nm}$. 发现距中央明纹 $x=5\text{cm}$ 处 λ_1 光的第 k 级主极大和 λ_2 光的第 $(k+1)$ 级主极大重合,放在光栅与屏之间的透镜焦距 $f=50\text{cm}$. 求:
(1) 上述 k;
(2) 光栅常数 $(b+b')$.

3. 一衍射光栅,每厘米有 200 条透光缝,每条透光缝宽为 $b=2\times 10^{-3}\text{cm}$,在光栅后放一焦距 $f=1\text{m}$ 的凸透镜,现以 $\lambda=600\text{nm}$ 的平行光垂直照射光栅.问:
(1) 透光缝 b 的单缝衍射中央明条纹宽度为多少?
(2) 在该宽度内,有几个光栅衍射主极大?

14.5 检测复习题解答

一、判断题

1. √. 2. √. 3. ×. 4. √.

二、填空题

1. 解:(1) 子波. (2) 子波干涉(或子波相干叠加).

2. 解:(1) 0 或 $\pm(2k+1)\dfrac{1}{2}$ $(k=1,2,3,\cdots)$.

(2) $\pm k (k=1,2,3,\cdots)$.

(3) $2k = 2\times 2 = 4$.

(4) $(2k+1) = (2\times 3+1) = 7$.

(5) $l_0 = 2f\lambda/b$.

(6) $l_1 = f\lambda/b$.

(7) $l_3 = f\arctan\varphi_3 = f\dfrac{\sin\varphi_3}{\sqrt{1-\sin^2\varphi_3}} = f\dfrac{3\lambda/b}{\sqrt{1-(3\lambda/b)^2}} = \dfrac{3f\lambda}{\sqrt{b^2-(3\lambda)^2}}$.

当 φ_3 很小时，$l_3 = \dfrac{3f\lambda}{b}$.

3. 解：$b\sin\varphi = 4\lambda \cdot \sin 30° = 2\lambda$，可知此处为二级暗纹，波面划分 $2k = 2 \times 2 = 4$ 个半波带.

4. 解：(1) 第三级暗纹对应单缝处波面可划分为 $2 \times 3 = 6$ 个半波带.

(2) 当缝宽 b 缩小一半时，有 $\dfrac{b}{2}\sin\varphi = \pm\dfrac{3}{2}\lambda = \pm(2k+1)\dfrac{\lambda}{2}(k=1)$，可见原来第三级暗纹处将是一级明纹.

5. 解：(1) $\pm k(k=0,1,2,\cdots)$.

(2) $1/n$.

(3) $\Delta l = f\tan\varphi_2 - f\tan\varphi_1 = f\left(\dfrac{\sin\varphi_2}{\sqrt{1-\sin\varphi_2}} - \dfrac{\sin\varphi_1}{\sqrt{1-\sin\varphi_1}}\right)$

$= f\left\{\dfrac{2\lambda/(b+b')}{\sqrt{1-[2\lambda/(b+b')]^2}} - \dfrac{\lambda/(b+b')}{\sqrt{1-[\lambda/(b+b')]^2}}\right\}$

$= f\lambda\left\{\dfrac{2}{\sqrt{(b+b')^2-(2\lambda)^2}} - \dfrac{1}{\sqrt{(b+b')^2-(\lambda)^2}}\right\}$

当 φ_2 很小时

$\Delta l = f(\tan\varphi_2 - \tan\varphi_1) = f(\arcsin\varphi_2 - \arcsin\varphi_1)$

$= f\left(\dfrac{2\lambda}{b+b'} - \dfrac{\lambda}{b+b'}\right) = \dfrac{f\lambda}{b+b'}$

(4) 由 $(b+b')\sin\varphi = \pm k\lambda$ 知，$k_{\max} = \dfrac{b+b'}{\lambda} = 8.1$ 时，取 $k_{\max} = 8$，可知最多能看到 $2 \times 8 + 1 = 17$ 个明条纹. 因为 $(b+b')/b = 3$，所以 $k = 3, 6$ 缺级，故应有 13 条明条纹.

(5) 依题意知

$$\begin{cases}(b+b')\sin\varphi_{3\max} = 3\lambda_1 \\ (b+b')\sin\varphi_{3\min} = 3\lambda_2\end{cases}$$

有

$$\varphi_{3\max} - \varphi_{3\min} = \arcsin\dfrac{3\lambda_1}{b+b'} - \arcsin\dfrac{3\lambda_2}{b-b'}$$

6. 解：因为 $(b+b')/b = 2b/b = 2$，所以 $k = 2,4,6,\cdots$ 缺级. 可见在中央明纹一侧的一个是一级明纹和一个是三级明纹.

三、选择题

1. 解：可知 $b\sin 30° = \lambda$，得 $b = 2\lambda$. (C) 对.

2. 解:因为 $b\sin\varphi = \dfrac{5}{2}\lambda = (2\times 2+1)\dfrac{\lambda}{2}$,所以该点为第二级明纹.(C)对.

3. 解:对 P 点,有 $b\sin\varphi = \lambda$,因为 $BC = b\sin\varphi$,所以 $BC = \lambda$.(A)对.

4. 解:对三级暗纹,有 $b\sin\varphi = 3\lambda$,即

$$\sin\varphi = \dfrac{3\lambda}{b} = \dfrac{3\times 500}{0.25\times 10^6} = 0.006$$

因为 $\sin\varphi \approx \tan\varphi \approx \varphi$,所以 $l = 2f\tan\varphi \approx 2f\varphi$,有

$$f = l/(2\varphi) = 3/(2\times 0.006) = 250(\text{mm}) = 25(\text{cm})$$

(A)对.

5. 解:由题意知

$$\begin{cases}(b+b')\sin\varphi = \pm 3\lambda_1 \\ (b+b')\sin\varphi = \pm 2\lambda_2\end{cases}$$

即 $3\lambda_1 = 2\lambda_2$,有

$$\lambda_1 = \dfrac{2}{3}\lambda_2 = \dfrac{2}{3}\times 630 = 420(\text{nm})$$

(A)对.

6. 解:在 S 向上平移中,平行于光轴的光线经过 L 后总是要聚焦在 L 的焦点处,即中央条纹位置不动,由此可知,所有条纹不动.(C)对.

7. 解:由 $(b+b')\sin\varphi = \pm\lambda$ 知,对红光而言 φ 最大,故红光离中央亮纹最远.(A)对.

8. 解:依题意知

$$\begin{cases}(b+b')\sin\varphi_1 = \lambda_1 \quad (\text{取 } \varphi_1 > 0) \\ (b+b')\sin\varphi_2 = \lambda_2 \quad (\text{取 } \varphi_2 > 0)\end{cases}$$

因为 $\sin\varphi_2 = \dfrac{\lambda_2}{b+b'} = \dfrac{520}{0.002\times 10^7} = 0.026 > \sin\varphi_1$,即 $\sin\varphi_2$、$\sin\varphi_1$ 均较小,所以 $\tan\varphi_2 \approx \sin\varphi_2 = 0.026$,$\tan\varphi_1 \approx \sin\varphi_1 = \dfrac{\lambda_1}{b+b'} = \dfrac{500}{0.002\times 10^7} = 0.025$,得

$$\Delta l = f\tan\varphi_2 - f\tan\varphi_1 = 2\times 0.026 - 2\times 0.025 = 2\times 10^{-3}(\text{m})$$

(B)对.

9. 解:此两种谱线重叠时,有

$$\begin{cases}(b+b')\sin\varphi_1 = \pm k_1\lambda_1 \\ (b+b')\sin\varphi_2 = \pm k_2\lambda_2\end{cases}$$

得

$$k_1\lambda_1 = k_2\lambda_2$$

可有

$$\dfrac{k_2}{k_1} = \dfrac{\lambda_1}{\lambda_2} = \dfrac{450}{750} = \dfrac{3}{5} = \dfrac{3n}{5n}, \quad n = 1,2,3,\cdots$$

所以 $k_2=3,6,9,\cdots$ 时重叠.(D)对.

10. 解:由题意知,二级和三级光谱重叠情况如图 14-5 所示.

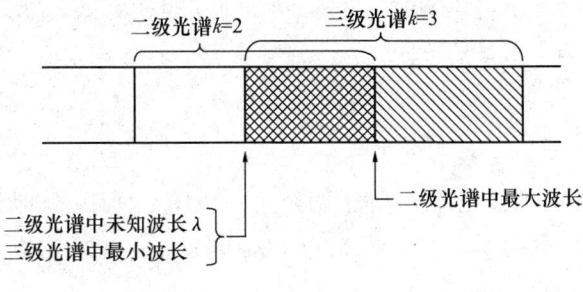

图 14-5

谱线重叠时,有
$$\begin{cases}(b+b')\sin\varphi=\pm2\lambda\\(b+b')\sin\varphi=\pm3\times400\end{cases}$$
即 $2\lambda=3\times400$,得 $\lambda=600\text{nm}$.可知二级光谱被重叠范围为 $600\sim800\text{nm}$.(C)对.

11. 解:发生缺级时,有 $\dfrac{b+b'}{b}=\dfrac{k}{k'}$,由题知,第一次缺级为 $k=2$,此时,有 $k'=1$. 因此 $\dfrac{b+b'}{b}=2$,即 $b=b'$.(A)对.

12. 解:对未知波长 λ 和对 $\lambda'=400\text{nm}$,有
$$\begin{cases}(b+b')\sin\varphi=\pm2\lambda\\(b+b')\sin\varphi'=\pm k\lambda'\end{cases}$$
因为 $(b+b')/b=3$,所以 $k=3,6,9,\cdots$ 缺级.可知第一次出现缺级时,$k=3$,且 $\varphi'=\varphi$,此时上述第二式变为 $(b+b')\sin\varphi=\pm3\lambda'$.由该式和第一式有
$$\lambda=3\lambda'/2=3\times400/2=600(\text{nm})$$
(A)对.

13. 解:在此可看作一光栅,光栅常数为 $(b+b')=d$,可能出现的双缝干涉的极大条件为 $(b+b')\sin\varphi=\pm k\lambda(k=0,1,2,\cdots)$.在缝宽 b 变大时,因为 d 和 λ 不变,所以第 k 级明纹对应的衍射角 φ 不变,即二缝干涉明纹的位置分布不变.对于单缝衍射,两个缝的衍射图样是重合的(因为单缝垂直于会聚透镜光轴方向平移时,衍射图样位置不动,而一个缝的位置可看作是另一个缝经平移后得到的,所以二者衍射图样重合),中央明纹宽度为 $l_0=2f\lambda/b$,当 b 增大,焦距 f 和 λ 不变时,l_0 要减小,即中央明纹宽度要减小.综上可知,在 b 增大中,单缝衍射的中央明纹中,包含的干涉条纹数要减少,(C)对.

14. 解:$l=\dfrac{l'}{\theta}=\dfrac{l'}{1.22\lambda/D}=\dfrac{1.2}{1.22\times500\times10^{-6}/5}=9.8\times10^3(\text{m})=9.8(\text{km})$

(C)对.

15. 解:布拉格反射公式为
$$2d\sin\theta = k\lambda, \quad k = 1,2,3,\cdots$$

由题意知, $k=2$, 因此 $\theta = \arcsin\dfrac{\lambda}{d}$, (A)对.

四、计算题

1. 解:(1) 中央明纹宽度 l_0 等于两个第一级暗纹间距离, 即 $l_0 = 2f\tan\varphi_1$. 可知 $b\sin\varphi_1 = \lambda$, 因为 $\sin\varphi_1 = \lambda/b$ 很小, 所以 $\tan\varphi_1 \approx \sin\varphi_1 = \lambda/b$. 可有
$$l_0 = \frac{2f\lambda}{b} = \frac{2\times 1.0\times 600\times 10^{-9}}{0.10\times 10^{-3}} = 0.012(\text{m}) = 1.2(\text{cm})$$

(2) 所求距离为 $l_2 = f\tan\varphi_2$. 由 $b\sin\varphi_2 = 2\lambda$ 知, $\sin\varphi_2 = 2\lambda/b$ 很小, 所以
$$\tan\varphi_2 \approx \sin\varphi_2 = 2\lambda/b$$

有
$$l_2 = f\tan\varphi_2 = \frac{2f\lambda}{b} = l_0 = 1.2\text{cm}$$

2. 解:(1) 依题意有
$$\begin{cases}(b+b')\sin\varphi = \pm k\lambda_1 \\ (b+b')\sin\varphi = \pm(k+1)\lambda_2\end{cases}$$

即
$$k = \frac{\lambda_2}{\lambda_1 - \lambda_2} = \frac{400}{600-400} = 2$$

(2) 因为 $\dfrac{x}{f} = \dfrac{5}{50} = 0.1$ 较小, 所以 $\sin\varphi \approx \tan\varphi = 0.1$, 有
$$(b+b') = \frac{k\lambda_1}{\sin\varphi} = \frac{2\times 600}{0.1} = 1.2\times 10^4(\text{nm}) = 1.2\times 10^{-3}(\text{cm})$$

3. 解:(1) 单缝衍射中央明纹宽度为 $l_0 = 2f\tan\varphi_1$, 可知 $b\sin\varphi_1 = \lambda$, 因为 $\sin\varphi_1 = \lambda/b$ 很小, 所以 $\tan\varphi_1 \approx \sin\varphi_1 = \lambda/b$. 可有
$$l_0 = \frac{2f\lambda}{b} = \frac{2\times 1\times 600\times 10^{-9}}{2\times 10^{-5}} = 0.06(\text{m})$$

(2) 光栅方程为 $(b+b')\sin\varphi = \pm k\lambda$, 在衍射角 φ_1 内
$$k_{\max} = \frac{(b+b')\sin\varphi_1}{\lambda} = \frac{(b+b')\cdot \lambda/b}{\lambda} = \frac{b+b'}{b} = \frac{\frac{1}{200}\times 10^{-2}}{2\times 10^{-5}} = 2.5$$

取 $k_{\max} = 2$. 因为 $(b+b')/b = k/k' = 5/2$, 所以 $k = 5,10,15,\cdots$ 缺级. 可见第一次出现缺级时 $k=5$. 因此, 在衍射角 φ_1 内共有级次为 $0, \pm 1, \pm 2$ 的 5 个主极大.

第15章 光的偏振

15.1 基本要求

1. 理解自然光、线偏振光、部分偏振光、起偏和检偏等概念.
2. 掌握马律斯定律.
3. 理解反射和折射时的偏振现象,掌握布儒斯特定律.
4. 了解双折射现象.

15.2 本章小结

一、基本概念

1. 光的偏振:光是一种电磁波,且为横波.光矢量(或光振动)E总是和光的传播方向垂直,光的偏振状态分为三大类,即自然光、线偏振光、部分偏振光.

2. 自然光:在垂直于光传播方向的平面内,沿各个方向都有光振动,且沿各个方向的光振动的振幅相同.

3. 线偏振光:在垂直于光传播方向的平面内,只在一个固定的方向上有光振动.线偏振光中,光矢量端点的轨迹是一条直线.

4. 部分偏振光:在垂直于光传播方向的平面内,某一方向上的光振动比与之相垂直方向上的光振动占优势.

5. 偏振片:某些物质能吸收某一方向上的光振动,而只让与这个方向垂直的光振动通过,这种性质称为二向色性.把具有二向色性的材料涂敷于透明薄片上做成的光学元件称为偏振片.偏振片上允许光振动通过的方向称为偏振化方向.

6. 起偏与检偏:通过某种装置使自然光变成线偏振光时称为起偏,其装置叫做起偏振器;用某装置检验某一光是否为线偏振光时称为检偏,该装置叫做检偏振器.

7. 双折射现象:一束光入射到各向异性晶体表面时,在界面折射到晶体内部的光常分为传播方向不同的两束折射光,该现象称为光的双折射现象.

8. 寻常光与非寻常光:光的双折射现象中,一束折射光遵循光的折射定律,叫做寻常光或o光;另一束折射光不遵循光的折射定律,叫做非常光或e光.寻常光和非寻常光都是线偏振光.寻常光在晶体内的各个方向上的传播速度相同,而非寻常光的传播速度却与传播方向有关.

9. 光轴:在各向异性晶体内光沿特殊的方向传播时不产生双折射现象,此时寻常光和非寻常光传播速度相同,这个方向称为晶体的光轴.只有一个光轴的晶体称为单轴晶体,有两个光轴的晶体称为双轴晶体.

二、基本规律

1. 马吕斯定律:光强为 I_0 的一束线偏振光入射到一偏振片时,若入射光的光振动方向与偏振片的偏振化方向夹角为 α,则透射光的光强(不考虑偏振片的吸收)为 $I = I_0 \cos^2 \alpha$.

2. 布儒斯特定律:当自然光由折射率为 n_1 的介质入射到折射率为 n_2 的介质的分界面上时,若入射角 i_0 满足 $\tan i_0 = n_2/n_1$,则反射光为光振动垂直于入射面的线偏振光,而折射光是平行于入射面占优势的部分偏振光,且 i_0 与折射角 γ_0 之和等于 $90°$,i_0 称为布儒斯特角或起偏角.

15.3 典型思考题与习题

一、思考题

1. (1) 何为自然光、线偏振光、部分偏振光?
(2) 若用一个偏振片,如何来检验它们?
(3) 平面偏振光是否一定为单色谐波?

解 (1) 自然光:在垂直于光传播方向的平面内,沿各个方向都有光振动,且沿各个方向的光振动的振幅相同.

线偏振光:在垂直于光传播方向的平面内,只在一个固定的方向上有光振动.线偏振光中,光矢量端点的轨迹是一条直线.

部分偏振光:在垂直于光传播方向的平面内,某一方向上的光振动比与之相垂直方向上的光振动占优势.

(2) 让光垂直入射到偏振片上,使偏振片绕以入射光线为轴转动一周.若发现透射光光强不变,则入射光为自然光;若透射光两次最明和两次消光,则入射光为线偏振光;若透射光两次最明和两次最暗(但不消光),则入射光为部分偏振光.

(3) 不一定.

2. 在如图 15-1 所示情况中,用自然光或线偏振光分别以起偏角 i_0 或其他角 $i(i \neq i_0)$ 由空气入射到某一玻璃表面上,试画出反射和折射光线,并用点或短线表明反射光和折射光的光矢量的振动方向.(图中横线为两种介质的界面,竖线为其法线)

第 15 章 光 的 偏 振

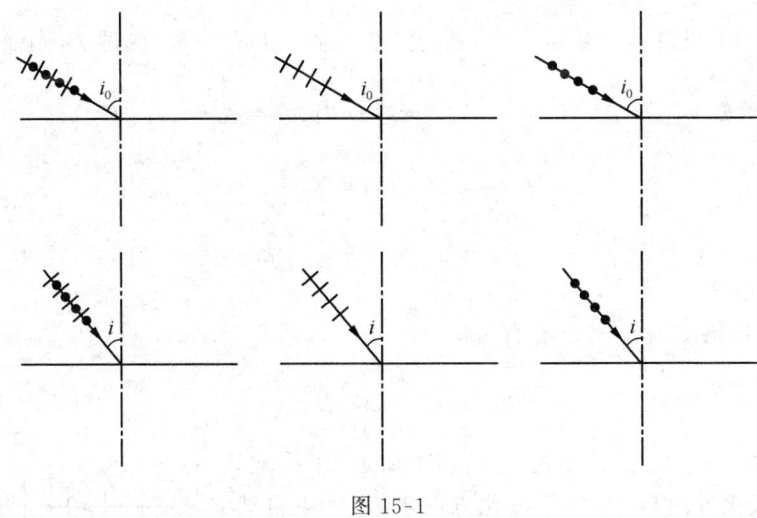

图 15-1

解 画出的反射和折射光线等如图 15-2 所示.

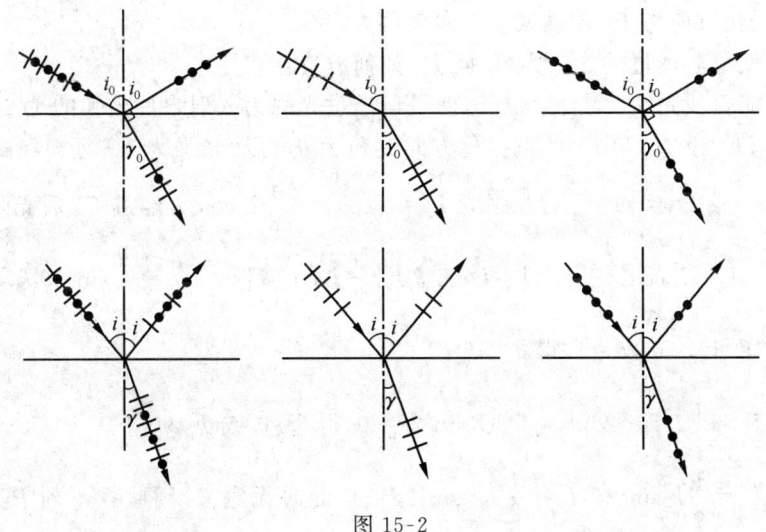

图 15-2

二、典型习题

1. 如图 15-3 所示,偏振片 P_1 和 P_2 平行放置,一束自然光垂直射到 P_1 上,试求下列情况下二偏振片的偏振化方向的夹角(不计偏振片的吸收).求:

(1) 透过 P_1 的光强为其最大的透射光强的 $1/3$;

(2) 透过 P_2 的光强为入射到 P_1 上的光强的 $1/3$.

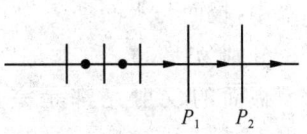

图 15-3

解 (1) 设自然光光强为 I_0，透过 P_1 光强为 $I_1=\frac{1}{2}I_0$，透过 P_2 光强为 $I_2=I_1\cos^2\alpha$，可知 $I_{2\max}=I_1$，当 $I_2=\frac{1}{3}I_{2\max}=\frac{1}{3}I_1$ 时，$\frac{1}{3}=\cos^2\alpha$，有

$$\alpha = \arccos\left(\pm\frac{\sqrt{3}}{3}\right)$$

(2) $I_2=I_1\cos^2\alpha=\frac{1}{2}I_0\cos^2\alpha$

当 $I_2=\frac{1}{3}I_0$ 时，$\frac{1}{3}=\frac{1}{2}\cos^2\alpha$，有

$$\alpha = \arccos\left(\pm\frac{\sqrt{6}}{3}\right)$$

2. 如图 15-4 所示，偏振片 P_1、P_2 和 P_3 平行放置，P_1 的偏振化方向与 P_3 的偏振化方向垂直，一束自然光垂直射到 P_1 上.

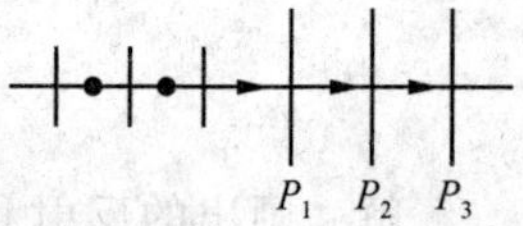

(1) 当最后透过的光强为入射自然光强的 1/8 时，求 P_2 的偏振化方向与 P_1 的偏振化方向夹角为多少.

(2) 使最后透过的光强为零，问 P_2 如何放置？

(3) 能否找到 P_2 的合适位子，使最后透过光强为入射自然光强的 1/2？

图 15-4

解 (1) 设 P_1 和 P_2 的偏振化方向夹角为 θ，自然光强为 I_0. 可知经过 P_1 后光强为 $I_1=\frac{1}{2}I_0$，经过 P_2 后光强为 $I_2=I_1\cos^2\theta=\frac{1}{2}I_0\cos^2\theta$. 经过 P_3 后光强为

$$I_3 = I_2\cos^2\left(\frac{\pi}{2}-\theta\right) = I_2\sin^2\theta = \left[\frac{1}{2}I_0\cos^2\theta\right]\sin^2\theta = \frac{1}{8}I_0\sin^2 2\theta$$

当 $I_3=\frac{1}{8}I_0$ 时，$\sin^2 2\theta=1$，得 $\theta=45°$.

(2) $I_3=\frac{1}{8}I_0\sin^2 2\theta$，$I_3=0$ 时，$\sin^2 2\theta=0$，得 $\theta=0°$ 或 $\theta=90°$.

(3) $I_3=\frac{1}{8}I_0\sin^2 2\theta$，$I_3=\frac{1}{2}I_0$，$\sin^2 2\theta=4$，此时无意义. 因此找不到 P_2 的合适方位，使 $I_3=\frac{1}{2}I_0$.

3. 如图 15-5 所示，有一平面玻璃板放在水中，板面与水面夹角为 θ，设水和玻璃的折射率分别为 1.333 和 1.517. 欲使图中水面和玻璃板面的反射光都是完全偏振光，θ 角应是多大？

解 依题意知，i_{01} 和 i_{02} 为二个起偏角，由

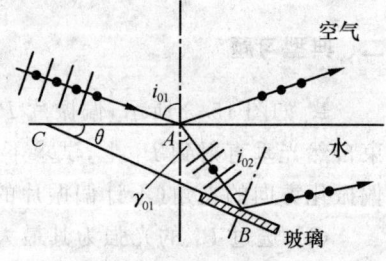

图 15-5

布儒斯特定律有

$$\begin{cases} \tan i_{01} = \dfrac{n_2}{n_1} = \dfrac{1.333}{1} = 1.333 \\ \tan i_{02} = \dfrac{n_3}{n_2} = \dfrac{1.517}{1.333} = 1.138 \end{cases}$$

得 $i_{01}=53.12°, i_{02}=48.69°$. 在三角形 ABC 中,有

$$\theta + (\pi/2 + \gamma_{01}) + (\pi/2 - i_{02}) = \pi$$

得

$$\theta = i_{02} - \gamma_{01} = i_{02} - (\pi/2 - i_{01}) = i_{01} + i_{02} - 90°$$
$$= 53.12° + 48.69° - 90° = 11.81°$$

15.4 检测复习题

一、判断题

指出下列说法是否正确:

1. 光的偏振是光的波动性质的一种表现.
2. 光的偏振说明了光为横波.
3. 当光线从空气中以布儒斯特角入射到玻璃表面时,则一定有被反射的平面偏振光.
4. 只有自然光才能产生双折射.

二、填空题

1. 有一束自然光,取直角坐标系的 x 轴与它们的传播方向平行,则光矢量 E 的振动在_____平面内;当一偏振片 P_1 垂直面向射来的自然光时,透射光的光矢量振动方向与_____方向平行;当 P_1 以入射光线为轴转动一周时,在此转动过程中可发现透射光强_____变化,当在光路中再放入与 P_1 平行的另一偏振片 P_2(二者偏振化方向不垂直)时,经过 P_1 的透射光作为 P_2 的入射光,经过 P_2 的透射光其光矢量振动方向与_____方向平行;当 P_2 以入射光线为轴转动一周时,在此转动过程中可发现经过 P_2 的透射光强按照_____的规律变化. 在上述情况中,再引进一偏振光,它与原来的自然光一起垂直射到偏振片 P_1 上,设原来入射的自然光的强度为 I_1,后引进的偏振光的强为 I_2,则经过 P_1 的最大透射光强与最小透射光强依次为_____和_____.

2. 两个偏振片叠放在一起,强度为 I_0 的自然光垂直入射其上,不考虑偏振片的吸收和反射,若通过两个偏振片后的光强为 $I_0/8$,则此两偏振片的偏振化方向

间的夹角是_____;若在两片中间再插入一片偏振片,其偏振化方向与前后两片的偏振化方向的夹角相等,则通过三个偏振片后的透射光强度为_____。

3. 布儒斯特定律的数学表达式为_____,式中各量的名称为_____。

4. 如果从一水池(水的折射率 $n=1.33$)的表面反射出来的太阳光是完全偏振光,那么太阳的仰角(图15-6)大致等于_____在这反射光中 E 矢量方向应_____。

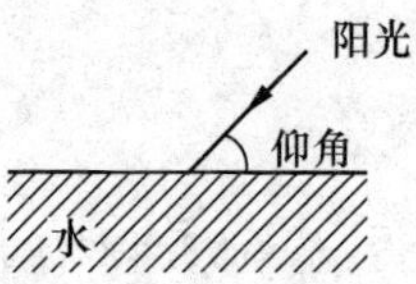

图15-6

5. 假设某一介质对于空气的临界角是 $45°$,则光从空气射向此介质时的布儒斯特角为_____。

6. o光_____折射定律,其光矢量振动是_____维振动,它的振动面_____于其主平面;e光_____折射定律,其光矢量振动是_____维振动,它的振动面_____于其主平面. 有一束自然光入射到方解石晶体上,若入射方向与光轴平行,则有_____束折射光;若入射方向与晶体表面及光轴均垂直,则有_____束折射光;若入射方向与光轴方向既不平行也不垂直,则有_____束折射光.

三、选择题

1. 自然光入射到放在一起的两个偏振片上,如果透射光的光强 I 为入射光的光强 I_0 的 $1/4$,则两偏振片偏振化方向的夹角等于多少?(　　)

   A. $30°$　　　　B. $45°$　　　　C. $60°$　　　　D. $75°$

2. 如图15-7所示,三块偏振片 P_1、P_2 和 P_3 平行放置,P_1 的偏振化方向与 P_3 的偏振化方向垂直,一束光强为 I_0 自然光垂直射到 P_1 上,当旋转 P_2(保持其平面方位不变)时通过 P_3 的最大光强为(　　)

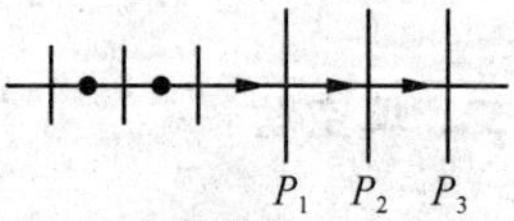

   图15-7

   A. $\frac{1}{2}I_0$　　B. $\frac{1}{4}I_0$　　C. $\frac{1}{6}I_0$　　D. $\frac{1}{8}I_0$

3. 使一光强为 I_0 的平面偏振光先后通过两个偏振片 P_1 和 P_2,P_1 和 P_2 的偏振化方向与原入射光矢量振动方向的夹角分别是 α 和 $90°$,则通过这两个偏振片后的光强 I 是(　　)

   A. $\frac{1}{2}I_0\cos^2\alpha$　　B. 0　　C. $\frac{1}{4}I_0\sin^2(2\alpha)$　　D. $\frac{1}{4}I_0\sin^2\alpha$

4. 自然光以 $60°$ 的入射角照射到某一透明介质表面时,反射光为线偏振光,则知(　　)

   A. 折射光为线偏振光,折射角为 $30°$
   B. 折射光为部分偏振光,折射角为 $30°$

C. 折射光为线偏振光,折射角不能确定

D. 折射光为部分偏振光,折射角不能确定

5. 自然光从空气中入射到平板玻璃的表面上,当入射角为 60°时,反射光为完全偏振光,则玻璃的折射率为(　　)

  A. 3/2   B. $2/\sqrt{3}$ C. $\sqrt{3}$ D. $1/\sqrt{3}$

6. 如图 15-8 所示,晶体光轴垂直于纸面,自然光 S 入射到晶体表面时,折射光线分为 a 和 b 两束,可知(　　)

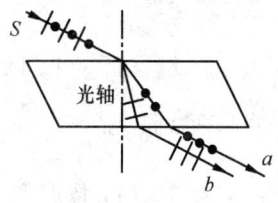

  A. a 束为 o 光,b 束为 e 光

  B. a 束为 e 光,b 束为 o 光

  C. a 和 b 两束均为 o 光

  D. a 和 b 两束均为 e 光

图 15-8

7. 如图 15-9 所示,$ABCD$ 为一块方解石的一个截面,AB 为垂直于纸面的晶体平面与纸面的交线.光轴方向在纸面内且与 AB 成一锐角 θ.一束单色自然光垂直于 AB 端面入射.在方解石内折射光分解为 o 光和 e 光,o 光和 e 光的(　　)

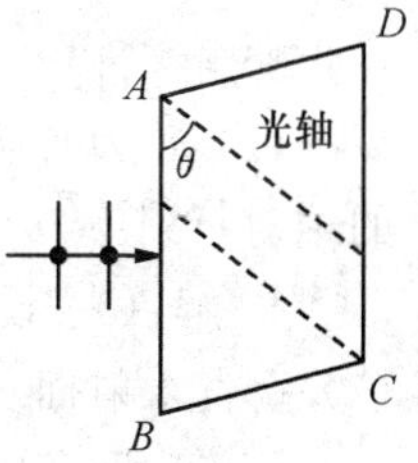

  A. 传播方向相同,电场强度的振动方向互相垂直

  B. 传播方向相同,电场强度的振动方向不互相垂直

  C. 传播方向不同,电场强度的振动方向互相垂直

  D. 传播方向不同,电场强度的振动方向不互相垂直

图 15-9

四、计算题

1. 偏振片 P_1、P_2 放在一起,二者的偏振化方向夹角为 30°,一束光垂直射到 P_1 上,经过 P_2 的光强为 I_1.若 P_2 以入射光线为轴转动使 P_1 和 P_2 的偏振化方向夹角变为 45°,则此时经过 P_2 的透射光强为多少?

2. 将三个偏振片叠放在一起,第二个与第三个偏振片的偏振化方向分别与第一个偏振片的偏振化方向成 45°和 90°角.

(1) 强度为 I_0 的自然光垂直入射到这一堆偏振片上,试求经每一偏振片后的光强和偏振状态.

(2) 如果将第二个偏振片抽走,情况又如何?

3. 一束平行自然光,从空气中以 58°的入射角入射到平面玻璃的表面上,反射光是完全偏振光.求:

(1) 玻璃中折射光的折射角;

(2) 玻璃的折射率.

15.5 检测复习题解答

一、判断题

1. √. 2. √. 3. ×. 4. ×.

二、填空题

1. 解:(1) yOz. (2) P_1 的偏振化. (3) 无. (4) 与 P_2 的偏振化. (5) 有两次最明和两次消光. (6) $\left(I_2+\frac{1}{2}I_1\right)$. (7) $\frac{1}{2}I_1$.

2. 解:(1) 依题意有 $\frac{1}{8}I_0=\frac{1}{2}I_0\cos^2\alpha$,即 $\alpha=\frac{\pi}{3}$.

(2) 设透射光强为 I,有
$$I=\left(\frac{1}{2}I_0\cos^2\frac{\pi}{6}\right)\cos^2\frac{\pi}{6}=\frac{9}{32}I_0$$

3. 解:(1)
$$\tan i_0=n_{21}=n_2/n_1$$

(2) i_0 为布儒斯特角;n_{21} 为折射介质相对入射介质的折射率,n_2 为折射介质的绝对折射率,n_1 为入射介质的绝对折射率.

4. 解:(1) 设仰角为 θ,可有 $\tan(\pi/2-\theta)=n$,即 $\tan\theta=n=1.33$.解得 $\theta=37°$.
(2) 垂直入射面.

5. 解:设介质折射率为 n_2,空气折射率为 n_1,由折射定律有 $\sin45°/\sin90°=n_1/n_2$. 光从空气以布儒斯特角 i_0 射向此介质时,由布儒斯特定律 $\tan i_0=n_2/n_1$ 有
$$\tan i_0=\sin90°/\sin45°=\sqrt{2}$$

得 $i_0=54.7°$.

6. 解:(1) 遵守. (2) 一. (3) 垂直. (4) 不遵守. (5) 一. (6) 平行. (7) 一. (8) 一. (9) 二.

三、选择题

1. 解:依题意有 $\frac{1}{4}I_0=\left(\frac{1}{2}I_0\right)\cos^2\alpha$,解得 $\alpha=45°$. (B) 对.

2. 解:经过 P_1 光强为 $I_1=\frac{1}{2}I_0$,设 P_2 与 P_1 的偏振化方向的夹角为 α,则经过 P_2 的光强为
$$I_2=I_1\cos^2\alpha=\frac{1}{2}I_0\cos^2\alpha$$

经过 P_3 光强为
$$I_3=I_2\cos^2(\pi/2-\alpha)=\frac{1}{2}I_1\cos^2\alpha\sin^2\alpha=\frac{1}{8}I_0\sin^2 2\alpha$$

第 15 章 光 的 偏 振

可知 I_3 最大为 $\frac{1}{8}I_0$. (D)对.

3. 解：依题意有
$$I = I_0\cos^2\alpha\cos^2(90°-\alpha) = \frac{1}{4}I_0\sin^2 2\alpha$$

(C)对.

4. 解：依题意知，折射光为部分偏振光. 因为此时入射角为布儒斯特角，因此入射角 i_0 与折射角 γ_0 之和等于 $90°$，有 $\gamma_0 = 90°-60°=30°$. (B)对.

5. 解：依题意有 $\tan i_0 = n$，即 $n = \arctan 60° = \sqrt{3}$. (C)对.

6. 解：由题图知，a、b 二光主平面均垂直于纸面，因此 o 光的振动平面垂直其主平面，e 光的振动平面平行其主平面，故 a 为 e 光，b 为 o 光. (B)对.

7. 解：入射光沿光轴方向或入射光沿与晶体表面及光轴均垂直的方向入射时，o 光和 e 光为同方向，在此可知，不满足上述条件，所以 o 光和 e 光传播方向不同. o 光和 e 光二者振动面垂直，即它们的 E 矢量振动垂直. (C)对.

四、计算题

1. 解：设经过 P_1 的光强为 I'，经过 P_2 后，光强为 I，有
$$I = I'\cos^2\alpha$$
当 $\alpha = 30°$ 时
$$I = I_1 = I'\cos^2 30°$$
当 $\alpha = 45°$ 时
$$I = I_2 = I'\cos^2 45°$$
二者相比有，$\frac{I_1}{I_2} = \frac{\cos^2 30°}{\cos^2 45°}$，即 $I_2 = \frac{2}{3}I_1$.

2. 解：(1) 自然光经过第一块偏振片后，光强为 $I_1 = \frac{1}{2}I_0$；

通过第二块偏振片后光强为 $I_2 = I_1\cos^2 45° = \frac{1}{4}I_0$；

通过第三块偏振片后光强为 $I_3 = I_2\cos^2 45° = \frac{1}{8}I_0$；

通过每一偏振片后的光均为线偏振光，其光振动方向与刚通过的偏振片偏振化方向平行.

(2) 若第二块偏振片取走，因第一和第三两个偏振片的偏振化方向垂直，因此 $I_3 = 0$，I_1 不变.

3. 解：(1) 可知，入射角为布儒斯特角，即 $i_0 = 58°$，所以 i_0 + 折射角 $= 90°$，即折射角 $= 32°$.

(2) 由于 $\tan i_0 = n$，因而 $n = \tan 58° = 1.60$.

第六篇　近代物理学基础

第16章　狭义相对论

16.1　基本要求

1. 了解伽利略变换及绝对时空观.
2. 理解爱因斯坦狭义相对论的两条基本原理,掌握在此基础上建立的洛伦兹变换式.
3. 理解狭义相对论的时空观及长度收缩和时间延缓的概念.
4. 理解狭义相对论动力学的相对论质量、相对论动量、相对论动能、质能关系等结论.

16.2　本章小结

一、基本概念

1. 事件:某时某地发生的一个物理现象称为一个事件,其坐标可表示为(x,y,z,t).

2. 经典力学时空观:经典力学认为,时间和空间是相互独立的物理量,对于两个事件的时间间隔、空间间隔等的测量结果与参考系的选择无关.

3. 狭义相对论时空观:狭义相对论理论认为,对于两个事件的时间间隔、空间间隔等的测量结果与参考系(惯性系)的选择有关.

4. 惯性系S与S':设惯性系S和S',相应坐标轴平行,S'系相对S系以速率v沿坐标x(或x')轴正向匀速运动,当$t=t'=0$(t和t'分别是相对S和S'系静止的时钟记录的时间)时,两个坐标系相应的坐标轴重合.注意:本章中惯性系S与S'的相对运动关系同此.

5. 同时的相对性:与经典力学不同,狭义相对论认为,如果两个事件在惯性系S'中观察是同时发生的,而在惯性系S中观察时,一般来说,此二事件不再是同时发生的了.这就是狭义相对论的同时的相对性.

6. 长度收缩：观察者测得运动物体在运动方向上的长度比物体相对观察着静止时的长度(固有长度)要短.

7. 时钟延缓：相对于惯性系 S' 静止的观察者，若测得在同一地点(指 x' 相同)发生的两个事件的时间间隔为 Δt_0(固有时间)，而对于另一个惯性系 S 静止的观察者，则测得此两个事件的时间间隔 Δt 总是要大于 Δt_0.

二、基本规律

狭义相对论基本原理：狭义相对论是建立在如下两条基本原理基础之上的，即
1. 相对性原理. 在一切惯性系中所有的物理规律都一样.
2. 光速不变原理. 在一切惯性系中测得真空中的光速都一样.

三、基本公式

1. 伽利略变换式 $\begin{cases} x'=x-vt \\ y'=y \\ z'=z \\ t'=t \end{cases}$ 或 $\begin{cases} x=x'+vt \\ y=y' \\ z=z' \\ t=t' \end{cases}$

2. 洛伦兹变换式 $\begin{cases} x'=\dfrac{x-vt}{\sqrt{1-v^2/c^2}} \\ y'=y \\ z'=z \\ t'=\dfrac{t-\dfrac{v}{c^2}x}{\sqrt{1-v^2/c^2}} \end{cases}$ 或 $\begin{cases} x=\dfrac{x'+vt}{\sqrt{1-v^2/c^2}} \\ y=y' \\ z=z' \\ t=\dfrac{t'+\dfrac{v}{c^2}x}{\sqrt{1-v^2/c^2}} \end{cases}$

3. 狭义相对论运动学

速度变换 $u_x'=\dfrac{u_x-v}{1-u_x v/c^2}$ 或 $u_x=\dfrac{u_x'+v}{1+u_x'v/c^2}$

同时的相对性判断 $\begin{cases} \Delta t'=t_2'-t_1'=\dfrac{(t_2-t_1)-\dfrac{v}{c^2}(x_2-x_1)}{\sqrt{1-v^2/c^2}} \text{ 或} \\ \Delta t=t_2-t_1=\dfrac{(t_2'-t_1')+\dfrac{v}{c^2}(x_2'-x_1')}{\sqrt{1-v^2/c^2}} \end{cases}$

长度收缩 $l=l_0\sqrt{1-v^2/c^2}$ （l_0 为固有长度）

时钟延缓 $\Delta t=\dfrac{\Delta t_0}{\sqrt{1-v^2/c^2}}$ （Δt_0 为固有时间）

4. 狭义相对论动力学 $\begin{cases} \text{相对论质量} \quad m = m_0/\sqrt{1-v^2/c^2} \quad (m_0 \text{ 为静止质量}) \\ \text{相对论动量} \quad \boldsymbol{p} = m\boldsymbol{v} = m_0 \boldsymbol{v}/\sqrt{1-v^2/c^2} \\ \text{相对论能量} \quad E = mc^2 = m_0 c^2/\sqrt{1-v^2/c^2} \\ \text{相对论动能} \quad E_k = mc^2 - m_0 c^2 \\ \text{相对论能量与动量关系} \quad E^2 = \boldsymbol{p}^2 c^2 + m_0^2 c^4 \end{cases}$

16.3 典型思考题与习题

一、思考题

1. 伽利略相对性原理与狭义相对论的相对性原理有何相同之处？又有何不同之处？

解 二者相同之处在于都认为，对于力学规律，一切惯性系都是等价的. 既无法利用力学实验证明一个惯性系是静止的还是做匀速直线运动. 所不同之处在于伽利略相对性原理仅限于力学规律，而狭义相对论的相对性原理则指出，对于所有的物理规律（不仅仅是力学，如电学、光学等），一切惯性系都是等价的.

2. 经典时空观的集中反映是什么？相对论时空观的集中反映是什么？相对论时空观的理论基础是什么？

解 经典时空观的集中反映是伽俐略变换式；相对论时空观的集中反映是洛伦兹变换式；相对论时空观的理论基础是相对性原理和光速不变原理.

3. 如图 16-1 所示，有两把静止长度相同的米尺 $A_1 A_2$ 和 $B_1 B_2$，尺长方向均与惯性系 S 的 x 轴平行，两尺相对 S 沿尺长方向以相同的速率 v 匀速地相向而行，试指出下列各种情况下两尺各端相对齐的时间次序：

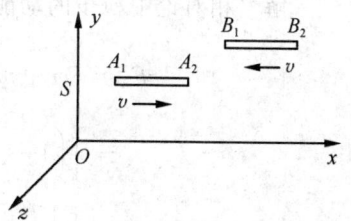

图 16-1

(1) 在与 $A_1 A_2$ 尺固连的参考系上测量；
(2) 在与 $B_1 B_2$ 尺固连的参考系上测量；
(3) 在 S 系上测量.

解 (1) 此时，测得 B 尺长度缩短了，测量结果是：$A_2 B_1, A_2 B_2, A_1 B_1, A_1 B_2$.
(2) 此时，测得 A 尺长度缩短了，测量结果是：$A_2 B_1, A_1 B_1, A_2 B_2, A_1 B_2$.
(3) 此时，测得 A 尺、B 尺长度均缩短了，缩短的长度一样，测量结果是：
$A_2 B_1, \begin{cases} A_2 B_2 \\ A_1 B_1 \end{cases}$（同时），$A_1 B_2$.

4. 有惯性系 S 和 S'，$t = t' = 0$ 时二者相应坐标轴重合，S' 相对于 S 沿 x（或 x'）轴正向匀速运动.

(1) S 系中某一地点同时发生的两件事 A 和 B,则在 S' 系中测量是否也是同一地点同一时刻发生?

(2) 在 S 系中某一地点先后发生的两事件 A 和 B,则在 S' 系中测量是否也是同一地点发生?

(3) 在 S 系中不同地点同一时刻发生的两事件 A 和 B,在 S' 系中测量是否也是同一时刻发生?

解 在 S' 系上测量发生两个事件的地点间隔和时间间隔分别为

$$\Delta x' = x'_2 - x'_1 = \frac{(x_2 - x_1) - v(t_2 - t_1)}{\sqrt{1 - v^2/c^2}}$$

和

$$\Delta t' = t'_2 - t'_1 = \frac{(t_2 - t_1) - \frac{v}{c^2}(x_2 - x_1)}{\sqrt{1 - v^2/c^2}}$$

(1) 因为 $x_2 = x_1$ 及 $t_2 = t_1$,所以 $\Delta x' = 0$ 和 $\Delta t' = 0$. 即在 S' 系中测量,也是同一地点同一时刻发生.

(2) 因为 $x_2 = x_1$ 及 $t_2 \neq t_1$,所以 $\Delta x' \neq 0$. 即在 S' 系中测量,不是同一地点发生.

(3) 因为 $x_2 \neq x_1$ 及 $t_2 = t_1$,所以 $\Delta t' \neq 0$. 即在 S' 系中测量,不是同一时刻发生.

5. 相对论中粒子的动能何时可等于 $m_0 v^2/2$? 式中,m_0 为静止质量,v 为粒子速率.

解 相对论中粒子的动能为

$$E_k = (m - m_0)c^2 = \left(\frac{1}{\sqrt{1 - v^2/c^2}} - 1\right)m_0 c^2$$

$$= \left[\left(1 + \frac{1}{2}\left(\frac{v}{c}\right)^2 + \frac{3}{8}\left(\frac{v}{c}\right)^4 + \cdots\right) - 1\right]m_0 c^2$$

$$= \left[\frac{1}{2}\left(\frac{v}{c}\right)^2 + \frac{3}{8}\left(\frac{v}{c}\right)^4 + \cdots\right]m_0 c^2$$

当 $v \ll c$ 时,有 $E_k \approx m_0 v^2/2$. 可见经典力学中的动能是相对论在低速情况下的极限结果.

二、典型习题

1. 静止长度为 l_0 的车厢,以速率 v 相对惯性系 S 沿 x 轴正向匀速运动.设物体 A 从车厢的尾端相对车厢以速率 u 沿 x 轴正向匀速运动到车厢的前端.求在 S 系中测得 A 做上述运动过程所用的时间.

解 如图 16-2 所示,取车厢为 S' 系(S' 和 S 系相应坐标轴平行,$t=t'=0$ 时,S 与 S' 的相应坐标轴重合),物体 A 从车厢的尾端出发为事件 1,到达车厢的前端为事件 2.

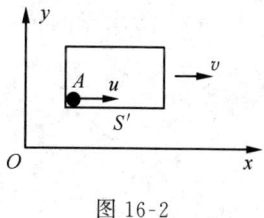

图 16-2

由洛伦兹变换知,在 S 系中测得此两个事件的时间间隔为

$$\Delta t = t_2 - t_1 = \frac{t'_2 + \frac{v}{c^2}x'_2}{\sqrt{1-v^2/c^2}} - \frac{t'_1 + \frac{v}{c^2}x'_1}{\sqrt{1-v^2/c^2}}$$

$$= \frac{(t'_2 - t'_1) + \frac{v}{c^2}(x'_2 - x'_1)}{\sqrt{1-v^2/c^2}}$$

由题意知,$\Delta x' = x'_2 - x'_1 = l_0$,$\Delta t' = t'_2 - t'_1 = l_0/u$. 代入上式有

$$\Delta t = \frac{l_0/u + \frac{v}{c^2}l_0}{\sqrt{1-v^2/c^2}} = \frac{l_0}{u} \cdot \frac{1 + \frac{uv}{c^2}}{\sqrt{1-v^2/c^2}}$$

2. 如图 16-3 所示,惯性系 S' 相对于 S 以速率 v 沿 x 轴正向运动,$t=t'=0$ 时,S 与 S' 的相应坐标轴重合,有一固有长度为 l_0 的棒静止在 S' 系的 $x'O'y'$ 平面上,在 S' 系上测得棒与 x' 轴正向夹角为 θ'. 当在 S 系上测量时
(1) 棒与 x 轴正向的夹角为多少?
(2) 棒的长度为多少?

解 (1) 如图 16-4 所示,设 l_x、l_y 为在 S 上测得杆长在 x、y 方向分量,l'_x、l'_y 为 S' 上测得杆长在 x'、y' 方向分量. 棒与 x 轴正向的夹角 θ 满足

$$\tan\theta = \frac{l_y}{l_x} = \frac{l'_y}{l'_x\sqrt{1-v^2/c^2}} = \tan\theta' \frac{1}{\sqrt{1-v^2/c^2}}$$

有

$$\theta = \arctan\left[\frac{1}{\sqrt{1-v^2/c^2}}\tan\theta'\right]$$

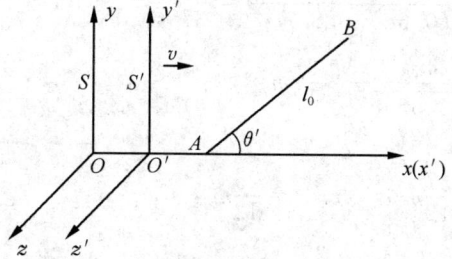

图 16-3

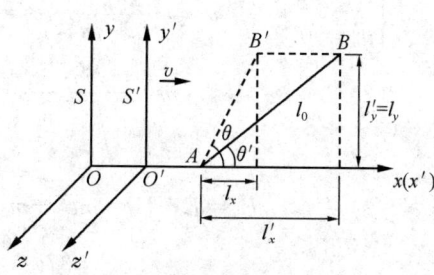

图 16-4

(2) 所求棒的长度为

$$l = \sqrt{l_x'^2 + l_y'^2} = \sqrt{l_x'^2(1-v^2/c^2) + l_y'^2}$$
$$= \sqrt{l_0^2 \cdot \cos^2\theta'(1-v^2/c^2) + l_0^2 \cdot \sin^2\theta'}$$
$$= l_0\sqrt{1-\cos^2\theta' v^2/c^2}$$

注意：长度缩短只发生在物体的运动方向上．

3. 某种介质静止时的寿命为 10^{-8} s，如它相对实验室中观察者做速率为 2×10^8 m·s^{-1} 的匀速直线运动，求它在一生中相对实验室观察者飞行的路程．

解 该介质相对实验室观察者的寿命为

$$\Delta t = \frac{\Delta t_0}{\sqrt{1-v^2/c^2}}$$

它在一生中相对实验室观察者飞行的路程为

$$l = v\Delta t = v\frac{\Delta t_0}{\sqrt{1-v^2/c^2}} = 2 \times 10^8 \times \frac{10^{-8}}{\sqrt{1-(2\times 10^8)^2/(3\times 10^8)^2}}$$
$$= 2.68 (\text{m})$$

4. 一原子核相对于实验室以 $0.6c$ 运动，在运动方向上向前发射一电子，电子相对于核的速率为 $0.8c$．在实验室中测量时，求：

(1) 电子的速率；

(2) 电子的能量；

(3) 电子的动能；

(4) 电子的动量大小．

解 如图 16-5 所示，设惯性系 S 系固连在实验室上，惯性系 S' 固连在原子核上，S 和 S' 相应坐标轴平行，$t = t' = 0$ 时，S 与 S' 的相应坐标轴重合，x 轴正向取为沿原子核运动方向上．

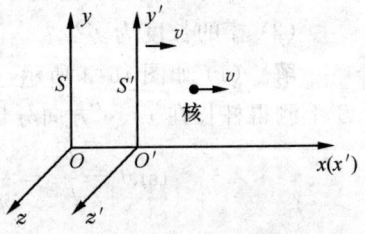

图 16-5

(1) 可知

$$\begin{cases} v = 0.6c \\ u_x' = 0.8c \end{cases}, \quad u_x = \frac{u_x' + v}{1 + vu_x'/c} = \frac{0.6c + 0.8c}{1+(0.6c \times 0.8c)/c^2} = \frac{35}{37}c \approx 0.946c$$

(2) $$m = \frac{m_0}{\sqrt{1-\frac{v_x^2}{c^2}}} = \frac{m_0}{\sqrt{1-\frac{35^2}{37^2}\frac{c^2}{c^2}}} = \frac{37}{12}m_0$$

(3) $$E_k = E - E_0 = mc^2 - m_0 c^2 = \frac{37}{12}m_0 c^2 - m_0 c^2 = \frac{25}{12}m_0 c^2$$

(4) $$p = mv = \frac{37}{12}m_0 v_x = \frac{37}{12}m_0 \frac{35}{37}c = \frac{35}{12}m_0 c$$

16.4 检测复习题

一、判断题

指出下列说法是否正确：
1. 迈克耳孙-莫雷实验没有得到预期结果．
2. 洛伦兹变换表明了时间和空间互无关系．
3. 在考虑相对论效应时，一粒子的质量是其速率的函数．
4. 由质能关系知一定量的质量对应着一定的能量．

二、填空题

1. 爱因斯坦狭义相对论的两条基本原理是_____原理和_____原理；它们的含义依次是_____和_____．
2. 已知惯性系 S' 相对于惯性系 S 系以 $0.5c$ 的速率沿 x 轴正方向运动，若从 S' 系的坐标原点 O' 沿 x 轴正向发出一光波，则 S 系中测得此光波的波速为_____．
3. (1) 在速度 $v=$ _____情况下粒子的动量等于非相对论动量的两倍；
   (2) 在速度 $v=$ _____情况下粒子的动能等于它的静止能量．
4. 光子的静止质量为_____；能量为_____；动能为_____；相对论中质量为_____；动量的大小为_____．

三、选择题

1. (1) 对某观察者来说，发生在某惯性系中同一地点、同一时刻的两个事件，对于相对该惯性系做匀速直线运动的其他惯性系中的观察者来说，它们是否同时发生？
   (2) 在某惯性系中发生于同一时刻、不同地点的两个事件，它们在其他惯性系中是否同时发生？
   关于上述两个问题的正确答案是（ ）
   A. (1)同时，(2)不同时
   B. (1)不同时，(2)同时
   C. (1)同时，(2)同时
   D. (1)不同时，(2)不同时
2. 有一匀质棒，某人测得它静止时棒长为 l_0，质量为 m_0，求得此棒的质量线密度 $\rho=m_0/l_0$．若此棒沿棒长方向以速率 v 相对测量者匀速运动，则测得质量线密度为（ ）
   A. $\rho'=\rho\sqrt{1-v^2/c^2}$
   B. $\rho'=\rho/\sqrt{1-v^2/c^2}$

C. $\rho' = \rho/(1-v^2/c^2)$ D. $\rho' = \rho$

3. 一匀质矩形薄板,它静止时测得其长度为 a,宽为 b,质量为 m_0. 由此可算出质量面密度 $m_0/(ab)$. 假定该板沿长度方向以接近于光速的速度 v 做匀速直线运动,此时,再测算该矩形板的质量面密度为( )

A. $\dfrac{m_0 \sqrt{1-(v/c)^2}}{ab}$ B. $\dfrac{m_0}{ab\sqrt{1-(v/c)^2}}$

C. $\dfrac{m_0}{ab[1-(v/c)^2]}$ D. $\dfrac{m_0}{ab[1-(v/c)^2]^{3/2}}$

4. π^+ 介子的固有寿命为 2.6×10^{-8} s,它对观测者以速率 $0.6c$ 运动时,观测者测得 π^+ 介子寿命为( )

A. 2.08×10^{-8} s B. 20.8×10^{-8} s C. 3.25×10^{-8} s D. 32.5×10^{-8} s

5. 宇宙飞船相对于地面以速度 v 做匀速直线飞行,某一时刻飞船头部的宇航员向飞船尾部发出一个光讯号,经过 Δt(飞船上的钟)时间后,被尾部的接收器收到,则由此可知飞船的固有长度为(c 表示真空中光速)( )

A. $c \cdot \Delta t$ B. $v \cdot \Delta t$

C. $c \cdot \Delta t \cdot \sqrt{1-(v/c)^2}$ D. $\dfrac{c \cdot \Delta t}{\sqrt{1-(v/c)^2}}$

6. 一火箭的固有长度为 l,以速度 v_2 相对于地面做匀速直线运动,火箭上有一个人从火箭的后端向火箭前端上的一个靶子发射一颗相对于火箭速率为 v_2 的子弹,在火箭上测得子弹从射出到击中靶的时间间隔是(c 表示真空中光速)( )

A. $\dfrac{l}{v_1+v_2}$ B. $\dfrac{l}{v_2}$ C. $\dfrac{l}{v_2-v_1}$ D. $\dfrac{l}{v_1\sqrt{1-(v_1/c)^2}}$

7. 高能实验室的对撞机中,两束电子 A 和 B 相对于实验室以 $0.9c$ 的相同速率相向而行. 从与其中一束电子固连的参考系上测得另一束电子的运动速率为( )

A. $0.81c$ B. $0.99c$ C. $0.95c$ D. $1.8c$

8. T 是粒子的动能,P 是它的动量大小,那么粒子的静止能量等于( )

A. $(P^2c^2-T^2)/(2T)$ B. $(P^2c^2-T)/(2T)$
C. $P^2c^2-T^2$ D. $(P^2c^2+T^2)/(2T)$

9. 在参考系 S 中,有两个静止质量都为 m_0 的粒子 A 和 B,分别以速度 v 沿同一直线相向运动,相碰后合在一起成为一个粒子,则其静止质量 M_0 的值为(c 表示真空中光速)( )

A. $2m_0$ B. $2m_0\sqrt{1-(v/c)^2}$

C. $\dfrac{m_0}{2}\sqrt{1-(v/c)^2}$ D. $\dfrac{2m_0}{\sqrt{1-(v/c)^2}}$

四、计算题

1. 惯性系 S' 相对 S 沿 x 轴正向运动，$t=t'=0$ 时，二坐标系的相应坐标轴重合，在 S' 中测得有两个事件发生在同一地点，其时间间隔为 4.0s，从 S 中测得这两个事件的时间间隔为 6.0s. 试求在 S 中测得发生这两个事件的空间间隔是多少.

2. 一电子具有 $0.51\times10^6\text{eV}$ 的静止能量，现使之加速，直至具有 $4.59\times10^6\text{eV}$ 的动能，在此情况下求：

(1) 电子的总能量；

(2) 运动电子的质量与静止质量之比；

(3) 电子运动的速率.

16.5 检测复习题解答

一、判断题

1. √. 2. ×. 3. √. 4. √.

二、填空题

1. 解：(1) 相对性. (2) 光速不变. (3) 在一切惯性系中所有的物理规律都一样. (4) 在一切惯性系中测得真空中的光速都一样.

2. 解：
$$u_x = \frac{u'_x + v}{1 + vu'_x/c^2} = \frac{c + 0.5c}{1 + 0.5c \times c/c^2} = c$$

或根据光速不变原理可知，所求结果为 c.

3. 解：(1) 由题意知 $mv = 2m_0 v$，即 $\dfrac{m_0}{\sqrt{1-v^2/c^2}} = 2m_0$，解得 $v = \dfrac{\sqrt{3}}{2}c$.

(2) 由题意知 $mc^2 = E_k + m_0 c^2 = 2m_0 c^2$，即 $\dfrac{m_0}{\sqrt{1-v^2/c^2}} = 2m_0$，解得 $v = \dfrac{\sqrt{3}}{2}c$.

4. 解：(1) 0. (2) $h\nu$. (3) $h\nu$. (4) $h\nu/c^2$. (5) $\dfrac{h}{\lambda}$.

三、选择题

1. 解：设 S、S' 为两个惯性系，S' 相对 S 的运动速度为 v，已知 $t' = \dfrac{t - \dfrac{v^2}{c^2}x}{\sqrt{1-v^2/c^2}}$，

有

$$\Delta t' = t'_2 - t'_1 = \frac{(t_2 - t_1) - \frac{v}{c^2}(x_2 - x_1)}{\sqrt{1 - v^2/c^2}}$$

当 $t_2 = t_1$、$x_2 = x_1$(在 S 上同时同地发生二个件事)时,$t'_2 = t'_1$,即在 S' 上也同时发生;当 $t_2 = t_1$、$x_2 \neq x_1$(在 S 上同时不同地发生的二个件事)时,$t'_2 \neq t'_2$,即在 S' 上不同时发生.(A)对.

2. 解:$\rho' = \dfrac{m}{l} = \dfrac{m_0}{\sqrt{1-v^2/c^2}} / (l_0 \sqrt{1-v^2/c^2}) = \dfrac{m_0}{l_0} \dfrac{1}{(1-v^2/c^2)} = \rho/(1-v^2/c^2)$

(C)对.

3. 解:所求密度为

$$\rho = \frac{m}{S} = \frac{m_0 / \sqrt{1-v^2/c^2}}{(a \sqrt{1-v^2/c^2}) \cdot b} = \frac{m_0}{ab(1-v^2/c^2)}$$

(C)对.

4. 解:$\Delta t = \Delta t_0 / \sqrt{1-v^2/c^2} = 2.6 \times 10^{-8} / \sqrt{1-(0.6c)^2/c^2} = 3.25 \times 10^{-8}$(s)

(C)对.

5. 解:飞船固有长度=光相对飞船速度×光相对飞船传播过程用的时间
$$= c\Delta t$$

(A)对.

6. 解:所求间隔=火箭固有长度(在火箭为参考系下测得的长度)/
子弹相对火箭的速度$= l/v_2$

(B)对.

7. 解:取 S 系固连在实验室上,S' 系固连在 A 束电子上,S' 系沿 A 束电子的运动方向相对 S 系运动,并且 S' 系与 S 系的 x' 和 x 轴正方向沿 A 束电子的运动方向.依题意知,S' 系相对 S 系运动速度为 $v = 0.9c$,B 相对 S 系运动速度为 $u_x = -0.9c$.B 束电子相对 A 束电子的速度为

$$u'_x = \frac{u_x - v}{1 - u_x v/c^2} = \frac{-0.9c - 0.9c}{1 - (-0.9c) \times 0.9c/c^2} = -0.99c$$

$u_x < 0$ 说明 B 束电子相对 A 束电子向 x 轴负方向运动.所求的速率为 $0.99c$.(B)对.

8. 解:已知 $E^2 = P^2 c^2 + m_0^2 c^4$ 及 $T = E - m_0 c^2$,有
$$(T + m_0 c^2)^2 = P^2 c^2 + m_0^2 c^4$$

得

$$m_0 c^2 = \frac{P^2 c^2 - T^2}{2T}$$

(A)对.

9. 解：A 和 B 组成的系统在碰撞前后动量及总能量均守恒，即

$$\begin{cases} m\boldsymbol{v}_A + m\boldsymbol{v}_B = M\boldsymbol{v} \\ mc^2 + mc^2 = Mc^2 \end{cases}$$

因为 $\boldsymbol{v}_A = -\boldsymbol{v}_B$，由上述第一式知 $\boldsymbol{v} = 0$，即合成粒子静止. 又因为此时 $M = M_0$，由上述第二式知 $M_0 = 2m = 2m_0/\sqrt{1-v^2/c^2}$. (D)对.

四、计算题

1. 解：设 S' 系相对 S 系的速率为 v，可知

$$\Delta x = x_2 - x_1 = \frac{\Delta x' + v\Delta t'}{\sqrt{1-v^2/c^2}}$$

因为 $\Delta x' = 0, \Delta t' = 4.0\text{s}$，所以 $\Delta x = \dfrac{4.0v}{\sqrt{1-v^2/c^2}}$.

因为 $\Delta t = \dfrac{\Delta t'}{\sqrt{1-v^2/c^2}}$，而 $\Delta t = 6.0\text{s}, \Delta t' = 4.0\text{s}$，所以 $v = \dfrac{\sqrt{5}}{3}c$. 由上有

$$\Delta x = 1.34 \times 10^9 \text{m}$$

2. 解：(1) $E = E_k + m_0 c^2 = 4.59 \times 10^6 + 0.51 \times 10^6 = 5.1 \times 10^6 (\text{eV})$

(2) $\dfrac{E}{m_0 c^2} = \dfrac{mc^2}{m_0 c^2} = \dfrac{5.1 \times 10^6}{0.51 \times 10^6} = 10$，得 $m = 10 m_0$.

(3) $m = \dfrac{m_0}{\sqrt{1-v^2/c^2}}$，即 $10 m_0 = \dfrac{m_0}{\sqrt{1-v^2/c^2}}$，解得 $v = 0.995c$.

第 17 章　光的量子性

17.1　基本要求

1. 了解经典物理理论在说明热辐射时遇到的困难.理解普朗克量子假设的内容和意义.

2. 理解光电效应和康普顿效应的实验规律,了解经典物理理论在说明以上实验时所遇到的困难.掌握爱因斯坦光子假说和爱因斯坦方程.理解光子理论对光电效应和康普顿效应实验的理论解释.理解光的波粒二象性.

17.2　本章小结

一、基本概念

1. 热辐射:任何物体在任何温度下都要发射各种波长的电磁波.由于物体中的分子、原子受到热激发,而发射的电磁辐射现象称为热辐射.

2. 黑体辐射:如果一物体在任何温度下对照射到它表面上的任何波长的入射光全部吸收而不反射,则这一物体称为绝对黑体,简称黑体.由该物体发出的热辐射称为黑体辐射.

3. 单色辐出度:在一定温度 T 下,黑体单位面积在单位时间内发射的频率在 $\nu \sim \nu + \mathrm{d}\nu$ 区间的能量为 $M_\nu(T)\mathrm{d}\nu$,该能量与 $\mathrm{d}\nu$ 之比,即 $M_\nu(T)$ 称为单色辐出度.

4. 光电效应:在光照射下,电子从金属表面逸出的现象,称为光电效应.逸出的电子称为光电子,光电子形成的电流称为光电流.

5. 康普顿散射:X 射线被散射物散射后,散射线中既有与入射 X 射线波长相同的成分,也有比入射 X 射线波长变大的成分,其中波长变大的散射称为康普顿散射.

6. 光的波粒二象性:光既有波动的特性,同时也具有粒子的特性,以上特性称为光的波粒二象性.光的波动性和粒子性,在不同情况下体现的程度有所不同.如在光的干涉、衍射和偏振等现象中,充分体现了光的波动性;而在光与物质相互作用(如光电效应和康普顿散射)中,则充分体现了光的粒子性.

二、基本规律

1. 普朗克量子假设：

(1) 把构成黑体的原子、分子看成带电的线性谐振子；

(2) 频率为 ν 的谐振子具有的能量只能是最小能量（能量子）$h\nu$ 的整数倍，即 $E=nh\nu(n=1,2,\cdots)$. 式中 n 称为量子数，$h=6.62\times 10^{-34}$ J·s 称为普朗克常量.

2. 爱因斯坦光子假说：光束是一粒一粒以光速运动的粒子流，这些粒子称为光量子，也称为光子，每一光子能量为 $\varepsilon=h\nu$. 式中 h 为普朗克常量，ν 为光波的频率.

三、基本公式

1. 黑体辐射 $\begin{cases}\text{黑体辐射公式 } M_\nu=\dfrac{2\pi h\nu^3}{c^2}\cdot\dfrac{1}{e^{h\nu/(kT)}-1}\\ \text{维恩位移定律 } T\lambda_m=b(b=2.898\times 10^{-3}\text{ m·K})\\ \text{（即黑体辐射的峰值波长与绝对温度成反比）}\end{cases}$

2. 光电效应 $\begin{cases}\text{爱因斯坦方程 } h\nu=\dfrac{1}{2}mV_m^2+W\\ \text{遏止电压 } U_a=\dfrac{1}{e}\cdot\dfrac{1}{2}mV_m^2\end{cases}$

3. 康普顿散射波长变化：$\Delta\lambda=\lambda-\lambda_0=\dfrac{2h}{m_0 c}\sin^2\dfrac{\varphi}{2}$.

17.3 典型思考题与习题

一、思考题

1. 什么是爱因斯坦光量子假说，光子的能量和动量大小与什么因素有关？

解 光束是一粒一粒以光速运动的粒子流，这些粒子称为光量子，也称为光子，每一光子能量为 $\varepsilon=h\nu$. 式中 h 为普朗克常量，ν 为光波的频率. 光子的动量大小为 $p=h/\lambda$，可见光子的能量与动量的大小同光子相应的频率或波长有关.

2. 如何用光的粒子性解释光电效应和康普顿散射实验？

解 光电效应实验规律：

(1) 单位时间内，金属阴极释放的电子数正比于入射光强；

(2) 光电子最大初动能随入射光的频率增加而线性增加，而与光的强度无关；

(3) 能否发生光电效应存在一个截止频率（红线），而与入射光光强无关.

(4) 发生光电效应是瞬时的.

光电效应实验规律的光子理论解释：

用光的粒子性解释光电效应光实验规律时，看作是光子一次性地被金属中电子吸收的过程。第一，光子的能量为 $h\nu$，当光强增加而频率不变时，由于 $h\nu$ 的份数多，所以被释放电子数目多，说明了单位时间内从阴极逸出的电子数与光强成正比，这样就解释了第一条实验规律。第二，由爱因斯坦方程 $h\nu = mV_m^2/2 + W$ 知，光电子的初动能与入射光频率呈线性增加关系，这样就解释了第二条实验规律。第三，由爱因斯坦方程知，无论光强如何，只有当 $\nu > \nu_0 = W/h$（ν_0 称为截止频率或红线）时，才有 $mV_m^2/2 > 0$，即此时才能发生光电效应，否则不能。这样就解释了第三条实验规律。第四，按光子假说，当光投射到物体表面上时，光子的能量 $h\nu$ 一次地被一个电子所吸收，不需要任何积累能量时间，即发生光电效应是瞬时的。这样就解释了第四条实验规律。

康普顿散射实验规律：

（1）在散射线中，除有与入射光波长 λ_0 相同的外，还有比 λ_0 大的散射线（出现 $\lambda > \lambda_0$ 的散射称作康普顿散射），波长改变量 $(\lambda - \lambda_0)$ 随散射角 φ 的增大而增大，在同一入射波长和同一散射角下，$(\lambda - \lambda_0)$ 对各种材料都相同。

（2）在原子量小的物质中，康普顿散射较强；在原子量大的物质中，康普顿散射较弱。

康普顿散射实验规律的光子理论解释：

用光的粒子性解释康普顿散射实验规律时，看做是光子与散射物中的电子的完全弹性碰撞过程。以光子和电子为系统，在它们碰撞过程中，系统的能量和动量守恒。在此基础上得到散射公式为

$$\Delta\lambda = \lambda - \lambda_0 = \frac{2h}{m_0 c}\sin^2\frac{\varphi}{2}$$

式中，λ 为散射光波长；λ_0 为入射光波长；h 为普朗克常量；m_0 为电子的静止质量；c 为真空中光速；φ 为散射角。用光子的角度可以解释康普顿散射实验规律。第一，由散射公式知，当散射角 $\varphi = 0$ 时，$\lambda = \lambda_0$，即散射线中有波长不变的散射。又知，一个光子与散射物质中的一个自由电子或被束缚较弱的电子发生碰撞后，光子将沿某一方向散射，这一方向就是康普顿散射方向。当碰撞时，光子有一部分能量传给电子，散射的光子能量就比入射光子的能量为少，因为光子能量与频率之间有 $\varepsilon = h\nu$ 关系，所以散射光频率减小了，即散射光波长增加了。由散射公式知，$(\lambda - \lambda_0)$ 随散射角 φ 的增大而增大，且 $(\lambda - \lambda_0)$ 的结果与材料的种类无关，即在同一入射波长和同一散射角下，$(\lambda - \lambda_0)$ 对各种材料都相同。这就解释了第一条实验规律。第二，轻原子中的电子一般被原子核束缚的较弱，重原子中的电子只有外层电子被束缚的较弱，其内部的电子被束缚的是非常紧的，所以，原子量小的物质，康普顿散射较强，而原子量大的物质，康普顿散射较弱。这就解释了第二条实验规律。

二、典型习题

1. 铝的逸出功为 4.2eV，今有波长为 200nm 的光投射到铝表面上，求：
(1) 由此发射出来的光电子的最大速率；
(2) 遏制电势差；
(3) 铝的截止波长.

解 (1) 由爱因斯坦方程 $h\nu = \frac{1}{2}mV_m^2 + W$ 知，光电子的最大速率为

$$V_m = \sqrt{\frac{2}{m}(h\nu - W)} = \sqrt{\frac{2}{m}\left(h\frac{c}{\lambda} - W\right)}$$

$$= \sqrt{\frac{2}{9.1 \times 10^{-31}}\left(6.63 \times 10^{-34} \times \frac{3 \times 10^8}{200 \times 10^{-9}} - 4.2 \times 1.6 \times 10^{-19}\right)}$$

$$= 8.4 \times 10^5 (\text{m} \cdot \text{s}^{-1})$$

(2) 由 $eU_a = \frac{1}{2}mV_m^2$ 知，遏制电势差

$$U_a = \frac{1}{e} \cdot \frac{1}{2}mV_m^2 = \frac{1}{1.6 \times 10^{-19}} \times \frac{1}{2} \times 9.1 \times 10^{-31} \times (8.4 \times 10^5)^2 = 2.0(\text{V})$$

(3) 由 $h\nu_0 = W$ 有截止波长为

$$\lambda_0 = \frac{c}{\nu_0} = \frac{ch}{W} = \frac{3 \times 10^8 \times 6.63 \times 10^{-34}}{4.2 \times 1.6 \times 10^{-19}} = 2.96 \times 10^{-7}(\text{m}) = 296(\text{nm})$$

2. 已知 X 射线的能量为 0.060MeV，受康普顿散射之后求：
(1) 在散射角为 $\pi/2$ 的方向上散射光的波长；
(2) 反冲电子的能量.

解 (1) 入射 X 射线能量为

$$\varepsilon_0 = h\nu_0 = h\frac{c}{\lambda_0}$$

入射波长为

$$\lambda_0 = \frac{hc}{\varepsilon_0} = \frac{6.63 \times 10^{-34} \times 3 \times 10^8}{0.060 \times 10^6 \times 1.6 \times 10^{-19}} = 2.07 \times 10^{-11}(\text{m}) = 0.0207(\text{nm})$$

$$\Delta\lambda = \lambda - \lambda_0 = \frac{2h}{m_0 c}\sin^2\frac{\varphi}{2} = \frac{2 \times 6.63 \times 10^{-34}}{9.1 \times 10^{-31} \times 3 \times 10^8}\sin^2\frac{\pi}{4} = 0.24 \times 10^{-11}(\text{m})$$

$$= 0.0024(\text{nm})$$

所求波长为

$$\lambda = \lambda_0 + \Delta\lambda = 0.0207 + 0.0024 = 0.0231(\text{nm})$$

(2) 反冲电子动能为

$$E_k = \varepsilon_0 - \varepsilon = h\nu_0 - h\nu$$

$$= 6.63 \times 10^{-34} \times 3 \times 10^8 \left(\frac{1}{0.0207 \times 10^{-9}} - \frac{1}{0.0231 \times 10^{-9}} \right)$$
$$= 9.98 \times 10^{-16} (\text{J}) = 6.24 \times 10^3 (\text{eV})$$

17.4 检测复习题

一、判断题

指出下列说法是否正确：
1. 光电效应中饱和光电流与入射光的强度成正比．
2. 光电效应中光电子的最大初动能与入射光的频率无关．
3. 康普顿散射中散射波长与散射物质无关．
4. 从光电效应和康普顿散射现象可知光具有粒子性．

二、填空题

1. 已知某金属的逸出功为 W，则光电效应的红限频率为_____；对应的红限波长为_____；若已知入射光的频率为 ν（大于红限频率），则光电子的最大速率和遏制电势差依次为_____和_____．

2. 在推导康普顿散射中散射波长与入射波长之差的公式时，采用了_____守恒定律和_____守恒定律；推到结果为_____；由此可知，对于给定的入射波长来说，散射波长只是_____的函数．

3. 某一波长的 X 光经物质散射后，其散射光中包含波长_____和波长_____的两部分，其中_____的散射称为康普顿散射．

4. 如图 17-1 所示，一频率为 ν 的入射光子与起始静止的电子发生碰撞和散射．如果散射光子的频率为 ν'，反冲电子的动量为 p，则在与入射光平行的方向上的动量守恒定律的分量形式为_____．

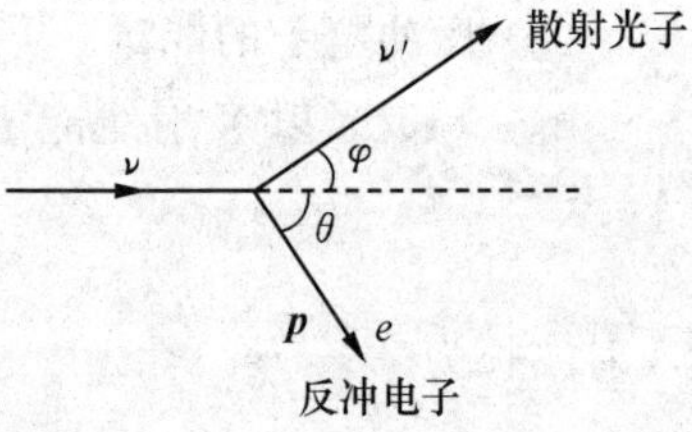

图 17-1

三、选择题

1. 钾的光电效应红限波长是 $\lambda_0 = 6.25 \times 10^{-5}$ cm，则钾中电子的逸出功是（　）

A. 31.8×10^{-9} J　　　　　　B. 31.8×10^{-10} J

C. 3.18×10^{-19} J　　　　　　D. 0.318×10^{-19} J

2. 当单色光照射到金属表面产生光电效应时（已知金属的逸出电位为 U_a），

则这种单色光的波长一定要满足的条件是（　　）

A. $\lambda \leqslant \dfrac{hc}{eU_a}$ B. $\lambda \geqslant \dfrac{hc}{eU_a}$ C. $\lambda \leqslant \dfrac{eU_a}{hc}$ D. $\lambda \geqslant \dfrac{eU_a}{hc}$

3. 以光电子的初动能 E_k 为纵坐标，入射电子的频率 ν 为横坐标，可测得 E_k 和 ν 的关系为一条直线．该直线的斜率以及该直线与横轴的截距分别是（　　）

A. 红限和遏制电压　　　　　B. 普朗克常量和红限

C. 普朗克常量和遏制电压　　D. 斜率无意义，截距是红限

4. 设用频率为 ν_1 和 ν_2 的两种单色光，先后照射同一种金属均能产生光电效应，已知金属的红限频率为 ν_0，测得两次照射时的遏制电压 $|U_{a2}|=2|U_{a1}|$，则这两种单色光的频率有如下关系（　　）

A. $\nu_2 = \nu_1 - \nu_0$ B. $\nu_2 = \nu_1 + \nu_0$ C. $\nu_2 = 2\nu_1 - \nu_0$ D. $\nu_2 = \nu_1 - 2\nu_0$

5. 当照射光的波长 400nm 变到 300nm 时，对同一金属，在光电效应中测得的遏制电压将（　　）

A. 减小 0.56V   B. 增大 0.165V   C. 减小 0.34V   D. 增大 1.036V

6. 波长为 0.0710nm 的 X 射线入射到石墨上，在与入射方向成 45°角处观测到康普顿散射 X 射线的波长是（　　）

A. 0.0703nm   B. 0.0710nm   C. 0.0734nm   D. 0.0717nm

7. 在康普顿散射中，当散射角 φ 等于何值时，散射光频率（与入射光的频率比较）减少的最多？（　　）

A. 0°   B. $\pi/2$ C. π D. $\pi/4$

8. 光电效应和康普顿散射都包含有电子与光子的相互作用过程，对此，在以下几种理解中，正确的是（　　）

A. 两种情况中电子与光子组成的系统都服从动量守恒定律和能量守恒定律

B. 两种情况都相当于电子与光子的完全弹性碰撞过程

C. 两种情况都属于电子吸收光子的过程

D. 光电效应是电子吸收光子的过程，而康普顿散射则相当于光子和电子的完全弹性碰撞的过程

四、计算题

1. 图 17-2 中所示的曲线是一次光电效应实验中得出的曲线．

（1）求证对不同材料的金属，AB 线的斜率相同；

（2）由图上数据求出普朗克常量 h．

2. 康普顿散射实验中，入射光子的波长为

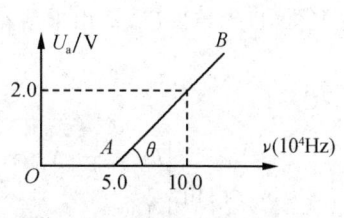

图 17-2

0.1nm,当光子的散射角为 90°时,散射后与散射前比较,光子所损失的能量与入射光子的能量之比为多少?

17.5 检测复习题解答

一、判断题

1. √. 2. ×. 3. √. 4. √.

二、填空题

1. 解:(1) W/h. (2) ch/W. (3) $\sqrt{\dfrac{2(h\nu-W)}{m}}$. (4) $(h\nu-W)/e$.

2. 解:(1) 动量. (2) 能量. (3) $\lambda-\lambda_0=\dfrac{2h}{m_0 c}\sin^2\dfrac{\varphi}{2}$. (4) 散射角 φ.

3. 解:(1) 不变. (2) 变长. (3) 波长变长

4. 解: $\dfrac{\nu h}{c}=\dfrac{\nu' h}{c}\cos\varphi+p\cos\theta$

三、选择题

1. 解:$W=\nu_0 h=\dfrac{c}{\lambda_0}h=\dfrac{3\times 10^8}{6.25\times 10^{-5}\times 10^{-2}}\times 6.63\times 10^{-34}=3.18\times 10^{-19}$(J) (C)对.

2. 解:依题意有 $h\nu \geq eU_a$,即 $h\dfrac{c}{\lambda}\geq eU_a$,可得 $\lambda \leq \dfrac{hc}{eU_a}$. (A)对.

3. 解:由 $h\nu=E_k+W$ 有 $E_k=h\nu-W$,可知 $E_k-\nu$ 直线的斜率为 h. 因为 $W=h\nu_0$,所以横轴上的截距为红线 ν_0. (B)对.

4. 解:根据 $\begin{cases} h\nu=\dfrac{1}{2}mV_m^2+W \\ \dfrac{1}{2}mV_m^2=e|U_a| \end{cases}$ 有

$$\begin{cases} h\nu_1=e|U_{a1}|+W \\ h\nu_2=e|U_{a2}|+W \end{cases}$$

又知 $|U_{a2}|=2|U_{a1}|$,由上解得

$$\nu_2=2\nu_1-\nu_0$$

(C)对.

5. 解:由 $\begin{cases} h\nu=\dfrac{1}{2}mV_m^2+W \\ \dfrac{1}{2}mV_m^2=e|U_a| \end{cases}$ 有

$$\begin{cases} eU_{a1} = h\nu_1 - W \\ eU_{a2} = h\nu_2 - W \end{cases}$$

由上得

$$U_{a2} - U_{a1} = \frac{h}{e}(\nu_2 - \nu_1) = \frac{hc}{e}\left(\frac{1}{\lambda_2} - \frac{1}{\lambda_1}\right)$$

$$= \frac{6.63 \times 10^{-34} \times 3 \times 10^8}{1.60 \times 10^{-19}}\left[\frac{1}{300 \times 10^{-9}} - \frac{1}{400 \times 10^{-9}}\right] = 1.036(\text{V})$$

(D)对.

6. 解：$\lambda - \lambda_0 = \frac{2h}{m_0 c}\sin^2\frac{\varphi}{2} = \frac{2 \times 6.63 \times 10^{-34}}{9.1 \times 10^{-31} \times 3 \times 10^8}\sin\frac{45°}{2}$

$= 0.07 \times 10^{-11}(\text{m}) = 0.0007(\text{nm})$

即

$$\lambda = 0.0007 + \lambda_0 = 0.0717(\text{nm})$$

(D)对.

7. 解：$\lambda - \lambda_0 = \frac{2h}{m_0 c}\sin^2\frac{\varphi}{2}$，当波长增加最多时，频率减少的最多。由上式知，所求 $\varphi = \pi$. (C)对.

8. 解：光电效应中是电子吸收光子的过程，它服从能量守恒定律；康普顿散射中相当于光子与电子的完全弹性碰撞过程，服从动量和能量守恒定律. (D)对.

四、计算题

1. 解：(1) 由 $eU_a = h\nu - W$ 得

$$U_a = \frac{h}{e}\nu - \frac{W}{e}$$

因为 $\frac{dU_a}{d\nu} = \frac{h}{e} = $ 常数，所以对不同金属，曲线斜率相同.

(2) $h = e\tan\theta = 1.6 \times 10^{-19} \times \frac{2.0 - 0}{(10.0 - 5.0) \times 10^{14}} = 6.4 \times 10^{-34}(\text{J} \cdot \text{s})$

2. 解：$\frac{\varepsilon_0 - \varepsilon}{\varepsilon_0} = \frac{hc/\lambda_0 - hc/\lambda}{hc/\lambda_0} = \frac{\lambda - \lambda_0}{\lambda} = \frac{\Delta\lambda}{\lambda_0 + \Delta\lambda}$

$\Delta\lambda = \frac{2h}{m_0 c}\sin^2\frac{\varphi}{2} = \frac{2 \times 6.63 \times 10^{-34}}{9.1 \times 10^{-31} \times 3 \times 10^3}\sin^2 45° = 2.43 \times 10^{-12}(\text{m})$

$= 0.00243(\text{nm})$

可有

$$\frac{\varepsilon_0 - \varepsilon}{\varepsilon_0} = \frac{0.00243}{0.1 + 0.00243} = 2.4\%$$

第 18 章 原子的量子理论

18.1 基 本 要 求

1. 理解氢原子光谱的实验规律及其氢原子的玻尔理论.
2. 掌握德布罗意假设,理解实物粒子的波粒二象性.
3. 理解不确定关系.
4. 理解波函数及其统计解释,了解定态薛定谔方程和用该方程处理一维无限深势阱问题的方法.
5. 理解原子的电子壳层结构和描述原子中电子的 4 个量子数.

18.2 本 章 小 结

一、基本概念

1. 波函数的统计解释:某一时刻粒子出现在某处附近的概率与波函数 Ψ 在该点的模方 $|\Psi|^2$ 成正比.
2. 波函数的标准条件:单值、连续、有限.
3. 波函数 Ψ 的归一化条件: $\int_V |\Psi|^2 dV = 1$,其中 V 是粒子运动的整个区域.
4. 4 个量子数:原子中电子的运动状态由量子数 n、l、m_l 和 m_s 所确定,其中 n 为主量子数,$n=1,2,3,\cdots$;l 为轨道角量子数,$l=0,1,2,\cdots,n-1$;m_l 为轨道磁量子数,$m_l=0,\pm 1,\pm 2,\cdots,\pm l$;$m_s$ 为自旋磁量子数,$m_s=\pm 1/2$.

二、基本规律

1. 氢原子的玻尔理论:

$\begin{cases} 定态假设:电子可以在原子中一些特定的圆周轨道上运动而不辐射光,这时\\ \qquad\qquad 原子处于稳定状态,并具有一定的能量. \\ 量子化假设:电子绕核运动时,只有电子的角动量 L 等于 h/(2\pi) 整数倍的那\\ \qquad\qquad 些轨道才是稳定的,即 L=nh/(2\pi) \quad (n=1,2,3,\cdots). \\ 频率条件:当原子从能量为 E_i 的定态跃迁到能量为 E_f 的定态时,发射或吸\\ \qquad\qquad 收光子的频率为 \nu=|E_i-E_f|/h. E_i>E_f 时为发出辐射,E_i<E_f \\ \qquad\qquad 时为吸收辐射. \end{cases}$

2. 德布罗意假设:实物粒子也具有波动性,与光子一样,它的能量 E 和动量的大小 p 与其波的频率 ν 和波长 λ 的关系为 $E=h\nu$ 及 $p=h/\lambda$,其中 h 为普朗克常量.

3. 不确定关系:微观粒子的位置坐标和相应方向的动量分量不能同时地被准确地测量,它们的不确定量满足 $\begin{cases}\Delta x\Delta p_x\geqslant h\\ \Delta y\Delta p_y\geqslant h,\\ \Delta z\Delta p_z\geqslant h\end{cases}$ 其中 h 为普朗克常量.

4. 定态薛定谔方程:粒子的定态波函数满足方程 $\nabla^2\Psi+\dfrac{8\pi^2 m}{h^2}(E-E_p)\Psi=0$,其中 m 为粒子的质量,E 为粒子的能量,E_p 为粒子的势能,h 为普朗克常量.

三、基本公式

1. 氢原子谱线系 $\begin{cases}莱曼系:\dfrac{1}{\lambda}=R\left[\dfrac{1}{1^2}-\dfrac{1}{n^2}\right]\quad(n=2,3,\cdots)紫外光\\ 巴尔末系:\dfrac{1}{\lambda}=R\left[\dfrac{1}{2^2}-\dfrac{1}{n^2}\right]\quad(n=3,4,\cdots)可见光\\ 帕邢系:\dfrac{1}{\lambda}=R\left[\dfrac{1}{3^2}-\dfrac{1}{n^2}\right]\quad(n=4,5,\cdots)红外光\\ 布拉开系:\dfrac{1}{\lambda}=R\left[\dfrac{1}{4^2}-\dfrac{1}{n^2}\right]\quad(n=5,6,\cdots)红外光\\ 普丰德系:\dfrac{1}{\lambda}=R\left[\dfrac{1}{5^2}-\dfrac{1}{n^2}\right]\quad(n=6,7,\cdots)红外光\end{cases}$

2. 氢原子能量及其电子轨道半径 $\begin{cases}轨道半径:r_n=n^2 r_1,\quad 其中\begin{cases}r_1=0.053\text{nm}\\ n=1,2,\cdots\end{cases}\\ 能量:E_n=\dfrac{E_1}{n^2},\quad 其中\begin{cases}E_1=-13.6\text{eV}\\ n=1,2,\cdots\end{cases}\end{cases}$

3. 一维无限深势阱 $\begin{cases}粒子波函数:\psi_n(x)=\sqrt{\dfrac{2}{a}}\sin\dfrac{n\pi}{a}x\quad(0<x<a)\\ 粒子能量:E_n=\dfrac{n^2 h^2}{8ma^2}\quad(n=1,2,3,\cdots)\end{cases}$

18.3 典型思考题与习题

一、思考题

1. 在玻尔氢原子理论中,势能为负值,并且势能绝对值比动能大,它的含义是什么?

解 这个结果导致氢原子的总能量为负值,表明电子被原子核所束缚,在没有外加能量的情况下,电子不能离开原子核做自由运动.

2. 什么是不确定关系？为什么说不确定关系指出了经典力学的适用范围？

解 不确定关系是指微观粒子的位置坐标和相应方向的动量分量不能同时地被准确地测量,即微观粒子的状态不能同时用确定的位置和确定的动量来描述.不确定关系表达式为 $\Delta x \Delta p_x \geqslant h$($y$ 和 z 方向有类似的关系式).

由上式可以看出,如果在具体问题中普朗克常量 h 是一个微不足道的量,可以认为 $h \to 0$,则才有可能 $\Delta x \Delta p_x = 0$,此时意味着被研究对象同时可以有确定的位置和确定的动量,这也说明了经典力学是适用的.反之,如果普朗克常量 h 不可忽略,则 $\Delta x \Delta p_x \geqslant h$,即被研究对象的位置坐标和相应方向的动量分量不能同时地被准确地测量,因此被研究对象的状态无法同时用确定的位置和确定的动量来描述,此情况下,必须考虑被研究对象的波粒二象性,即必须用量子力学的方法来处理.由上可知,不确定关系指出了经典力学的适用范围.

3. (1) 波函数的统计解释为何？

(2) 设 $\psi(x,y,z)$ 是归一化的波函数,则 $|\psi(x,y,z)|^2 \mathrm{d}x\mathrm{d}y\mathrm{d}z$ 的物理意义为何？

(3) $\left[\int_{-\infty}^{+\infty}\int_{-\infty}^{+\infty} |\psi(x,y,z)|^2 \mathrm{d}x\mathrm{d}y\right] \mathrm{d}z$ 的物理意义为何？

解 (1) 某一时刻粒子出现在某处附近的概率与波函数 Ψ 在该点的模方 $|\Psi|^2$ 成正比.

(2) $|\psi(x,y,z)|^2 \mathrm{d}x\mathrm{d}y\mathrm{d}z$：表示粒子出现在坐标区间 $x \sim x+\mathrm{d}x$、$y \sim y+\mathrm{d}y$、$z \sim z+\mathrm{d}z$ 内的概率.

(3) $\left[\int_{-\infty}^{+\infty}\int_{-\infty}^{+\infty} |\psi(x,y,z)|^2 \mathrm{d}x\mathrm{d}y\right] \mathrm{d}z$：表示粒子出现在坐标区间 $z \sim z+\mathrm{d}z$ 内(对 x、y 坐标无要求)的概率.

二、典型习题

1. 试计算氢原子巴尔末系中的最大和最小波长.

解 巴尔末系波长倒数为

$$\frac{1}{\lambda} = R\left(\frac{1}{2^2} - \frac{1}{n^2}\right), \quad n=3,4,5,\cdots$$

(1) $n=3$ 时,$\lambda = \lambda_{\max}$

$$\lambda_{\max} = \left[1.097 \times 10^7 \left(\frac{1}{2^2} - \frac{1}{3^2}\right)\right]^{-1} = 6.563 \times 10^{-7}(\mathrm{m}) = 656.3(\mathrm{nm})$$

(2) $n=\infty$ 时,$\lambda = \lambda_{\min}$

$$\lambda_{\min} = \left[1.097 \times 10^7 \left(\frac{1}{2^2} - \frac{1}{\infty^2}\right)\right]^{-1} = 3.646 \times 10^{-7}(\mathrm{m}) = 364.6(\mathrm{nm})$$

2. 静止的电子经电势差 U 加速后,求电子的德布罗意波长.(设电子速率 $v \ll c$,c 为真空中光速)

解 德布罗意波长为 $\lambda = \dfrac{h}{p}$. 因为电子速率 $v \ll c$,所以该问题可用非相对论理论来处理,故有 $\lambda = \dfrac{h}{p} = \dfrac{h}{m_0 v}$,$m_0$ 为电子的静止质量. 因为 $\dfrac{1}{2} m_0 v^2 = eU$,因此

$$\lambda = \frac{h}{\sqrt{2m_0 e}} \cdot \frac{1}{\sqrt{U}} = \frac{6.63 \times 10^{-34}}{\sqrt{2 \times 9.1 \times 10^{-31} \times 1.6 \times 10^{-19}}} \frac{1}{\sqrt{U}}$$

$$= \frac{12.2 \times 10^{-10}}{\sqrt{U}} (\text{m}) = \frac{1.22}{\sqrt{U}} (\text{nm})$$

即 $\lambda = \dfrac{1.22}{\sqrt{U}}$ nm (U 单位:V).

3. 一个光子的波长为 300 nm,测定此波长时产生的相对误差 $(\Delta\lambda/\lambda)$ 为 10^{-6},试求此光子位置的不确定量.

解 由 $\Delta x \Delta p_x \geq h$ 知 $\Delta x \geq \dfrac{h}{\Delta p_x}$,又知

$$\Delta p_x = \left| \frac{\mathrm{d}p}{\mathrm{d}\lambda} \Delta\lambda \right| = \left| \frac{\mathrm{d}}{\mathrm{d}\lambda}\left(\frac{h}{\lambda}\right) \Delta\lambda \right| = \left| \frac{-h}{\lambda^2} \Delta\lambda \right| = \frac{h}{\lambda} \cdot \frac{\Delta\lambda}{\lambda}$$

得

$$\Delta x \geq \frac{h}{(h/\lambda) \cdot (\Delta\lambda/\lambda)} = \frac{\lambda}{\Delta\lambda/\lambda} = \frac{300 \times 10^{-9}}{10^{-6}} = 3 \times 10^{-1} (\text{m})$$

4. 一粒子在一维势场

$$E_p(x) = \begin{cases} 0, & 0 < x < a \\ \infty, & x \leq 0, x \geq a \end{cases}$$

中运动,求得粒子的波函数形式为 $\psi_n(x) = A \sin \dfrac{n\pi}{a} x$ $(0 < x < a)$,求:

(1) 归一化常数 A;
(2) 基态波函数;
(3) 基态上粒子出现的概率密度;
(4) 基态上粒子出现的概率密度最大的位置;
(5) 基态上粒子出现在 $0 \sim a/4$ 区间内的概率.

解 (1) $\displaystyle\int_0^a |\psi_n(x)|^2 \mathrm{d}x = \int_0^a \left| A \sin \frac{n\pi}{a} x \right|^2 \mathrm{d}x = |A|^2 \int_0^a \sin^2 \frac{n\pi}{a} x \, \mathrm{d}x$

$$= |A|^2 \cdot \frac{1}{2} a = 1$$

可取归一化常数为 $A = \sqrt{\dfrac{2}{a}}$,即归一化的波函数为

$$\psi_n(x) = \sqrt{\frac{2}{a}} \sin \frac{n\pi}{a} x, \quad 0 < x < a$$

(2) 基态波函数为

$$\psi_1(x) = \sqrt{\frac{2}{a}} \sin \frac{\pi}{a} x, \quad n = 1$$

(3) 基态上粒子出现的概率密度为

$$|\psi_1(x)|^2 = \frac{2}{a} \sin^2 \frac{\pi}{a} x, \quad 0 < x < a$$

(4) 由 $\dfrac{d|\psi_1(x)|^2}{dx} = \dfrac{2}{a} \cdot 2\sin\dfrac{\pi}{a}x \cdot \cos\dfrac{\pi}{a}x \cdot \dfrac{\pi}{a} = \dfrac{2\pi}{a^2}\sin\dfrac{2\pi}{a}x = 0$ 有 $x = \dfrac{a}{2}$ ($0 < x < a$). 因为在 $x = \dfrac{a}{2}$ 处 $\dfrac{d^2|\psi_1(x)|^2}{dx^2} = \dfrac{2\pi}{a} \cdot \dfrac{2\pi}{a^2} \cos \dfrac{2\pi}{a}x < 0$, 所以 $x = \dfrac{a}{2}$ 处粒子出现的概率密度最大.

(5) 所求的概率为

$$\int_0^{\frac{a}{4}} |\psi_1(x)|^2 dx = \int_0^{\frac{a}{4}} \left|\sqrt{\frac{2}{a}} \sin \frac{\pi}{a} x\right|^2 dx = \frac{1}{4} - \frac{1}{2\pi}$$

18.4 检测复习题

一、判断题

指出下列说法是否正确：

1. 原子核式模型的实验基础是卢瑟福的 α 粒子散射实验.
2. 实物粒子也具有波动性.
3. 测不准关系反映了微观粒子的波粒二象性.
4. 波是由粒子组成的.

二、填空题

1. 玻尔的氢原子理论的三个基本假设是：_____、_____ 和 _____.
2. 玻尔的氢原子理论中提出的关于 _____ 和 _____ 的假设在现代的量子力学理论中仍然是两个重要的基本概念.
3. 根据玻尔的氢原子理论, 氢原子中处于基态上的电子绕核运动的速率为 _____.
4. 根据玻尔氢原子理论, 氢原子中电子在第一和第三轨道上运动的速率之比 v_1/v_3 为 _____.
5. 如图 18-1 所示, 被激发的氢原子跃迁到低能级时可发出波长 λ_1、λ_2 和 λ_3 的辐射, 其频率为 ν_1、ν_2 和 ν_3 之间的关系等式是 _____; 三个波长之间的关系等式是 _____.

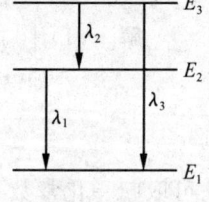

图 18-1

6. 根据玻尔氢原子理论，得出氢原子的核外电子最小圆周轨道的半径为 _____ nm，氢原子的最小能量为 _____ eV，处于第一激发态的氢原子的电离能为 _____ eV.

7. 电离能为 0.544eV 的氢原子，其电子在 $n=$ _____ 的轨道上运动.

8. 氢原子由定态 L 跃迁到定态 K 可发射一个光子．已知定态 L 的电离能为 0.85eV，又知从基态使氢原子激发到定态 K 所需要的能量为 10.2eV，则在上述跃迁中，氢原子所发射的光子能量为 _____ eV.

9. 要使处于基态的氢原子受激跃迁后能发射莱曼系（由激发态跃迁到基态发射的各谱线组成的谱线系）的最长波长谱线，至少应向基态氢原子提供的能量为 _____ eV.

10. 欲使氢原子能发射巴尔末系中波长为 656.3nm 的谱线，最少要给基态氢原子提供 _____ eV 的能量．

11. 在电子单缝衍射实验中，若缝宽 $b=0.1$nm，电子束垂直入射在单缝上，则衍射的电子横向动量的最小不确定量 $\Delta p_x =$ _____ N·s.

12. 设描述微观粒子运动归一化的波函数为 $\psi(r,t)$，则 $\psi\psi^*$ 表示 _____；$\psi(r,t)$ 满足的标准条件是 _____；$\psi(r,t)$ 的归一化条件是 _____.

13. 多电子原子中，电子排列遵循 _____ 原理和 _____ 原理．

14. 根据量子理论，确定原子中一个电子的状态，需要 _____ 个量子数，它们分别是 _____．

三、选择题

1. 根据玻尔的氢原子理论，氢原子在 $n=5$ 的轨道上的动量矩大小与第一激发态的轨道动量矩大小之比为（　　）
   A. 5/2　　　B. 5/3　　　C. 5/4　　　D. 5

2. 根据玻尔的氢原子理论，氢原子中电子在 $n=4$ 轨道上的运动的动能与在基态的轨道上运动的动能之比为（　　）
   A. 1/4　　　B. 1/8　　　C. 1/16　　　D. 1/32

3. 按巴尔末经验公式，若已知氢原子 H_α 线的波长为 λ_α，则 H_β 线的波长 λ_β 应为（　　）
   A. $27\lambda_\alpha/20$　　B. $20\lambda_\alpha/27$　　C. $15\lambda_\alpha/36$　　D. $36\lambda_\alpha/15$

4. 根据玻尔氢原子理论，巴尔末线系中最小波长与最大波长之比为（　　）
   A. 5/9　　　B. 4/9　　　C. 7/9　　　D. 2/9

5. 由玻尔氢原子理论知，当大量氢原子处于 $n=3$ 的激发态时，原子跃迁时将发出（　　）
   A. 一种波长的谱线　　　　B. 两种波长的谱线

C. 三种波长的谱线　　　　　　　D. 连续光谱

6. 若外来单色光把氢原子激发到第三激发态,则氢原子跃迁回低能态时,可发出的可见光谱线的条数为(　　)

A. 1　　　　B. 2　　　　C. 3　　　　D. 6

7. 一氢原子处于主量子数 $n=3$ 的状态,那么此氢原子(　　)

A. 能够吸收一个红外光子

B. 能够发射一个红外光子

C. 能够吸收也能够发射一个红外光子

D. 不能吸收也不能发射一个红外光子

8. 若使一静止电子运动后的德布罗意波长为 0.1nm,则加速电压应为(　　)

A. 1.5V　　　B. 12.25V　　　C. 150V　　　D. 24.5V

9. 一质量为 1.0×10^{-19} g,以速率 3.0×10^{2} m·s^{-1} 运动的粒子,其德布罗意波长最接近于(　　)

A. 2.2×10^{-12} m　B. 3.0×10^{-17} m　C. 2.2×10^{-17} m　D. 2.2×10^{-14} m

10. 如图 18-2 所示,一束动量为 p 的电子,通过缝宽为 b 的狭缝,在距离狭缝为 R 处放置一荧光屏,屏上衍射图样中中央明纹的最大宽度 d 等于(　　)

A. $2b^2/R$　　　　B. $2hb/p$

C. $2hb/(Rp)$　　D. $2Rh/(bp)$

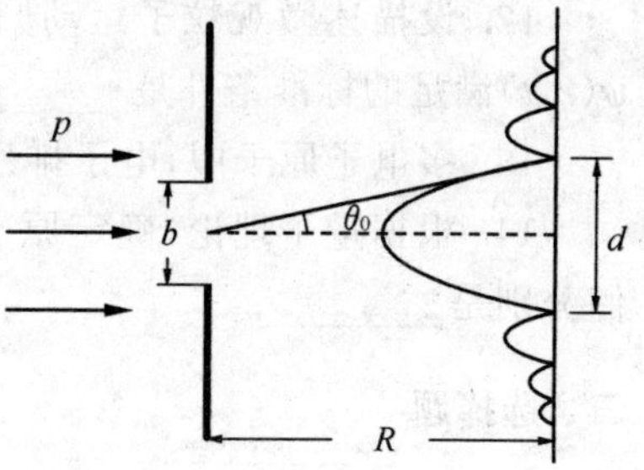

11. 测不准关系式 $\Delta x \Delta p_x \geq h$ 表示在 x 方向上(　　)

图 18-2

A. 粒子位置不能确定　　　　　B. 粒子动量不能确定

C. 粒子位置和动量不能确定　　D. 粒子位置和动量不能同时确定

12. 已知粒子在一维矩形无限深势阱中运动,其波函数为(　　)

$$\psi(x) = \frac{1}{\sqrt{a}} \cdot \cos\frac{3\pi x}{2a}, \quad -a < x < a$$

那么粒子在 $x=5a/6$ 处出现的概率密度为(　　)

A. $1/(2a)$　　　B. $1/a$　　　C. $1/\sqrt{2a}$　　　D. $1/\sqrt{a}$

四、计算题

1. 在玻尔氢原子理论中,若氢原子的电子由量子数 $n=5$ 的轨道跃迁到 $n=2$ 的轨道,则跃迁过程中氢原子辐射的光的波长为多少?

2. 已知第一玻尔轨道半径为 r_1,试计算当氢原子中电子沿第 n 个轨道运动时,其相应的德布罗意波长是多少?

18.5 检测复习题解答

一、判断题

1. √. 2. √. 3. √. 4. ×.

二、填空题

1. 解:(1) 定态假设.
(2) 角动量量子化假设 $L=nh/(2\pi)(n=1,2,\cdots)$.
(3) 跃迁的频率法则 $\nu=|E_i-E_f|/h$.

2. 解:(1) 定态能级.
(2) 能级间跃迁决定谱线频率.

3. 解:由玻尔假设知

$$L = mvr = n\frac{h}{2\pi}, \quad n=1,2,\cdots$$

对基态,有

$$v = 1 \cdot \frac{h}{2\pi}/(mr_1) = \frac{6.63\times 10^{-34}}{2\pi}/(9.1\times 10^{-31}\times 0.053\times 10^{-9})$$

$$= 2.2\times 10^6 (\mathrm{m\cdot s^{-1}})$$

4. 解:由玻尔假设知 $L=mvr_n=n\dfrac{h}{2\pi}$,有

$$v = \frac{nh}{2\pi}/(mr_n) = \frac{nh}{2\pi}/(mn^2 r_1) = \frac{h}{2\pi mnr_1}$$

所求比值为 $\dfrac{v_1}{v_3}=3$.

5. 解:(1) 可知 $\begin{cases} h\nu_1=E_2-E_1 \\ h\nu_2=E_3-E_2 \\ h\nu_3=E_3-E_1 \end{cases}$,由此有 $\nu_3=\nu_1+\nu_2$.

(2) 可知 $\nu=\dfrac{c}{\lambda}$,由上述频率关系有

$$\frac{1}{\lambda_3} = \frac{1}{\lambda_2} + \frac{1}{\lambda_1}$$

6. 解:(1) 0.053. (2) −13.6. (3) 3.4.

7. 解:依题意有

$$0.544 = E_\infty - E_n = 0 - \frac{1}{n^2}E_1 = \frac{13.6}{n^2}$$

解得

8. 解：
由题意知
$$n = 5$$
$$h\nu = E_L - E_k$$
$$\begin{cases} E_L = -0.85\text{eV} \\ 10.2 = E_k - E_1 \end{cases} \quad (E_1 = -13.6\text{eV})$$

解得
$$h\nu = -0.85 - (10.2 + E_1) = 2.55\text{eV}$$

9. 解：把基态氢原子激发到第一激发态上去，之后由该态再向基态跃迁，这样发射的谱线即是莱曼系中波长最长的谱线. 由此知，向基态氢原子提供的能量应为
$$\Delta E = E_2 - E_1 = \frac{1}{2^2}E_1 - E_1 = \frac{1}{4}(-13.6) - (-13.6) = 10.2(\text{eV})$$

10. 解：谱线对应光子的能量为
$$h\nu = h\frac{c}{\lambda}$$

依题意有 $h\nu = E_n - E_2$，即
$$E_n = h\nu + E_2$$

所需能量为
$$E_n - E_1 = (h\nu + E_2) - E_1 = h\frac{c}{\lambda} + \frac{1}{2^2}E_1 - E_1$$
$$= 6.63 \times 10^{-34} \frac{3 \times 10^8}{656.3 \times 10^{-9} \times (1.6 \times 10^{-19})} - \frac{3}{4}(-13.6)$$
$$= 12.09(\text{eV})$$

11. 解：由 $\Delta x \Delta p_x \geqslant h$ 有 $\Delta p_x \geqslant \frac{h}{\Delta x}$. 依题意知动量最小不确定量为
$$\Delta p_x = \frac{h}{\Delta x} = \frac{h}{b} = \frac{6.63 \times 10^{-34}}{0.1 \times 10^{-9}} = 6.63 \times 10^{-24}(\text{N} \cdot \text{s})$$

12. 解：(1) 在 t 时刻粒子出现在 (x, y, z) 处的几率密度.
(2) 单值、连续、有限.
(3) $\int_V |\psi|^2 dV = 1$.

13. 解：(1) 泡利不相容.
(2) 能量最小.

14. 解：(1) 4.
(2) 主量子数 n，轨道角量子数 l，轨道磁量子数 m_l，自旋磁量子数 m_s.

三、选择题

1. 解：由玻尔假设知 $L = n\frac{h}{2\pi}$ $(n=1,2,\cdots)$，有 $L_5/L_2 = 5\frac{h}{2\pi}/\left(2\frac{h}{2\pi}\right) = 5/2$，

(A)对.

2. 解：由玻尔假设知 $L=mvr_n=n\dfrac{h}{2\pi}(n=1,2,\cdots)$，电子速度

$$v=\dfrac{nh}{2\pi}/mr_n=\dfrac{nh}{2\pi}/m(n^2r_1)=\dfrac{h}{2\pi mr_1n}，有$$

$$E_{k_4}/E_{k_1}=v_4^2/v_1^2=\left(\dfrac{1}{4}\right)^2/\left(\dfrac{1}{1}\right)^2=\dfrac{1}{16}$$

(C)对.

3. 解：巴尔末系波长倒数为

$$\dfrac{1}{\lambda}=R\left[\dfrac{1}{2^2}-\dfrac{1}{n^2}\right],\quad n=3,4,\cdots$$

$n=3$ 时，$\lambda=\lambda_\alpha$；$n=4$ 时，$\lambda=\lambda_\beta$，有

$$\dfrac{\lambda_\beta}{\lambda_\alpha}=\dfrac{R(1/2^2-1/3^2)}{R(1/2^2-1/4^2)}=\dfrac{20}{27}$$

即 $\lambda_\beta=\dfrac{20}{27}\lambda_\alpha$，(B)对.

4. 解：巴尔末系波长倒数为

$$\dfrac{1}{\lambda}=R\left[\dfrac{1}{2^2}-\dfrac{1}{n^2}\right](n=3,4,\cdots)，n=3 时，\lambda=\lambda_{\max}；n=\infty 时，\lambda=\lambda_{\min}，有$$

$$\dfrac{\lambda_{\min}}{\lambda_{\max}}=\dfrac{R(1/2^2-1/3^2)}{R(1/2^2-1/\infty^2)}=\dfrac{5}{9}$$

(A)对.

5. 解：如图 18-3 所示，氢原子由 $n=3$ 的激发态可向 $n=2$ 的激发态和 $n=1$ 的基态跃迁.跃迁到 $n=2$ 的氢原子，又可向 $n=1$ 的基态跃迁，故共有三种波长的谱线.(C)对.

6. 解：可见光指的是巴尔末系，即氢原子从 $n>2$ 的态向 $n=2$ 的态跃迁时发射的光.第三激发态 $n=4$，氢原子由 $n=4$ 的态可直接向 $n=2$ 的态跃迁；由 $n=4$ 的态又可向 $n=3$ 的态跃迁，再由 $n=3$ 的态可向 $n=2$ 的态跃迁，谱线如图 18-4 所示(只画出了可见光范围的跃迁).由上可知，在可见光内有两条谱线.(B)对.

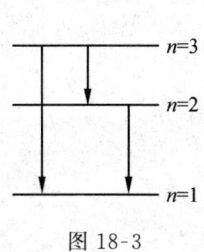

图 18-3

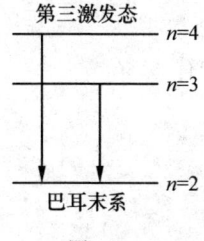

图 18-4

7. 解：当氢原子从高能态向 $n=3、4、5$ 等能态跃迁时，将发射红外光子. 此题中氢原子处于 $n=3$ 的能态上，所以不能发射红外光子，即(B)、(C)均不对. 当处于 $n=3$ 能态的氢原子吸收能量时，可向高能级跃迁，此时它吸收的是红外光子(因为原态 $n=3$)，故(D)不对，而(A)对.

8. 解：$\lambda = \dfrac{1.22}{\sqrt{U}}$ nm(U 的单位：V)，即

$$U = \dfrac{1.22^2}{\lambda^2} = \dfrac{1.22^2}{0.1^2} = 150(V)$$

(C)对.

9. 解：$\lambda = \dfrac{h}{p} = \dfrac{6.63 \times 10^{-34}}{1.0 \times 10^{-19} \times 10^{-3} \times 3.0 \times 10^2} = 2.2 \times 10^{-14}$ (m)

(D)对.

10. 解：$d = 2R\tan\theta_0 \approx 2R\sin\theta_0$

因为 $b\sin\theta_0 = \lambda = \dfrac{h}{p}$，即 $\sin\theta_0 = \dfrac{h}{bp}$，所以 $d = 2Rh/(bp)$，(D)对.

11. 解：测不准关系指的是粒子的坐标和相应方向上的动量分量不能同时准确测定. (D)对.

12. 解：概率密度为 $\omega(x) = |\psi(x)|^2 = \dfrac{1}{a}\cos^2\dfrac{3\pi x}{2a}$，当 $x = 5a/6$，有 $\omega = \dfrac{1}{2a}$，(A)对.

四、计算题

1. 解：由 $\dfrac{1}{\lambda} = R\left(\dfrac{1}{2^2} - \dfrac{1}{5^2}\right)$ 有

$$\lambda = \left[R\left(\dfrac{1}{2^2} - \dfrac{1}{5^2}\right)\right]^{-1} = \left[1.097 \times 10^7 \left(\dfrac{1}{2^2} - \dfrac{1}{5^2}\right)\right]^{-1}$$

$$= 4.341 \times 10^{-7}(m) = 434.1(nm)$$

2. 解：$\lambda = \dfrac{h}{p}$，由玻尔假设 $mvr_n = n\dfrac{h}{2\pi}$ 有

$$p = \dfrac{nh}{2\pi}/r_n = \dfrac{nh}{2\pi}/(n^2 r_1) = \dfrac{h}{2\pi r_1 n}$$

代入 λ 表达式中有

$$\lambda = h / \dfrac{h}{2\pi r_1 n} = 2\pi r_1 n$$